追梦人生

卜兴丰／编著

把生活过成
自己想要的样子

吉林出版集团股份有限公司｜全国百佳图书出版单位

图书在版编目（CIP）数据

追梦人生.把生活过成自已想要的样子/卜兴丰编
著.-- 长春：吉林出版集团股份有限公司,2022.3
ISBN 978-7-5731-1158-6

Ⅰ.①追… Ⅱ.①卜… Ⅲ.①成功心理－通俗读物
Ⅳ.① B848.4-49

中国版本图书馆 CIP 数据核字 (2022) 第 021621 号

ZHUIMENG RENSHENG

追梦人生

编　　著：	卜兴丰
出版策划：	齐　郁
责任编辑：	刘　洋
助理编辑：	邓晓溪
装帧设计：	邵丽丽
出　　版：	吉林出版集团股份有限公司
	（长春市福祉大路 5788 号，邮政编码：130118）
发　　行：	吉林出版集团译文图书经营有限公司
	（http://shop34896900.taobao.com）
电　　话：	总编办 0431-81629909　营销部 0431-81629880 / 81629881
印　　刷：	天津海德伟业印务有限公司
开　　本：	880mm×1230mm　1 /32
印　　张：	25
字　　数：	585 千字
版　　次：	2022 年 3 月第 1 版
印　　次：	2022 年 3 月第 1 次印刷
书　　号：	ISBN 978-7-5731-1158-6
定　　价：	160.00 元（全 5 册）

印装错误请与承印厂联系　　电话：022-82638777

前 言

一个冬天的傍晚，山南的狗熊和山北的兔子在雪地艰难觅食时碰面了。在饥寒交迫中，它们抱怨着残酷现实，并描绘了各自美好的未来。

"生活再也不能这么过了。"狗熊有气无力地说，"冬天一过，我就要种一亩玉米，到秋天准能收获很多玉米棒子，我把这些玉米棒子挂在山洞里存起来，就不会在来年的冬天再这么狼狈了。"

"再也不能这么过生活了。"兔子无精打采地说，"冬天一过，我就要种一亩胡萝卜，到秋天准能收获很多胡萝卜，我把这些胡萝卜藏在地窖里存起来，就不会在来年的冬天再这么痛苦了。"

又一个冬天到了，山南的狗熊和山北的兔子再次在雪地重逢。狗熊没提种玉米的事，兔子也没说种胡萝卜的事，它们只是礼节性地打了个招呼，便各自四处觅食去了。原来，狗熊在春天成天在山上忙着采食鲜美的蜂蜜，种玉米的事儿早就被它抛在脑后；兔子在春天倒是撒下了胡萝卜的种，但夏天却懒得在太阳下给胡萝卜苗浇水，结果胡萝卜苗全旱死在田里了。

狗熊和兔子都想到了如何让自己活得更好的办法，但要么没有采取实际的行动，要么没能坚持做下去。它们注定又要遭受一次饥寒交迫的煎熬。

我们的日常生活中，也有不少"狗熊式"与"兔子式"的人。"狗熊式"的人大嚷大叫想要什么样的生活，但却总不见行动，到头来只不过是自己欺骗自己。"兔子式"的人做事有始无终，坚持不到终点，令先前的想法与工作毫无意义。

有了好的想法，就要去实践。

有道是"万事开头难"，其实开头之后坚持下去更加困难。开始做一件事情，往往靠的是信心和决心；而事情一旦开始，要有始有终就需要靠耐心和恒心了。

愿你有始有终，将生活过成自己想要的样子。

目　录

第一章　你想要过什么样的生活

第二章　计划周详，步步为营

第三章 抓住机遇，善于选择与创造

第四章 敢于决断，克服犹豫不定

第五章 凡事用心，注重细节

第六章　打造你的个人品牌

第一章

你想要过什么样的生活

没有目标，哪来的劲头？

——车尔尼雪夫斯基

灵魂如果没有确定的目标，它就会丧失自己，因为，俗语说得好，无所不在等于无所在。

——蒙田

走得最慢的人，只要他不丧失目标，也比漫无目的地徘徊的人走得快。

——莱辛

人因梦想而伟大

人因梦想而伟大，所有的成功者都是杰出的梦想家。

关于梦想的定义，有三种解释，一是梦想是梦中怀想；二是空想、妄想；三是理想。尽管梦想虚无缥缈，但人们更倾向于"梦想变为现实就是成功"的说法，心甘情愿为梦想奋斗终生。人与人之间也因梦想不同、奋斗的过程不同而拉开了距离。

事实证明：梦想可以使我们的人生变得伟大，帮助我们成长、成功。奥普拉说："一个人可以非常清贫、困顿、低微，但是不可以没有梦想。只要梦想存在，就可以改变自己的处境。"的确，没有梦想的人生是可怕的，正如站在人生的十字路口上，没有方向，不知该何去何从，这是我们成长中经常会遇到的迷茫和困惑。如何改变这种处境，是我们必须要面对和认真思考的问题。如果发现我们的梦想还在沉睡，未曾对我们的人生有任何指引，这样的梦想只能是做梦和空想，没有任何意义。这时我们需要唤醒心灵深处的渴望，将梦想还原成现实，变为理想，带领我们寻找未来的路。慢慢地就会发现，因为有梦想，我们变得伟大。

许多成功者首先就是一个梦想家，因为有梦，他们的人生变得多姿多彩。他们可以品尝到成长中挫折带来的苦涩，享受到鲜花掌声带来的喜悦，有痛苦，有失意，但更多的是奋斗带来的充实，还有一种发自内心的舒畅，这样的人是幸福的。如果你也渴求幸福，那么就用梦想做支撑来实现你的人生价值吧。很多人都是很平凡的，可他们中的一些人却因为梦想改变了人生，从此走上了一条不平凡的路，他们的命运也因此发生了改变。美国赛车手吉米·哈里波斯的成长经历告诉我们，人可以因梦想而伟大，想要成功首先得是个梦想家。

吉米·哈里波斯很小的时候就有一个梦想，他渴望自己将来可以成为一名出色的赛车手。这个梦想一直在他的心里燃烧。吉米·哈里波斯到了该服兵役的年龄时，他到了部队。由于对车比较感兴趣，所以他被派去开卡车，这对他习得熟练的驾驶技术起到了很大的作用。

退役之后，他在工作之余一直坚持参加一支业余赛车队的训练，只要有机会比赛，他都会想办法参加，但一直没有拿到过名次。后来他参加了威斯康星州的赛车比赛，也就是那场比赛差点要了他的命。原来当赛程进行到一多半的时候，他前面那两辆车发生了相撞事故，他为了避开他们，撞到了车道旁的墙壁上，瞬间赛车就燃烧了起来。当吉米·哈里波斯被救出来时，他的手已经被烧伤了，鼻子也不见了，体表烧伤面积达40%，后经医生的全力抢救才保住性命，但是以后他再也不能开车了。

然而，他并没有因此放弃梦想。他决定接受植皮手术，恢复手指的灵活性。手术后，他每天都不停地练习手指，他相信坚持定能产生奇迹。在经过近9个月的痛苦训练后，他终于能重返赛场了。于是他先参加了一场公益性的赛车比赛，但这次他没有取得名次。接着在后来的一个200英里的比赛中，他取得了第二名的成绩。

两个月后，还是在那次出事故的赛场，经过一番激烈的角逐，吉米·哈里波斯最终赢得了 250 英里比赛的冠军，成了美国最具传奇色彩的伟大赛车手。他坚持梦想的决心也成为鼓舞人们的精神动力。

如果吉米·哈里波斯没有梦想，没有为梦想奋斗的决心，他就不会有今天的成就，也许还是千千万万个平凡人中的一员，默默无闻。但是他有梦想，不管经历多少挫折，他依然不放弃希望，最终成就了他成为最优秀赛车手的梦。吉米·哈里波斯的经历告诉我们：拥有了梦想，就拥有了成功的希望，人生也因梦想的存在而与众不同。

梦想对于每个人都是公平的，不管你的家庭、背景、学历、长相如何，也不管你现在从事什么工作，或者将来想从事什么工作，只要你有一个坚定的梦想，一个不灭的信念，就有了梦想成真的可能，你的人生也因梦想的存在而伟大。

活出真实的自己

当出国是一件很风光的事情时，你挤破头也要走出国门；当公务员热兴起时，你又忙着考公务员；当创业大潮席卷全国时，你奋不顾身地创业……忙忙碌碌的生活，看似充实，实则苍白不堪。

在行动之前，你不妨先问一下自己：我究竟想干什么？

世界上没有一片叶子和别的叶子相同，更没有一个人与别人完全一样。认真做自己，就必须找到你与他人不一样的地方，即独特之处。而且，这种发掘还不能靠他人，而只能靠自己去寻找，因为谁也不会比你更懂得自己。

我认识一位小学老师，她从大学毕业后就想要教书，但是因为不是师范专业的大学毕业生，当时没有找到教书的机会，她便到日本留学，攻读教育学硕士学位。刚回国时，她一时还找不到教职，就到一家公司担任日文秘书，颇得老板的信任，待遇也相当好，但是她仍不放弃想要教书的念头。后来她去参加教师资格证考试，考取后立刻辞去了秘书的工作。

教书的薪水不如她担任秘书的薪水多，同时，让周围的朋友很不解的是，以她的学历完全可以去教高中生，为什么要去教小学生呢？

可是她很坚定地说："我就是因为喜欢小孩子才选择这个工作的呀。"

— 5 —

有一回我碰到她，问她近来如何。她马上很兴奋地告诉我："今天刚上过体育课。我也跟小朋友一起爬竹竿，我几乎爬不上去，全班的小朋友在底下喊：'老师加油！老师加油！'我终于爬上去了，这是我自己当学生的时候都做不到的事呢。"

这是一个多么快乐的好老师。而如果她因为薪水或是其他因素而违背自己的愿望，选择做个秘书或者到年龄层比较高的学校教书，还会不会这么快乐呢？

每个人都追求成功，那么你如何为"成功"下定义？很多人以为成功与否是由别人来评价的。实际上，你的成功与否只有你自己能做评判。把生活过成自己想要的样子，就是最大的成功。

我想最接近成功的意义是"使命"，"使命"是我们要做的事以及要拥有的一切。你的使命感和你的信仰、价值观密不可分。你必须扪心自问：我如何确定自己的存在？这个答案直接关系到你所拥有的特质、能力、技巧、人格及天赋。

你首先应该知道的是：你是独特的、绝无仅有的、独一无二的，你有自己的个性、背景、观点、处世态度及人际关系，没有人可以取代你，也就是说，你的存在绝对有无法取代的价值。你的使命终究还是要靠你自己来完成，它是你人生的目标，是独一无二、专属于你自己的。它值得你用全部的精神、力量去追求。

我们现在生活在一个为我们提供了无限机会的年代。这些选择的机会让我们拥有了极大的自由，但同时也给我们带来了困惑。有很多人抱怨不知道自己真正喜欢做什么。造成这种局面的原因是他们多年来压抑自己的愿望，忽略了自己的内在，他们总是急于模仿他人，却忘记了真实的自我。

这样不了解自己的人是不可能获得成功的。古语说："知人者智，知己者强。"如果你对自己想做什么非常清楚，你的愿望非常明确，那么使你成功的条件很快就会出现。遗憾的是，对自己的愿望特别清楚的人并不是很多。我们需要清楚地了解自己的雄心壮志和愿望，并使它们在自己的内心逐渐明晰起来。

让我们为自己想要的生活而努力吧。

客观地认识自己

大卫·布朗是美国最赚钱的电影制片商之一，但他曾三次被解雇。

在好莱坞，大卫·布朗一跃成为"20世纪福克斯影业公司"的第二号人物，直至他导演《克里奥佩特拉》（埃及最后一个女王）一片。这部影片票房奇惨，接着公司大裁员。于是，他第一次被解雇了。

在纽约，他在新际美利坚文库担任编纂部副总裁，但因他在工作中与一个不学无术的门外汉发生冲突，使他第二次失业。

后来他又返回加利福尼亚，重新担任"20世纪福克斯影业公司"的高层职务。不久，因董事会不喜欢他提议拍摄的几部影片，他再一次被革职。

经过三次失败，布朗开始认真思索他的工作作风，重新审视自己。他认为自己在做事时一向敢言，肯冒险，喜欢凭直觉处事，遇事有独到见解，这些都是决策者所必需的素质，也就是老板的作风，但不是当雇员的行为。他意识到像自己这样的个性，不适合在大机构里服务。于是他选择自立门户，拍摄影片。

事实证明，布朗是个天生的企业家，他在别人手下当行政管理人员之所以失败，是因为他选择的路不正确，令他的潜力和特长无法发挥出来。

　　布朗的成败告诉我们，要客观、正确和全面地认识自己，才能扬长避短，做出合乎实际的选择。

　　古人云："人之才行，自昔罕全，苟有所长，必有所短，若录长补短，则天下无不用之人；责短舍长，则天下无不弃之士。""人无完人，金无足赤，若用己所长，中人也会成事，若用己所短，高人也会见绌。"

　　清代诗人顾嗣协在他的《杂兴》诗中也对此有过比喻："骏马能历险，犁田不如牛；坚车能载重，渡河不如舟。舍长以就短，智者茬为谋；生材贵适用，慎勿多苛求。"

　　著名的科普作家阿西莫夫，是美国波士顿大学生物化学教授，但他在分析自己的才能时认为：我绝不会成为一个一流的科学家，但是我可能成为一个一流的作家。因而他选择了创作科普读物这一行。果然，据统计，四十余年间他写的书多达240部，而在科学研究方面的成就却微不足道。当然，丰厚的版税收入，令他过上了优渥的生活。

　　伟大的物理学家爱因斯坦，在一次实验课上弄伤了右手，教授为此惋惜地说："你为什么不去学医学、法律或语言学呢？"爱因斯坦回答："我觉得自己对于物理学有一种特殊的爱好和才能。"此后爱因斯坦在物理学上取得的成就，证明了他对自己的认识是正确的。

　　美国物理学家肖克莱与巴丁和布拉顿一起发明了世界上第一只晶体管，并因此获得诺贝尔奖。在晶体管研究方面，肖克莱展现了极高的理论思维能力，晶体管工作原理就是他提出的，晶体管问世以后更是得到了广泛的应用。肖克莱预见到了社会对晶体管的需求，1954年，他辞去了贝尔电话实验室的职务，到加利福尼亚州创办了一家肖克莱半导体研究所，这是一家商业性的企业。

开张之时，8位青年科学家追随他，当他的助手。但是肖克莱不会做生意，对于企业如何赚钱、如何与对手竞争、如何与同事一起商量，他都很不在行。他的企业不像是一个商业性的实体，更像是个纯学术机构。没过几年，助手们因为意见分歧，一个个离他而去。企业也入不敷出，渐渐难以支撑，最后被人收购。肖克莱苦心经营的这家企业，最后以失败告终。

肖克莱有杰出的研究才能却未必有出色的经营才能，科学研究和经营谋利并不是一回事，它们有着不同的特点。肖克莱缺乏这点自知之明，贸然从事自己不擅长的工作，舍己之长，用己之短，他的失败在他选择离开科研机构、办起商业实体之时，就已经埋下了伏笔。

可见客观地认识自己的重要性。认识自己并发现自己的特长和潜能，就如同掌握一门根雕艺术。树根千姿百态，艺术家要善于用树根的天然形状顺势雕刻成栩栩如生的各种形象。其实我们每个人也与树根一样千差万别。只有根据自己的特点，才能在人生的十字路口做出一个正确的选择。希腊哲学家把认识自己看作生命的一个重要目的。古人云："知己知彼，百战不殆。"我们只有正确认识自己，才能知道干什么样的事业可以真正发挥自己的潜能，从而得到最大的经济回报。

然而真正认识自己不是一件容易的事，需要有科学的方法和实事求是的态度，这里简要地介绍几种方法。

（1）征询意见法。向自己的父母亲人、同学朋友和师长同事征求意见，了解他们对自己的看法和评价。看看周围的人认为自己适合做哪种工作。

（2）自我反省法。自我反省可以帮助我们深入了解自己的才能及事业倾向。了解在过去的生活及工作中有哪些是自己愿意去做而又得到较大成就的事；哪些是自己不喜欢做，虽尽力却毫无回报的事。检讨一下以往几年间，自己性格的转变，其中有哪些明显的趋势，能否借以推断以后的转变方向及自身发展的趋势。

（3）心理、职业测验法。目前社会上出现不少有关心理、性格和智力等各式各样的测验，不妨试一试，作为参考。

（4）感觉法。对自己无把握的事，会本能地产生一种畏惧情绪，这是你在这方面没有才能的一种反映。与此相反，如果对所做的事感到确有信心做好的话，那正说明你在这方面或许有一定的才能。

（5）实验法。就是用事实作证明。有小说才是作家，有画作才是美术家，有发明创造才是科学家。没有作品的作家，没有画作的美术家，没有创造发明的科学家，在世界上是不存在的。我有一位同学，是从事统计工作的，但他心里却总想当个作家。他把剩余的全部时间和精力都用于小说创作。终于有一天，他写的一篇小说发表了，接着又发表了第二篇、第三篇。这一事实使他认识到自己是能写小说的，是可以成为一名作家的。这就是从事实当中，认识和发现自己的才能。当你尚未了解和认识自己的才能时，不妨对有兴趣的学问或工作做一些研究或实践，看在研究和实践过程中能否达到预期的效果。如果成效显著，就证明你有这方面的才能；如果成效甚微，甚至没有成效，那就说明你不具备这方面的能力。

（6）比较法。不怕不识货，就怕货比货。通过比较可以认识自己的才能。尤其是在比赛场上，如果是体操类竞技比赛，有自由体操、鞍马、吊环和单双杠，那么你在哪个项目中能屡挫对手捷报频传，便说明你在这个项目上的能力突出。这是人尽皆知的道理。但如果没有可比的对象，也可以拿自己做过的各项工作来比。如有人多才多艺，那就要看哪种才气更大，哪种特长出类拔萃并被社会承认。

（7）考试法。目前除了学校用考试来测验学生的学习优劣外，一般企事业单位也已采用公开招聘的方式来选拔和录用人才。通过考试也可以客观地评价自己。

（8）自问法。向自己提出需要解答的问题，其中要弄清楚的具体问题包括：人生观、价值观、满足需要次序、兴趣、能力、个人形象、动机、家庭背景和影响、任职资格、技能、社交和别人沟通的能力，还有社会活动经验、旅游经验、工作经验、喜爱的工作环境，等等。

除了运用各种方法认识自己外，还要根据自身的实际状况客观地评价自己。

以学历来说，每个人受教育的程度不同，有的人受过高等教育，有的人没受过高等教育。即使同是高等教育，也会有高低层次之分，如有学士、硕士和博士。同时，所上学校的等级也不一样，有的人毕业于清华、北大，有的人毕业于一般大学。当然学历不能代表一个人的真正水准，但它可以从一个侧面反映一个人所学知识的多少及具有的专业特长。尤其社会各界在录用人才时是很看重这一点的。因此，这也是你评价自身的客观标准之一。

再就是智力。据心理学家研究表明，人的智力分为五种类型：智力超常和低常者各占 1%，智力偏高和偏低者各占 19%，智力中等者占 60%。一位心理学家对一所大学的学生的思维能力进行研究，从流畅性、变通性和独创性三个方面评价，发现学生之间有明显的差异。通过和周围人比较，你可以了解自己的智力情况。如你的学习与工作成绩在全班或单位里属佼佼者，说明你的智力起码在正常者以上，这样你就不必害怕到一些竞争力强的行业和单位找工作或创业了。

还有一些非智力因素，如一个人的气质、意志和风趣等均属于非智力因素的范畴。认识自己的这些因素对找工作也很重要。我们常看到这样一种情况，具有同等智力和学历的人，在外在条件相同的情况下，性格温顺、易受干扰者，往往终生没有什么发明、发现和创造；而性格怪僻、固执和多疑者的创造性捷报却纷至沓来。一个重要的原因，在于前者的性格与有关发明、创造的工作不匹配，后者的性格与有关发明、创造的工作比较匹配。前者能较好地处理家庭和同事之间的关系，如在服务行业或医护行业，可能会成为出色的服务员或白衣天使，而在科学研究领域却可能一事无成。因为从事科学研究需要的是冷静的批判、独立的思考、精细的观察和坚持不懈的探索。

每个人的性格气质都有所长，也有所短。多血质的人活泼易动；胆汁质的人动作迅速敏捷；黏液质的人稳定持重；抑郁质的人细心谨慎。一般来说，拥有开朗、活泼、热情、温和性格气质的人比较适合从事演艺、社交和服务性行业；拥有多疑好问、深沉严谨和求实性格气质的人，比较适于科研和医学。外科医生需要的是大胆、沉着；企业管理者需要和气、谨慎，好强多思，能干而又持重。

总之，你要全面了解并认识自己，客观正确地评价自己，这样才有可能在选择工作或创业的时候，找到自己在社会坐标系中的恰当位置，既能有效地发挥自己的才能，又能充分挖掘自己的潜能，从而最大限度地实现自己的梦想。

守护好你的梦想

梦想是人类对于美好事物的一种憧憬和渴望，但梦想绝不是空想和妄想。人生需要梦想，人生如果没有梦想，就像没有明天一样无望；人类需要梦想，梦想让这个世界变得如此生动，如此丰富多彩。

因为有了飞翔的梦想，莱特兄弟发明了飞机；因为有了光明的梦想，爱迪生发明了电灯；因为有了探索宇宙的梦想，加加林成为第一个从太空看到地球的人；而美国宇航员阿姆斯特朗则于 1969 年 7 月 20 日操纵登月舱"鹰"在月球登陆，成为第一个登上月球的人，实现了人类有史以来探访月球的梦想。

在一堂山村小学的作文课上，年轻老师给小朋友布置的作文题目是"我的梦想"。

一位小朋友非常喜欢这个题目，在本子上飞快地写下了他的梦想。

他希望将来能拥有一座占地十余公顷的庄园，在广阔的土地上种满如茵的绿草。庄园中有很多小木屋、烤肉区及一座休闲旅馆。除了自己住在那儿外，还可以和前来参观的游客分享自己的庄园，有住处供他们休息。

老师批改时，在这位小朋友的本子上画了一个大大的红"×"。小朋友仔细看了看自己所写的内容，并无错误，便拿着作文本去请教老师。

老师告诉他："我要你们写下自己的志愿，而不是这些如梦呓般的空想，我想要实际的志愿，而不是虚无的幻想，你知道吗？"

小朋友据理力争："可是，老师，这真的是我的志愿啊！"

老师也坚持说："不，那不可能实现，那只是一堆空想，我要你重写。"

小朋友不肯妥协，说："我很清楚，这才是我真正想要的，我不愿意改变我的梦想。"

老师摇头说："如果你不重写，我就不能让你及格了，你要想清楚。"

小朋友也跟着摇头，不愿重写，而那篇作文就得到0分。

事隔30年，这位老师带着一群小学生到一处风景优美的度假胜地旅行。在尽情享受无边的绿草、舒适的住宿环境及香味四溢的烤肉之余，他看见一位中年人向他走来，并自称曾是他的学生。

这位中年人告诉他的老师，他正是当年那个作文不及格的小学生。如今，他拥有这片广阔的度假庄园，真正实现了儿时的梦想。

老师望着眼前这个庄园的主人，想到自己30年来的教师生涯，不禁感叹："30年来，因为我自己的局限，不知道否定了多少学生的梦想。而你保留了自己的梦想，我要为你喝彩。"

只要我们是脚踏实地的人，只要我们紧紧握住梦想，我们就可以不怕任何人的冷嘲热讽，因为他们无法偷走我们的梦想。而所有企图偷走我们的志愿的人向我们泼的冷水，足以灌溉梦想的种子，使之茁壮成长。

　　心爱的东西不见了，可以再去买；钱没有了，可以再赚回来；唯独梦想若是被偷走了，就难以再寻觅回来。好在，除非我们愿意，否则没有人能够偷走我们的梦想。

做自己生活的主人

面对大大小小的选择，你最先考虑的是什么？是自己的未来？还是朋友的看法？

事实上，不管做何种选择，可以肯定的是，如果你太在意别人的看法，那么，不论你选择哪一个方向，到最后总还是会有人觉得你做错了决定。

既然如此，何不就根据自己的需求和价值观，做个让自己一生都无悔的决定？

如果世上真有什么对的决定，我想，那都是相对的，也就是说，这个决定的"对"，是相对于自己的主观和人生的需求来判断的。

不过，据我所知，很多人都无法做出这样的决定。一方面是因为外界（亲友）的杂音太多，另一方面是因为他们仍不知道这一生自己到底要什么。

因此，有很多人做了表面上是对的决定，结果为了这个决定而悔恨一辈子。甚至有人从此一辈子逃避再做任何决定。

一个名叫热佛尔的黑人青年，他在很差的环境——底特律的贫民区里长大。他的童年缺乏爱抚和指导，跟别的坏孩子学会了逃学、破坏财物和吸毒。他刚满 12 岁就因抢劫一家商店被逮捕了；15 岁时因企图撬开办公室里的保险箱再次被捕；后来，又因为参与对一家酒吧的武装打劫，他作为成年犯被第三次关入监狱。

一天，监狱里的一个年老的无期徒刑囚犯看到他在打棒球，便对他说："你是有能力的，你有机会做你自己想做的事，不要自暴自弃！"

热佛尔反复思索老囚犯的这席话，做出了决定。虽然他还在监狱里，但他突然意识到他具有一个囚犯所能拥有的最大自由：他能够选择出狱后干什么；他能够选择不再成为恶棍；他能够选择重新做人，当一个棒球手。

5年后，热佛尔成了全明星赛中底特律老虎队的队员。当热佛尔在监狱时，他完全可以推脱："现在我在监狱里，我无法选择，我能选择什么呢？"

但他说的是："我能够做出决定。"

鲍勃·摩尔说道："为了谋取生活的成功，我们必须做出自己独立的选择。"

我们必须运用自己自由选择的权利。作为自己生活的主人，你每天、每个小时都可以做出自由的选择。你必须做出选择：

你可以轻视自己，也可以诚实地对待自己；

你可以觉得自己是人微言轻的无名之辈，也可以去充实自己的心灵；

你可以办事拖拉，也可以马上就做；

你可以整天自寻烦恼，牢骚满腹，也可以心平气和地应付一切；

你可以对生活悲观失望以至逃避，也可以充满信心地投入行动；

为人处世你可以选择阴险，也可以选择善良；

你可以毁坏一切，也可以奋起建设新生活；

你可以满足现状停步不前，也可以成为你理想中的人；

你可以逃避责任，也可以忠于职守。

有关这一切的选择权都在你身上，因为你是生活的主宰。

人是自己痛苦的策划者，也是自己幸福的设计者。

方向明确，事半功倍

我们都知道南辕北辙的故事，而在实际生活中，我们也无时无刻不深刻地体会到方向的重要性——即使你跑得再快，哪怕百米成绩在 10 秒以内，但如果在比赛中跑错了方向，其结果如何，恐怕是谁都可以想象的。

其实不仅仅在生活中是这样，在人生的任何领域，方向都比速度更重要。

贞观年间，长安城西的一家磨坊里，有一匹马和一头驴子，它们是好朋友，马在外面拉车，驴子在屋里拉磨。贞观三年，这匹马被玄奘大师选中，出发经西域前往印度取经。

17 年后，这匹马驮着佛经回到长安。它重到磨坊会见驴子朋友。老马谈起这次旅途的经历，那些神话般的境界，使驴子听了大为惊异。

驴子惊叹道："你有多么丰富的见识呀！那么遥远的道路，我连想都不敢想。"

老马说："其实，我们走过的距离是大体相等的，当我向西域前进的时候，你一步也没停止。不同的是，我和玄奘大师有一个遥远的目标，按照始终如一的方向前进，所以我们看见了一个广阔的世界。而你却被蒙住了眼睛，一生就围着磨盘打转，所以永远走不出这个狭隘的天地。"

我相信，这个故事的道理直白得不用再做附加说明，它告诉人们一个没有正确方向的人，将永远生活在狭小的天地里，选择方向往往比选择努力更重要。

或许有人说："做事的速度很重要，我们要有速度，才能有更高的效率。"但是，你们是否想过：如果方向错了呢？再快的速度只能适得其反。

有一个聪明上进的男孩，从小热爱电影。在他22岁那年，他立志要成为这世界上最优秀的编剧之一。从那以后，他发奋坚持每天尽可能多地阅读、写作。大学毕业后，他换过好几个工作：网站编辑、报社记者……辛勤的工作换来逐步增多的薪水，和其他从学校毕业走上社会工作的青年一样。唯一不同的是，他一直没有忘记梦想，始终坚持文学创作，在少得可怜的工作之余可以自由支配的时间里去写作。

机会终于来临了，他的好几个故事被一家电影公司看中，他顺理成章地进了那家电影公司工作，终于搭上了那艘通往梦想的大船。没过几年，在一次电影颁奖典礼上，他便和一位著名导演一同站在了领奖台上。

还有一个同样聪明勤奋的男孩。他不愿意过平凡普通的日子，他向往成功、渴望财富。他是个相当机灵的小伙子，从学校毕业后他先是给别人打工，凭着自己的勤奋和智慧在极短的时间内赢得了老板的信任和赏识，也得到了人生中的第一桶金。

他是多么不甘平庸啊，他还想再快速地积累财富，达成梦想。当然这原本没有错。

有一天，他在一个朋友的蛊惑下，在他那用第一桶金开的小酒吧里做起了违法的事情：卖违禁药品、开设赌局……他发现，钱原来可以来得这样容易。在金钱游戏里，他越陷越深，最后连自己也掉进去了，受到了法律的制裁。

出狱后，经过几夜的辗转反思，他决定重新去给别人打工，从此脚踏实地地走。是的，我们该祝福他，他又重新上路了。

这不是两个故事，这是真实的事情，就发生在我的身边，也许也同样发生在你的身边。

那么，亲爱的朋友们，我到底想告诉你们什么呢？从第一个男孩脚踏实地地坚持，到第二个男孩从无到有、从有到无的过程，到底说明了什么呢？

我们在人生的旅途中，一定要正确地认识自己，选准自己努力奋斗的方向。方向明确，即使前进的脚步较缓，那也是在通往去翡翠城的路上，也是一种对成功的积累；否则，方向不明，搞错了，甚至背道而驰，那么速度越快离成功的彼岸越远。

有的人明明知道方向错了，别人也提醒他方向错了，他却还要死钻牛角尖，结果呢？请看这个小寓言故事。

老鼠钻到牛角尖里去了。它跑不出来，却还拼命往里钻。

牛角对它说："朋友，请退出去，你越往里钻，路越窄。"

老鼠生气地说："哼！我是百折不回的英雄，只有前进，决不后退！"

"可是你的路走错了啊！"

"谢谢你，"老鼠还是坚持自己的意见，"我一生从来就是钻洞过日子的，怎么会错呢？"

不久，这位"英雄"便活活闷死在牛角尖里了。

所以，一位哲人讲：一个人最重要的不是他所取得的成绩、他所在的位置，而是他所选择的方向。

走路，要看清方向；开车，要看清方向；人生，更不能来回换方向。如果你东西南北乱刮风，那你只能过昏天黑地的生活喽！

做该做的，不要偏离方向

一只狮子老了，经常感到自己觅食越来越吃力，决心改变方式，运用计谋取食。于是它整天躺在洞里装病，故意大声呻吟着，让野兽们听见。百兽前来探望它，走进洞中的都成了狮子的腹中餐，来一个狮子便吃一个。

后来一只狐狸识破了狮子的阴谋，它来探望狮子，远远地站在洞口，说什么也不肯靠近。狮子便装作和善的样子，劝狐狸进洞和它聊聊天。狐狸谢绝了狮子的请求，它说："谢谢你的好意，我看就不必了，因为我很为自己担心。看看地上就明白了，这里有许多走进你洞里的脚印，可怕的是，没有出来的脚印。"

在这个寓言里，动物们一个接一个地到狮子那里送死，这种亦步亦趋地跟从，正是它们灭亡的主要原因。相反，细心的狐狸很好地观察前者留下的脚印，有了这些前车之鉴，狐狸及时思考，立即紧急刹车，知道什么该有所为，什么该有所不为，很聪明地保全了自己。

当我们回顾历史的时候，就应吸取前人失败的教训，吸收他们成功的经验，这样才会少走弯路，避免重蹈覆辙。前辈留下的东西看来不容忽视，因为这是无价之宝。

有所为，有所不为。看似平常，却是长期修养才能达到的一种境界，可说是"冰冻三尺，非一日之寒"。

　　我相信，从理论上说，每一个人的禀赋和能力的基本性质是早已确定的，因此，在这个世界上必定有一种最适合他的事业，一个最适合他的领域。当然，在实践中，他能否找到这个领域，从事这种事业，不免会受客观情势的制约。但是，我们自己应该有一种自觉，尽量缩短寻找的过程。在人生的一定阶段上，一个人必须知道自己是怎样的人，到底想要什么。世界无限广阔，诱惑永无止境，但属于每一个人的现实可能性终究是有限的。你不妨对一切可能性保持着开放的心态，因为那是人生魅力的源泉，但同时你也要早一些在世界之海上抛下自己的锚，找到最适合自己的领域。老子说："不失其所者久。"一个人不论伟大还是平凡，只要他顺应自己的天性，找到了自己真正喜欢做的事，并且一心把自己喜欢做的事做得尽善尽美，他在这世界上就有了牢不可破的家园。于是，他不但会有足够的勇气去承受外界的压力，而且会有足够清醒的头脑来面对形形色色的机会和诱惑。

　　所以说，我们在工作和生活中，很多时候需要自己想清楚什么是该做的、什么是不该做的，从而有所为，有所不为。但很多时候因为非此即彼的原因，我们往往不能放下自己，回归自然，会做不该做的事情，会说不该说的话。

　　当然，人活在世上，该有这样或那样的欲望，否则可能与行尸走肉没有什么不同，但关键看自己的欲望是否正当。当欲望合理、正当的时候，我们就该满足自己的欲望，实现人生的理想，为体现人生的价值做应有的努力，这也就需要我们"有所为"。

但一个人的精力是有限的。你不可能什么都想得到而又什么都不想失去。你必须学会选择，学会放弃。有位哲人曾给出忠告：人一生只能做好一件事。我们只有一双手，每只手只有五个手指头。所以我们应该去抓该抓的、值得抓的东西，这就是要切实做到"有所为，有所不为"。

"有所为，有所不为"的关键是要"有所为"。而要"有所为"，首先要弄清"为"什么，即你的目标是什么。只有弄清了自己的目标，才会用尽一生的精力去追求，去拼搏；也只有弄清了自己的目标，才会"有所不为"。

比如，你如果选择了从政之路，就要放弃经商、发财的念头；又想当官，又想发财是很危险的。"有所为，有所不为"，最难的是"有所不为"。"有所不为"就意味着放弃，而放弃往往是一件非常痛苦的事情。

因为放弃意味着失去某些既得的利益，如位、名、权、利。而这些在某些人眼里往往是趋之若鹜的东西，怎能弃之不要呢？因此，"有所为，有所不为"要求我们权衡轻重、利害、得失，做出正确选择。

在现实生活中，我们经常面临着"有所为，有所不为"的选择。比如选择成为一名成功的企业家，这就意味着将在一定程度上放弃爱好的文学、电影、艺术等；选择支援边疆就意味着将失去与妻女、父母和家人的团聚，告别许多朋友；选择做个模范丈夫（或妻子）就意味着失去单身贵族的潇洒和浪漫……

孟子曾说："人有不为也，而后可以有为。"其意是说

"为"与"不为"乃一对矛盾，"有所不为"才能"有所为"，"有所不为"方能"为必成"；反过来说，如果不分主次、轻重、缓急，不讲条件、不顾后果，单凭主观愿望，什么事都想"为"，势必"无为"又"无成"。

第二章

计划周详，步步为营

我们必须经常保持旧的记忆和新的希望。

——毛姆

希望是支撑着世界的柱子。希望是一个醒着的人的美梦。

——普契尼

要学孩子们，他们从不怀疑未来的希望。

——泰戈尔

制订目标的 8 个原则

有梦想只是万里长征走了第一步，接下来就要制订目标以及行动规划。做任何事都不能没有规划，规划是成功的保障，规划也是成功的必备条件。没有规划，就没有一切。有了规划再行动，成功的概率会大幅度提升；没有规划而盲目行动，是失败的开始。

做任何事情都要有目标而不能盲目去做，盲目地去做只会造成事倍功半，甚至什么都做不好。但要怎样才能有目标呢？这就关系到要怎样制订人生目标。

每个人的人生目标都是独特的，最重要的是，我们要主动掌握自己的人生目标。但这也不能操之过急，更不要为了追求所谓的崇高，或为了模仿他人而随便确定目标。

制订目标前，我们必须对自己进行客观分析，了解自己各方面的能力。如果目标设定过高，则根本无法达到，反之，则挖掘不了自身潜能。确定目标后，我们还要适时做出调整，适度提高或降低期望。达成一个目标后，就要制订相对较高要求的下一个目标，只有这样，我们才能一步步坚定地迈向远景目标。

确立目标是成功的起点。比如现在的大学生，如果能对自己的未来及时做好规划，有所设计，平时的学习和生活就围绕这一目标，每一天就会过得很有意义，就会成为对未来已经有所准备的人。目标的设计应科学合理。目标应具体，是可以衡量的；目标应适当，既不好高骛远、不切实际，又不因循守旧、影响发挥；目标应体现阶段性，既有短期目标和中期目标，又有长期目标。

大学实行专业教育，目的是培养高级专门人才。和中学生不同，大学生与自己将来要从事的事业更加接近。所以，从事业的需要和自己的志向出发，大学的学习目标应更具体、更明确。不同学科有不同的目标，工科的学生大多以成为一名合格的工程师为目标，将来要在工程领域有所造就；学经济的学生以成为一名经济师为目标，将来要在金融领域获得成功；学艺术的学生以成为艺术家为目标，将来要在艺术领域发挥自己的才能。总之，不同专业的学生其目标指向应该有所不同。即使同一专业，每个学生的情况不同，其具体的志向和目标也应有所不同。无论什么目标，只要适合自己，有益社会，就可以确立。

制订人生目标必须注意：

1. 目标必须是长期的

没有长期的目标，你也许就会被短期的种种挫折所击倒。设定了长期的目标后，起初不要试图去克服所有的阻碍。就像你早上离家不可能等路口所有的交通灯都是绿色才出门，你是一个一个地通过红绿灯，你不但能走到目力所及的地方，而且当你到达那里时，你会见到更远的地方。

2. 目标必须是特定的

一个猎人，当他面对树上的一群鸟时，如果说他能打下几只鸟的话，那么他肯定不是向这群鸟射击，几只鸟的收获一定是猎人瞄准特定目标的结果。

3. 目标一定要远大

一旦你确定只走 1 千米路的目标，在完成还不到 1 千米时，你便有可能感觉到累而松懈自己，因为反正快到目标了。然而，如果你的目标是要走 10 千米路，你便会做好思想及其他一切必要的准备，并调动各方面的潜在力量，一鼓作气走完七八千米后，才可能会稍微松懈一下自己。

制订目标的基本原则：

1. 必须确定你的目标和起跑线

要走出迷宫，除了依靠地图和指南针外，你还要知道自己所处的位置。当你一个人最终坐下来后，就可以向自己提以下的问题，并把答案写下来：

（1）我拥有怎样的才干和天赋？

①什么工作我能干得最好？

②我能比我认识的人都干得好吗？

……

（2）我的激情是什么？

①有什么东西使我内心特别激动，使我分外有冲劲去完成？

②假若有，这种冲动的激情是什么？

（3）我的经历有什么与众不同的地方？

①我都干过哪些和别人不一样的事？

②我的与众不同能赋予我特别的洞察力、经验和能力吗？

③我能做出什么不寻常的事情？

……

（4）我所处的时代和环境有什么特点？

理想往往受到人生活的独特环境、地理位置与气候的影响，政治、经济、历史、文化背景以及许多其他因素都可能起作用。记下所有可能对你的机遇产生影响的东西。

（5）我与什么卓越人物有来往？

你可以与之合作的那些人的才干、天赋与激情一定会带给你靠单独工作找不到的机遇。

（6）我期望何种需要得到满足？

要知道，满足某种需要的欲望往往能激发人的理想。

如果可能，上面的过程你最好每年都做一次。如果有必要，做完后你也可以再重做一次。隔了几年，你可能发现自己的理想已经改变了。如果几年来你抱着同一个理想，而且你觉得这个理想与自己的能力基本匹配，那么你很可能已确定了人生的一个很好的理想了。在未来的岁月中，你也许会对这个理想进行小小的修正或补充，但这个理想不会完全改变。

2. 必须把目标清楚地表述出来

切记，在表述你的人生目标时，一定要以你的梦想和个人的信念作为基础。

3. 将整体的目标分解成一个个易记的目标单元

表达目标的方式多种多样。目标可以用业绩表示（如推销1000件某种产品），也可以用时间表示（如每周3次，每次锻炼1个小时）。目标可以涉及人生的领域，视你想取得什么成就而定。比如拿破仑·希尔列举了一些可能的目标领域：个人发展；

身体健康；专业成就；人际关系；家庭责任；财务安排……

想到什么目标不妨先写下来。起初，你没必要判断这些目标是不是能够实现，也不要管它们是长期的还是短期的。这个阶段重要的是有创意，有梦想。把能想到的都写下来后，再对照你的人生目标仔细地检查一下。最后，不妨问自己两个问题：

其一：目标是否使自己向确定的理想迈进了一步？

如果你发现这些目标之中有什么与你的人生目标和你的理想不符合，一般来说你可以有两种选择：把它去掉、忘掉；重新评估你的人生目标，考虑改写。

其二：你已经记下了为实现理想必须达到的 2~5 个目标了吗？

这个问题能帮助你弄清楚你所定下的目标是不是齐全了。如果发现你的理想要求你达到另外几个目标，就把这几个也写下来。当你把目标都记下来后，就可以着手计划走向成功的步骤了。

4. 短期目标不但要有激励价值，而且要切实可行

5. 中短期目标应尽量具体明确，并有具体的实施时间

中短期目标需要定得越具体越好，最好加上每一步的时间安排，这样可以让你完成起来更加直接。

6. 必须行动起来，否则一切都将成为空想

目标确立后执行也很重要，不能执行的目标，没有任何意义，只会被认为是空想。

7. 定期评估计划的执行情况

定期评测进展，这和你的行动同样重要。随着计划的进展，有时你会发现你的短期目标并没有使你向长期目标靠拢；也许，你可能发现你当初的目标不怎么现实；又或许，你会觉得你的中长期目标中有一个并不符合你的理想及人生的最终目标。不管是怎样的情况，你都需要做出调整。你可以把这句话贴在最能引起你注意的地方："我现在做的事情会使我更接近我的目标吗?"

8. 应该庆贺自己已取得的成就

当一切都已经成为现实之后，一定要记住抽点时间庆祝自己已取得的成就。拿破仑·希尔成功学历来相信奖励制度。你取得预期的成果后，自然应该奖励自己，善待自己。小成果小奖，大成果大奖。但是绝不能在完成任务之前提前消费，奖励自己。当你取得一项重大成就时，一定要把对自己成功的庆贺办得终生难忘。

实现计划的 6 个内容

做计划可以让事情的进程有条不紊。此外，计划还是一面镜子，让我们随时检查自己是否达到了预期的目标、还有哪些不足。

通常计划至少包括以下几个内容：

1. 设定一个期限

诸如"我将来要成为一个千万富翁"之类的豪言，在小孩子的口里说出来并没有什么不对。但作为 30 岁的成年人，我们要知道目标是具体的，而不是一个憧憬。一个没有期限的目标不能算作是一个目标，只能是一个梦想或憧憬。你要成为千万富翁，在你多少岁的时候？如果是 40 岁的话，那么你还有 10 年的时间，你这 10 年该如何分配任务？第一年，达到多少财富，如何获得？第二年，达到多少财富，如何获得……以此类推。

2. 确认你要克服的障碍

成功的意思是克服障碍。没有任何成功不是由克服障碍而获得的。在你向自己的目标前进的时候，你所遇到的每一个障碍都是来帮助你达到这个目标，所以要先确认你的障碍，将它们写下来。其次对你目前的障碍设定优先顺序，找出哪一件事影响最大，找出通往成功路途中的拌脚石，全神贯注地解决它。

3. 提高相关的知识与能力

要达到目标，你还在哪些知识或能力上有（或将会出现）缺陷？找出来，设定优先顺序，一一将这些短板加长。我们生活在一个以知识为基础的社会里，不管你设定了什么目标，你想要达成它，必定需要用更多的知识来支持。你需要有针对性地不断充电。

4. 寻找外界的支援

哪些困难是我自己所难以克服的？哪些事情是必须别人帮助才能做好的？谁能在这个目标上帮助我？我要如何做他才有可能帮助我？一般来说，越是大的事业，越是难以独立完成。一个人的力量着实有限，要懂得利用别人的帮助来达成自己的目标。同样，你要列出需要支援的事项的轻重缓急，从最紧要的事项着手寻找对应的人。生活的规律告诉我们：你所获得的常常是多于你所付出的。如果你认真地好好播种，你的收成会比你播种的多出许多。

5. 把计划写在纸上并坚决执行

所有的成功人士都是有计划的人，计划就是建立各种活动一览表，再将这个活动一览表按照重要性的优先顺序和时间先后，重新排列一下次序：什么是你首先应该做的，其次做什么？什么是最重要的，什么是次要的，然后再依照你的计划行动。一定要坚定地执行你的计划。计划不是摆着看的，是用来执行的，否则计划就完全失去意义。

6. 适时修正计划

有计划的好处在于：你每天都在心中有数地朝目标迈进。

当然，有时候会出现"计划跟不上变化"的情形，但那不是计划无用的理由，你可以通过微调来修正计划。

计划并不意味着一切都会准确无误地实现。实际上会有许多事情与人们的初衷相差甚远，但计划仍有很重要的意义。对计划的一个作用的定义是"控制偏差"。我们需要计划，否则偏差就无从谈起。有这样一个小故事：一名乘客在站台上等火车，可火车晚点了很长时间还没有来。最后这名乘客怒气冲冲地跑到站长面前质问："火车晚点了20分钟，还要列车时刻表有什么用？"站长平静地回答说："亲爱的先生，如果没有列车时刻表，您怎么能知道火车晚点了呢？"

要怎样才能达到目标？

简单的说法是"行动"。但行动的方法有一个次序问题、轻重缓急问题。譬如你打算攀登一座高峰，山峰就是你的目标。但在攀登之前，还有很多具体的事务需要计划好：需要哪些装备？装备是否已经完备？有没有足够的预算来采购缺少的装备？是结伴还是单独挑战？……

我们通往目标的路，丝毫不比登山轻松。因此，在你朝目标迈进之前，一定要有一个合理的计划。计划非常重要，因为只有有了计划，才能知道自己是否偏离了航线，帮助我们减少人力、物力的浪费。同时，计划可以帮助我们分清工作的轻重缓急，并排出先后次序，以保证工作的顺利完成。

分清事情的轻重缓急

日常工作与生活中，我们会遇到各种各样的事情。但这些事情我们没有必要都花同样的时间与精力去对待。一般来说，事情可以分为四种：一是既重要又紧急的事情，如马上要解决的紧急问题；二是重要但不紧急的事情，如一些计划与规划；三是紧急但不重要的事情，如某些必须要开的会议；四是既不重要也不紧急的事情，如一些不必要的杂事。如果是你的话，你会先做什么样的事情呢？

有这样一个例子对上述的四种事情做了很好的比喻。有一个木桶，要往里面装下面的四种东西，它们分别是大块的石头、碎石、沙、水。如果让你装你会先装什么呢？如果我们先往桶里装碎石的话，后面就装不下大的石块了。因此，我们要往桶里装这四种东西应该先往里面装大石块，然后是碎石，装满后还可以装沙，而最后还可以倒水充满整个桶。那么这里的四样东西分别代表了哪四种事情呢？大石块代表的是重要但不紧急的事情，碎石代表紧急而又重要的事情，沙代表紧急但不重要的事情，而水就代表不紧急也不重要的事情。

为什么我们要先做不紧急但重要的事情呢？很多人会有这样的疑问。那些紧急又重要的事情不是我们必须马上要做的吗？我们可以这样理解：这些碎石都是从大石块那里来的。如果我们的年度计划制订后（这是重要但不紧急的事情），然后抓紧时间提前完成所制订的计划，这样我们的紧急又重要的事情就会大量地减少。

因此，我们不要一味地被眼前紧急而又重要的事情牵着鼻子走。我们要认清这些事情是为什么产生的。很多时候是由于我们的计划不能按部就班地执行而产生的。所以，我们要提高自己的工作效率，首先就要制订好我们的工作计划，然后再按照计划去完成，这样的工作效果一定会好。

伯利恒钢铁公司总裁查理斯·舒瓦普曾会见效率专家艾维·利。艾维·利说自己的公司能帮助舒瓦普把他的钢铁公司管理得更好。舒瓦普认为他自己懂得如何管理，但他也承认事实上公司的经营不尽如人意。可是他说自己需要的不是更多的知识，而是更多的行动。他说："应该做什么，我们自己是清楚的。如果你能告诉我们如何更好地执行计划，我听你的，在合理范围之内价钱由你定。"

艾维·利说可以在 10 分钟之内给舒瓦普一样东西，这东西能使他的公司的业绩提高至少 50%。然后他递给舒瓦普一张空白纸，然后他说："在这张纸上写下你明天要做的 6 件重要的事。"过了一会儿又说："现在用数字标明每件事情对于你和你的公司的重要性的次序。"过了大约 5 分钟，艾维·利说："现在把这张纸放进口袋：明天早上你要做的第一件事是把纸条拿出来，做第一项。不要看其他的，只看第一项。着手办第一件事，直至完成为止。然后用同样的方法对待第二项、第三项……直到你下班为止。如果你只做完第一件事，那不要紧，毕竟你已经做了最重要的事情。"

艾维·利又说："每一天都要这样做。当你对这种方法的价值深信不疑之后，叫你公司的人也这样干。这个试验你爱做多久就做多久，然后给我寄支票来，你认为值多少就给我多少。"

整个会见历时不到半个钟头。几个星期之后，舒瓦普给艾维·利寄去一张 2.5 万美元的支票，还有一封信。信上说，那是他一生中最有价值的一课。

后来有人说，5 年之后，这个当年不为人知的小钢铁厂一跃成为世界上最大的独立钢铁厂，而其中，艾维·利提出的方法功不可没。这个方法还为查理斯·舒瓦普赚得一亿美元。

其实，事情要分轻重缓急，我们的古人早就懂得这个道理。三国时候，有一个叫于禁的人，是魏国五良将之一。他最早随鲍信起兵，后来又归附曹操，被任为官军司马，从此跟随曹操四处征战。有一次曹操的青州兵四处抢劫，被于禁追杀后就去告发于禁叛变，恰好此时张绣叛变来攻，于禁就先扎下营寨才去见曹操。曹操问他怎么不先来解释，于禁说自己认为分辩事小，退敌事大。曹操因此十分高兴，于是封他为益寿亭侯。

小时候听过这样一则寓言故事：从前，有两个猎人，一起去野外打猎。这时，一只大雁向他们飞过来。

"我把它射下来煮着吃。"一个猎人拉开弓瞄准大雁说。

"鹅是煮着吃，大雁还是烤着吃更香。"另一个猎人说。

"煮着吃。"

"烤着吃。"

两人争论不休，最后来了一个农夫，于是他们要农夫为他们评理。农夫给他们出了一个主意：把大雁分成两半，一半煮着吃，一半烤着吃。两人认为有理，决定将大雁射下来，但这时大雁已经飞走了。

这则寓言故事给我们的启示是：做事要分轻重缓急，机会来临稍纵即逝，如果我们过多地去追求一套完美的解决办法，或者力争达到统一认识，但等制订了一个完美方案或统一了认识后，机会已经错过了。

把一天的时间安排好，这对于你成就大事是很关键的。这样你可以每时每刻集中精力处理要做的事。把一周、一个月、一年的时间安排好，也是同样重要的，这样做能够给你一个整体方向，使你看到自己的宏图，从而有助于你达到目标。

总之，无论做什么事都要分清事情的轻重缓急，做出最恰当的决定，最合理的安排，生命才有意义。

积小目标成就大梦想

通常说"一口吃不成胖子"，这个道理不知被重复了多少遍。我们希望你也能深知其道，把自己人生的目标分阶段地实施，切忌一步到位的想法。如果你没有这样一个分阶段的习惯，这很有可能会在某一时段摧毁你的身心。成事者的眼里应该是有大目标，也有小目标，用小目标组合起来完成大目标!

人们往往并没有意识到，大事是由小事累积而成，大目标的达成是由小目标的达成所累积出来的。每一个成大事的人，都是在达成无数的小目标之后，才实现他们伟大梦想的。

美国哈佛大学行为学家罗布里提出了"小目标成功学"。他认为，有些人误以为自己能一步登天，所以常梦想一举成名，一下子就成为一个成大事者。实际上，这是不可能的! 一是由于个人能力并不够，二是由于成大事必须要经过长久磨炼。可见，真正的成大事者尤其善于"化整为零"，从大处着眼，从小处着手。

我们来看一个例子。25 岁的雷因因失业而挨饿。他白天在马路上乱走，目的只有一个：躲避房东讨债。

一天，他在 42 号街碰到著名歌唱家夏里宾先生。雷因在失业前，曾经采访过他。但是雷因没想到的是，夏里宾竟然一眼就认出了他。

"很忙吗?"他问雷因。

雷因含糊地回答，他想夏里宾应该看出了他的际遇。

"我住的旅馆在第 103 号街，跟我一同走过去好不好？"

"走过去？但是，夏里宾先生，60 个路口，可不近呢。"

"胡说，"夏里宾笑着说，"只有 5 个街口。"

"……"雷因不解。

"是的，我说的是第 6 号街的一家射击场。"

这话有些所答非所问，但雷因还是顺从地跟他走了。

"现在，"到达射击场时，夏里宾先生说，"只有 11 个街口了。"不多一会儿，他们到了卡纳奇剧院。

"现在，只有 5 个街口就到动物园了。"

又走了 12 个街口，他们在夏里宾先生所住的旅馆停了下来。奇怪得很，雷因并不觉得怎么疲惫。

夏里宾给他解释了其中的缘由："今天的这次经历，你可以记在心里，这是生活给你的一个教训。无论你与你的目标有多遥远的距离，都不要担心，把你的精力集中在 5 个街口的距离，别为那遥远的未来而烦闷。"

在东京一次国际马拉松邀请赛上，名不见经传的日本选手山田本一出人意料地夺得了世界冠军。当记者问他凭借什么取胜时，他只说了"凭智慧战胜对手"这么一句话，当时许多人认为山田本一在故弄玄虚。

2 年后，在意大利国际马拉松邀请赛上，山田本一再次夺冠。记者又请他谈经验，性情木讷的山田本一还是那句话：用智慧战胜对手。许多人对此仍迷惑不解。

10 年后，山田本一在自传中解开了这个谜。他是这么说的："每次比赛前，我都要乘车把比赛的线路仔细看一遍，并画下沿途比较醒目的标志，比如第一个标志是银行，第二个标志是红房子……这样一直画到赛程终点。比赛开始后，我以百米的速度奋力向第一个目标冲去，等到达第一个目标后，我又以同样的速度向第二个目标冲去。40多千米的赛程，就这样被我分成这么几个小目标轻松地完成了。最初，我并不懂这样的道理，我把目标定在40千米外的终点线上，结果我跑到10千米就疲惫不堪了，因为我被前面那段遥远的路程给吓倒了。"

许多人做事之所以会半途而废，并不是因为困难大，而是因为成功距离较远，正是这种心理因素导致了最终的失败。如果把长距离分解成若干个距离段，逐一跨越，就会轻松许多，而目标具体化正是可以让你清楚当前该做什么、怎样能做得更好的办法。

目标必须具体。比如你想把英文学好，那么你就订一个目标，每天一定要背10个单词、一篇文章，要求自己在一年之内能看懂英文书报。由于你定的目标很具体，并能按部就班地去做，这个目标就容易达到。有人曾做过一个实验，他把人分成两组，让他们去跳高。两组人个子都差不多，先是一起跳过了2米。然后，他对一组人说："你们能跳过2.1米。"而对另一组只说："你们能跳得更高。"结果是第一组由于有2.1米这样一个具体要求，每个人都跳得很高，而第二组没有具体的目标，所以他们只跳过2米多一点，并不是所有的人都跳过了2.1米。其中的原因就在于第一组有一个具体目标。

山田是一位拥有出色业绩的推销员，可他一直都希望能跻身于拥有最高业绩的人的行列中。这一开始只不过是他的一个愿望，他从没真正去争取过。直到三年后的一天，山田想起了一句话："如果让愿望更加明确，就会有实现的一天。"

于是，他当晚就开始设定自己预期达到的总业绩，然后再逐渐增加，这里提高5%，那里提高10%，结果顾客就增加了20%，甚至更高。这更加激发了山田的热情，不论出现什么状况，在任何交易中，他都会设立一个明确的数字作为目标，并鞭策自己在一两个月内完成。

"我觉得，目标越是明确，越感到自己对达到目标有股强烈的自信与决心。"山田这样说。他的计划里包括"我想得到的地位、我想得到的收入、我想拥有的能力"，然后，他把所有的访问都准备得充分、完善。相关的业界知识加上多方面的努力积累作为依托，山田在第一年的年终，创造了空前的业绩，以后几年的效果更佳。

山田曾做了一个总结："以前，我不是不曾考虑过要扩展业绩，提升自己的工作成绩。但是因为我从来都只是想想而已，并没有付诸行动，当然所有的愿望都落空了。自从我明确设立了目标，以及为了切实实现目标而设定具体的数字和期限后，我才真正感觉到，强大的推动力正在鞭策我去完成它。"

在平常生活、工作中，我们都会有自己的目标。要想成为达到目标的成事者，关键在于发现各种变化的因素，力求把目标细化、具体化。

第三章

抓住机遇，善于选择与创造

机会不会上门来找，只有人去找机会。

——狄更斯

人生成功的秘诀是当好机会来临时，立刻抓住它。

——狄斯累利

不等待机会所送礼物的人，就是征服了命运。

——阿诺德

时时刻刻洞察机遇

常有人如此感慨："如果给我一个机遇，我也能……"他们把自己的命运系在一个等来的机遇上，当然无法成功，只能不断抱怨自己的命运。

罗丹说："生活并不是缺少美，而是缺少发现美的眼睛。"同样，生活中并不缺少机遇，而是缺少发现机遇、抓住机遇的能力。如果有了洞察机遇的能力，即使生活没有机遇，也能创造机遇。

只顾眼前利益的人，只能走一步算一步。这种人若不逐渐拓宽自己的视野，很难成为一个真正的成功者。有这样的一个故事。一个很穷的叫亨特的男青年真心实意追求一位名叫哈斯特的女子，但哈斯特的父亲却不同意女儿嫁给他。这位父亲很不客气地对这位穷青年说："市场这么大，遍地是黄金，只有懒惰的人才会一贫如洗。如果你有本事，请在10天内赚1000美元给我看看。"

当时穷得连10美元也拿不出来的亨特为了争一口气，开始整天整夜地思考赚钱的事。他苦思了几天之后，终于想出了一个用一小段细铁丝做成别针的小发明。他到专利局申请了专利，并很快把专利卖了出去，果真在10天之内赚到了1000美元。于是，亨特高兴地去见哈斯特的父亲，把整个过程一五一十地告诉他，心想这次一定大功告成。谁知哈斯特的父亲听完后不但不高兴，反而生气地说："你这个傻瓜！你怎么能把一个有价值的专利轻易地卖掉呢？那足可以值上百万美元。你这么没有头脑、没有眼光，哈斯特怎么能嫁给你呢？"

这个充满戏剧性的故事带给我们这样的启迪：只有眼光独到，看得深远，才能发现赚钱的机会。

从来没有人想到，小小的纸盒也能赚大钱。赚惯大钱的东京人对做纸盒这样的小生意向来是不屑一顾的，特别是书套纸盒这类玩意儿，价格低廉，又没多少利润，一般人不会涉足这个行业。所以，纸盒行的老板们把它推给书籍装订商，而书籍装订商却把它踢回了纸盒行。

这书套纸盒太难做了，外观要求高雅漂亮，特别是尺寸要求不像水果包装盒那么宽松，也不像糕点盒那样留有较大的余地。书盒必须要与书籍大小十分吻合，稍有差异，那就是废纸一堆。

面对如此难题，日本东京有一个"傻瓜"却看到了创业的曙光。这个"傻瓜"的憨傻之处，正是这一帮精明人的疏忽之处。也就是说，这正是市场饱和期一个新的经济增长点。

既然大伙儿对做书套纸盒避之唯恐不及，那么就说明这一市场空间没有任何人前来挤占。只要自己能好好把握，就能大赚一笔。于是，这个叫长泽三次的年轻人出手了。

众人对做书套纸盒缺乏兴趣，主要是因为它的制作要求太高，耗时费工。即使自己掌握了诀窍，可是投入的成本太高，那还不是等于拿了个烫手的山芋？

可是长泽三次却想了个主意，把这套烦琐的工序简化，把难事变简单了。他首先将书套纸盒的制作程序分解。他发现，整个看似烦琐的程序中，只有 1/10 的部分需要熟练的技术，而对于其余部分，任何一个没有经过专业训练的家庭妇女都会做。把握了这一关键，这生意也就属于他了。

一种独具慧眼的观察力，一次技术分解的秘密，使得人人退避三舍的行业变成了一个通过简单技术就能发财的热门行业。

没几年，一无所有的长泽三次便坐上了全日本书套纸盒制造业的第一把交椅。随着审美要求近乎苛刻的日本人对书籍包装要求的提高，长泽三次的公司行情也更加看涨。

由此可见，眼光独到就是指要善于从平凡的事物中捕捉商机。据《史记·货殖列传》记载：秦末战乱之中，各方豪杰争取金玉，而一个姓任的人却"独窖仓粟"。以后，楚汉相争荥阳，"民不得耕种，米石至万，而豪杰金玉俱归任氏。"任氏致富的原因就在于他预见了社会形势对商业的影响，所以他取得了成功。又据《夷坚志》载：宋代绍兴十年七月，临安城发生了一场大火，一位姓裴的商人宁愿放弃自家在火灾区的店铺，组织人力四处采购建房材料。火灾过后，市场急需建房材料，朝廷给予免税优惠，因而裴氏借机经营建筑材料而获得巨额利润，获利甚至大大超过了自家店铺在火灾中的损失。裴氏正是因为眼光独到而因祸得福。

顺势而动，大事可成

形势赐予我们的机遇往往是决定性的成功因素。一个人纵然有通天本领，如果处于一个万马齐喑的时代，他也不可能有大的作为。好的形势则犹如东风，此时顺势而动就犹如顺风扬帆，可以事半功倍。所以，把握自己的财运，关键要顺应形势、趋利避害，做一个把握时代脉动的弄潮儿。

很多年以前，美国国民银行和芝加哥信托公司主管贷款的副行长鲍尔·雷蒙给他的银行顾客提供了一种服务，他送给顾客一本杜威的书《经济循环》。这本书使这些顾客中有许多人都创造了财富，因为这些顾客学会和理解了商业循环和趋势的理论。其中有些人虽然未能创造新的财富，却能保住本钱，不管经济趋势如何变化，他们最终也没有损失已经获得的财富。

担任经济循环研究基金会主任多年的杜威指出：每一种活的肌体，无论它是个人、企业或国家，都会逐渐成熟，逐渐发展，然后死亡。由此，不管经济循环和趋势如何，作为一个个体，只要顺势而动是能够做出一番成就的。顺应形势的发展，你就能够成功地应付挑战。就你和你的利益而言，不管管理体制总体的趋势怎样，你可以用新的生活、新的血液、新的想法和新的行动，改变局部的趋势。

在中国古代博大深邃的思想宝库中，曾有过"出世"与"入世"的争论。其核心是——有才能的人以何种方式对待面临的时代。

争论的重要结论之一便是主张"顺道而行"，根据时代的性质来决定自己的行为方式。就连以"知其不可而为之"闻名的孔子也曾说过："天下有道则见，无道则隐"，"邦有道，则仕；邦无道，则可卷而怀之。"

我们在成长过程中或许有过不幸的过去，但总体而言我们是幸运的，因为我们遇上了一个好的时代。特别是改革开放以来，整个社会都充满了对人才的渴望和呼唤。面对时代所提供的前所未有的机遇，有识之士终于可以"天下有道则见"了。许多人的命运发生了根本性的转变，创造出辉煌灿烂的人生。

发展进步的时代就是一个能为人的发展提供更多机遇的时代，它使人们有更多的自由去选择、去改变自己的命运。在计划经济时代的格局下，一个人的命运可能是固定的、受限的；而市场经济的时代，则为我们提供了各种成功的可能。

回顾当代风云人物的成长史，我们可以深切地体会到：没有我们这个伟大时代所赐予的良机，没有顺势而动的胆量和气魄，就不会有辉煌的人生和事业成就。

机会稍纵即逝

"该出手时就出手"是红遍神州大地的《好汉歌》中的一句歌词。它是梁山好汉们的气魄和胆识的真实写照，令人听了回肠荡气，热血沸腾，跃跃欲试……

在现实生活中，机会犹如电光石火，稍纵即逝。我们要及时发现，果断"出手"才能把握住制胜的良机。

房玄龄作为李世民的心腹参谋，比别的文臣武将更具政治眼光，想得更加全面。在唐王朝建立后围绕皇位归谁的政治斗争中，他着力促使李世民出手，发动了"玄武门之变"，帮助李世民取得皇位。

当时的情况是：唐高祖李渊的大儿子是李建成，李世民是次子，按照嫡长子继承皇位的规定，李渊立了李建成为太子，而李世民在长期的作战中，不仅战功显赫，而且手下人才济济。所以，唐高祖也给了他特殊待遇，加号"天策将军"，位在一切王公之上。李世民的"天策府"可以自署官吏，实际上就是一个独立王国。这必然引起斗争：一方面是李建成对李世民"功高势大"产生了极大疑虑；一方面是李世民在暗中培植私党，蓄力待发。事情终于发展到剑拔弩张的地步。有一天，李世民从太子李建成处赴宴回来，食物中毒，"心中阵痛，吐血数升"，这引起李世民及其手下的极大恐慌。

怎么办？房玄龄知道，应选择抢先下手，如果晚了，必然大祸临头。于是他想了一个办法，立即找到李世民的妻兄长孙无忌，对他说："现在嫌隙已成，危机即发，大乱一起，必将危及整个国家的安宁。我们应当按照周公的做法，外宁华夏，内安宗社。"其意很清楚，是要李世民像周公除掉管叔、蔡叔那样，除掉李建成和他的同党李元吉（李渊的第四子），这样才能保住秦王李世民的地位，保住唐王朝的统治。房玄龄让长孙无忌把这个意见转告李世民。李世民听了长孙无忌的话后，立即召见了房玄龄，谋划进行宫廷政变的具体事宜。随后，杜如晦、高大廉和大将侯君集、尉迟敬德也参加密谋，形成李世民的核心集团。太子李建成对李世民的密谋有所察觉，于是上奏李渊，说了李世民、房玄龄、杜如晦许多坏话。

形势到了万分危急的关头，房玄龄赶紧同长孙无忌劝说李世民立即下手。他对李世民说："事情已经十分紧迫了，为了保住江山，应决心大义灭亲。如果再当断不断，便会坐受屠戮。"犹豫不决的李世民终于被说服了。

在政变前夕，李世民命令尉迟敬德将房玄龄、杜如晦化装成道士秘密送进秦王府，细致谋划，然后发动了"玄武门之变"。这次武装政变中，李建成、李元吉同时被杀。不久，唐高祖李渊自动退位，让位给李世民，改元贞观。

时机来到，有的人能及时发现，有的人却视而不见，有的人虽然有所发现，但认识不清，把握不准。对机会的认识决定了对机会的选择。不能识机，也就无所谓择机；识机不深不明，便会在机会选择上犹豫徘徊，左顾右盼，不能当机立断，最终遗失良机。

三国时代的袁绍就是其中的一个典型。他是名门望族之后，十八路诸侯讨董卓时，被推为盟主。一时间，天下英雄豪杰、仁人志士，纷纷投其麾下。那时，袁绍拥有四州之地、数十万大军，帐下谋士如云、战将林立，成为当时北方势力最大的割据者。然而，这样一个人物，最后竟然败在曹操的手下。袁绍的败北，固然有许多原因，但其中主要的一点就是"多谋少决"，错过了不可复得的战机。

袁绍第一次发兵讨曹失败，退军河北。这时曹操乘机征伐刘备，许都兵力空虚。谋士田丰劝说袁绍抓住良机，再次攻打许都。

田丰说："老虎正在捉麃，熊可以乘机闯进虎穴吃掉虎子。老虎前进捉不到麃，退又找不到虎子。现在曹操亲率大军征讨刘备，国内空虚。将军长戟百万，骑兵千群，径直攻打许都，捣毁曹操的巢穴，百万雄师，从天而降，就像举烈火烧茅草，倾海水浇火炭，能不成功吗？兵机的变化非常之快，战争的胜利可在战鼓声中获取。曹操得知我们攻下许都，必然丢下刘备，回攻许都。那时，我军占据城内，刘备在外面攻打，反贼曹操的脑袋肯定悬挂在将军您的旗杆上了。反之，失去这个机会，不去攻打许都，使曹操得以归国，休兵不战，生养百姓，积储粮食，招揽人才，加上现在大汉的国运衰微，纲纪不存，曹操利用他的势力，放纵他的贪欲，必然酿成篡逆的阴谋。到了那时，即使有百万兵马攻打他，也无济于事了。"

可惜的是，袁绍以儿子有病加以推辞，不许发兵。田丰用拐杖敲着地说："遇到这样难得的机会，却因为婴儿的缘故失掉了，大势去矣！可痛惜哉！"

可见，机会并不是赐给每个人的。无论在社会生活和社会竞争中，机会只偏爱那些有准备的人，只垂青那些深谙如何追求它的人，只赐给那些敢于出手的人。它犹如明察善断者不断进击的鼓点，长夜中士兵即刻开拔的号角。在它面前，任何犹豫都与它无缘，都不能开启胜利之门。机不可失，时不再来，在进退之间，不能把握时机、敢于选择，必将一事无成，抱恨终生。

选择就像春天播种一样，如果没有及时播下去，无论后面的夏天有多长，也无法把春天耽搁的事情弥补上。

先人一步，赢定大局

美国著名成功学大师皮鲁克斯有一句名言："先人一步者，总能获得主动，占领有利地位。"的确，机遇很重要，对机遇的反应也同样重要。机遇不等人，稍纵即逝；再者，机遇对每个人都是公平的，谁都有机遇，那么最终谁能抓住机遇呢？反应敏捷就会"捷足先登"。

广东川惠集团总裁刘延林说："机遇，对每个人来说应该是平等的，但为什么有人捕捉不到，有人捕捉得到呢？关键在于：你是不是积累了捕捉机遇的本领。就像狩猎，等了很久很久，猎物来了，你却放了空枪，只能眼睁睁看着猎物消失。捕捉猎物的本领，就是及时抓住机遇的本领。同样发现了机遇，有的人能够牢牢抓住，有的人却眼睁睁地看着机遇溜走。"

我国古代有这样一个故事：有三个财主在一起散步，其中一个首先发现前方有一枚闪闪发光的金锭，眼神顿时僵住了！几乎同时，另一个人大叫起来："金锭！"话音未落，第三个人已经俯身把金锭捡到自己手里。这个故事启示我们：在机遇面前，眼快、嘴快都不如手快。生活中不少人发现了机遇，但是不能立即用行动去抓住机遇，最终与没有发现机遇的结果是一样的。

有很多富有的大企业家并没有学过经济学，他们成功的关键就在于行动力强：一旦发现机遇，就能把机遇牢牢地抓在手中！有人分析当代英国顶尖首富的致富秘诀时指出："如果将他们的成功归结于深思熟虑的能力和高瞻远瞩的思想，那就失之片面了。他们真正的才能在于他们审时度势后付诸行动的速度，这才是他们最了不起的，这才是使他们出类拔萃、位居实业界最高、最难职位的原因。'现在就做，马上行动'是他们的座右铭。"

另辟蹊径，才有出路

人生之路千万条，总是踏着别人的脚印前进的人会碌碌无为，只有敢走别人从未走过的路，另辟蹊径，才有成功的可能。这是比尔·盖茨这样的巨富成功之后的经验之谈。

一个星期六的早晨，在条件极差的情况下，英国一位牧师在准备布道。那是一个雨天，他的妻子出去买东西，他的小儿子吵闹不休，向他要零用钱。这位牧师正在看一本旧杂志，一页一页地翻阅，一直翻到一幅色彩鲜艳的大图片——世界地图。

于是他从杂志上撕下这一页，再把它撕成碎片，丢在地上，对儿子道："小约翰，如果你能拼拢这些碎片，我就给你二角五分钱。"

牧师以为这件事至少会使小约翰花去上午的大部分时间，没想到不到十分钟，他儿子就来敲他的房门了。

牧师惊愕地看着小约翰如此之快拼好的世界地图。"孩子，这件事你怎么做得这么快？"牧师问道。"啊！"小约翰说，"这很容易。在图画的背面有一个人的照片。我就把这个人的照片拼到一起，然后把它翻过来。我想如果这个人是正确的，那么，这个世界地图也就是正确的。"牧师微笑起来，给了他儿子二角五分钱，说道："你也替我准备好了明天的讲道。"如果一个人是正确的，他的世界也就会是正确的——这就是小约翰给我们的启示。

　　如果要把这些碎片拼成世界地图，确实至少需要大半天的时间。但是牧师的儿子却发现了一条捷径，从而省力省时。这可以算是一个小小的发明，这项发明的思路就称为"另辟蹊径"——为他赢得了一个成功的机遇。

　　数年前我见到一则这样的报道。

　　捡破烂的王宝财有一天突发奇想：易拉罐熔化后是不是能多卖些钱呢？他这样想的同时也这样试着做了。他找专家化验熔化后的金属块，专家鉴定其是一种贵重的合金。于是他心中有了底，他印制了一些小广告给收破烂的同行，把易拉罐的收购价从七分提高到一角四分。几天后他到他的收购点一看，一大卡车的易拉罐正在等着他！3年后，王宝财赚了270万元。

　　王宝财的故事告诉我们：要优中选择，多想一想，多试一试，说不定成功就在这多试一次之中，你的命运也从此改变。的确，另辟蹊径展现了一个富翁基本的谋事手段，反之，如果人云亦云，则不太会有成功的机会。在人生的道路上，成功属于另辟蹊径者。

"缺少机遇"是弱者的借口

一位被法里罗先生的管家雇用为杂工的男孩说："如果你们肯用我，我一定能为你们帮上忙。"某天，法里罗先生大宴宾客。就在宴会开始不久，负责装饰桌面的糕饼师说，他把原来要用来装饰的东西给做坏了。男孩此时站了出来，这个脸色苍白的小伙子说："我叫安东尼奥·卡诺瓦，是凿石匠皮撒诺的孙子，我想我能帮你们做些什么。"

"你能做些什么？"管家问道。"如果你愿意让我试试，我能帮你给餐桌做些装饰。"管家实在无计可施，只好放手让安东尼奥一试。这个小杂工要了些奶油，迅速地将它雕塑成一头蜷伏的狮子。管家满心赞赏，让人把这个塑像摆在桌子中央。

晚宴开始后，许多著名的威尼斯商人、王室成员和贵族陆续涌进大厅，他们之中当然也不乏专业的艺术家。当客人们的目光落在那头奶油狮子上时，他们都被这件才华横溢的作品震惊了，大家几乎都忘了此行的目的。他们认真地观赏这件作品，然后才询问法里罗先生，他是如何说服大师级的雕刻家在这个只能维持一时的小东西上大费周章的。法里罗先生也不知其然，他根本不知道这位众人眼中大师级的人物究竟是谁。于是他找来管家问清事情原委，随后安东尼奥被带到宾客面前。

当这些尊贵的客人得知，奶油狮子竟然是小杂工用很短的时间雕出来的以后，这个男孩就成了当天晚宴的主角。富有的主人当众宣布，他将出资让这个孩子去跟当代最负盛名的大师学习，他也实践了诺言。安东尼奥却没因此变得傲慢，一直都保持着以往他在皮撒诺的店里那般单纯、热切和诚挚的心，只想成为一名最好的石匠。许多人也许没有听过这个名叫安东尼奥的男孩是如何把握自己的第一次机遇的故事，但都知道卡诺瓦这位伟大的雕塑家。

也许在 100 万个机遇中，只有少数几个能够与我们不期而遇；但只要我们肯行动，就算机遇再少也能创造极佳的成果。

缺少机遇常是软弱与迟疑的借口。每个人的生命中都充满了机遇：学校中的每一堂课都是一次机遇，每次考试都是生命中的一次机遇，每个病患都是一次机遇，报纸上的每篇文章都是一个机遇，每个客户都是一个机遇，每次交谈都是一个机遇，每笔生意往来都是一个机遇——我们有机会变得有教养，有机会变得有担当，有机会变得诚实无欺，有机会结交朋友。每次自信的表现都是机遇到来的最好时机。每次以我们的力量和信誉所承担的责任都是无价的。

认真工作的人绝不会抱怨没时间或没机遇，只有整天无所事事的人才会怨天尤人。有些年轻人因为掌握机遇、利用机遇，所以一生受益；但也有些人随意放弃各种机遇。我们每天所遇见的人、遇见的事都会增加对我们有用的知识。机遇的存在源于努力，如果一个人能认真看待自己的生活，那么机遇就会顺势而来。

"每个人的一生，至少都有一次受到幸运之神垂青的机遇。"一本书中写道，"一旦幸运之神从大门进来后，发现没人迎接，她就会转身从窗子离去。"

　　年轻的菲利普·阿默加入了庞大的49人商队，将所有家当装在用骡子拉的大篷车上，穿越了"美国大戈壁"。稳定的工作和收入使他积累了一些存款。6年后，他在密尔沃基开始做粮食和杂货生意，9年间他赚了50万美元。此后，格兰特将军的"去里奇蒙德"计划又让他看到了自己成功的机遇。1864年的一个早晨，他造访和他一起做猪肉罐装生意的合作伙伴普兰金顿的家，开门见山地对他说："我要搭下一班火车去纽约，出清我所有的猪肉。"阿默推测格兰特和谢尔曼即将爆发冲突，猪肉会跌到一桶12美元的价格。他看准了机遇，在纽约以40美元一桶的价格大量出售猪肉，销路非常好。精明的华尔街投机商人嘲笑这个西部人，告诉他猪肉应该卖到60美元一桶才划算，因为战争尚未完全结束，但阿默仍然继续坚持原价销售。随着格兰特将军的部队继续推进，里奇蒙德被攻占下来，猪肉价格跌到12美元一桶，而此时阿默已经赚进200万美元了。

　　洛克菲勒在石油业中找到了自己成功的机遇。他独具慧眼，看到了许多美国人看不到的地方。当时美国国内石油的储蓄量充足，但提炼程序非常粗糙，致使石油产品品质很差也很不安全。洛克菲勒看准了这个机遇。他邀请曾经与他一同在机械商店工作过的搬运工塞缪尔·安德鲁斯与他合作，并使用安德鲁斯所改善的制作方式，终于在1870年产出他们合作的第一桶蒸馏油。他们所生产的石油品质杰出，生意很快兴隆起来。后来他们有了第三个搭档佛莱格勒。但安德鲁斯对于佛莱格勒的入伙却很不满。"你到底想要些什么？"洛克菲勒问。安德鲁斯随意地在一张纸上写着："100万美元。"洛克菲勒在当天就给了他这笔钱，并对他说："100万美元根本算不了什么。"20年后，这个厂房和设备加在一起原本仅值 1000 美元的小炼油厂却发展成一个标准的石油联合企业美孚石油公司，资本额达 9000 万美元，若每股以 170 美元计算，它的市场价格高达 1.5 亿美元。这些都是抓住机遇的例子。

李开复告诉我们："在 25 岁以前，通常都会面临两个重要的选择。一是选择最适合自己的专业，二是选择最适合自己的工作。选择专业时，不应当只听从父母的意见，也不应当只看学校的名气大小或报考该专业学生的分数高低。相应地，选择工作时也不能单纯地考虑名、利、时尚等外在因素。我想，最重要的还是要听从你内心的声音，在综合权衡自己的理想、学习积累、天赋以及想要的工作条件的基础上，做出正确的抉择。每个人的'真心''理想''兴趣'不同，每个人的机遇不同，参加的团队不同，学习的机会不同，擅长的领域及个人能力也不同。所以，你有选择的权利，只要用智慧做出正确的选择，你就能成为最好的自己。"

第四章

敢于决断，克服犹豫不定

生活的道路一旦选定，就要勇敢地走到底，决不回头。

——左拉

有勇气的人才有信心。

——西塞罗

一个有坚强心志的人，财产可以被人掠夺，勇气却不能被人剥夺。

——雨果

果敢决策，勿失良机

犹太人中流传一句格言：人的一生中，有三种东西不能使用过多，做面包的酵母、盐和犹豫。酵母放多了面包会酸，盐放多了菜会咸，犹豫过多则会丧失赚钱和扬名的机会。

当机会来临时，切不可犹豫不决，一味埋头计算能赚多少钱，而要采取决策，做出判断。

克罗克是个很出色的推销员，他几乎跑遍了美国所有的城市。对他来说，推销是一件驾轻就熟的事情。跟公司里其他职员比，克罗克的收入是最高的。别人都很羡慕他的推销天赋，甚至很多推销人员都以他为榜样。

可是，突然有一天，克罗克宣布放弃推销员工作，准备进军快餐业。同事们均不理解：好好的工作，为何要放弃？克罗克微微一笑，他并没有过多解释，便告别了原来的公司。

其实，克罗克自己已经有了主意。因为他得到一个消息：以快餐为主业发展的麦当劳兄弟想物色一个合适的人选，以帮助他们解决因餐厅发展而带来的麻烦。

第二天克罗克拜访麦氏兄弟。经过商议，克罗克取得了发展全国连锁业务的权利。急于投入的克罗克接受了一份苛刻的合同，合同规定：连锁权利费用为 950 美元，克罗克只能抽取连锁店营业额中 1.9% 的费用来作服务费，而其中的 0.5% 是给麦氏兄弟的权利金。

随着克罗克在速食业中的发展，麦氏兄弟的阻碍作用越来越明显。由于麦氏兄弟目光短浅，克罗克的连锁原则得不到彻底的发展。

贪婪的麦氏兄弟从克罗克仅有的 1.9% 的服务费中拿走 0.5% 的权利金，使得麦当劳的发展严重缺少资金，无法壮大。

麦氏兄弟的做法使克罗克无法容忍，一天，他直截了当地对老板们说："你们再这样做，快餐店最终会关门的。"麦氏兄弟望着克罗克，笑道："现在不是很好吗？"克罗克大声叫道："那是因为有我的缘故！"麦氏兄弟点点头，然后又笑道："如果你嫌我们碍手碍脚，那你把快餐店买走好了。"

克罗克此时也正有此意，便说："好，你们开个价吧。"麦氏兄弟半信半疑地看着他，继而又笑了，说："你买不起。""开价吧！多少？"克罗克被贪婪的麦氏兄弟惹火了。"270 万，"麦氏兄弟说，"而且是美金。"克罗克呆住了。270 万美元？这是一个天价！没有他，快餐店也许已经倒闭了。

"你可以不买，但是机会只有一次，三天以后，所有报纸上会出现麦当劳连锁权出让的信息，到时候自会有大批人前来购买。"

看来，这一次麦氏兄弟是真的要卖掉连锁权了。怎么办？克罗克又一次面临抉择：是买下来？还是离开？

如此高价令克罗克震惊，但是他不得不接受这个数字。经过一天一夜的思考，他最终敲开了麦氏兄弟办公室的门。5 年后，克罗克还清了贷款，而麦氏兄弟被彻底赶出了快餐业。

克罗克不仅善于把握机会，而且善于创造机会。在他的策划下，麦当劳永远是社会关注的热点，他为自己赢得财富的同时，也赢得了无比的声誉。

机遇人人都会碰到。把握时机，果断决策，则是一个富翁或未来富翁应有的素质。胜败的差别往往只在一步之间。

不要拖延，做了再说

有了梦想就要及时行动，一味地往后拖延只会让机会从你手中白白溜走。

普通人并不缺少机会和智商，他们缺少的只是行动。

有人说，天下最悲哀的一句话就是：我早就想到了，可惜我没做。比如："如果我几年前就开始做那笔生意，早就发财了！""如果我早一点向她求婚，她就不会变成别人的新娘。"面对机会却迟迟不见行动，事过境迁再来后悔，正是失败者的通病。

成功者都有一个好习惯：一旦做出决定，马上就开始行动。因为拖延会产生许多负面的东西：惰性、猜疑、焦虑、自卑、恐惧……而行动却能产生许多积极的东西：勇气、决心、自信、主动性、创意……

有一个知名专栏作家谈到他的创作秘诀时说："我有许多东西必须按时交稿，无论如何不能等到有了灵感才去写。一定要想办法推动自己的精神力量。方法如下：我先定下心来坐好，拿一支铅笔乱画，想到什么就写什么，尽量放松。我的手先开始活动，用不了多久，还没等我注意到时，便已经文思泉涌了。当然有时候没有乱画也会突然心血来潮。但这些只能算是红利而已，因为大部分好构想是在进入正规工作情况以后得来的。"

其实，天下任何事，都与写一篇文章相似：积极行动才能达成好的结果。如果你有很好的文章创意，而迟迟不动手来写，是不可能创作出好文章的，动手写是必要条件。

人人都认为储蓄是件好事，却不意味着人人都会有系统地按照储蓄计划去做。许多人都想要储蓄，只有少数人才能真正做到。

以下是一对年轻夫妇的储蓄经过。毕先生夫妇每个月的收入是3000元，但每个月的开销也要3000元，收支刚好相抵。夫妇俩都很想储蓄，但是往往有一些理由使他们无法开始。如下的话他们说了好几年："加薪以后马上开始存钱"，"分期付款还清以后就要……""渡过这次难关以后就要……""下个月就要……""明年就要开始存钱"。

最后还是太太刘兰不想再拖了。她对毕先生说："你好好想想看，到底要不要存钱?"他说："当然要啊！但是现在省不下来呀！"刘兰这一次下定决心了。她说："我们想要存钱已经想了好几年，由于一直认为省不下来才一直没有储蓄，从现在开始我们应该储蓄了。我今天看了一个广告说，如果每个月存1000元，15年以后就有180000元，外加66000元的利息。广告又说：'先存钱，再花钱'比'先花钱，再存钱'容易得多。如果你想储蓄，就把薪水的10%存起来。就算要靠榨菜和稀饭过到月底，我们也要这么做。"

为了存钱，他们刚开始几个月当然吃了一些苦头，尽量节省，才留出这笔预算。现在，他们却觉得"存钱跟花钱一样好玩"。

如果有个电话应该打，可是自己总是一拖再拖。如果这时那句"现在就去做"从自己的潜意识里闪出："快打呀！"这时就应该立刻去打电话。

你把闹钟定在早上六点，可是当闹钟响起时，你却觉得睡意正浓，于是干脆把闹钟关掉，倒头再睡。如果这种情况继续下去，就会养成习惯。假使脑海中始终提醒自己"现在就去做"，这时就不得不立刻爬起来。

魏尔士先生就因为养成了"现在就去做"的习惯而成为一个多产作家。他决不让灵感白白溜走，想到一个新思路时，他立刻记下。这种事有时候会在半夜里发生，这时魏尔士会立刻开灯，拿起放在床边的纸笔飞快地记下来，然后继续睡觉。

许多人都有拖延的习惯。因为拖拖拉拉耽误了火车，上班迟到，甚至错过可以改变自己一生的良机。

要记住："现在"就是行动的时候。

马上行动可以改变一个人的态度，使他由消极转为积极，使原先可能糟糕透顶的一天变成愉快的一天。

卓根·朱达是哥本哈根大学的学生，有一年暑假他去当导游。因为他总是高高兴兴地做了许多额外的服务，因此几个从芝加哥来的游客就邀请他去美国观光。旅行路线包括在前往芝加哥的途中，到华盛顿特区游览一天。

卓根抵达华盛顿以后就住进威乐饭店，他在那里的账单已经被预付了。他这时真是乐不可支，外套口袋里放着飞往芝加哥的机票，裤袋里则装着护照和钱。但是，当他准备就寝时，却发现皮夹不翼而飞了，他立刻跑到柜台那里。

"我们会尽量想办法。"经理说。第二天早上仍然没有找到，卓根的零用钱连两块钱都不到。孤零零一个人在异国，他应该怎么办呢？打电报给芝加哥的朋友向他们求援，还是到丹麦大使馆去报告遗失护照，还是坐在警察局里干等？

他突然对自己说："不行，这些事我一件也不能做。我要好好看看华盛顿，说不定我以后没有机会再来，但是现在仍有宝贵的一天待在这个城市里。好在今天晚上还有机票到芝加哥去，一定有时间解决护照和钱的问题。我跟丢掉皮夹子以前的我还是同一个人。那时我很快乐，现在也应该快乐呀。我不能白白浪费时间，现在正是享受的好时候。"

于是他立刻动身，徒步参观了白宫和国会山，并且参观了几座大博物馆，还爬到了华盛顿纪念馆的顶端。他去不成原先想去的阿灵顿和许多别的地方，但他能看到的地方他都看得更仔细。他买了花生和糖果，一点一点地吃以免挨饿。

等他回到丹麦以后，这趟美国之旅最使他怀念的却是在华盛顿漫步的那一天——如果他没有"做了再说"，就会白白浪费那一天。"现在"就是最好的时候，他知道在"现在"还没有变成"昨天我本来可以……"之前就把它抓住。

五天后，华盛顿警方找到了他的皮夹和护照，并且送还给他。

如果下定决心立刻去做，往往能实现自己的梦想。孟列·史威济正是如此。

孟列非常喜欢打猎和钓鱼，他最喜欢的生活是带着钓鱼竿和猎枪步行 50 里到森林去，住几天再回来，虽然筋疲力尽，满身污泥，但他却快乐无比。

唯一不便之处是，他是个保险推销员，打猎、钓鱼需要花费很多时间。有一天，当他依依不舍地准备离开心爱的鲈鱼湖时突发奇想：在这荒山野地里会不会也有居民需要保险？如果能找到这些人，那我不就可以同时工作又在户外逍遥了吗？结果他发现果真有这种人：他们是阿拉斯加铁路公司的员工，他们散居在沿线 50 里各段路轨的附近。孟列可不可以沿铁路向这些铁路工作人员、猎人和淘金者销售保险呢？

孟列在想到这个主意的当天就开始积极计划。他向一个旅行社打听清楚以后，就开始整理行装。他不肯停下来让恐惧乘虚而入，以免打消自己的信心；他也不左思右想找借口，他只是搭上船直接前往阿拉斯加的"西湖"。

孟列沿着铁路走了好几趟，他成为那些与世隔绝的家庭最欢迎的人，不只因为他是唯一一个愿意跟他们打交道的人，同时，他也代表了外面的世界。他还学会了理发，替当地人免费服务，并无师自通地学会了烹饪。由于那些单身汉吃厌了罐头食品和腌肉之类的食物，他的手艺当然使他变成了最受欢迎的贵客。与此同时，他也正在做一件自己想做的事：徜徉于山野之间，打猎、钓鱼，并且——像他所说的——"过史威济的生活"。

在人寿保险事业里，对于一年卖出 100 万元以上保险的人设有光荣的特别头衔，叫作"百万圆桌成员"。在孟列·史威济的故事中，最使人惊讶的是：在他把突发的想法付诸实行以后，在动身前往阿拉斯加的荒原以后，在沿线走过没人愿意前来的铁路以后，他一年之内就做成了百万元的生意，因而赢得了"圆桌"上的一席之位。假使他在突发奇想时，对于做这件事的决心有半点迟疑，这一切都不可能发生。

"现在就去做"可以影响我们生活中的很多情况，它可以帮助我们去做该做而不喜欢做的事；在遭遇令人厌烦的职责时，它可以教我们不推脱、不延迟；它也能像帮助孟列·史威济那样，帮我们去做想做的事；它会帮我们抓住宝贵的瞬间，因为这个瞬间一旦错过，很可能永远不会再碰到。

牢记这句话："现在就去做！"

积极行动，为成功做好准备

记得曾经有人说过："要走远路，先察近处；要成大业，先慎小事。""研磨宝石，历多时才见其减损；栽植树木，积日久始见其茁壮。"

这两句话正说明：从小处着手，为成功做准备，终可在大处回收成果。

准备非常重要。无论如何，第一步一定要做好准备工作，紧接着更重要的是采取行动！千万不要患上只准备不行动的"分析瘫痪症"，我们可能花了大量时间准备旅行，结果却根本没上路。应该仔细研究达成愿望的最好办法，并分析自身处境、长处，个人所必须面对的挑战、可能遭遇的障碍以及实现梦想所需的全部条件。

谨慎的人会严谨分析大目标，并设定许多较小且较容易达成的单元目标，然后，再累积小成就以取得大成功。如果经过反复分析，仍然患得患失，不敢付诸行动，就患了所谓"分析瘫痪症"。

分析和准备本身都不是目的，只是达成目的的手段——我们是借其完成人生目标，千万不可本末倒置，一味地准备，迟迟不展开追求目标的实际行动。

对美式足球与篮球选手而言，柔软体操、跑步、重量训练、伸展运动很重要；但是如要他们整天光做这些，而不下场打球，势必无法继续下去。同样，如果光是制订策略却不见行动，事情自然也就办不成。世上有两种人：一种人旁观事情发生，另一种人促使事情发生。这个世界上，观众太多，我们需要更多演员，更多实际参与、推动、实行、贡献和开创的人。

莫耶士就读于北得州州立大学时，硬着头皮写信给总统候选人詹森，自愿加入助选团，为詹森争取得州选票。莫耶士勇敢跨出这么一步，使他成为公众人物。在极短的时间内，成了美国总统的新闻秘书，然后当上某电视新闻网的评论员，并有机会成为美国有史以来最有影响力的广播人。莫耶士多年来始终拥有展现才华的机会，这一切皆始于一封自我推荐信，即他主动跨出的第一步。

假如我们对某项工作已有所准备，就该去做。也许本来有其他人可以做得比较好，但在我们率先行动之前，他们或许连尝试的念头都未曾有过。

由于要付诸行动，我们的准备也会更加周全，能力也会得到提升，最后我们会变成最称职的人。一旦我们拟妥工作计划，就要展开行动，落实计划。

未经一番寒彻骨，焉得梅花扑鼻香。要主动展开行动，努力奋斗！这么做绝对值得。

做事敏捷、果敢

有优柔寡断毛病的人需要常常提醒自己养成做事敏捷、决策果断的习惯，才可以补救犹豫不决的缺陷。一个人要想成功，最忌讳的就是没有决断力。要知道，决断力能控制行动，只要敢于决断，我们便可以创造属于自己的奇迹。

美国富翁爱琳·福特在谈到自己的创业历程时，曾说："想成为富翁的人必须相信：自己的命运要由自己来决断，有了决断就必须马上付诸行动，只要你决定做什么事，就一定要有无论怎样都必须去完成的精神。"

如何将模糊微弱的愿望转变成清晰强烈的欲望是相当深奥的一门学问。若当真渴望成功，心中便会萌生一种力量驱使自己不断前进。

斯太菲克在美国伊利诺伊州亨斯城退役军人管理医院疗养。经济上他虽然破产了，但他在逐渐康复期间想到了一个主意。斯太菲克知道：许多洗衣店都把刚熨好的衬衣折叠在一块硬纸板上，以保持衬衣的硬度，避免褶皱。他写了几封信给洗衣店，获悉这种衬衣纸板每千张要花费四美元。他的想法是：以每千张一美元的价格出售这些纸板，并在每张纸板上登上一则广告，登广告的人当然要付广告费，这样他就可从中得到一笔收入。

有了这个梦想之后，斯太菲克就设法去实现它。出院后，他就投入了行动。由于他在广告领域中是个新手，他遇到了一些问题。但斯太菲克继续保持他住院时所养成的习惯：每天花一定时间进行学习、思考和计划。后来他决定提高服务效率，加强业务学习。他发现衬衣纸板一旦从衬衣上被撤除之后，就不会被洗衣店的顾客保留。于是，他给自己提出这样一个问题："怎样才能使许多家庭保留这种登有广告的衬衣纸板呢？"解决的方法已在他心中了。他在衬衣纸板的一面印一则黑白或彩色广告，在另一面上，他增加了一些新的东西———一个有趣的儿童游戏，一个供主妇用的家庭食谱或者一个引人入胜的故事。

有一次，一位男子抱怨他的一张洗衣店清单突然莫名其妙地不见了。后来，他发现他的妻子把它连同一些衬衣都送到洗衣店去了，而这些衬衣本来是不需要洗的。他的妻子这样做仅仅是为了多得到一些斯太菲克的食谱！

斯太菲克的业务红火，但他并没有就此停滞不前。他雄心勃勃，想要更进一步扩大业务。他又向自己提出一个问题："如何扩大？"找到答案之后，斯太菲克把他销售衬衣纸板的收入全部捐赠给了美国洗染学会，该学会则以建议每个成员应当让自己以及他的同事购买斯太菲克的衬衣纸板作为回报。这样，斯太菲克又有了另一个重要的发现：你给别人好的或称心的东西愈多，你的收获也就愈大。每次精心的安排都给斯太菲克带来了可观的财富。他认为：抽出一段时间，专用于决断，对于成功地生财致富是十分必要的。

一天有 1440 分钟，用这个时间的 1%，也就是 14 分钟来决断并养成习惯，你就会惊奇地发现：无论任何时候，洗涤碗碟时、骑自行车时或洗澡时，你都可能产生建设性的想法。

当你抽出一段时间从事决断时，不要以为你是在浪费时间。如果把你的时间的1%用于决断，你达到目标的速度之快将会令你自己震惊。

坚持自己认定的事

美国第三任总统杰弗逊说过："当你有一个伟大的主意时，就赶快决断吧！"这位和华盛顿一起领导美国人民取得独立的卓越人士自己也是这样做的。当你认定了一件事，赶快付诸行动，努力探索，成功的希望至少有50%；但如果你的好主意和奇妙构想只停留在嘴上，成功的机会连1%也没有。只有那些认定方向、积极行动的人，才能改变自己的命运。

著名的松下电器创始人松下幸之助就是一个能果断抉择的人。1910年10月，松下幸之助进入一家电灯公司，担任一名安装室内电线的实习工。他在7年后辞职，自己开设工厂，制造电灯灯头，他的工厂终于发展成为日本乃至全世界第一流的家庭电器用品制造厂家。出身贫寒的松下幸之助是怎样白手起家的呢？

日本明治维新以后，欧美各国新的交通工具与先进技术都逐渐进入日本。电车是其中最引人注意的交通工具之一，松下通过预测、推想和分析认为各线电车一旦完成通车，自行车的需要就会减少，将来这种行业不太乐观。相反，与电车相关的电气事业因为能满足人们的迫切需要，日后一定能兴盛起来。

由于具有敏锐感和对事物发展方向的正确预测，松下才能不被过去与现在的事务所羁绊，才能随时随地表现出决断能力来。这是松下幸之助成功的重要因素之一。

于是，松下毅然辞去了人人羡慕的自行车店的工作，来到大阪电灯公司当一名内线实习工。尽管他对电的知识一窍不通，但由于这是他兴趣所在，所以学起来得心应手，很快便掌握了安装和处理技术，成为熟练的独立技工。由于工作出色，1911年，松下晋升为工程负责人。

在工作中，松下改良并试制出了一种新产品，而上司却对此态度冷淡，松下为自己的发明遭到冷落感到惋惜和不服，产生了挫折感。他感觉到，即使在自己向往的电灯公司工作，也不能使自己的志向和才能得到充分施展；唯一的办法是，另立门户自己创业。于是他在大阪市一个名为猪饲野的地方租了一间不足10平方米的房间，开办了一家小作坊，职工共有5人，包括松下夫妇及弟弟井植岁男（后成为三洋电机公司的创始人），产品便是松下发明的新式电灯插口。这就是闻名全球的松下电器公司的雏形。

工厂成立后，松下面临的却是失败。1917年10月，电灯插口制作成功，但10天内仅卖出100个，营业额不足10日元，不仅没有盈利，连本钱都赔光了。全家只能靠典当物品艰难度日。

但松下并没有被眼前的困难吓倒，因为他相信，自己的努力一定能带来真正有价值的东西。同年年底，机会来了，川比电气电风扇厂让松下替该厂试制1000个电风扇绝缘底盘。这对困境中的松下来说如同久旱逢甘霖。松下反复试验，解决了技术难题，与妻子、弟弟一起日夜奋战，在年关迫近时如期交了货，且质量博得好评。结果，松下在年底获得了800日元的盈利。1918年3月，松下幸之助在大阪市北区西野田成立松下电气器具制作所，从而迈出了他创业生涯中成功的第一步。经过数十年的艰苦经营，松下终于使自己的企业成为以生产电子产品为主的庞大的国际性企业集团。公司规模在日本仅次于丰田与日立两个公司，拥有职工约 20 万人，资产约 500 亿美元。松下幸之助从白手起家变成了富可敌国的企业家。

　　从松下幸之助的经历可以看出，坚持自己认定的事做下去，尽管会遇到许多困难，但命运是公平的，付出最终会有收获。所以只要是认定的事，就别再犹豫，朝着成功的理想执着追求吧！

优柔寡断是陋习

美国某位业务员前去拜访西部一小镇上的一位房地产经纪人，想把一个"销售及商业管理"课程介绍给他。

这位业务员到达房地产经纪人的办公室时，发现他正在用一台老式的打字机打一封信。这位业务员自我介绍一番后开始推销他的这个课程。

那位房地产商人显然听得津津有味。然而，听完之后，却迟迟不表示意见。

这位业务员只好单刀直入地说："你想参加这个课程，不是吗？"这位房地产商人以一种无精打采的声音回答说："呀！我自己也不知道是否想参加。"他说的倒是实话，因为像他这样犹豫不决难以迅速做出决定的人数不胜数。

早有准备的业务员站起来，运用了一种刺激性的战术，使房地产商人大吃一惊："我决定向你说一些你不喜欢听的话，但这些话可能对你很有帮助。先看看你工作的办公室，地板脏得可怕，墙壁上全是灰尘。你现在所使用的打字机看来好像是大洪水时代诺亚先生在方舟上所用过的。你的衣服又脏又破，你脸上的胡子也未刮干净，你的眼光告诉我你已经被打败了。

"在我的想象中，在你家里，你太太和你的孩子穿得不好，也许吃得也不好。你的太太一直忠实地跟着你，但你的成就并不如她当初所希望的。在你们结婚时，她本以为你将来会有很大的成就。

"请记住，我现在并不是向一位准备进入我们学校的学生讲话，即使你用现金预缴学费，我也不会接受。因为，如果我接受了，你也不会拥有去完成它的魄力，而我们不希望我们的学生当中有人失败。

"现在，我告诉你，你为何失败。那是因为你没有做出决定的能力。你以前养成了一种习惯：逃避责任，无法做出决定；结果到了今天，你想做什么都无法办到，更谈不上什么成功。你必须改变无法做出决定的习惯，才有可能彻底发生转变。"

他接着说："你应该告诉我，你是想参加这个课程还是不想参加。但结果你说什么呢？你承认你并不知道你究竟想参加或不参加。你已养成逃避责任的习惯，无法对影响到你生活的所有事情做出明确的决定。"

这位房地产商人呆坐在椅子上，下巴往后缩，他的眼睛因惊讶而膨胀，但他并不想对这些尖刻的批评进行反驳。这时，这位业务员说了声再见，走了出去，随手把房门关上；但又再度把门打开，走了回来，带着微笑在那位吃惊的房地产商人面前坐下来，说："我的批评也许伤害了你，但我倒是希望能够触怒你。现在让我以男人对男人的态度告诉你，我认为你很有智慧，而且我确信你有能力，但你不幸养成了一种令你失败的习惯。但你可以再度站起来，我可以扶你一把——只要你愿意原谅我刚才所说过的那些话。

"你并不属于这个小镇。这个地方不适合从事房地产生意。你赶快替自己找套新衣服，即使向人借钱也要去买来，然后跟我到圣路易市去。我将介绍一个房地产商人和你认识，他可以给你提供一些赚大钱的机会，同时还可以教你有关这一行业的注意事项，你以后投资时可以运用。你愿意跟我来吗?"

那位房地产商人竟然抱头哭泣起来。最后，他努力地站了起来，和这位业务员握手，感谢他的好意，并说他愿意接受业务员的劝告，但要以自己的方式去进行。他要了一张空白报名表，签字报名参加"推销与商业管理"课程，并且凑了一些零钱先交了第一期的学费。

三年以后，这位房地产商人开了一家拥有60名业务员的大公司，成为圣路易市最成功的房地产商人之一。他还指导其他业务员工作，每一位准备到他公司上班的业务员在被正式聘用之前，都要被叫到他的私人办公室去，他把自己的转变过程告诉这些新人，从当初那位业务员在那间寒酸的小办公室与他见面开始说起。

这位房地产商人的经历告诉人们：从优柔寡断、犹豫不决中走出来，才能拥抱成功。

找到敢于决断的方法

首先，将以后六个月内想做的事情全部列出。如果觉得不可能全部列出，可以把太笼统或以自己的能力办不到的事项删去。但仍尽量保留每一项，并将它们全数记在白纸之上。

写完之后再仔细地从头看一遍，将那些即使花上半年时间也不见得能完成的事项删除。最后将要做的事项列表。

原则上，留在表里的事项必须能在三个月到半年之间完成。需要注意的是，列这张表时心中必须先有明确的概念，深知自己所追求的究竟是什么。想清楚之后，列表时才能依照欲望强度的大小决定各事项的顺序。

而在这种决定顺序的过程中，你便不难发现最适合自己的方向即所谓的"第一欲望"。

这种列表的方法是促使自己做决定的最实在、最有效的方式。

第一欲望找出之后，应清楚地将它写在一张明信片大小的纸上，然后把它贴在自己容易看见的地方，譬如洗脸台旁、床头或桌子前方等。每天在睡觉前或起床后，便面对它大声念一遍。

如此继续一段时间之后，会越来越强烈地感觉到自己正在走向目标的途中。

如果只坚持一两天，是不可能收到什么效果的。此外，使用这种强化欲望强度的方法必须有积极的态度，否则就没有意义；而且任何一丝消极的意念，皆有可能使你前功尽弃。

经过四五个星期之后，卡片上的文字逐渐会产生变化——原本单纯的梦想会转变成强烈的欲望，这便奠定了成大事的第一步。

这种变化是什么造成的呢？答案是：随着时间梦想已经深入潜意识之中，而潜意识也采取了积极的反应，并与意识连接，制造出炽烈的欲望，进而策动自己下决心展开积极的行动。

冒险精神的三个原则

冒风险需要一定的胆量和激情。大部分人选择停留在所谓的"安全圈"内，无意于进行任何形式的冒险，即使这种生活过得庸庸碌碌、死水一潭也不在乎。有这样一位女高音歌剧演员，天生一副好嗓子，演技也非同一般，然而演来演去却尽演些最末等的角色。"我不想负主要演员之责，"她说，"让整个晚会的成败压在我的身上，观众们屏声息气地倾听我吐出的每一个音符。"其实这并非因为胆小，她只是不愿意认真地想一想：如果真的失败了，可能出现什么情况，应采取什么样的补救办法。卓有绩效的人则不然，由于对应变策略——失败后究竟用什么方式挽救局势早已成竹在胸，他们敢于冒各种风险。一位公司总经理说："每当我采取某个重大行动的时候，就会先给自己构思一份'惨败报告'，设想这样做可能带来的最坏结果，然后问问自己：'到那种地步，我还能生存吗?'大多数情况下，回答是肯定的，否则我就放弃这次冒险。"心理学家认为，做最坏的打算，有助于我们做出理智的选择。如果因为害怕失败而坐守终日，甚至不敢抓住眼前的机会，那就根本无选择可言，更谈不上什么绩效和成功。因此，当环境稍加变化的时候，他们就会显得手足无措。

那么，怎样才能培养敢于冒险的气魄呢?

1. 积极尝试新事物

在生活中，由于无聊、重复、单调而产生的寂寞会逐渐腐蚀人的心灵。相反，消除那些单调的常规因素倒会使人避免精神崩溃。积极尝试新事物，能使一蹶不振、灰心失望的人重新恢复生活的勇气，重新把握住生活的主动权。

2. 尝试做一些自己不喜欢做的事

屈从于他人意愿和一些刻板的清规戒律，已成为缺乏自信者的习惯，以至于他们误以为自己生来就喜欢某些东西，而不喜欢另一些东西。应该认识到，之所以每天都在重复自己，是由于懦弱和没有主见才养成的恶习。如果我们尝试做一些自己原来不喜欢做的事，就会品尝到一种全新的乐趣，从老习惯中慢慢摆脱出来。

3. 不要总是订计划

缺乏自信的人相应地缺乏安全感，凡事希望稳妥保险。然而人的一生是根本无法定出所谓的清晰计划的，因为有许多偶然的因素在发生作用。有条有理并不能给人带来幸福，生活的火花往往是在偶然的机遇和奇特的感觉中迸发出来的，只有欣赏并努力捕捉这些转瞬即逝的火花，生活才会变得生气勃勃，富有活力。

冒险应该算是人类生活的基本内容之一。没有冒险精神，体会不到冒险本身对生活的意义，就享受不到成功的乐趣，也就无法培养和提高人的自信心。自信在本质上是成功的积累。因此，瞻前顾后、惊慌失措、力图避免冒险无疑会使我们的自信丧失殆尽，更不用指望幸福快乐会慷慨降临了。

所谓的冒险，并不仅仅是指征服自然，跨入未知的土地、海洋及宇宙。在人类社会，我们会和种种不合理的习惯势力、陈规陋习狭路相逢，如果我们坚持按照自己的意见行事，那么就在很大程度上冒了风险。甚至想要小小改变一下自己的生活方式，同样也在冒险之列，关键是看自己是否敢于试一试，是否能够把自己的想法贯彻到底。

假如生活中未知的领域能够引起自己的激情，并使自己做好"试一试"的心理准备；假如人生真的如同一场牌局，而我们自己又能够坚持把牌打下去，不是中途退场的话，那么每克服一个困难，就为自己增添了一分自信。

第五章

凡事用心，注重细节

天下难事，必作于易；天下大事，必作于细。

——老子

把每一件简单的事做好就是不简单；把每一件平凡的事做好就是不平凡。

——张瑞敏

小事成就大事，细节成就完美。

——戴维·帕卡德

成败往往由细节决定

什么是细节？细节为何如此重要？在这里不做理论上的阐述，我们先看看海尔总裁张瑞敏两句十分贴切的话：

什么是不简单？把每一件简单的事情做好就是不简单。

什么是不平凡？把每一件平凡的事情做好就是不平凡。

纵观古今中外，胸怀大志者不乏其人，真能成就伟业者少之又少。

1961 年 4 月 12 日，苏联宇航员加加林乘坐 4.75 吨重的"东方 1 号"航天飞船进入太空遨游了 108 分钟，成为世界上第一位进入太空的宇航员。他为什么能够从 20 多名宇航员中脱颖而出？

在确定人选前的一个星期，这些准宇航员首次登上宇宙飞船参观熟悉。就是这一次参观，确定了最终人选，他就是加加林。航天飞船的主设计师科罗廖夫发现，在进入飞船前，只有加加林一个人脱下鞋子，只穿袜子进入座舱。就是这个小小的细节，一下子赢得了科罗廖夫的好感，他感到这个 27 岁的青年既懂规矩，又如此珍爱他为之倾注心血的飞船，于是决定让加加林执行首次太空飞行的神圣使命。加加林通过一个不经意的细节，表现出珍爱他人劳动成果的修养和素质，也使他成为人类遨游太空的第一人。

我始终相信，让人疲惫不堪而又难以阔步远行的不是横亘在面前的高山峻岭，而是掉进自己鞋子里的一粒微不足道的沙子。在我们每个人成长的道路上，我们需要随时倒出那粒沙子。生活中，能够击垮我们的不是巨大的挑战，而是一些小事，一些细枝末节。而正是这些微不足道的小事、小细节，却无休止地消耗着我们的精力，阻碍了我们成功。

每个细节，串联起来就成了习惯。正是这些细微的习惯构成了一个人的素质。习惯，决定了一个人的人生。因此我们说，细节的养成，决定了事业的成败。小事成就大事，细节成就完美，习惯改变人生。

有这样一个例子：北京某外资企业招工，报酬丰厚，要求严格。一些高学历的年轻人过五关斩六将，几乎就要如愿以偿了。最后一关是总经理面试。到了面试时，总经理突然说："我有点急事，请等我10分钟。"总经理走后，踌躇满志的年轻人围住了老板的大办公桌，你翻看文件，我看来信，没一人闲着。10分钟后，总经理回来了，宣布说："面试已经结束，很遗憾，你们都没有被录取。"年轻人惊诧不已："面试还没开始呢！"总经理说："我不在期间，你们的表现就是面试。本公司不能录用随便翻阅领导文件的人。"

有家幼儿园招聘园长，在众多的应聘者中只有一人顺利过关，其原因也是一个细节——大家在上楼的时候，只有她为站在那里的一个小男孩擦了擦鼻涕。而这个被大家忽略的小男孩，乃是招聘者提前安排好的。因为幼教工作者理应充满爱心，理应真诚地爱孩子，也正是主动为孩子擦鼻涕的细节，体现了那位被录用的女士的爱心。

一个不经意的细节，往往最能反映出一个人的修养和深层次的素质：加加林脱鞋子体现了他对别人劳动成果的尊重；而未经允许就翻看经理文件的年轻人，缺乏基本的礼貌；一个充满爱心的给孩子擦鼻涕的细节，展示了内在美。

真是"成也细节，败也细节"。

有目的地培养注重细节的习惯

林芳大学毕业了，很幸运被一家中等规模的证券公司录用，她十分兴奋，憧憬着大展拳脚。然而，当她踏上工作岗位才发现，对于新人，公司安排的实际工作并不多，倒是有很多杂七杂八的事情，像发报纸、复印、传真、整理文件等。

同来的新人们觉得要他们大学生做杂活，未免有些丢脸，又觉得不受重视，不免满腹牢骚，便经常找借口推脱。林芳心里也觉得有些委屈，回家就和母亲说起这些事，身为职业女性的母亲笑了笑，说："小事不做，焉能做大事。须知，由细微处方见真品性。"

于是林芳不再和大家一起发牢骚，见到别人不愿意做的琐事，她便接过来做，一下子就忙碌了起来，有时甚至要加班加点。其他新人有的笑她傻，说有时间多休息休息不好吗？有的就说她爱表现，冷言冷语讥讽她。不管别人怎么说，林芳总是笑而不语。

其实，林芳一点一滴的工作，部门主管都看在眼里，便开始逐渐选择一些专业的工作给她做。公司的老员工也喜欢这个手脚麻利、不挑三拣四的"傻女孩"，平时也颇乐意将自己多年的工作心得传授给她。逐渐地，林芳工作越干越顺手，在人际交往的分寸上也把握得越来越好。

有了这么好的群众基础，又有了那么好的工作成绩，在公司讨论新人转正时，林芳自然成了第一批转正的新人，并且被安排到了她最向往的岗位，成功地踏出了职业生涯的第一步！

在你过去的工作中，有没有认认真真地做好过每一件小事？要知道，一个微小的细节也许就改变了你人生的命运。

台湾首富王永庆是从细节中找到成功机会的人，也是注重把握细节而成就自己辉煌事业的典型。

早年因贫困失学的王永庆，16 岁时靠仅有的 200 元钱在台湾的嘉义开了家米店，当时嘉义已有 30 多家米店，竞争非常激烈。没有任何优势可言的王永庆在背米挨家挨户地推销过程中，从提高服务质量上找到了切入点。他发现其他米店都是将碾好的米直接出售，由于当时技术落后，米碾压后多晾晒在马路上，掺杂了不少的沙粒、石子。王永庆在不提高价格的前提下，不怕麻烦将沙粒、石子去净后再出售，这样就减少了客户淘米时的麻烦而备受客户喜爱。同时，他又首推了送货上门服务，并在送米时详细记下每户有几口人，甚至每个人的饭量有多大，据此推算客户下次买米的时间，而后提前一两天，将相应数量的米送到客户家中，并将旧米倒出，放在新米之上，以免日久过期。凭着对这些细节的把握和细致入微的服务，王永庆在嘉义的大米销售行业中占据一席之地，并一跃成为最大的经销商，为他后来的事业发展打下了基础。

即便是在以后的木材经营和塑胶生产中，成为企业老总的王永庆，在检查企业生产营销过程中，一如既往地保持了对每个生产和管理环节的细致了解与观察，从点滴的小事中节能降耗，提高员工工作效率，从而使他走向事业的巅峰。这就是注重把握细节的成就，是水到渠成后的惊喜。

　　记得曾读过一段话，是这样说的："种下一种思想，收获一种行为；种下一种行为，收获一种习惯；种下一种习惯，收获一种性格；种下一种性格，收获一种命运。"我认为这里蕴含这样一个道理，那就是养成良好的习惯可以改变你的生活，甚至可以改变你的命运。可以说好习惯是成功人士的共同之处，他们所以成功并不见得他们比其他人聪明多少，但是好习惯让他们变得更有教养，更有知识，更有能力；成功人士也不一定比普通人更有天赋，但好习惯却让他们训练有素，技术纯熟，准备充分；成功人士不一定比那些不成功者更有决心，或更加努力，但好习惯却放大了他们的决心和努力，并让他们更有效率，更具条理。

　　习惯的养成不是一朝一夕的事情，是一个人日常行为的积累与沉淀。习惯不可能根除，但可以改变，可以用习惯去改变习惯。男士中很多人有过吸烟的经历，但大多数人也许听说过，一些吸烟者在戒烟后开始暴饮暴食，结果可能造成饮食过量，体重骤然攀升；或是以嗑瓜子、含糖块等方式代替烟草。尽管烟民戒烟后频繁出现暴饮暴食等现象的原因不太清楚，但是显然，改掉某种坏习惯之后，必然会产生某种必需的习惯来填补空白。如果你有目的地选取了好习惯去取代坏习惯，那么改掉坏习惯将变得容易许多。我就有这样的经历，我原来习惯晚上躺在床上看着电视才能入睡，为了改掉这个坏习惯，我决定用看书取代看电视，直到自己睡意袭来后自觉地合书入睡，结果很有效。有目的地选择用新习惯来取代旧习惯，将极大地提高改掉坏习惯的可能性。

　　如果有目的地培养和构建某种好习惯，将有助于我们认识到自己其实也在同时取代其他的习惯。例如，你希望每天早晨起床后自己能先收拾床铺，那么，你一定意识到了你其实每天起床后所做的第一件事情是其他方面的。再比如说，你希望自己养成积极倾听的习惯，那么，你必然已经意识到，你以往没有能积极地倾听别人的习惯。如此一来，你必然会错过别人试图与你沟通的许多信息，因为你总是在想你应该如何回答。导致你不善于积极倾听的原因，也可能是你在与他人谈话时，总是习惯性地把思绪转到其他你必须完成的事情上。

"海不择细流，故能成其大，山不拒细壤，方能就其高。"所以说，在生活中，我们只有注重每个细节，才能养成良好的生活习惯，塑造我们高尚的道德情操；在工作中，我们只有重视每一个细节，脚踏实地地干好每件事，才能使自己得到不断的锻炼和提高，使自己对工作的流程更熟悉，解决问题的办法更多，经验更丰富；在学习中，只有认真读好每一本书、每一篇文章，认真解答每个难题，才能使我们的知识更渊博，见识更宽广。

从细处着眼，小事也不可松懈

万丈高楼平地起，工作上更需要我们从细处着眼，从小事做起。能否把小事做好，能不能从细节中发现问题，这是我们工作态度的表现。

只有把握好了每个细小环节，才能将工作做到完美；也只有注重把握每个细小环节，养成科学严谨的工作态度，才能取得辉煌的工作成果。

与此同时，确定目标不能太宽泛，而应该确定在一个具体的点上。如同用放大镜聚集阳光使一张纸燃烧，要把焦距对准纸片才能点燃。如果不停地移动放大镜，或者对不准焦距，都不能使纸片燃烧。

这也同建造一座大楼一样，图纸设计不能只是个大概样子，或者含糊不清，而必须在面积、结构、样式等方面都是详细和具体的。目标应该用具体的细节反映出来，否则就显得过于笼统而无法付诸实施。

麦当劳从一家为过路司机提供餐饮的快餐店，发展到如今已拥有近30000家连锁店、数十万员工，迅速成为全球快餐业的龙头老大，其黄金双拱门已经深入人心，成为人们最熟知的世界品牌之一。在谈到麦当劳成功经验的时候，罗·克洛克说："连锁店只有统一标准，而且持之以恒地坚持每一个细节都执行标准化，才能保证成功！"

麦当劳自创立以来一直坚持执行标准化，它在全球缔造的商业奇迹表明，正是由于在经营管理中坚持了每一个细节执行标准化，麦当劳才有了今天的辉煌成就！

例如，麦当劳为了保证食品的卫生，制定了规范的员工洗手方法：将手洗净并用水将肥皂洗涤干净后，取一小剂麦当劳特制的清洁消毒剂放在手心，双手揉搓 20 秒钟，然后再用清水冲净。两手彻底清洗后，再用烘干机烘干双手，不能用毛巾擦干。诸如此类的细节管理贯穿于麦当劳经营管理的始终，这些不起眼的细节管理正是麦当劳迅速发展的秘密所在。

为了方便顾客外带食品且避免在路上倾倒或溢出来，麦当劳会事先把准备卖给顾客的汉堡包和炸薯条装进纸盒或纸袋，将塑料勺、餐巾纸、吸管等用纸袋包好，随同食物一起交给顾客。而且在饮料杯盖上，也预先划好十字口，以方便顾客插入吸管。这样的细节执行能不让顾客感动吗？

麦当劳总裁弗雷德·特纳说："我们的成功表明，我们竞争者的管理层对基层的介入未能坚持下去，他们缺乏的是对细节的深层关注。"

有人说，世界上不缺少雄才大略的战略家，缺少的是精益求精的管理者；不缺少各类管理制度，缺少的是对规章条款不折不扣的执行！这句话值得我们深思！

芸芸众生，能做大事的人实在不多，多数人在多数情况下只能做一些具体的事、琐碎的事、单调的事，也许过于平淡，也许鸡毛蒜皮，但这就是工作，是生活，是成就大事不可缺少的基础。要想工作不流于一般的人，应在细节处下功夫，如果总嫌事小而放弃努力，总嫌事小而不认真做，很可能什么大事也办不好。

比如有时候，公司老板或业务员要出差，便会安排员工去买车票，这看似很简单的一件事，却可以反映出不同的人对工作的不同态度及其工作的能力，也可以大概推测出其今后工作的前途。

有这样两位秘书，一位将车票买来，就那么一大把地交上去，杂乱无章，易丢失，不易查清时刻；另一位却将车票装进一个大信封，并且，在信封上写明列车车次、号位及起程、到达时刻。后一位秘书是个细心人，虽然她只是注意了几个细节处，只在信封上写上几个字，却使人省事不少。

按照命令去买车票，这只是"一个平常人"的工作，但是一个会工作的人，一定会想到该怎么做，要怎么做，才会令人更满意，更方便，这也就是用心注意细节的问题了。

某公司的记账员因为账目不清，就连续一个星期夜以继日地查账，但最后也没有发现错在哪里。账面上明明有一万元亏空，却怎么也查不出来。一遍又一遍地核对每一笔交易的收支情况，然后再核对加起来，直到最后快要把他逼疯了，但还是查不出到底错在哪里。最后，把当班的营业负责人叫来，然后大家再次核对，这次没有费多大工夫就找出了问题所在，营业负责人说：看，是错在这儿。

但是怎么把一万元写成了一万五千元呢？经过仔细检查才发现，是记账员马虎，不细心铸成了大错。

最伟大的生命往往是最细小的细胞点点滴滴集结而成的。绝大多数人很少能有机会遇到那种重大的转折，很少有机会能够开创宏伟的事业。

人们总是误认为，伟人就是只做惊天动地的大事。而那些对自己的本性毫无认识的人，永远成就不了任何伟大的功业。查尔斯·狄更斯在他的作品《一年到头》中写道："有人曾经被问到这样一个问题：'什么是天才'？他回答说：'天才就是注意细节的人。'"

不难看出，要想事业有所成就，首先要学会在细节之处下功夫。

注重生活细节，树立个人形象

工作中彰显细节的重要，生活中注重细节同样可以成就伟大人生。

古人说："修身、齐家、治国，平天下。"我想这个顺序是不能颠倒的，只有在"独善其身"后，才可能实现"兼济天下"的理想。相信"一屋不扫"的陈蕃，纵有胸怀"当扫天下"的大志，也难成就"扫天下"的大事。只有乐于做小事，善于做小事的人，脚踏实地，一步一个脚印地从小事做起的人，才能实现自己的理想，成就自己的光辉人生。

雷锋同志不但是我们中国人学习的楷模，现在在美国、加拿大等一些国家也在学雷锋。雷锋的一生中没有什么惊天地的壮举，也没有泣鬼神的英雄行为，但是在他平凡而短暂的人生中却塑造了伟大的"雷锋精神"。这是他日常生活中"不以恶小而为之，不以善小而不为"的集中体现。正是有了他长此以往的在工作、生活中做小事做好事的行为，才有了"向雷锋同志学习"的倡导。一心渴望伟大，追求伟大，伟大却了无踪影；甘于平淡，认真做好每个细节，伟大却不期而至。

注重细节，其实就是一种生活作风。

一个生活极其邋遢的人，即使他在某方面取得优异的成绩，也不一定受到人们的喜爱与尊重。一个优秀的人一定是一个具有人格魅力的人，这种魅力并不是来自他的外表或学历，而是靠他平时涵养的积累。注重生活细节是一个人素质修养的具体表现。

有这样一个故事。一个年轻人去应聘，面试的时候外面等了很多人，叫到谁，谁就去经理室，其他应试者都是直接推门而入，叫到这个年轻人时，他在门口敲门问道："我可以进来吗？"经理说可以后，年轻人才进去。几天后，这家公司通知年轻人去上班。

过了一段时间，年轻人和这位经理熟了，就问经理看中了他什么优点。经理回答说："说老实话，你哪一点都不比别人强，我看中你的是你进我办公室的时候敲了门。敲门说明你很懂礼貌，而懂礼貌说明你有修养，有修养的人不能说在公司一定有大作为，至少不会给公司惹麻烦。"

就这么一个注重生活细节的小举动，促成了一个年轻人的就业成功。也许就是这么一个机会，能让这个年轻人改变自己的命运，成就自己的事业。

一个人平时的一言一行都能折射和反映出他的道德风貌，不注重生活细节的人，往往会在无意之中给别人造成意想不到的伤害。

在《经典杂文》中有这样一个例子。一个母亲打电话给儿子。儿子接到电话就问："有事吗？"这已经成了他的习惯。母亲有些伤感，反问道："没事就不能打电话吗？你不打电话过来，是因为你忙；我打电话给你，还一定要因为什么事吗？"儿子张口结舌，怔怔地握着话筒，后悔了。儿子就这么不经意的一句回答，却伤了母亲的心。

相信我们大多数人都见到过这样一些提示语："请不要乱倒

垃圾""不可随处小便"，这虽然听起来像一句笑话，但说明有相当一部分人还是不太注重生活细节的，相信这也是给那些不注意生活细节的人提的醒。其实，我想也正是有了一部分人"小处过于随便"，才有了"不可随处小便"这样的提示语言。所以我们要从小事情做起，从生活中的点滴做起，从自己的一言一行、一举一动中规范自己，使自己得到锻炼和提高，从而树立自己良好的生活作风和个人形象。

充分利用每一分钟时间

成功者都非常珍惜自己的时间，因为他们知道，失去了时间就永远无法翻本，而利用好时间就是赢得了最大的资本。

在所有资源中，时间不同于其他资源，它没有弹性，找不到代用品来替代它，而且时间永远是短缺的。时间既不能停止，也不能保存。因此，管理利用好时间，它将为人生赢得最大的资本。

下面是几种利用时间的妙招，也许可以给你以启示：

1. 把握好零碎时间

在古老的、生活节奏缓慢的马车时代，用一个月的时间经过长途跋涉才能走完的路程，我们现在只要几个小时就可以走完。但即使在那样的年代，不必要的耽搁也是犯罪。文明社会的一大进步就是对时间的准确计量和利用。

把零碎时间用来从事零碎的工作，从而最大限度地提高工作效率。比如乘车时，在等待时，可用于学习，用于思考，用于简短地计划下一个行动等。充分利用零碎时间，短期内也许没有什么明显的感觉，但长年累月，将会有惊人的成效。

在位于费城的美国造币厂中，在处理金粉车间的地板上，有一个木制的盒子。每次清扫地板时，这个盒子就被拿了起来，里面细小的金粉随之被收集起来。日积月累，每年可以因此而节约成千上万美元。

事实上，每一个成功人士都有这样的一个"盒子"，用于把那些零碎的时间，那些被分割得支离破碎的时间，都收集利用起来。等着咖啡煮好的半个小时，不期而至的假日，两项工作安排之间的间隙，等候某位不守时人士的闲暇等，都被他们如获至宝般地加以利用。而那些被称之为瞬间的点点滴滴充分利用起来，便产生了奇迹。

2. 巧利用交通时间

生活在大都市，通常人们每天早上要花一个小时在路上，而下班回家时又要花一个小时。很明显，有两方面值得你认真考虑一下：

（1）你是否能缩短交通时间？

（2）你能否有效地利用这些时间？

对于如何有效地利用上下班的交通时间这一问题，要因人而异。对于有车一族来说，可以随手打开车上的收音机播放节目，但这并不是利用时间的最好办法。

你可以采取一点别的更加有效的方法：在早晨业务汇报之前，把有关事项先想清楚；分析分析业务、私人问题或可能发生的事；在心里面把一天的工作先计划一番。

对于无车一族来说，有很多白领女士利用上班路上塞车的时间进行化妆。当然，还有很多人一上车就利用手机开始办公了。

在这段时间里，要有意识地决定把注意力集中在什么方面。你会惊讶地发现，如果不浪费这段时间将会得到多么宝贵的收获。

3. 避免不必要的时间浪费

随着互联网络的发达，人们打发空闲时间也更方便了。没事做了，就上网聊天，玩游戏。

日本时间管理专家箱田忠昭在一次接受电视台采访中指出，有人工作一小时只赚 200 美元，有人工作一小时却能赚 2000 美元，为什么会有如此差距，最主要的原因是对时间"用法"的不同，即是否能管理好时间。

一般所谓的"管理时间"，大都将目光放在如何节省时间，或是挤出更多的时间。箱田忠昭则认为，真正的重点应该是如何将你所"拥有的时间"转换成"附加价值较高"的时间，从而为自己创造出值得期待的生活。

尤其是许多年轻人，除了工作、睡觉，其他时间几乎被网络占去了大部分。有些人甚至能花整晚的时间玩游戏，这是多么可惜！

下面有避免浪费时间的 7 条小技巧，供大家参考：

（1）如果这件事情不需要上网就可以完成，把网断掉。对于某些人来说，上网就是浪费时间的元凶。要办正事时，一定控制自己。

（2）延长查看电子邮件的周期。看小说、玩游戏都包括在内。

（3）如果手边的工作或学习很重要，工作期间不要接电话，回头再打过去就是了。当你在工作、思考、创作和学习时，最好把电话话筒拿起来，手机关机。

（4）如果你的工作环境让你不能工作，换个没人打扰的地方。比如在图书馆自习室、环境好一点并清静的咖啡厅或茶座内看书或工作，效率会很高。

（5）平衡你的娱乐和工作时间。分配好工作和娱乐的比重，不要过于极端。玩游戏要适可而止。

（6）时时检查你的时间安排和现在正在进行中的项目。笔记本和笔是最安全、方便的工具。每天列个大致计划，把当天的主要项目和工作做个列表，并经常确认完成情况。

（7）以小时为单位划分你的工作时间，用更少的时间做更多的事情。比起小时，如果你尝试以分钟来记录每件事花费的时间，效果会更好。只要你坚持记录一个月左右，你就会发现自己对时间的敏感性越来越强。

"差不多"先生的7种恶习

许多人之所以失败，往往是因为他们马虎大意、鲁莽轻率。

当你在工作时，应该这样要求自己：能做到最好就不要做到差不多；可以努力达到艺术家的水平，就不要甘心沦为一个平庸的画匠。

"大概"和"差不多"是对事情不负责的表现，是对工作的一种敷衍，它会带来严重的后果。比如，医生给病人用麻醉药，只用大概或差不多的麻药，你想后果是什么？一是麻醉药超量，可能造成病人死亡；二是麻醉药量不够，起不到麻醉效果，给病人造成不必要的痛苦与经济上的损失。再比如，人造卫星的发射，只大概或差不多，能发射成功吗？差一丝一毫，就是差十万八千里。所以我们干任何事都要做到位，要求精，要和"差不多"先生说再见。

"大概"和"差不多"主要表现在以下几个方面：

1. 差不多就算了，没做到位也无所谓

这种人做事总是敷衍了事，只求过得去就行。其实这是不用心做事、不负责任的表现。张瑞敏常常向员工讲这样一句话："说了不等于做了，做了不等于做对了，做对了不等于做到位了，今天做到位了不等于永远做到位了。"的确，很多企业都提出了管理口号，制定了战略目标，然而又有多少企业将这些口号和目标"做到位"？这需要全体员工的努力，需要全员坚持把工作"做到位"才能实现。海尔"日清日毕，日清日高"的目标管理方法，其实就是对每个人工作做到位的要求。

2. 虎头蛇尾，没有一件事情能做完

做事时只有一个很好的开头，却没有一个令人满意的结尾，给人留下一种有始无终、只有开始不管结果的印象。已布置的工作，如果没有督促就不会有积极的反馈；年初制订的目标、计划、任务完成得如何？哪些已经完成了？哪些还没有完成？离目标还有多少距离？无法完成计划的原因何在？统统没有下文了。许多人之所以无法取得成功，不是因为他们能力不够、热情不足，而是缺乏一种坚持不懈的精神。他们做事时往往虎头蛇尾、有始无终，做事的过程东拼西凑、草草了事。在这个世界上，没有一个遇事迟疑不决、优柔寡断的人能够获得真正的成功。

3. 投机取巧，不愿意付出相应的努力

世界上绝顶聪明的人很少，绝对愚笨的人也不多，一般都具有正常的能力与智慧。但是，为什么许多人都无法取得成功呢？一个最重要的原因在于他们习惯于投机取巧，不愿意付出与成功相应的努力。他们希望到达辉煌的巅峰，却不愿意经过艰难的道路。成功者的秘诀就在于他们能够克服这种心态。同样，在工作中投机取巧也许能让你获得一时的便利，但却在心灵中埋下隐患，从长远来看，是有百害而无一利的。

4. 浅尝辄止，凡事只做到最低标准

企图掌握好几十种职业技能，还不如精通其中的一两种。什么事情都知道些皮毛，还不如在某一方面懂得更多，理解得

更透彻。因为现代化生产带来的最重要的结果之一就是专业化。现代生活，没有核心能力的公司将会逐渐倒闭；没有核心能力的人，一辈子注定只能拿死工资。

5. 遇事拖延，在等待中完成工作

懒惰之人的一个重要特征就是拖沓，将前天该完成的事情拖延到后天。生活中有许多重要的事情，不是没有想到，而是没有立刻去做。时过境迁渐渐地忘了。究其原因也许是忙，但更多的是懒惰。许多人面对一件事时不是想着马上去做，而是想"等一下再做也不迟"。懒惰如同一种毒素，一旦注入我们的心灵，就会疯狂地滋长，毁掉我们的人生。

6. 偏离目标，没做正确的事情

你如果想做事，首要任务就是确保做正确的事情，其次才是督促自己把事情做好。在工作中，找对方向是一种智慧，一种责任。因为在一定时期内，一个人，一个企业的目标是统一的，资源和能量是有限的，如果你的工作偏离了企业的目标，偏离了团队的要求，那么你的工作对团队没有任何意义。

7. 循规蹈矩，只知道服从上级的指令

对于很多人来说，他们总是太拘泥于表格填写的正确性，而不管表格是否具有实用的目的。对他们而言，任何超出惯例的细微偏差，都是不被容许的。一个想成大事的人，不应是那种循规蹈矩、死板的人，他应该有敏锐的眼光和责任心，他会去任何地方，找任何人，打破任何界限，把工作又好又快地干完。

注意细节的 8 个方面

老子曾说："天下难事，必作于易；天下大事，必作于细。"它精辟地指出了想成就一番事业，必须从简单的事情做起，从细微处入手，并且能够把每一个细节都做好。

1. 素质培养

一个人素质是从细节中体现出来的，因为只有从细节上严于律己，讲究分寸的人才能真正把事情做到位。从小事做起，事事认真到位是一种素质。任何细节，要做就做好，要么就别做这件小事，一粒老鼠屎也能坏一锅粥呢。

同是写一篇报告，有人就能把它做得像模像样，干干净净，整整齐齐；而有的人却马马虎虎，该做的没做，能做的也不做。就连报告中的表格也大小不一，非常难看。也许有人会辩解说形式不重要，重要的是内容。但是如果连你能做的都不把它做好，那么怎么能说你确实努力去做这件事了呢？报告的质量既在内容也在形式，形式的差别就体现了人们做事的差别，素质的差别。

每当我们做一件事情的时候，就应该在心里立下一个标准，下次做这件事或类似的事情的时候就以这种标准做，不打丝毫折扣。通过做普通的小事训练自己的素养，就能使自己真正变得不同起来，做更复杂的事也会得心应手。

2. 戒除浮躁

年轻人做事的大忌就是浮躁。浮躁有几种表现：第一，事情做到一半了，就觉得要大功告成了，开始飘飘然；第二，做事毛毛躁躁，巴不得立马干好，只讲速度，不讲质量；第三，处于一种烦躁状态，觉得没什么可做的，没什么意义，做不出什么名堂来，没劲。

浮躁是通病，一般是由于新手做事情还浮于表面，没有深入认识事情的复杂性，或做事的意义。所以建议，每天都让自己成熟一些，做事少一些浮躁，多一些踏实。

3. 勤于关注

曾国藩从五个方面来阐述勤："大抵勤则难朽，逸则易坏，凡物皆然。勤之道有五：一曰身勤。险远之路，身往验之；艰苦之境，身亲尝之。二曰眼勤。遇一人，必详细察看；接一文，必反复审阅。三曰手勤。易弃之物，随手收拾；易志之事，随笔记载。四曰口勤。待同僚，则互相规劝；待下属，则再三训导。五曰心勤。精诚所至，金石亦开；苦思所积，鬼神亦通。五者皆到，无不尽之职矣。"

我们要从生活的各个方面来规范自己的行为，身、心、眼、口、手五个方面都努力去完善了，就做到关注细节了。

对人，要细心观察，教导下属，劝导同事；对事，要亲自体察，用心体会；对物，要仔细察看，弄得明明白白。

4. 体现个性

个性是由细节体现出来的。一件普通的裙子加上一颗珍珠吊坠味道就不一样了，简历的封面改成独特的样子就很吸引人……我们想把事情做得有个性，就必须在细节上下功夫。

5. 坚持微笑

飞机起飞前，一位乘客请求空姐给他倒一杯水吃药。空姐很有礼貌地说："先生，为了您的安全，请稍等片刻，等飞机进入平稳飞行后，我会立刻把水给您送过来，好吗？"

15分钟后，飞机早已进入了平稳飞行状态。突然，乘客服务铃急促地响了起来，空姐猛然意识到：糟了，由于太忙，她忘记给那位乘客倒水了！当空姐来到客舱，看见按响服务铃的果然是刚才那位乘客。她小心翼翼地把水送到那位乘客跟前，面带微笑地说："先生，实在对不起，由于我的疏忽，延误了您吃药的时间，我感到非常抱歉。"这位乘客抬起左手，指着手表说道："怎么回事，有你这样服务的吗？"空姐手里端着水，心里感到很委屈，但是，无论她怎么解释，这位挑剔的乘客都不肯原谅她的疏忽。

接下来的飞行途中，为了补偿自己的过失，每次去客舱给乘客服务时，空姐都会特意走到那位乘客面前，面带微笑地询问他是否需要水，或者别的帮助。然而，那位乘客余怒未消，摆出一副不合作的样子，并不理会空姐。

等到飞机安全降落，所有的乘客陆续离开后，空姐本以为这下完了，没想到，当她打开留言本，却惊喜地发现，那位乘客在本子上写下的并不是投诉信，而是一封热情洋溢的表扬信。

是什么使得这位挑剔的乘客最终放弃了投诉呢？空姐在信中读到这样一句话："在整个过程中，您表现出的真诚的歉意，特别是您的十二次微笑，深深打动了我，使我最终决定将投诉信写成表扬信！你们的服务质量很高，下次如果有机会，我还将乘坐这趟航班!"

这就是微笑的力量!

6. 保持整洁

如果你是公司职员,一走进办公室,抬眼便看到你的办公桌上堆满了信件、报告、备忘录之类的东西,就很容易产生混乱感。更糟的是,这种情形也会让你自己觉得有堆积如山的工作要做,可又毫无头绪,根本没时间做完。面对大量的繁杂工作,你还未工作就会感到疲惫不堪。零乱的办公桌无形中会加重你的工作任务,冲淡你的工作热情。

有人曾说:"一个书桌上堆满了文件的人,若能把他的桌子清理一下,留下手边待处理的一些工作,就会发现他的工作更容易些。这是提高工作效率和办公室工作质量的第一步。"因此,要想高效率地完成工作任务,首先就必须保持办公环境的整洁有序。

7. 重视请假

不要随便请假,以身体不好、家里有事、孩子生病为理由。这样既会让老板反感,又会影响工作进度,很有可能导致任务逾期不能完成。即使你认为自己工作效率较高,耽误一两天也不会影响工作进度,那也不能轻易请假,因为你身处的是一个合作的环境,你的缺席很可能会给其他同事造成不便,影响其他人的工作进度。所以不要随便请假,即使生病,只要还能上班就不要请假,更不要因为逃避繁重的工作请假。在公司里,有很多人一旦所负的责任较平时重,便会产生逃避心态。这是不可取的。

8.杜绝私事

在办公室里干私活是不对的。一方面因为工作时间内，公司的一切人力、物力资源，仅属于公司所有，只有公司方可使用。任何私事都不要在上班时间做，更不能私自使用公司的财物。另一方面，就员工个人而言，利用上班时间处理个人私事或闲聊，会分散注意力，降低工作效率，进而影响工作进度，造成任务逾期不能完成。所以把办公时间全部用在工作任务上，是必要的，也是必须的。

第六章

打造你的个人品牌

言必诚信，行必忠正。

——孔子

不须犯一口说，不须着一意念，只凭真真诚诚行将去，久则自有不言之信，默成之孚。

——吕坤

千教万教，教人求真；千学万学，学做真人。

——陶行知

学会做人，才能做好事

做事先做人，这是一个老话题，但又老而常新。它的意思就是说：在学会做事之前，先要把做人的道理弄懂，做一个为人处世合格的人，这样才能为成功做事打好基础。古往今来的许多案例都遵循着这样的规律。

在中国，成功做人的典范很多，比如孔子，又比如曾国藩。在此，我们先看孔子的一个小故事。

据说有一天，齐国派使者向孔子请教问题，孔子的弟子颜回在一旁倒茶，一不小心，颜回的宽大袖子把茶杯带到了地上，摔了个粉碎。这个茶杯是孔子专用的，孔子平日非常爱惜，颜回怕孔子知道了生气，就偷偷地把杯子的碎片藏起来又拿出个新的，装作若无其事的样子，心里还沾沾自喜地想着躲过了一次责怪。使者请教完，孔子和颜回送使者出门，忽见一支发丧的队伍走来，孝子哭天喊地，颜回见此情景说道："自古常理，人死不会活呀。"

孔子在一旁接话："人厚了也不会薄呀，咱们师徒这么多年，还有什么事要遮遮掩掩的呢？"颜回知道孔子的意思，满脸羞愧。

孔子说："茶杯摔坏了没什么，跟我说一声，以后做任何事谨慎细心就好了，这点小事儿何必还掖掖藏藏的，把简单的事情弄复杂了呢？"

孔子的学生就是这样向孔子学习如何做人的。今时今日，我们也可从中受到启发。

每个人在做事的时候都要持有自我反省、自我修正的态度，并不断地追求去实现自己美好的愿望。一个善于自我反省的人，往往能够发现自己的优点和缺点，并能够扬长避短，发挥自己的最大潜能；而一个不善于自我反省的人，则会一次又一次地犯同一类错误，不能很好地发挥自己的能力。

有一个小伙子，大学毕业后进入一家普通的公司工作。公司安排新员工从基层做起。其他新员工都在抱怨："为什么让我们做这些无聊的工作？""做这种平凡的工作有什么希望呢？"可这个小伙子却什么都没说，他每天都认认真真地去做每一件领导交给他的工作，而且还帮助其他员工去做一些最基础、最累的工作。由于他的态度端正，做事情往往更快更好。更难能可贵的是，小伙子是个非常有心的人，他对自己的工作有一个详细的记录，做什么事情出现问题，他都记录下来；然后，他就很虚心地去请教老员工，由于他的态度和人缘都很好，大家也非常乐于教他。经过一年的磨炼，小伙子掌握了基层的各种工作要领，很快他就被提拔为车间主任；又过了一年，他就成了部门的经理。

每个人都会做一些平凡的事情，包括平凡的工作。这时候，如果只抱怨他人或环境，那么，他就不可能认真去做这件事，也就不可能取得成功。如果一个人愿意把自己放在一个平凡的岗位上，以自我为改变的关键，不断反省自己，找到更好的方法，成功就一定会等着他。

著名经济学家大卫·李嘉图9岁的时候，有一次，父母带他去商店。大卫在商店的橱窗里看到了一双带皮毛的漂亮鞋子，非常喜欢，就吵着要父母买下来。母亲同意了，但是父亲不同意，因为这是一双木头做的鞋子，不适合孩子穿。

大卫哭闹着执意要买。父亲想了想，就对大卫说："我可以答应给你买这双鞋子，但是，你要承诺，买了以后你必须穿这双鞋子，否则我就不给你买。"大卫想着可以买自己心爱的鞋子，高兴地答应了。

谁知，鞋子买回来后，大卫才发现鞋子穿起来非常不舒服。如果长时间穿这双鞋子，脚会很累。现在他才知道父亲不让自己买这双鞋子的原因，自己确实太虚荣了，如今穿这双鞋子简直就是受罪。

聪明的父亲看出了大卫的想法，他对大卫说："孩子，我并不强迫你去穿这双鞋子，但是，你要学会反省自己，不要让自己陷入不良思想的陷阱。"

虽然父亲没有强迫大卫再穿这双鞋子，但是，大卫觉得应该给自己一个警示。于是，大卫把这双鞋子挂在自己房间里容易看到的地方，让它时刻提醒自己不要任性，不要贪图虚荣。

人应该经常反省自己在做人、行事、学习、工作、人际关系上有哪些问题，哪些做错了，哪些做对了。错则改之，对则勉之。人如同一块天然矿石，需要不断地用刀去雕琢。虽有些痛，但雕琢后的矿石才能更加光彩照人、身价百倍。因此，反省自我是使我们成为强者的最好方法。

成功之道在于一日三省，时常的自我反省才能发现自己的错误，及时改正错误。强者也不是圣人，只不过他们反省的多了，比我们少走了弯路。

人之所以为人，就是因为人有人品，人有人德。做事先做人，比如一件很容易办成的事，因做人不好就会办不成；一件很难办的事，因做人好就会办成了。凡事讲德，如果一个人的德行都没有了，谁还敢与其共处？德高才望重啊！

所谓厚德载物，如果每一个人都把德摆在第一位，做事将省力很多，这个世界也将和谐很多。

"小胜靠智，大胜靠德"，纵观古今中外，凡成功者都能以德服人，以德服天下。得人心者，德也！

《道德经》是一部让人觉悟的经典著作，它让读者觉悟的目的不是出家，是让大家来以道御术干事业。以道御术解释为以道义来决定方法。道是境界、修养，术是方法、技巧。悟道比炼智更高一筹，所以有"以道御术，则无往不胜，以术御道，则处处碰壁"。只有遵循大道，才可发挥出它的灵性。

李嘉诚说过："如何做一个成功的商人？我首先是一个人，其次才是一个商人！"这话说得多好啊！它说出了成功经商的关键是做人。

其实学会做人并不是有一个十分准确或者统一的标准，可以具体指明每一件事该如何做，做事的方法没绝对的对错，具体情况要具体分析。

如何来先做人呢？看看那些相对于自己来说比较成功的人他们是怎么去做每一件事，或者他们的生活态度是什么样的，他们面对困难时是怎么调节自己的心情，怎样想对策的。他们之所以成功，是因为他们会做人，这里说的做人就是他们的处世哲学。也许，对他们自己适用的处世方法并不适合其他人，但总结众多成功的人的共同点可以发现一些规律，换句话说，虽然他们成功的途径不同，但他们成功的方法势必会有相同之处，他们的处世原则总有相似之处，这些相似的方法就是我们要学习的东西，我们为人处世要用的东西，就像数学里的定理、公式，题是不同的，但抓住关键的定理或者公式就能解决许多类似的题目。

人生也是一样，做人的规矩很多，不适合自己的做法也很多，但我们就是要在实践中去挖掘，去发现，看看到底适合自己的道路在哪里。说得通俗一点，就是我们应该怎样为人处世，就像我们要懂礼节、守法度一样，其实也是一种规矩，你不懂礼节就不会被大家所接受，不守法度必然会受到法律的制裁，这就是一种最基本的规矩。

遵循规律，进退有度

一个擅长做事的人，处事应行止有度、循序而动。要行于其所当行，止于其所当止；屈于其所当屈，伸于其所当伸。北宋哲学家邵雍曾云："知行知止唯贤哲，能屈能伸是丈夫。"该享受则享受，当劳累便劳累，依理而行，循序而动。如果必须，做得天下，若非合理，毫末不取。

要做到行止有度、循序而动，则要求人要自律与自制。所谓自律，是指自我约束。服务于英国警界 30 多年的尼格尔·柏加，一次到英格兰风景如画的湖泊区度假，发现自己在时速 30 千米的限速区域以时速 33 千米驾驶。柏加度假回来后第一件事情就是给自己开了一张违例驾驶传票。驶抵市区后，他立即把此事报告给上级。主管违例驾车案件的法官大感意外，他说："我当了这么多年法官，还从未遇到过这样的案件。"结果，这位荣获"最诚实警察"美誉的英警被判罚 25 英镑罚款。

自律和我们古人提出的慎独有密切的联系。在人前如何，谈不上自律，有时候是为了面子，或为了标榜自己。一个人独处时，才最能检验他的自律操守。柳下惠坐怀不乱，曾参守节辞赐，萧何慎独成大事。东汉杨震的"四知"箴言，"天知、地知、你知、我知"，慎独拒礼；三国时刘备的"勿以恶小而为之，勿以善小而不为"；范仲淹食粥心安，宋人袁采"处世当无愧于心"，李幼廉不为美色金钱所动；元代许衡不食无主之梨，

"梨虽无主，我心有主"；清代林则徐的"海纳百川，有容乃大；壁立千仞，无欲则刚"，叶存仁"不畏人知畏己知"，曾国藩的"日课四条"：慎独、主敬、求仁、习劳，其所谓慎独则心安，主敬则身强。以上种种，无一不是慎独自律、道德高尚的体现。这些都是历史故事，但慎独的精神永不过时。慎独是一种情操，慎独是一种修养，慎独是一种坦荡，也是一种自我的挑战与监督。

所谓自制，通俗的解释就是自我克制。自制与自律有细微的区别，前者偏重于欲望、情绪的克制，后者偏重于德行的约束。一个人自制力的高低，主要体现在是否能够在日常生活与工作中克服恐惧、犹豫、懒惰等。培养自制力应该从生活中的细微小事做起。所谓"君子有所为，有所不为"，指的就是自制。

一个人要做事成功，其最大障碍不是来自于外界，而是自身。除了力所不能及的事情做不好之外，自身能做的事不做或做不好，那就是自身的问题，即自制力的问题。

良好的自制力是一个成年人的必备素质。有了良好的自制力，可以使你具有良好的人格魅力，增强自己的亲和力，更容易得到别人的认同，拥有更多的朋友和知己，使得自己的交际范围更为广泛，在与朋友的交往中学习别人的优点，吸取别人的教训，进一步地完善自我。

自制力可以激励自我，从而提高自我，也可以使自己战胜弱点和消极情绪，从而实现自己的目标。

自亚里士多德到近代的哲学家们都认为："美好的人生建立在自我控制的基础上。"自制力是我们实现自我价值的重要素质，是我们人生转折和飞跃的保险绳。有了较强的自制力，我们在前进的道路上便不会迷失方向，不会被各种外物所诱惑，不会因为其他事情而影响了自己的判断。

　　一个没有良好自制力的人，人生就会被他所不能自制的东西所"制"。不能自制者，必受他制。雨果说："真正的强者是那种具有自制力的人。"

提升自己的涵养

一个人有了内涵，才会是高素质的；若缺少内涵，不仅做人失败，很多事都会做不成。

内涵就是一个人的修养。它表现在一个人不要过分计较个人成败得失，也不要因为一时的利益或一人一事的欲求而乱了方寸，做出一些出格的事情来。

汉初三杰张良、萧何、韩信都是有很高涵养的人。据史书记载，有一次，青年张良在下邳县桥上路过，见一个穿着麻布衣服的老头，从对面走来，他来到桥上，竟然故意将脚上穿的鞋子扔到桥下，并回头很无礼地对张良说："小伙子，下去把我的鞋子捡上来！"

张良十分惊愕，虽然很不情愿，也有怒气，但他还是跑到桥下，将鞋子捡了上来。老头又说："给我穿上！"张良老实地跪在地上帮他穿上鞋子。老头穿上鞋大笑而走。张良惊奇不已，目送老头走远。老头走了大约一里路，又折回来对张良说："你这个年轻人可以教诲。五天后黎明，你到这里来见我。"

张良更感奇怪，觉得老人定非凡人，便跪在地上说："好。"五天后的黎明，张良来了，可惜来晚了，老头早就在那里等他，老头见了张良十分生气地说："你不守时！与老人约会，你还迟到？"说完转身就走，并说："五天后，你可得早点来。"

五天后，天刚蒙蒙亮，张良就来了，没想到，老头又先到了。老头见张良又迟到，再次生气地说："为什么又来这么晚？"然后转身就走，边走边说："五天后，你可要早点来。"

五天后的深更半夜，张良就来到那里等那个老头。

不久，老头来了，高兴地说："应该像这样嘛！"并拿出一本书送给张良说："读这本书就能做皇帝的老师。十年后你将会发达，十三年后你会在济北见到我，谷城山下的黄石就是我。"话一说完，老头就走了，也没有再出现过。

天亮后，张良看这本书，原来是《太公兵法》。从此，张良经常诵读这本书，终于成为一个深明韬略、文武兼备、足智多谋的"智囊"，辅佐刘邦打天下，获得了丰功伟绩。

据《汉书·韩信传》记载，韩信在年轻的时候喜欢摆谱，经常将剑带在身上，在街上逛。有一次，淮城的一个年轻的屠户想侮辱韩信，就对他说："别看你个头大，又喜欢带刀剑装模作样，实际上你是一个懦夫。"并当着很多人的面对韩信说："你有本事，不怕死，有胆量，就用你的剑刺杀我；你怕死，胆小不敢这样做，就从我的胯下爬过去。"

韩信注视了对方好久，慢慢低下身来，真的从屠户的胯下爬了过去。从此以后，所有的人都耻笑韩信，认为他是个怯懦之人。实际上，韩信是一个有着雄才伟略的人，他觉得与这个屠户计较不值，他要成就伟大的事业，现在杀了屠户而引发牢狱之灾得不偿失。韩信能忍胯下之辱，那可是相当了不起的，这就是涵养的力量。

作为一个现代人，怎样做才能提高自己的涵养呢？根据前人的经验，可以总结出以下十点：

1. 不要自视清高

天外有天，人外有人，淡泊明志，宁静致远。要懂得权力是一时的，金钱是身外的。身体是自己的，做人是长久的。

2. 不要盲目承诺

言而有信，种下行动就会收获习惯，种下习惯便会收获性格，种下性格便会收获命运。

3. 不要苛责他人

把自己当别人——减少痛苦、平淡自持；把别人当自己——同情不幸，理解需要；把别人当别人——尊重独立性，不冒犯他人；把自己当自己——珍惜自己，快乐生活。能够认识别人是一种智慧，能够被别人认识是一种幸福，能够认识自己是一种通达。

4. 不要强加于人

人本是人，不必刻意去做人；世本是世，无须精心去处世。人生三种境界：看山是山，看水是水——人之初；看山不是山，看水不是水——人到中年；看山还是山，看水还是水——回归本真。

5. 不要取笑别人

损害他人人格，快乐一时，伤害一生。

6. 不要乱发脾气

发脾气一伤身体，二伤感情。

7. 不要信口开河

言多必失，沉默是金；倾听是一种智慧、一种修养、一种尊重、一种心灵的沟通。

8. 不要小看仪表

仪表其实是一种心情，也是一种力量，在自己审视美的同时，让别人欣赏美。

9. 不要封闭自己

帮助人是一种崇高，理解人是一种豁达，原谅人是一种美德，服务人是一种快乐。月圆是诗，月缺是花，仰首是春，俯首是秋。

10. 不要欺负老实人

同情弱者是一种品德、一种境界、一种和谐。人有一分器量，便多一分气质；人有一分气质，便多一分人缘；人有一分人缘，便多一分事业。

总之，涵养使人严肃而不孤僻，使人活泼而不放浪，使人稳重而不呆板，使人热情而不轻狂，使人沉着而不沉闷，使人和气而不盲从。每个人都是塑造自己的工程师，我们每个人都要提高自己的涵养。

不被物欲左右，保持一颗本心

一位退休的老人，在乡间买下了一座宅院，打算安度自己的晚年。但令他无法安宁的是，邻近的顽童几乎是不分昼夜地来"探视"他宅院里种着的那株果实累累的大苹果树，同时他们还带来了石头和棍棒。老人的玻璃窗时常被他们击破，有时不堪忍受喧闹的他会走到庭院中驱赶树上或院中的顽童，而顽童对老人报以嘲笑和捉弄。

很快，老人想出了一条妙计。有一天，当他一如往常那样面对满院的顽童时，他告诉他们，从明天起，他欢迎他们来玩，同时在他们要离去之前，还可以到他的屋子里领取一块钱的零用钱。

孩子们听后大喜，仍如往常那样扔苹果，戏弄老人。因为在淘气玩耍之余，他们还可以拿到一笔小小的零用钱，故此他们天天来院中玩得兴高采烈，乐不思蜀。一个星期过去以后，老人告诉孩子们，以后每天只有五毛钱的零用钱了。顽童们虽然有些不高兴，但仍能接受，还是每天一如既往地来玩耍。又过了一个星期，老人将零用钱改成每天只有一毛钱。孩子们开始愤愤不平，群起抗议："哪有这种事，钱越领越少，我们不干了，以后再也不来了。"

从此以后，老人的庭院中又恢复了往日的幽静，苹果树依然果实累累，不再饱受顽童的摧残。

　　为了对付贪心的小孩，聪明的老人在顽童原本只为了兴趣和快乐的事情上加入酬劳，再假以时日，使酬劳逐渐降低，原本能够使小孩快乐的游戏，也因酬劳的失去，而变得再也没有任何乐趣可言。或许不只小孩子是这样，在我们的许多工作中，其实也常常会出现这种结果，因为金钱的缘故，而使我们原本热爱的工作失去了魅力。然后，人们开始诅咒金钱是万恶的，因为金钱的加入，而使得单纯的工作兴趣不再有意义。事实上，金钱非善也非恶，贪财才是万恶的根源。其实，真正犯错的，并不是金钱，而是我们对工作与金钱的态度，是我们对付出与获得的心态。

　　我们可以再一次去审视自己的工作，分析自己为何要从事这项工作，以及从事这项工作的最终目的何在。然后，回想自己从事这项工作时最初的心愿；只要紧紧把握住这份心愿，我们就能不为起伏不定的酬劳所迷惑，从而在自己的工作中获得最大的乐趣。

　　总之，不要让金钱所产生的阻碍，使我们原本热爱工作的单纯心态不复存在。时时弄清自己的定位，你就能在工作及日常生活中获得极大的快乐，而这份快乐也将为你带来更多的人缘和更大的财富。

　　从前一个寺院里住着一个老师父和几个小徒弟。他们平平静静地生活着，与世无争，怡然自乐。

　　日子一天天悠闲地过去了，老师父已经是一个白胡子老头了，他知道自己不久将撒手西去，于是便想找一个接班人来代替他管理这个寺院。他决定从平时表现最好的两个徒弟中选一个来接手寺院。有一天，老和尚便把那两个徒弟叫到跟前，吩咐他们说："你们去后山的树林里各自找一片最完美的树叶回来给我。"两个小徒弟不知道师父这葫芦里卖的是什么药，但也只好领命而去。两个小徒弟走到树林里，一个小和尚想：这里的树叶不计其数，可是每一片树叶都是独一无二的呀，那到底怎么样才算是完美呢？于是望了望，拣了一片完整的、干干净净的树叶回去见师父。师父笑而不语。

另一个小和尚想，这么多的树叶要找一片最完美的，那多困难呀，不过师父交代的事情一定要办好，可不能像他那样随便找一片叶子回去交差呀！于是便认认真真地找了起来。可是他找了很久，最后却空着手回去见师父。师父同样淡淡地一笑。

然后，师父便问那个拣回树叶的徒弟："你拣回的这片树叶是最完美的吗？"徒弟答道："是的，虽然我并不知道师父您说的完美到底是怎么样的，但是在我看来，这样的树叶已经算得上最完美了。"师父点头微笑，然后又问那个空手而归的徒弟："你一片也没有找到吗？"那徒弟回答道："师父，我在树林里找了很久，可是没有一片树叶称得上最完美呀！"

最后，师父将寺院交给了那个拣回树叶的徒弟。

是的，两个徒弟都没能找回最完美的树叶，可是第一个徒弟却拣了自己认为最完整的树叶交给师父。正如他所想，每一片树叶都是独一无二的，那到底怎样才算是完美呢？其实关键就是看自己怎么认为。世界上本没有完美无缺，很多事情都是既有优点也有缺点。如果我们能够包容、接纳，不失自己的本心，那么就会得到更完美的人生。

摒弃不良习惯

做事前必须把自己的不良习惯克服掉，否则它会直接影响我们的办事效率，不仅有可能办不成事，还有可能会误事，造成不可挽回的损失。

实际上，不良习惯在我们生活、工作中存在很多，我们通常是在日常生活和工作中漠视这些不良习惯。是对这些不良习惯不重视？还是对这些不良习惯习以为常？还是没有努力克服？我们可以对以前做的事情做一下简单的总结，很多事情失败的原因是不是来自我们的不良习惯？所以我们不仅要对日常生活、工作、学习中的不良习惯给予足够的重视，而且要努力改正这些不良习惯，才能做成事，做大事。

在工作当中，每个人都有自己的行为习惯，但有些坏习惯会成为你实现目标的障碍。下面是十一种常见的坏习惯，虽然它们不像酗酒和吸毒具有那么明显的破坏性，但绝对会阻碍你取得事业的成功。

1.办事拖拉

一名信奉完美主义的美术设计师总是很晚才交上作品，但他没有意识到，准时交作品与作品质量具有同等的重要性。在现代企业中，每个人的工作往往要等到前一个人完成其分工部分后才能开始。如果你在工作中拖拖拉拉，其他人就不再依赖你，甚至开始怨恨你、抛弃你。

2. 投机取巧

如果有一只幼蝶在茧中艰难挣扎，你用剪刀帮它将茧剪开，让它轻易地从中出来，过不了多久，你就会发现，它竟然死掉了。因为幼蝶在茧中挣扎的过程是它来到世上生存的不可缺少的能力，是为了让它的身体更加结实、翅膀更加有力，而"剪茧"这种投机取巧的方法只会让其失去生存和飞翔的能力。

3. 消极懈怠

工作是人生的重要部分，职业则是志向的表现、理想的体现，因此了解一个人的工作，从某种程度上就是了解这个人。

自尊、自信是成就大事业的必备条件。那些在工作上不肯尽力而只求敷衍塞责的人是无法具备这种自尊、自信的心态的。如果一个人轻视自己的工作，那么他也绝不会被尊重。

无论你的工作地位如何，如果你能像那些伟大的艺术家全身心投入其作品一样投入你的工作，所有的疲劳和懈怠都会消失。

积极的心态是一块强有力的磁石，如同花蜜吸引蜜蜂一样，将他人吸引到自己身边。如果你面对世界展现出阳光般的心态，你的朋友和同事就会自然而然地聚集在你周围。你的热情会感染他们，影响他们，也给自己创造一个更好的发展环境。

4. 浅尝辄止

过去有一篇高考作文，说的是挖井的故事：一个人东挖一下，西挖一下，挖了很多地方却没有挖成一口井；而另一个人选准一个地方坚持不懈地挖，最终成功。这个故事告诉我们，干什么事都不能浅尝辄止，要坚持，坚持才能胜利。

无论从事什么职业都应该精通它，这是成功的一种秘密武器。现在，最需要做的就是"精通"二字。掌握自己职业领域的核心问题，使自己比他人更精通，你就有可能比其他人有机会得到更好的提升和发展。

梭罗说过："判断一个人的学识，就要看他主动把事情弄清楚的程度。"罗盘指针在被磁化之前所指的方向是不确定的。只有在被磁化具有特殊属性之后，才成为罗盘。同样，一个人一开始可能确定不了自己的方向，但是他最终必须确立一个自己发展的空间，并且要非常精通，只有这样，渊博的知识对其发展才有裨益。

许许多多"离成功只有一步之遥"的人，恰恰因为缺乏最后跨入成功门槛的勇气而功败垂成。

5. 不吸取教训

成功人士之所以成功，不在于他们比其他人犯的错误更少，而在于他们不重复犯过去的错误。从错误中学到的东西常比成功教我们的更多，犯了错误却不吸取教训，白白放弃如此宝贵的受教育机会实在可惜。在你从错误中吸取教训之前，你必须承认错误，不幸的是许多人拒绝认错。

6. 有能力、无魅力

随着年龄的增长，人们更喜欢和有一定能力且平易近人的人交往，而不是那些脑瓜聪明却不可一世的人。我认识一位绝顶聪明的管理咨询师，他因为不擅长人际交往而一再失败，对此他还牢骚满腹。他不明白，魅力是使人保持平和，而非教人溜须拍马。以他的能力和资质完全可以登上成功之舟，可是他却与之擦肩而过。

7. 当老好人

如果你总是为了取悦他人而唯唯诺诺，最后你反而会失去人们的尊敬。当你失去他人的尊敬后，要想重新获得就很难。偶尔在与你持不同意见的人面前说不，同时保持弹性并能坚持自己的观点，也是获得别人尊敬的方法。有位猎头公司管理人经常对应聘者说"不"来测试他们，因为人们对拒绝的反应，最能表现出他们是否具有领导才能。

8. 眼高手低

"无知与眼高手低是年轻人最容易犯的两个错误，也是导致他们频繁失败的原因。"纸上谈兵的人永远无法取得成功。为什么华盛顿、林肯这样的伟人永远只是少数，因为世界上显然有着成千上万和他们一样富有理想的人，但其中大部分人却在眼高手低的毛病中把机会扼杀了。

眼高手低，有时表现为不切实际的幻想。当分不清理想与现实的区别时，失败的陷阱差不多就布好了。

9. 推脱借口

罗杰曾说过："我不想小题大做。即使我失败了，也不想将疾病当成自己的借口。"那些认为自己缺乏机会的人，往往是在为自己的失败寻找借口。成功者不善于也不需要编造任何借口，因为他们能为自己的行为和目标负责，也能享受自己努力的成果。那些实现自己目标，取得成功的人，并非有超凡的能力，而是有超凡的心态。

别再做那些无谓的解释了，理解你的人不需要解释，不理解你的人，解释也是多余的。

10. 吹毛求疵

人最大的缺点莫过于自己看不到自己的缺点，反而对别人吹毛求疵。请记住，当你说老板刻薄时，恰恰证明你自己是刻薄的；当你说公司管理有问题时，恰恰就是你自己有问题。

如果你将大部分时间和精力花在评论别人的是与非，你自己可用的时间又能有多少呢？你还有时间去奋斗吗？提高自己并不需要贬低别人；获取他人对你的信任，也并不需要中伤其他人。

看人应该看他的优点，尽量发现他人的优点。当然，发现了缺点之后，也应该马上纠正，以七分心血去发现优点，用三分心思去挑剔缺点。

如果挑剔能使一部撞坏的汽车恢复成完好如新的状态，那将是多么美好啊！但这是不可能的，对于已经发生的事情过分挑剔，什么也不能挽回。如果我们能改变态度，少些指责，多些赞美，对自己对别人都是有好处的。

11. 斤斤计较

斤斤计较一开始只是为了争取个人的利益，但久而久之，当它变成一种习惯时，为利益而利益，为计较而计较，就会使人变得心胸狭隘，自私自利。这不仅会对你的事业造成损失，也会扼杀你的创造力和责任心。

付出多少，得到多少，这是一个基本的规律。如果一个人在工作时能全力以赴，不计较眼前的一点利益，不偷懒混日子，即使现在他的薪水十分微薄，未来也一定会有所收获。注重现实利益本身并没有错，问题在于现在的年轻人有些短视，而忽略了个人能力的培养，他们在现实利益和未来价值之间没有找到一个平衡点。

一个人如果钻到钱眼里去，总是计算着自己到底能赚多少工资，总是将自己困在装着工资的钱包里，那他怎么能看到工资背后的成长机会呢？他又怎能意识到从工作中获得技能和经验对自己的未来将会产生多么大的影响呢？

淡泊名利方得始终

邹韬奋说："一个人光溜溜地到这个世界来，最后光溜溜地离这个世界而去，彻底想起来，名利都是身外之物，只有尽一人的心力，使社会上的人多得到你工作的裨益，才是人生最愉快的事情。"名利是一种通"病"，从人类文明开始至今，世人都与名利结下了不解之缘，有的人一味地追名逐利，成为名利的俘虏；有的人则善待名利，在名利场上游刃有余。名利不是罪恶，人们应该把握住自己的心，不沉沦于名利。

音乐家鲍伯·迪伦在自己的回忆录中写道："我花了很长时间追求名利，但它就像一个装满了风的袋子。直到它已完全漏光之时，我才发现它在流失。"而于右任先生"计利当计天下利，求名应求万世名"的名利观，更因其襟怀广阔而值得我们学习。

汉朝文帝时，天下初定，百废待兴，君臣为此同心协力。一日早朝，汉文帝发现丞相陈平没上朝，便问何因，太尉周勃禀告说丞相是因病不能上朝。文帝心中暗想，昨日还好好的，今日怎么就生病了呢？于是，退朝后，他决定去陈平家中一探究竟。见文帝亲自来探病，陈平既感动又惭愧，便向文帝道出实情。原来陈平想将相位让于周勃，因周勃在缴灭吕氏反叛集团中功劳比自己大得多。文帝本来不知道消灭诸吕的细节，今日听了陈平的解释，才知周勃立下了大功，便同意了陈平的请求，任命周勃为右丞相，位居第一，任命陈平为左丞相，位居其次。

不久之后，一天早朝时，文帝问右丞相周勃："现在一天全国被判刑的有多少人？"周勃答曰不知。文帝又问："全国一年的钱粮有多少？收入有多少？支出有多少？"周勃还是语塞，文帝有些不悦。转而问左丞相陈平。陈平不慌不忙地说："您要想了解这些情况，我可以给您找来掌管这些事的人。"汉文帝更不高兴了，生气道："既然什么事都各有主管，那么丞相应该管什么呢？"

陈平回答："每个人的能力是有限的，不能事无巨细，每事躬亲。丞相的职责，上能辅佐皇帝，下能调理万事，对外能镇抚四夷、诸侯，对内能安定百姓。丞相还要管理大臣，使每个大臣能尽到自己的责任。"汉文帝听了此言，觉得甚是，先前的不悦立即消除了。

此时的周勃，对陈平是既感激又佩服。同时他也做出了一个决定，那就是将丞相之位让于陈平，因为自己是一介武夫，在辅佐皇帝和处理国政方面的才能比起陈平差远了，为了国家百姓，江山社稷，自己理应让位。于是，几天之后，周勃便称病向文帝提出辞呈。汉文帝批准了周勃的辞呈，任命陈平为丞相，并不再设左、右丞相。在陈平的尽心辅佐下，文帝终于实现了汉朝中兴。

古代的丞相是何等职位，一人之下，万人之上。可这样的权势、地位却没能让陈平和周勃迷恋，反而觉得对方比自己有才而相互举荐，这样的胸襟、气魄让人敬佩。

这样的人明白在辉煌中要淡泊，将耀眼的荣耀视如缥缈云烟；他们不会因事业的如日中天而迷醉，也不会为台下的掌声而忘形，更不会和任何人去争那所谓的名利。正因如此，他们却恰恰能让自己永远立于不败之地。

一天，居里夫人的一个朋友到她的家里做客，忽然看见她的女儿正在玩英国皇家协会刚刚颁发给居里夫人的一枚金质奖章，朋友不禁大吃一惊，忙问："你怎么能给孩子玩这么珍贵的奖章呢？它是极高的荣誉呀！"

居里夫人笑笑说："我是想让孩子们从小就知道，不必将荣誉看得太重，更不能沉迷其中，无法自拔，否则，就将一事无成！"

荣誉可以有，但不能把它当作你炫耀的资本。正因为这样，居里夫人才能够在科学的领域里一直不停地探索、发现；也正是有了这种对名利的正确态度，她才能一直保持一种简单、朴实的态度来面对生活、面对工作，并最终成一代伟大的科学家，为世人所敬仰。

名利如同天上的浮云，生不带来，死不带去。古往今来，多少人在积极地追寻它的足迹，甚至不惜为了名利，抛妻弃子，丧失本心。可是得到后又怎样了呢？过分地追逐名利，只会为名利所累，最终栽倒在名利场，万劫不复。

人，热爱名利没有错，可是如果只是为了名利而工作就是最大的荒谬。张爱玲早年曾经说过："出名要趁早呀！来得太晚的话，快乐也不那么痛快。"但成名须有道，张爱玲被我们记住，不是因为她的名气，也不是因为她显赫的家庭背景，而是她的作品经受住了历史的考验，她的作品有着超越时代的价值。

人应该学会顺其自然、平淡地看待名利，得之无喜色，失之无悔色。什么都想得到的人，结果可能什么都得不到。一个从容平淡对待自己生活的人，却可能会意外地得到惊喜。

人生短暂几十年，赤条条来，又赤条条去，何必物欲太强，贪占身外之物？"身外物，不奢恋"是思悟后的清醒。它不但是超越世俗的大智大勇，也是放眼未来的豁达襟怀。谁能做到这一点，谁才能够活得轻松，过得自在。

只有看淡名利，才不会为其所累，才能保持心灵的纯净，才能在人生的沉浮与霓虹中，让自己超然于物外，让生命更加炫目。

有责任心更容易受人信赖

1920 年的一天，美国一位 12 岁的小男孩正与他的小伙伴玩足球，一不小心，小男孩将足球踢到了邻近一户人家的窗户上，一块玻璃被击碎了。

一位老人立即从屋里跑出来，勃然大怒，大声责问是谁干的，伙伴们纷纷逃跑了，小男孩却走到老人跟前，低着头向老人认错，并请求老人宽恕。然而老人却十分固执，小男孩委屈得哭了，最后老人同意小男孩回家拿钱赔偿。

回到家，闯了祸的小男孩怯生生地将事情的经过告诉了父亲。父亲并没有因为其年龄小而放过，却板着脸沉思着一言不发。坐在一旁的母亲不断为儿子说情，劝父亲。过了不知多久，父亲才冷冰冰地说道："家里虽然有钱，但是他闯的祸，就应该由他自己对过失行为负责。"停了一下，父亲还是掏出了钱，严肃地对小男孩说："这 15 美元我暂时借给你赔人家，不过，你必须想办法还给我。"小男孩从父亲手中接过钱，飞快地跑过去赔给了老人。

从此，小男孩一边刻苦读书，一边用空闲时间打工挣钱还给父亲。由于人小，不能干重活，他就到餐馆帮别人洗盘子刷碗，有时还捡破烂。经过几个月的努力，他终于挣到了 15 美元，并自豪地交给了他的父亲。父亲欣慰地拍着儿子的肩膀说："一个能为自己过失行为负责的人，将来一定会有出息的。"

许多年以后，这个小男孩成为美利坚合众国的总统，他就是里根。后来，里根在回忆往事时，深有感触地说："那一次闯祸之后，使我懂得了做人的责任。"

做人要有责任感，做事要有责任心，我们不管做任何事情，不论是大事还是小事，责任心是很重要的。一个人从小就有责任心，还有什么事情做不好呢？

其实，在我们成长的过程中，特别是幼年时代，遭受外界太多的批评、打击和挫折，于是奋发向上的热情、欲望，被心灵的"自我设限"压制封杀，被传统、常规所束缚而轻易放弃，既对失败惶恐不安，又对失败习以为常，丧失了信心和勇气，渐渐养成了懦弱、犹疑、狭隘、自卑、孤僻、害怕承担责任、不思进取、不敢拼搏的性格。

因此，只有转换思维方式，突破心灵的"自我设限"，才能超越自己，取得人生的辉煌。如果你的意志屈服了，那么你可能真的就做不到。著名的钢铁大王卡耐基经常提醒自己的一句箴言：我想赢，我一定能赢。

责任心是指个人对自己和他人、对家庭和集体、对国家和社会所负责任的认识、情感和信念，以及与之相应的遵守规范、承担责任和履行义务的自觉态度。微软总裁比尔·盖茨曾对他的员工说："人可以不伟大，但不可以没有责任心。"责任心是一个人品格和能力的承载，是一个人走向成功所必不可少的素养。所有成功的人都有一个共同的品质——有责任感。聪明、才智、学识、机遇等固然是促成一个人成功的必要因素，但缺乏了责任感，仍是不会成功的。

细心一点的人应该不难发现，现在各行各业广纳贤才时，条件上都会注明"有责任心"这一点。可想而知，责任心对于现代人来说有多重要。没有了责任心将会失去企业对你的信任，将会失去爱人对你的信任，甚至会失去亲人对你的信任。所以，要想拥有美好生活，必须要学会承担责任。

某公司要裁员，名单公布了，有内勤部的小灿和小燕，规定1个月后离岗。那天，大伙看到她俩都小心翼翼的，更不敢多说一句话。因为她俩的眼圈都红红的，毕竟这事摊到谁头上都难以接受。

第二天上班，小灿心里憋气，情绪仍然很激动，什么也干不下去，一会儿找同事哭诉，一会儿找主任伸冤，什么定盒饭、传送文件、收发信件这些她应该干的活，全扔在一边，别人只好替她干。而小燕呢，她也哭了一个晚上，可是难过归难过，离走还有一个月呢，工作总不能不做，于是她默默地打开电脑，继续打文稿、发通知。同事们知道小燕要离岗，不好意思再找她打字了。她特地和大家打招呼，主动揽活。她说："是福不是祸，是祸躲不过，反正也就这样了，不如好好干完这个月，以后想给你们干都没机会了。"于是，同事们又像从前一样，"小燕，把这个打出来，快点儿！""小燕，快把这个传出去！"小燕总是连声答应，手指飞快地点击着，辛勤地复印着，随叫随到，坚守着她的岗位，坚守着她的职责。

一个月后，小灿如期被裁，而小燕却被从裁员的名单中删除，留了下来。主任当众宣布了老总的话："小燕的岗位谁也无法代替，像小燕这样的员工公司永远也不会嫌多！"

小灿走了，小燕怎么留下了？不是因为别的，而是强烈的工作责任意识给了小燕机会。

    有人这样打比方，责任心就好比计算机里的防火墙，它不只是被动地等计算机中了病毒后去杀毒，因为那样可能会损害有价值的文件，而是主动地把可能会带来病毒的东西阻止在外。还有人曾这样说过："责任心通常分两种：一种如清茶，倒一杯是一杯，永远是被动；另一种如啤酒，刚倒半杯，便已泡沫翻腾，永远是主动。"因此，我们在做事时，只做清茶是不够的，我们要做的是啤酒，要主动地用强烈的责任心去为本职工作搭建一面防火墙。

及时"充电"，适应竞争

最近买了一个电动车，每次出门前，我都先充好电，以免中途因没电而耽误行程。人生不也是这样吗？如果你想做一件事，做好事，做成事，也要事先"充电"。不过这个"电"和电动车的电可不一样，人生的"电"不仅要及时充，而且要随时充，不断充。

"学而时习之，不亦说乎？"这是一句名言，也是真理！意思是说：一个人懂得学习，也要懂得将所学到的东西，经常拿出来温习，那样你的人生才会快乐！更不会因为时间流逝而淡忘，也不会因为时间仓促让你不知所措！常言道："活到老，学到老。"这句话很有人生哲理！无论是求学，还是创业，对每个人来说都要活到老学到老！只有在求知中不断学习，在实践中巩固学习，才能使你的人生道路更加丰富多彩，才能使你在创业旅途中拥有更大的收获！

一个人只有时刻为自己充电，为自己加油，才不会因为时间的流逝而使自己变得被动！不会因为人才的增长而被社会淘汰！要和知识相伴，才不会因为社会的飞速发展而落伍！我总记得这样一句话："人不能离开学习，人不能离开知识。"无论是做生意，还是做人，还是做事，都要懂得学习，懂得充电！

如果你已经步入职场，或者说你目前正从事着一份高薪职业，那也要给自己充电。因为"学无止境，学海无涯""活到老，学到老"。在职场上，技多不压身。在竞争激烈的市场经济环境下，身在职场犹如逆水行舟，不进则退。任何人想要在职场中立于不败之地，可以说"充电"是保持竞争力的不竭源泉。学习是生活的一种常态，如果能在做好自己本职工作的同时，学习另一个行业的知识技能，就能把自己从单一型人才变成复合型人才，增强自身价值，就有可能在职场中立于不败之地。

在竞争日益激烈的职场中，职场新人需要借助"充电"来提高工作能力，有多年工作经验的"职场老手"也依然需要充电。方女士从事服装设计行业已经有 5 个年头了，"我感觉自己的职业生涯面临着前所未有的危机，设计灵感完全处于停滞状态，总是在做着以前做过的事情，重复多于创新，似乎也很难在公司有更大的作为了。"为了能更好地做好本职工作，让自己一直为之挥洒汗水的服装设计能更上一层楼，在职业上有所发展，充电成了一种需求。后来，方女士参加了有关服装设计的各种培训，并阅读相关书籍。"学习贵在坚持。"方女士说，"充电的效果挺明显的，因为有了更加独特的想法，对工作的积极性也提高了。前段时间自己设计的一款服装还得到了老板的赏识。"

充电的方法是多种多样的，最常见的是参加各类培训班，考各种证书。对于一些人而言，职场充电具有很大的目的性——跳槽。南方某高校的曾梅，本科毕业后，一直从事工商管理类工作，但她没放弃自己大学时期的职业理想，成为一名优秀的外贸工作者。她说："为了能更快地熟悉并投身外贸工作，我特意辞去了现在的工作，在某国际语言学校报名了商务英语的学习课程。学习培训结束后，我信心十足，接下来该是我在外贸工作中大展拳脚的时候了。"

　　而对于王先生来说，职位的提升也迫使他不得不进行职场的学习充电。从公司的技术人员被提拔为技术总监，王先生感觉到了工作的压力。"对于现在的这个位子，光靠专业技术显然已经不足以应对了，和外国客户的交流需要，计算机出身的我必须去充电，恶补一下英语。"王先生说，"如今，看各类有关英语会话的书籍，听一些口语训练的磁带，俨然已经成为了我工作中的一部分了。"

　　当然，在实践中学习，在工作中多向同事请教，也是一种充电。交流和学习给自己注入新的思想，增添足够的热量，然后，让这种智慧的热潮在社会中发光、发热，让自己在职场中更加游刃有余。

　　大多数人只想到自己是一张白纸，一无所有、空空如也的白纸。而想不到因为作为一张白纸，才有足够空余的地方，只要稍加一点儿东西就会变得更加丰富。一张白纸，在书法家的笔下就会成为一幅漂亮而有价值的书法作品；在画家的笔下就会成为一幅丰富而多彩的画；在诗人的笔下就会成为一首脍炙人口的诗……然而很多人却看不清这一点，总是羡慕那些看起来像储钱罐一样的人，拥有很多，而且总是越来越富足的状态。殊不知，因为储钱罐这种富足的状态，就不会有长远的目光，也不知道还有很多东西比它富足更有意义。

　　生命的开始是一张白纸，带着纯粹和本真，这是上天对每个人的馈赠，然而因为先天条件或者家庭背景的不同，导致很多人看不清真正的自己，有人会觉得自己出生在富裕家庭，生活已经足够安逸，完全没有奋斗的必要；有人会觉得自己天赋异禀，天资聪颖，不用像那些天生资质平平的人那样勤勤恳恳、兢兢业业地工作学习。然而，这样想的人，往往是因为没有看清生命的本来价值。

把自己看作一张白纸，是带着一颗朴素的心去面对自己的人生、自己的内心，建立属于自己的精神家园。也许我们无法摆脱物质的世界，但是能因为精神世界而活，守住那难得的淡泊，就不会让自己的内心流离失所。像故事里的那张白纸，不被富裕蒙住自己的心，知道从长远来思量自己的人生。学会享受做一张白纸的快乐，然后去寻找那些可以使自己丰富的东西，一点一点地充实自己，就会发现自己的人生也会更加丰富。

追梦人生

卜兴丰／编著

别让生活
耗尽你的美好

吉林出版集团股份有限公司|全国百佳图书出版单位

图书在版编目（CIP）数据

追梦人生．别让生活耗尽你的美好 / 卜兴丰编著
. -- 长春 : 吉林出版集团股份有限公司 , 2022.3
　ISBN 978-7-5731-1158-6

　Ⅰ . ①追… Ⅱ . ①卜… Ⅲ . ①成功心理 - 通俗读物
Ⅳ . ① B848.4-49

中国版本图书馆 CIP 数据核字 (2022) 第 021620 号

前 言

人生怎样度过，才是不辜负自己，才是最值得的？达·芬奇说："一个人独处，百分百属于自己，两个人相处，只剩下百分之五十了。"生活的不如意却常常耗尽我们的美好。许多美好都已经被琐碎的生活和无奈的人生消磨殆尽。

那什么是美好？

很多人都答不上来，只有在生活的过程中感受到美好时，才会惊觉："哇，这不就是我要的美好生活吗？"所以，美好不是想象出来的。我们只有先踏实地生活，才有机会每天都感受到它。

但是，在现实生活中，每个人都会面临各种各样的压力，每个人都竭尽全力在白天展示自己最光鲜亮丽的样子，而在夜深人静的时候，才去静静直面内心深处的那个自己。或许这就是生活的真相，既有残酷的时候，也有让我们感动得泪流满面的那一刻。所以我们偶尔会孤独寂寞，偶尔会失落伤心，偶尔会迷失自己，但是这一切都不妨碍我们对美好生活的追求和热爱。

要知道：

生活的精彩，靠自己去创造，

生活的幸福，靠自己去打拼，

家庭的和谐，靠自己去经营……

即使生活再不尽如人意，也妨碍不了我们热爱生活的心。可以说，你以怎样的态度去对待生活，你就会收获怎样的人生。在平平淡淡的人生里，最重要的是，自己去体悟、感受人生的美好与幸福，别让生活耗尽你的美好。

本书专注于人的内心修养，是一部温暖人们心灵的励志作品，用故事还原生活，让生活唤醒美好。书中的文字充满力量，鼓励人们用乐观积极的态度面对生活，重拾信心和勇气，珍惜当下，努力创造自己的幸福人生。在这里，也祝愿每一位读者都能过上属于自己的美好生活。

目 录

第一章 没有无聊的生活，只有无聊的生活者

第二章 悦纳自我，真诚地拥抱自己

第五章　学会取舍，做好人生的选择题

第六章　接受现实，正视人生的不完美

第一章

没有无聊的生活，只有无聊的生活者

在这个世界上，没有无聊的生活，只有无聊的生活者。在生活中对自己不用心的人，只能在"未知"世界摸索，永远不知道会在哪里跌倒；而一个肯用心的人，不但可以赢得生活，也能在变化多端的棋局中，搏出一个属于自己的精彩人生。

羡慕别人不如做好自己

有这样一则故事：

孔雀向王后朱诺抱怨。它说："王后陛下，我不是来无理取闹的，但您知道吗？您赐给我的歌喉，没有任何人喜欢听。可您看那黄莺小精灵，唱出来的歌婉转动听，它独占春光，出尽了风头。"

朱诺听到如此言语，严厉地批评道："你赶紧住嘴，嫉妒的鸟儿，你看你脖子四周，如一条七彩丝带；当你行走时，舒展的华丽羽毛，就好像色彩斑斓的珠宝。你是如此美丽，这世界上没有任何一种鸟能像你这样受到人们的喜爱。一种动物不可能具备世界上所有动物的优点。我赐给大家不同的天赋，是要大家彼此相融，各司其职。所以我奉劝你不要抱怨，不然的话，作为惩罚，你将失去你美丽的羽毛。"

孔雀羡慕黄莺清脆的嗓子，所以抱怨自己为什么没能拥有和黄莺一样婉转、美妙的歌喉，却不知道自己的美本来就让其他动物羡慕。

我们常说"吃着碗里的，看着锅里的"。人，总是认为没有得到的就是最好的，总是一味地去羡慕别人的生活，而忽略了自己所拥有的东西。

每个人身上都有优点和长处，不要总盯着别人身上的长处而忽视了自己的美丽，这样你将永远生活在悲观、嫉妒当中。

不能用心体会和感受生活，就不能发现生活以及自身的美好，也就不会利用自己的优点，让自己大放异彩。

某国的一位著名的女高音歌唱家，三十多岁就已经红得发紫，而且郎君如意，家庭美满，令人羡慕不已。

一次她到邻国来开独唱音乐会，入场券早在一年前就被抢购一空，当晚的演出也受到极为热烈的欢迎。演出结束之后，歌唱家和丈夫、儿子从剧场走出来的时候，被早已等在那里的观众团团围住。人们热情地与歌唱家攀谈着，其中不乏赞美和羡慕之辞。

有的人恭维歌唱家大学刚刚毕业便加入了国家歌剧院，成为扮演主要角色的演员；有的人恭维歌唱家有个腰缠万贯的富翁丈夫，还有个活泼可爱、脸上总带着微笑的儿子。

在人们议论的时候，歌唱家只是在听，并没有说什么。等人们把话说完以后，她才缓缓地说："我首先要谢谢大家对我家人的赞美，我希望能够和你们分享快乐。但是，你们看到的只是一个方面，还有另外的一个方面你们没有看到。那就是你们夸奖活泼可爱、脸上总带着微笑的这个男孩，他其实是一个不会说话的孩子，而且，他还有一个姐姐，是需要长年关在家里的精神分裂症患者。"

歌唱家的一席话使人们震惊得说不出话来，你看看我，我看看你，似乎很难接受这样的事实。

这时，歌唱家又平心静气地对人们说："这一切说明什么呢？恐怕只能说明一个道理：那就是上帝给谁的都不会太多。"

有时我们所拥有的，别人不一定拥有，每个人都有自己的长处，每个人也都有自己的不足，因此，我们不必为别人所拥

— 3 —

有的而失意，应该多为自己拥有的而开怀。并不是我们所拥有的东西使我们快乐，而是我们所喜欢的东西才能给我们带来欢乐。

其实人总是这样互相羡慕。有的人常常幻想有一天一觉醒来，就会成为某某一样的人。可能是因为我们深知自己人生的缺憾，所以就会拿那些我们认为比较完美的人生来做比较，当作人生的坐标。

其实这个世界上并不存在十全十美，那些我们所羡慕的人同时也在承受着他们的不如意。所谓家家有本难念的经，人们总习惯于把自己风光的一面展示给别人，又有谁能真正看到别人风光的背后呢？很多时候，得到的就是所承担的，每件事都像硬币一样有两面，有正面就有反面。

当然，有的人的确值得我们羡慕，这种羡慕不完全是因为他们得到的多，而是因为他们善于经营，我们从他们的身上可以审视自己。

羡慕别人是因为我们期待完美，期望可以活得更好。可是我们却忽视了一点，每个人的处境都不同，别人永远无法模仿。不过我们可以通过观察别人的长处来修正自己的短处，与其仰望别人的幸福，不如注意别人经营幸福的方法；与其羡慕别人的好运气，不如借鉴别人努力的过程。

不要再去羡慕别人如何如何，好好算算上天给你的恩典，你会发现你所拥有的绝对比没有的要多出许多，而缺失的那一部分，虽不可爱，却也是你生命的一部分，接受它且善待它，你的人生会快乐豁达许多。

人没有必要羡慕别人，而应该将时间花在珍视自我上，看到自身的优势，充满自信地去应对生活，努力为自己的前途奋斗。

　　人生就像打牌一样，很多人总是羡慕别人手中的牌，而对自己手中的牌从来都不认真对待。其实，即使你非常羡慕别人，又有什么用呢？最后你还是得老老实实地打你自己的牌。

　　羡慕别人不如把握自己，人生是要靠自己去走的一段旅程，无论怎样，能够把握未来之路的最终都只是自己。我们可以羡慕别人，但这种羡慕是吸取对方的长处，来弥补自身的不足，不断地充实、完善自己，让自己变得更强大、更完美。

不能改变环境，就改变自己

月有阴晴圆缺，自然界有很多事物都不是我们人力所能改变的。我们不可能改变世界，我们也不可能改变别人，我们能改变的只有自己。

不论在生活中还是在工作中，不论是你与他人、你与社会还是你与自然之间时时刻刻都面临着博弈。博弈的过程既是较量的过程也是选择的过程，特别是人与人的博弈，既是一场智慧的较量，互为攻守却又相互制约。你的合作伙伴、未来的伴侣乃至你的孩子都是既与你有一定的利益联系同时又会有矛盾冲突的人，因为他们有自己的选择。有时，养育孩子的过程也是一场博弈。

早晨，当你手忙脚乱地做好早餐，把孩子从被窝里拽出来时，是否有这样的场面：

"宝贝，快点，该去幼儿园了！快起床，妈妈给你做了你最喜欢吃的蒸蛋糕。"谁知，你的宝贝儿子非但不领情，反而抗议道："我才不吃那破玩意儿呢！你让我吃冰激凌我就起床。"

这可是大冬天哪！这时，爸爸大喊一声："不准吃！这么冷的天，会生病的！"

孩子哇的一声哭了，反而缩进被窝里，看来哄孩子上幼儿园又要泡汤了。

这时，父母就面临着和孩子之间的博弈。怎么办呢？如果你不答应孩子的要求，他就不去幼儿园；如果答应孩子，吃冰激凌生病了不但去不成幼儿园，大人也要因为照顾他而无法上班。

很明显，对孩子来硬的是不行的。此时，你也许会变个说法："乖，不哭，吃完蛋糕我就让你吃冰激凌。"可是，儿子才不吃这套呢。"吃完饭肚子饱了，怎么吃冰激凌啊？"于是你只得让步："吃一半蛋糕我就让你吃。"这样，儿子才开始吃蛋糕了。

但你还有自己的主意——吃完蛋糕后让他喝奶，那样他就不能吃冰激凌了。儿子发现了你的企图，抗议道："你要是骗人，明天早晨我不吃饭了。"于是，你只能再次和他交涉："你不是怕打针吗？这么冷的天，冰激凌吃多了会肚子痛。那样，幼儿园老师会把你送医院打针的。"

这一招很见效，因为穿白大褂的医生往往是孩子最害怕的。于是儿子沉默了一会儿，伸出小手说："那拉钩吧？让我一星期吃一次冰激凌。"至此，皆大欢喜，家庭问题解决了，你可以安心去上班了。

由此可见，在社会生活中，博弈可以说无处不在。家庭中每天都在上演着儿女和父母之间的博弈。小孩子从一生下来似乎就懂得了和家长的博弈。

不但家庭之中存在着博弈，在社会生活的其他方面，博弈也是无处不在。

多年前，旅居海外十几年的名作家梁实秋回到台北安度晚年。旧日的朋友得到消息后，一个接一个地请他吃饭，使他应接不暇。更糟糕的是，那些朋友都是夜猫子，每天都是深夜十二点请他吃夜宵。而梁实秋偏偏是出了名的早起早睡的人。这下，他的生活规律全部被打乱了。

虽然梁实秋不情愿，但碍于朋友的情面也不能发火。怎样才能改变自己的被动局面呢？

一次，又有一个朋友请他吃饭，梁实秋欣然答应了。在席间，他抢先对大家宣布："下次谁请我吃夜宵，我就回请他吃早点。"这一句话，一下子使那些老朋友面面相觑，又忽而大笑起来。从此以后，再也没人敢请梁实秋吃夜宵了。

虽然这只是生活中的小事，可是当你不由自主地去做一些自己不情愿的事情时，该怎么办呢？这时就需要运用博弈的艺术了。不论在家庭中还是在社会上，每个人都会参与博弈，正所谓无时无刻不博弈。

因为博弈的主体是人，人在掌握和操控着博弈的进程和结局。当多方博弈时，应该平等协商，达成共识。

如果我们不满意自己的环境，想力求改变，则首先应该改变自己。即如果我们是对的，则我们的世界也是对的。我们认为自己行，就能发挥潜能，我们就能成功。换句话说，只要我们充分挖掘思想潜能，就没有什么做不到的。

世界顶尖潜能开发大师安东尼·罗宾说："人的思考潜能犹如一座有待开发的金矿，蕴藏无穷，价值无比，而我们每个人都有一座这样的金矿，但是，由于没有进行各种潜能训练，每个人的思考潜能从没得到淋漓尽致的发挥。"是的，潜能是人类最大而又开发得最少的宝藏，无数事实告诉我们：每个人身上都有巨大的思考潜能还没有开发出来。美国学者詹姆斯的研究成果表明，普通人只开发了他蕴藏能力的十分之一，与其应当取得的成就相比较，我们还差得很远。科学家还发现，人类大脑的功能强大得惊人，人平常只发挥了极小部分的大脑功能。要是人类能够发挥一大半的大脑功能，那么可以轻易地学会40种语言、背诵整本百科全书，拿12个博士学位。其实，这些数据一点也不夸张，的确值得我们每一个人深思。

这个世界远未像你想象的那样简单，当你不能改变环境的时候，一定要学会改变自己，改变自己的视角，改变自己的心态，换个角度看世界，你的人生会有别样的精彩。

不是世态炎凉，是你用心不够

现实生活中，每个人都有自己的生活方式，都有自己的生活圈子。许多时候，大家会抱怨人情冷暖，世态炎凉，他们会说，现在的人越来越缺少人情味，交心越来越难。

许多时候我们羡慕小朋友，即使马路边的偶遇，也会玩得热火朝天。可成人呢？随着年龄的增长，朋友却越来越少，想想，小学的，中学的，大学的，工作上的，日常交际的，掰着指头数数，真正的朋友有几个？

朋友少，能成为"潜力股"的朋友更少，不是因为世态炎凉，而是因为我们用心不够。随着年纪越来越大，我们懂得越来越多，这是好事，但也是一件痛苦的事——在人际交往中，我们顾忌会越来越多、防备越来越深。当我们总是带着戒备心理与人交往，又怎么能指望别人打开心胸，坦然与你交往呢？

当你有了心，即使是陌生人，也可以成为趣味相投的朋友。有这样一件事例，一所学校外面有一条清幽的小路，早晨常有人到这里跑步锻炼。一位姓王的老师和一位姓高的老师，每天跑步之后在这里相遇，然后一起散步，边走边聊天，由一般的寒暄到互相了解。

时间长了，两个人发现彼此都爱好写作，少不了交流体会心得。他们虽没有物质的交往，只是一种思想观点的交流，但依然有很强的吸引力，彼此都觉得受益匪浅。

　　渐渐地，他们之间的共同语言越来越多，形成了习惯，不管春夏秋冬，总是不约而同准时到这里会合。后来，虽然王老师被调走，但还经常打电话来问候，两人保持着密切的联系。

　　从上面的例子可以看出，如果你是用了心的，对方会感受得到，对方也会信赖你。真正有价值的朋友，一定能经受得住时间的考验，一定是用了心的。这种用心，不需要精心设计，只需要细心观察、认真体会，用时间证明一切。

　　如果你对朋友不够用心，把自己看得很重，总是先视别人的表现，再斟酌自己的付出，即使是再好的同事、朋友，也未必能拉近双方的心理距离，甚至只会成为熟悉的陌生人。

　　张彬在一所普通中学执教，和周围的同事相处得不错，大家称兄道弟，彼此亲密无间。

　　但是，一个偶然的机会，张彬被调到市里的重点高中去了。当时，由于并没有突出的业绩，张彬虽然顺利调入了那所重点高中，但以后每次回原单位的时候，他总觉得大家看他的眼神怪怪的，这使得他心里很不自在，所以在这之后他每次回原单位办事，一般都选人少的时候去，并且办完事就走，唯恐碰见老同事，显得尴尬。

　　随着时间的推移，他就更少和原单位的同事联系了，偶尔遇见，也只是象征性地寒暄几句。张彬怀疑大家看他调到了重点学校后眼红，而原单位的同事也觉得很诧异——究竟是大家不小心得罪了张彬，还是人家看不起咱们了？最后，张彬和同事们原本和谐的关系就这样淡漠了。

　　张彬并没有意识到，自己离开后，和原来的同事们接触的机会本来就少了，大家之间的感情肯定随着时间的推移慢慢变淡，如果自己不维护的话，"人走茶凉"也就在所难免了。如果他想保持这种良好关系的话，回到原单位，他就应该和原来没有什么两样，大家谈天说地、其乐融融，和领导、同事保持相对密切的联系，这样往往能够收获更多的信任和机遇。

　　要让朋友成全你，你得先成全对方，要让朋友对你用心，你得先用心对朋友。人心都是肉长的，你是否用了心，别人感受得到。所以，朋友相处，不要一受伤就急着抱怨世态炎凉，如果你真的用了心，而朋友依然辜负了你，伤害了你，有可能是你做错了什么，否则，也只是这个朋友的问题。

生活如棋局，每一步都要用心

有些人可能认为，人们之间为什么要有利益之争呢？难道不能顺其自然地发展吗？这是一种美好的愿望，但又是十分天真的想法。

人生就是一场棋局，每个人的命运都与各种各样的事情连在一起。

在一个人的成长过程中，许多外界因素影响着你。每一个生活在社会中的人，都会面对着很多东西：这中间有很大部分是自然物，河流、山川、土地、空气之类；还有很大部分是人造物，比如服装、饮食、城市、学校等。人们生活在其中，就要受到这些外在环境的影响，而且，这些外在环境的变化不是你能够左右的。

很多时候，外界的不确定性需要你做出选择，这种选择就是一种博弈。

这种选择看起来简单，却很难操作。特别是当你遇到一些对自己不利的处境时，如果稍有疏忽做出不慎的选择，就可能使你自己的利益受损。在这种情况下，如果你屈从于命运，让外界环境左右你，你一生都会被命运摆布。有些人在逆境中选择了沉沦、颓废甚至结束生命，这就是屈从于外界环境的人生悲剧。

但是，如果主动选择最有利于自己的时机和条件，你的命运就会柳暗花明。而博弈，就是与命运相抗，通过抗争为自己赢得一个更加开阔的发展空间。

在电视剧《猎鹰1949》中，燕双鹰就是一个在博弈中取胜的人。他是一个打入敌人内部的地下工作者，也是一名忠心耿耿的共产党员。

可是，敌人要栽赃陷害他，不明真相的共产党人也开始怀疑他。这些外在的客观条件都不是他能够左右的。

此时，如果他被动地等待命运的罗网将他降服，他的人生注定会是一场悲剧。所以，他必须要奋起抗争。因此，他不仅要和国民党军统特务周旋，还要和怀疑自己的共产党人博弈，和比自己强大的双方势力进行博弈。在面临生死存亡的关头，他想办法去重庆破坏敌人播撒霍乱病毒的计划，他要用实际行动证明，自己是一名真正的共产党人。他的博弈，不只是为了生存，还为了还自己清白，更为了不辱一名共产党人的使命。

想要在这种变化莫测的环境中取胜，从困境中挣脱，把握先发优势不失为一种好方法。

在生存竞争中赢得最后胜利的人，行动中一定充满了无比的信心，往往能够做到先发制人。看到一个人生气勃勃、精力充沛的样子，别人自然而然地对他产生信任和尊敬。而那些被击败、陷入困境的人，却总是一副死气沉沉的样子。他们看起来就缺乏自信和决断，无论是行为举止，还是谈吐态度，他们都容易给人一种懦弱无能的印象。这样，人们便不会充分地信任他们，无法委以重任，这对达成远大目标是非常不利的。因此，要使别人对你的目标有信心，就必须相信自己的未来不是梦。

在博弈中，需要做到"知己知彼"。"知己"与"知彼"是在博弈中保持冷静、正确判断的前提。因此，你不但要了解自己，而且还要了解对方，熟悉对方的做事方法、目标、强项以及弱点。当自己定好策略后，能够大致估计出对方会有什么反应，以及自己可以实现目标的可能性有多大等。只有猜透了对手的心思，才能使自己胸有成竹，从而做到有备无患。

此外，"知彼"还要求人们学会站在对方的角度来考虑问题。有时，对手和自己一样，也具有十分高明的理性分析能力，他们也想通过策略来达到自己的目标，也有可能猜到了你的心思而设下埋伏，故意引你进入圈套。因此，任何时候都要小心掉进别人的圈套里，成为牺牲品。

在股票交易市场，当你看到他人争先恐后地买进时，自己也会被那种你追我赶的气氛所感染，不管三七二十一倾囊而出，甚至顾不上考虑这个股票是否是绩优股，是否值得自己投入。

实际上，这样的投入就属于不理智的投资。因为你对自己的股票不够了解，不清楚各种情况下的收益有多少，只是从众的心理使然。在这种情况下，一不留神就跑到了自己计划投资的界限之外，甚至有可能被别有用心的人利用。因此，在投资时，更需要保持理智和清醒。

如果一个人只从自己的角度考虑问题并采取策略，是很难取胜的。应该从双方的角度去考虑问题再做出决定。当然，为对手考虑并不是让你去迁就他人，一味地迁就对方，自己的利益很可能会受到损失，为对手考虑是要你通过了解对方来调整自己的策略，从而达到自己的目标和实现收益的最大化。

社会的复杂性不仅需要每个人学会在社会中生存的博弈之道，而且要让自己永远都处于领先地位，还需要增强自己的实力，这样才能在博弈中真正取胜。

如果认命，想什么都没用

"人生能有几回搏"，这句话是我国第一个乒乓球世界冠军容国团喊出的。铮铮誓言激发着许多人不断刷新人生跑道上的一个个纪录。

的确，人的一生相对于历史长河只是短暂的瞬间。一个人在一生中，关键的转折点没有几个。求学、恋爱、择业这三部曲可以说是人生中的关键节点。在这几个关键节点，都需要博弈。何况，机遇并不会垂青于每一个人。

因此，关键时刻的博弈会对你的一生产生重大的影响。不搏就无法生存，不搏就永远没有出头之日。如果你判断失误，选择错误，会让自己的一生暗淡无光。因此，每个人想要在历史时空中发出璀璨的光亮，只有一个方法：抓住转瞬即逝的机遇，奋勇地搏击。

人生不是顺境的永久延续，总要经历许许多多的困难、坎坷和曲折。如果认命，不去博弈，人生就会被他人所操纵。懦弱退缩者、自暴自弃者最终会一事无成。

其实，成功与不成功，都不是定数，而是一个变数。人的可贵，在于通过百分之百的"搏"，将成功的概率提高到最大值。

当然，要博弈就有风险。可是，高风险总是和高收益相伴。正所谓：天底下没有免费的午餐，风险越大收益才会越高。在

— 17 —

海盗分金这个博弈当中，很显然每个海盗都面临着十分严峻的条件，稍微考虑不周到就会被扔到大海里喂鲨鱼。尽管在这种高风险下，他们仍然面对着难以抵挡的高收益的诱惑，也正是因为这高额的收益才让他们决定放胆一搏。因此，博弈也需要勇气，需要放胆一搏。

在自然界中，生物学家经过观察发现，雌鸟有一种潜在的本能去寻找基因优良的雄鸟，这样它们的后代才会有优良的基因。那么，那些长着鲜艳而厚实羽毛的雄鸟岂不是很幸运了吗？但是，正因为雄鸟的羽毛太醒目才更容易被猎人发现，很容易被抓获。即便这样，雄鸟也要冒着生命危险来表现自己的飒爽英姿，吸引雌鸟并且与之交配。因为如果不这样，就无法完成繁殖的任务，鸟类就会灭绝。

尽管鲜艳的羽毛对于鸟类的生存来说是一个很大的威胁，但是为了繁衍出强健的后代，它们决定冒死一搏。雄鸟们必须在和猎人的博弈中取得胜利，这就是雄鸟们的勇气。

动物生存是这样，一个人、一个团体的生存和发展也需要拼命去搏。只有在和他人的博弈中，在和环境的抗衡中，在智慧的较量中，才能锻炼自己、彰显自己。

人生能有几回搏，勇敢地奋斗、智慧地拼搏，永远是时代的主旋律。新的时代呼唤拼搏精神。特别是在当前，如果不能以拼搏的姿态投入工作和生活，即使享用了丰裕的物质财富，也无法感受到精神的崇高。只有发扬知难而上、遇难而进的拼搏精神，才能开创崭新的工作局面，才能创造一个又一个的奇迹。

你混生活，生活自然就会混你

生活是公平的，你为它付出过什么，那么你也会收获什么。好好对待你的生活，生活有一天自不会亏待你。

一个年轻人去拜访一位大师，向他请教为人处世之道，大师给他讲了三个故事。

第一个故事：

从前有两个强壮的青年，一拙一巧。两人奉命在同一块地上各自挖井找水，很快两人都挖了两米深，但丝毫没有出水的迹象。拙者继续在原地深挖，而巧者则换了个地方做新的尝试。

如此这般，两人工作了很久，终于拙者通过不懈的努力找到了汩汩的源泉，而巧者虽然不断地更换地点，终究还是一无所获。

年轻人听罢，若有所悟地点了点头说：“我明白了，做人就应该持之以恒，不应该朝三暮四，蜻蜓点水，否则终将一事无成。”

大师只是笑笑。

第二个故事：

还是这两个人，巧者在经过数次的尝试后，终于在一个地方发现了有水的迹象，于是他在此深挖，最终找到了水源。

而拙者则始终在原来的地方，一如既往，埋头苦干，越挖越深，结果虽然付出了很多，但却始终没有找到水源。

"这？"年轻人有些迟疑地说，"我想也许人还应该不断地总结经验，不断地尝试最适合自己的生存环境，而不应该刻板教条，更不应该执迷不悟。"

大师还是笑笑。

第三个故事：

两个人虽然都竭尽了全力，但无论拙者挖多深，也无论巧者换多少地方，两个人都没有找到水源。

"为什么？"年轻人疑惑起来，"那做人还有准则吗？"

"因为这个地方可能根本就没有水，"大师从容说道，"其实为人也是如此，生活中没有一成不变的处世原则，一切都要靠你自己去摸索和体味。"

生活不在别处，就在你每天对待生活的态度中，苦也好，乐也罢，聪明也好，糊涂也罢，都是一天，为何不用心过好自己的生活呢？遇到点困难、挑战，又算得了什么呢？况且我们遇到的所谓的困难，貌似也不是什么大的困难，无非就是调整不好自己的状态和情绪。只有用心生活的人，才能将生活过得精彩。

第二章

悦纳自我，真诚地拥抱自己

我们也许羡慕过别人，但未必赏识过自己；我们也许欣赏过别人，但未必接受过自己；我们也许喜欢过别人，但未必拥抱过自己！事实上，在我们自己身上同样可以找到我们心中偶像的身影！

每一朵花都有自己的春天，所以你千万不要低估自己！了解自己，正确认识自己，坦然承认自己的不足或缺陷，欣然接受自己的不完美，把自己看成是有价值的值得尊敬的人，每天给自己一个笑脸，你一定会有属于自己的精彩人生。

凡事不苛求，你就会远离烦恼

在人生的长河里，每个人都活得很辛苦，我们每个人都有着或者曾经有过这样或那样的失意。生活本身就是酸甜苦辣咸五味俱全的，我们要平和地对待生活中的每一件事，要善意地对待身边的每一个人，要永远保持一种真诚、宽容、健康的心态，用心去感受生活对我们的恩赐。不要过度强调完美，那样会使你生活在痛苦之中。

贝克住在迪河河畔，他是一个磨坊主，大家都认为他是英格兰最快活的人。贝克从早到晚总是忙忙碌碌，同时像云雀一样快活地唱歌。贝克是那样乐观，使得其他人都跟着乐观起来了。这一带的人都喜欢谈论贝克愉快的生活方式。终于，国王听说了贝克，于是说："我要去找这个奇怪的磨坊主谈谈。"

国王一走进磨坊，就听到磨坊主贝克在唱歌："我不羡慕任何人，不羡慕，因为我要多快活就有多快活。"

"我的朋友，"国王说，"我羡慕你，只要能让我像你那样无忧无虑，我愿意和你换个位置。"

贝克笑了笑，给国王鞠了一个躬，说："我肯定不会和您调换位置，国王陛下。""那么，告诉我，"国王说，"是什么使你在这个满是灰尘的磨坊里如此高兴、快活呢？而我，身为国王，却每天烦闷苦恼？"

贝克笑了笑，又说道："我不知道你为什么忧郁，但是我能坦诚地告诉你，我为什么高兴。我自食其力，我爱我的妻子和孩子，我爱我的朋友们。他们也同样爱我。这里有迪河，每天它使我的磨坊运转，磨坊把谷物磨成面，养育我的妻子、孩子和我。"

"不要再说了。"国王说，"我羡慕你，你这顶落满灰尘的帽子比我这顶金冠更值钱。你的磨坊给你带来的，要比我的王国带给我的还要多。如果有更多的人像你这样，这个世界该多么美好啊！"

幸福与否，与世俗和物质的一切没有什么必然联系。我们每个人都生活在这个世界上，不必刻意地追求完美。如果在意太多，你的生活肯定会乌烟瘴气。试想，我们每天除了要生活，要吃，要穿之外，还要去挣钱，养活自己的家人。我们要等着评职称、晋级、涨工资；要面对生活中的各种琐事，还要应对病痛折磨等不测。如果我们对自己的生活要求得太高，处处都要追求完美，那样我们会活得很累，我们的日子就会充满忧伤，生活就会没有亮点，一切就会索然无味。

哈佛大学曾做过这样一个有趣的心理调查。调查人员给调查对象打了个电话，问道："你在干吗？""上班。""上班感觉怎样？""没劲极了，枯燥乏味。""那你想干点什么？""等两个小时下班后就好了，我就可以和同事一起去酒吧。"

两个小时后，调查人员又打了他的电话。"你在做什么？""和同事在酒吧。""感觉该好些了吧？""还是没劲，都是些无聊的话题，我正打算去找女朋友。"过了一小时，调查人员再次拨通了他的电话，"和女朋友在一起快乐吗?" "别说了，烦死了。说话时，有个女同事打来电话，询问工作上的事情，女朋友硬要我交代是不是有外遇了。太没劲了，我还是回家休息。"到了晚上，调查人员再次拨通了他的电话。刚拨通，这个被调查者就先开口了："别问了，很没劲，杂志翻完了，光盘看完了，有点寂寞。" "那你想怎样?" "我觉得还是白天上班好，上班可以帮我打发无聊的时间。"

可见，幸福并不等于金钱，幸福也不等于情爱，幸福更不是香车宝马、功名利禄。不要以为幸福就是随心所欲、无法无天。只有懂得收藏才会懂得品味，只有懂得品味才会抓住幸福。我们不要过于强调生活的完美，这样刻意地追求，会让我们对一切都失去兴趣。生活不可能太过完美，关键是我们怎样看待。

一个身材矮小或者肥胖的人，可能不能成为模特和仪仗队员，可是世界上对身材没有苛刻要求的工作很多。一个人只要有了积极心态，将自己的某种缺陷转化为自强不息的推动力量，那么你的缺陷不但不会成为你的障碍，反而会成为你的优势。

因为它会促使你更加专注于自己选择的发展方向，往往能促使你获得超出常人的发展，最终成为超越缺陷的卓越人士。这方面的经典事例数不胜数，如矮小失聪的贝多芬、下肢瘫痪的罗斯福、少年坎坷艰辛的霍英东，这些人要么自身有缺陷，要么家庭有缺陷，但他们都成了卓越人士，都从某个方面改变了世界。

在这个世界上，总有一些人一味地过分追求完美无缺，他们对自己、对周围的人和事的要求都十分苛刻，如果不能满足自己的要求，他们自己往往会陷入痛苦的深渊而不能自拔。

在一次出海打鱼时，一个渔夫从海里捕到一颗大珍珠，他非常高兴。可是回到家里一看，发现珍珠上有一个小黑点，这让渔夫觉得很不舒服。他想，如果能把小黑点去掉，珍珠将变得完美无缺，成为无价之宝。渔夫于是准备把黑点剥掉。他剥掉一层，发现黑点仍然在，于是他再剥一层，黑点还是在那里，他不停地剥，剥到最后，黑点是没有了，但是珍珠也不复存在了。

因此，我们对生活不要太追求完美，而要在平常的生活中学会感恩。

拥有对生活的满足感与感恩心，我们会更加珍惜现在的生活，更懂得珍惜身边的每个人，只有这样，才能做一个快乐生活的人。

有一天，俄国作家索洛古勒对列夫·托尔斯泰说："您真幸福，您所爱的一切您都有了。"托尔斯泰说："不，我并不拥有我所爱的一切，只是我所有的一切都是我所爱的。"

印度有这样一个古老的故事。佛祖为了消除人们的疾苦，就从人间选了100个自以为最痛苦的人，让他们把自己的痛苦分别写在纸上。写完后，佛祖说："现在，请你们把手中的纸条相互交换一下。"结果，这100个人交换看了别人的纸条之后，个个都非常震惊，过去，总以为自己是最"不幸"的人，到现在才知道很多人比自己更加痛苦，那么自己还有什么理由如此消沉？

如果你有了一个很好的工作，有了很和谐的婚姻，孩子聪明乖巧，父母身体健康，经济状况也不错，也有很多好朋友，可你还是觉得有好多的烦恼的话，那就是你不知足。生活是真实的，它不会总是一帆风顺的，更多的时候它是平凡琐碎的，我们不可能指望着生活天天如狂欢节一般，而是要拥有一种好的心态。对于生活不要过于追求完美。想样样都比别人强的心态是要不得的。我们要发现自己的优点，也要看到别人的优点。如果过于追求完美，就会给自己带来很多的烦恼和无奈。

不必完美，满意即可

你是否总在尽力让所有人都满意自己，而自己却活得很辛苦？你是不是觉得自己如果不能表现得比别人好的话，别人会无视你的存在，吸引不了别人的眼光？你是否不敢让自己有任何懈怠，事事都要求完美，不允许出现任何差错，一有小小差错就会忐忑不安？仔细想想，这对你真的有意义吗？为什么你总是活得很累、很不开心呢？

要知道，在这个世界上，十全十美的事是不存在的，完美只是人们的一个目标、一个方向和一个憧憬，却不应该成为一个人的终级追求。

世界上本来就没有完美无缺的人与事。中国有一句古训：金无足赤，人无完人。人一走向绝对，就走入了误区。但是在现实生活中，无数的人却不止一次地犯着同样的错——过分追求完美。他们常常在生活中寻找完美之人，不仅是对自己的各个方面要求做到完美，也要求别人是完美之人。正是由于陷入这种误区，使得很多人错失良机，失去友情、爱情，失去自我，以至于改变了对世界、生活的看法。

琳达是一家公司分部的经理，可近来琳达却越来越觉得自己在工作上有些力不从心。

琳达自己也不知为什么，每天从早到晚，总是怕工作完成得不够出色，可越怕，工作就越容易出错。而一旦出现工作失误，又会成天想着上司不满意，一想到上司不满意，又会想到下属会超越自己，随之而来就是感到焦虑，脾气也渐渐变得暴躁起来，动不动就发火。工作效率急剧下降不说，注意力也无法集中，整天感到疲乏，精力也大不如前。这样一来，琳达自然在单位跟同事关系相处不好，而回到家对老公和孩子也跟在单位似的，吹胡子瞪眼，老公让她悠着点，工作不要太拼命，多留点时间给家人。儿子也时常说人家父母都如何如何重视孩子，抱怨妈妈对他关心不够。琳达自己却觉得很委屈，自己走到今天这一步容易吗？为什么连家人都不支持自己、理解自己呢？

事业有成是令人羡慕的事情，但是有些事业成功者，却被成功所累，患上焦虑、抑郁症，痛苦得不能自拔，就像本文中的琳达一样。

有一些中年女性，对各种社会环境的变化比较敏感，工作节奏的加快以及对自身期望值过高，导致自己精神压力较大，从而在工作和生活中感到种种不适，久而久之，就会变得日渐忧郁寡言，性格也会变得有些怪异，长期发展下去，甚至可能导致一些心理疾病。

琳达目前面临着工作紧迫和危机的双重压力，她想把工作做得比以前更为出色，可老公和孩子又希望琳达不要太累，处在工作和家人之间，忙碌的琳达想把两头都照顾好，可往往事与愿违，忙了工作，又忘了家，看到家人，内心又觉得有愧，导致出现身心疲惫的状况。

其实琳达现在最需要的是学会如何调节好自己的心情，合理安排好工作和生活时间，尽心努力做好工作，让自己满意即可，不要一味地苛求自己。

哲人说："完美本是毒。"事事追求完美其实是一件很痛苦的事，就如毒害心灵的药一般！

一位单身的先生来到一家婚姻介绍所，进入大门后，迎面见到两扇门。一扇门上写着：美丽的；另一扇门上写着：不太美丽的。于是他推开"美丽的"门，迎面又见到两扇门。一扇门上写着：年轻的；另一扇门上写着：不太年轻的。他推开"年轻的"门，迎面又见到两扇门。一扇门上写着：善良温柔的；另一扇上写着：不太善良温柔的。他推开"善良温柔的"门，又见到两扇门。一扇门上写着：有钱的；另一扇门上写着：不太有钱的。他推开了"有钱的"门……

就这样一路走下去，他先后推开过美丽的、年轻的、善良温柔的、有钱的、忠诚的、勤劳的、文化程度高的、健康的、具有幽默感的九扇门。当他推开最后一扇门时，只见门上写着一行字：您追求得过于完美了，这里已经没有再完美的了，请您到大街上去找吧。原来他已经走到了婚介所的出口。

这个幽默的故事不只是讲婚姻，更是在讲有关完美的话题。世界上没有完美的人和事，我们为什么非要去苛求完美呢？

美国作家哈罗德·斯·库辛写过一篇《你不必完美》的文章，在文中，他写了这样一个故事：因为在孩子面前犯了一个错误，他感到非常内疚。他思忖自己在孩子心目中的美好形象从此被毁，怕孩子们不再爱戴他，所以他不愿意主动认错。在内心痛苦的煎熬下，他艰难地过着每一天。终于有一天，他忍不住主动给孩子们道了歉，承认了自己的错误，他惊喜地发现，孩子们比以前更爱他了。他由此发出感叹：人犯错误在所难免，那些经常有些错失的人往往是可爱的，没有人期待你是圣人。

一个"完美"的人，从某种意义上来说，也是一个可怜的人，他体会不到生活里有所追求、有所希冀的感觉。正因为"完美"，他也无法体会到当自己得到了一直追求的东西时那种喜悦的感觉。所以，不必去羡慕完美。在生活中，不存在完美，美都是相对的。维纳斯是美的，她的断臂使她的美成为残缺的美，可谁又能说她不美呢？从某种意义上讲，残缺的美才是真实的、可爱的。正因其残缺，才能让人有更高的期待。

我们应该看到自己的优点，也应该接受自己的缺点，世上本来就没有完美的人生。因此，我们不必戴着假面具去生活。其实很多痛苦和烦恼都是自己给自己找的。有的人总是在浪费大量的时间和精力去试图控制一些自己本来没有，或者根本不与自己相关的事物，而同时却又忽视了自己应当去处理、去关照的分内的事情。人的一生中有一件很重要的事情，那便是要明确自己的身份和地位，了解自己心里想要的是什么。

做不成大树，就做一棵小草。别人是别人，你是你，别人的得到是因为幸运也好，是因为努力也好，都不必羡慕，更不应该忌妒。你自有你的长处和优点，做真实的自己比什么都重要。不必苛求完美，属于你的，好好把握；不属于你的，别去奢求。世界上永远都没有完美存在，让我们学会战胜自我，学会包容别人，允许每个人个性的存在，学会清醒地认识自我，正确地协调自我，完全地掌握自我，做一个拥有快乐和幸福的人。

心放宽些吧，满意即可，不必苛求完美，这样，生活就会少了许多的烦恼。

学会包容，生活天地宽

每个人的性格都不一样，每个人都有自己的做事风格，即使是生活在一起的老夫妻，也无法迫使对方完全按照自己的意愿去做事。因此，在我们的生活中，不要试图去改变别人，而是要慢慢地去改变自己，让自己学会适应。

苏格拉底是单身汉的时候，原来和几个朋友一起，住在一间只有七八平方米的房间里，他一天到晚总是乐呵呵的。

有人问他："那么多人挤在一起，连转个身都困难，有什么可乐的？"

苏格拉底说："朋友们在一块儿，随时都可以交流思想，交流感情，这难道不是很值得高兴的事儿吗？"

过了一段日子，朋友们一个个成了家，先后搬了出去。屋子里只剩下了苏格拉底一个人，每天，他仍然很快活。

那人又问："你一个人孤孤单单，有什么好高兴的？"

苏格拉底说："我有很多书哇，一本书就是一个老师。和这么多老师在一起，时时刻刻都可以向他们请教，这怎不令人高兴呢？"

几年后，苏格拉底也成了家，搬进了一座大楼里。这座大楼有七层，他的家在最底层。底层在这座楼里是最差的，不安静，不安全，也不卫生，上面老是往下面泼污水，丢破鞋子、臭袜子和杂七杂八的脏东西，之前那人见他还是一副喜气洋洋的样子，好奇地问："你住这样的房间，也感到高兴吗？"

"是呀！"苏格拉底说，"你不知道住一楼有多少妙处啊！比如，进门就是家，不用爬很高的楼梯；搬东西方便，不必花很大的劲儿；朋友来访容易，用不着一层楼一层楼地去叩问……特别让我满意的是，可以在空地上养一丛一丛的花，种一畦一畦的菜，这些乐趣呀，没法儿说！"

过了一年，苏格拉底把一层的房间让给了一位朋友，这位朋友家有一个偏瘫的老人，上下楼很不方便。他搬到了楼房的最高层：第七层，每天，他仍是快快乐乐。

那人揶揄地问："先生，住七层楼也有许多好处吧？"

苏格拉底说："是啊，好处多着哩！仅举几例吧。每天上下几次，这是很好的锻炼机会，有利于身体健康；光线好，看书写文章不伤眼睛；没有人在头顶干扰，白天黑夜都非常安静。"

后来，那人遇到苏格拉底的学生柏拉图，他问："你的老师总是那么快快乐乐，可我却感到，他每次所处的环境并不那么好呀！"柏拉图说："决定一个人心情的不是环境而是心境！"

相反，如果你不懂得改变自己，而只期望对方做出改变来适应你，这种想法是愚蠢的，而且还会带来严重的后果。托尔斯泰就是一个这样的例子。

托尔斯泰是文学史上最著名的小说家之一，他的两部名著《战争与和平》和《安娜·卡列尼娜》，在文学领域中，永远闪耀着光辉。托尔斯泰备受人们爱戴，他的赞赏者，甚至终日追随在他身边，将他所说的每一句话，都快速地记了下来。除了良好的声誉外，托尔斯泰和他的夫人，有财产、有地位、有孩子。普天下，几乎没有像他们那样美满的家庭。托尔斯泰和夫人的结合，似乎是太美满，几乎所有的人都羡慕他们。

后来，发生了一件令人震惊的事情，托尔斯泰渐渐地改变了。他变成了另外一个人，他对自己过去的作品，感到羞愧。就从那时候开始，他把剩余的生命用于写宣传和平、消灭战争和消除贫困的小册子。他曾经忏悔，在年轻的时候，犯过各种不可想象的罪恶和过错，甚至于谋杀。他把所有的田地给了别人，自己过着贫苦的生活。他决定去田间工作，他自己砍柴、堆草、做鞋、打扫房屋，用木碗盛饭，而且还尝试着去爱他的仇敌。

托尔斯泰的一生，应该是一幕悲剧，而造成悲剧的原因是他的婚姻。他的妻子喜爱奢侈、虚荣，可是他却轻视、鄙弃。她渴望着显赫、名誉和社会上的赞美。可是，托尔斯泰对这些却不屑一顾。她希望有金钱和财产，而他却认为财富和私产是一种罪恶。这样过了好多年，她吵闹、谩骂、哭喊，因为他坚持放弃所有作品的出版权，不收任何的稿费、版税。可是，她却希望得到从图书出版而来的财富。当托尔斯泰反对她时，她就会像疯了一样，趴在地板上打滚，手里拿着一瓶鸦片，做出要吞服自杀的样子，她还不停地恐吓丈夫，说要跳井。

一天晚上，这个年老伤心的妻子，跪在托尔斯泰膝前，央求他朗诵 50 年前，他为她所写的最美丽的爱情诗篇。当他读到那些美丽、甜蜜的句子，现在已成了逝去的回忆时，他们俩都激动地痛哭起来。生活的现实和逝去的回忆，那是多么的不同。

最后，托尔斯泰再也无法忍受家庭带给他的折磨和痛苦。当他 82 岁的时候，在一个大雪纷飞的夜晚，他摆脱了他的妻子，逃出家门，逃向酷寒、黑暗，不知去向。11 天后，托尔斯泰因患肺炎，倒在一个车站里，他临死前的请求是，不要让他的妻子来看他。

托尔斯泰夫妇之所以会有这样的结局，主要就是因为他们两个人都不懂得去体谅对方，不懂得从对方的角度去看待问题，不懂得改变自己来适应对方，而只想着改变对方。结果，两个人的生活充满了悲剧。

如果夫妻中的一人总是强迫另一个人赞同某事，或者抱怨他不温柔体贴，那他的反应可能是逃避，甚至对另一半抱有敌意。最明智的做法是将所期望的赏识表扬给予另一半，如果另一半不明白他需要的东西，他应该温柔地让另一半知道自己的想法。如果一方总是抱怨，要么就摆出一副委屈的样子，那他只能得到对方的反感情绪。

我们要时刻不忘改变自己，因为这个世界上唯一不变的就是变，你要想改变别人，首先要改变自己。如果上司对你不够重视，就从现在起努力提高你的能力；如果同事对你不够友善，就要重新审视你的某些缺点；如果爱人对你不够温柔，试着从自身找找原因，并给对方更多的关爱。相信这么做之后，你会有很大的收获……

我们不要试图去改变自己的爱人，而要学会包容，学会一起生活，学会从相通的东西中找到彼此的共同点，从而找到生活的乐趣。

总之，如果我们真心地爱一个人，就让我们用一颗善良的心去包容他的一切吧。

炫出自己的精彩人生

有些人往往喜欢走捷径，走不通就会快速换一条路，结果换来换去，也许几十年都没有走完一条路，也未做完一件事，忙忙碌碌地走完了一生。愚公是英雄，他和他的儿孙们搬走了一座山；贝多芬也是英雄，他坚信即使失聪也能感受到美妙的音乐。他们都选定了自己的路，坚定地走下去，没有因为遇到困难就换另外一条道路。

美国著名电台主持人莎莉·拉菲尔在她 30 年的职业生涯中，曾经被辞退 18 次，可是她每次都放眼最高处，确立更远大的目标，仍然坚持走自己选择的路。最初由于美国大部分的无线电台认为女性主持人不能吸引听众，没有一家电台愿意雇用她。她好不容易在纽约的一家电台谋到一份差事，不久又遭辞退，说她跟不上时代。莎莉并没有因此而灰心丧气。

她总结了失败的教训之后，又向国家广播公司电台推销她的清谈节目构想。电台勉强答应了，但提出要她先在政治台主持节目。"我对政治所知不多，恐怕很难成功。"她也一度犹豫，但坚定的信心促使她大胆去尝试。她对广播主持早已轻车熟路了，于是她利用自己的长处和平易近人的风格，大谈即将到来的 7 月 4 日国庆节对她有何种意义，还请听众打电话来畅谈他们的感受。

听众立刻对这个节目产生了兴趣，她也因此而一举成名了。如今，莎莉·拉菲尔已经成为自办电视节目的主持人，曾两度获得重要的主持人奖项。她说："我被人辞退18次，本来应被这些厄运吓退，做不成我想做的事情。结果相反，我让它们鞭策我勇往直前。"

莎莉是一个坚持走自己的路的人，她没有因为被辞退18次就怀疑自己的选择，反而更加激发了她证明自己的勇气，在经过了那些失败之后，她有机会开始尝试，进而做到最好，成了著名的节目主持人。

选择一条路很容易，但是要坚持在这条路上走到最后，就不是一件容易的事，如果你向目的地迈出了999步，却没有坚持迈出最后一步，那么你依然是失败的，目的地只有一个，再近的点也不是终点，那些在距离终点很近的地方而停下了脚步的人是多么可悲啊！

20世纪50年代，有一位女游泳选手，她立志要成为世界上第一个横渡英吉利海峡的人。为了达到这个目标，她不断地练习，不断地为这历史性的一刻准备着。

这一天终于来临了。女选手充满自信地昂首阔步，然后在众多媒体记者的注视下，满怀信心跃入大海中，朝对岸游去。刚开始时，天气非常好，女选手很愉快地向目标挺进。但是随着越来越接近对岸，海上起浓雾，而且雾越来越浓，几乎已到了看不清眼前景物的程度。女选手处在茫茫大海中，完全失去了方向感，她不晓得到底还有多远才能上岸。她越游越心虚，越来越精疲力竭。最后她终于宣布放弃了。当救生艇将她救起时，她才发现只要再游100多米就到岸边了。众人都为她惋惜，距离成功已经那么近了。

她对着众多的媒体感慨："不是我为自己找借口，如果我知道距离目标只剩 100 多米，我一定可以坚持到底，完成目标的。"

是的，也许她再坚持一点点就取得成功了，但就是差这么一步，结果截然不同。人们经常会停滞在离成功还有一点点距离的地方，但是那个地方依然叫作失败。

坚定地走自己的路，就要耐得住寂寞，耐得住打击，有一种在任何情况下都不放弃的态度，有一股不达目的决不罢休的韧劲。想要炫出自己的精彩人生，就要有这种态度，就要有这股韧劲。

适应环境，你会过得更好

南美洲有一种会走动的树——卷柏，由于它的生存需要充足的水分，当地下水分不足时，就会把自己连根拔起，缩成一个圆球状，体轻，只要有微风，它就会随风在地面上滚动，一旦到了水分充足的地方，圆球就会迅速打开，根也会重新扎到土里，等到下次水分不足时再走。

这种方式不断给它的生存创造了好的环境，但也正是这样，它的成活率低，因为在游走时有被风吹起挂在树上枯死的，有被车轧扁的，甚至有被小孩当球踢的……难道卷柏不走真的就不能生存了吗？植物学家为此做了试验，将它圈养在一个水分不多的地方，他们发现，它在经过几次行走都未成功后，在原地将根深深地扎入了泥土，并且长势比任何时候都好。

人有时候总会凭着自己的愿望想去改变些什么，总是认为别人的做事方式不合自己的意愿，自己所处的环境让自己不舒服，但是如果让所有的人都来适应你，是不是一个很自私的想法呢？其实身处一个大的环境中，只有适当地去调节自己，让自己更加适应这个环境才是智者所为。而且很多时候，别人不会因为你而改变自己的。当你有足够的力量去改变环境时，你已经是佼佼者了。可是如果你只是一个普通的人，那只有改变自己了。

只有通过自己的努力让大家认可，才能真正融入一个新的环境中。当你用一种良好的心态，去面对周围的事物时，你会发现自己所处的环境挺好的，自己已经完全适应了这个环境，你也会在这个环境中过得更好。

在美国新泽西州的一所小学里，有一个由26个孩子组成的特殊班级，他们都是一些曾经失足的孩子。有的吸过毒，有的进过少管所，家长、老师和学校都对他们非常失望，甚至想放弃他们，一位名叫菲拉的女教师主动要求接手这个班。菲拉的第一节课，并不像以前的老师那样整顿纪律，而是在黑板上给大家出了一道选择题，让学生们根据自己的判断选出一个在后来能够造福人类的人。她列出3个候选人：

A. 笃信巫医，有两个情妇和多年的吸烟史，而且嗜酒如命。

B. 曾经两次被赶出办公室，每天都要睡到中午才起床，每晚都要喝大约1升的白兰地，而且有过吸食鸦片的记录。

C. 曾是国家的战斗英雄，一直保持素食的习惯，不吸烟，偶尔喝一点啤酒，年轻时从未做过违法的事。

结果大家都选择C。菲拉公布答案：A是富兰克林·罗斯福，连续担任过四届美国总统；B是温斯顿·丘吉尔，英国历史上最著名的首相；C是阿道夫·希特勒，法西斯恶魔。

大家都惊呆了，菲拉满怀激情地告诉大家："孩子们，过去的荣誉和耻辱只能代表过去。真正能代表一个人一生的，是他现在和将来的作为。从现在开始，努力做自己想做的事，你们都会成为了不起的人。"菲拉的这番话，改变了这26个孩子一生的命运。

这个故事告诉我们，自己过去所处的环境并不重要，自己的过去也不重要，只要你在新的环境中愿意做出改变，通过自己的努力可以改变自己不光彩的历史，走出一条崭新的道路。

让环境来适应自己，不如让自己适应环境。当你抱着环境必须要适应我这样一种心态的时候，你会发现没有一个地方是适合你的，你在每个地方都不会待太长时间；但是当你抱着一种既来之则安之的心态去适应环境的时候，你会发现自己的适应能力在变强，不像以前那么挑剔了，自己对人际关系开始应对自如了，周围的人开始接受并喜欢上你了，这样的转变会让你产生自信，让你变得更有活力。

摆正心态，直面挫折与失败

生活中罩在我们每个人头上的光环和不如意的事情，如颜色不一样的气泡，客观地说，好看或难看，总有破掉的瞬间。因此，你与其总是盯着那些不如意的事情，不如舒展眉梢，用自己的笑脸去面对。

面对生活中的失败和挫折，我们不必太在意。我们要懂得在这个世界上，没有跨不过去的河，也没有迈不过去的坎。只要我们摆正心态，什么困难都能解决，什么挫折都能克服。

诗人徐志摩曾如此说道："我将于茫茫人海中，寻访我唯一灵魂之伴侣，得之，我幸；不得，我命。"虽然这句话是他的爱情宣言，但是我们依然可以从中深刻地感受到一位浪漫主义诗人的坦荡的胸怀。同样宋朝诗人陆游也在其诗《书梦》中写道："一笑俱置之，浮生故多难。"看这些伟大诗人的情怀，无一不表露出一种智慧的人生观。一笑置之，是一种看淡风云、大彻大悟的心境。有些人把身外之物看得过于重要，因此让自己的人生压抑不堪。

人生不过数载，大可不必把别人的一些言论，一些可轻可重的身外之物太当回事。如果因为他人的以讹传讹而暴躁不安，因为一场生意的失败而自暴自弃，因为旁观者的几句嘲笑而放弃自己的梦想，那么人生便不是你的人生，你不是为了自己而活，是为他人而活的。对过去的事情要拿得起，放得下；对那些无聊的言论要左耳进，右耳出；坦然面对人世间的风风雨雨，才能活出真正的自我。

唐太宗的时候，因为卢承庆处事公正，他被唐太宗任命为"考功员外郎"，管理每年的官吏考绩。有一次，在卢承庆考评官员的过程中，有一位管漕运的官员，因粮船沉水而失责。卢承庆便给这位官员写下了"失所载，考中下"的评语。出乎他意料的是，那位官员听后，没有提出意见，也没有任何疑惧的表情，并且一点也不生气，很坦然地接受了。卢承庆继而一想，粮船翻沉，不是他个人的责任，也不是他个人能力可以挽救的，于是改为"中中"等级，只见那位官员依然没有发表意见，既不说一句虚伪的感激话，也没有什么激动的神色，只是一笑置之。看多了奉承嘴脸的卢承庆很赞赏他这种人生态度，脱口称道："宠辱不惊，难得难得！"最后把评语改为："宠辱不惊，考中上。"

意大利诗人但丁曾有一句名言：走自己的路，让别人说去吧！字里行间也表露出一种轻松的人生态度。面对风云，一笑置之，看似消极，实则是一种积极的人生智慧。人的一生总免不了跌宕起伏，有高峰也有低谷。智慧的人能明白这一点，当事情发生在自己身上时也能做到坦然面对。荣耀和屈辱都不过是过眼云烟，经不起时间的考验。

北宋时期，范仲淹坚持"庆历新政"，当他被贬黜郑州时，突然从高处跌入了谷底，可是他依然可以"心旷神怡，宠辱偕忘，把酒临风，其喜洋洋"。赵朴初先生在遗文中写道："生亦欣然，死亦无憾。花落还开，水流不断。我今何有，谁欤安息。明月清风，不劳牵挂。"这份短短的遗文却尽显他淡然的人生观念，值得后人敬仰。

19世纪中叶，美国实业家菲尔德首次使用海底电缆把"欧美两个大陆联结起来"，因此被誉为"两个世界的统一者"，鲜花、掌声围绕身边。然而因为理论和实际情况不吻合，在使用的过程中，由于技术问题，刚接通不久的电缆便中断了信号传输。一瞬间，那些人的嘴脸全部变了，称赞全部变成了臭鸡蛋，纷纷砸来，指责菲尔德欺骗了他们，要求他赔偿各种损失。面对这巨大的荣辱变化，菲尔德并没有接受不了，他对那些屈辱一笑置之，显现出卓越的风度，他继续潜心改进他的海底电缆事业，最终成功地架起了欧美大陆的信息大桥。

生命中的仇怨、凄婉、失意、无助，人人都会经历，能够保持良好心态的人，他们能够坦然处之，心中滴血而眼中含笑，是对人生呈现出来的一种境界。社会是个大家庭，商海的沉浮、情感的纠葛，困扰人类精神的方方面面。"相逢一笑泯恩仇，桃花依旧笑春风。"

人世百态，斑驳陆离，要始终保持心灵的宁静。只要我们有着积极的心态，及时调整自己的情绪，我们的生活就会充满着阳光。

走出自卑泥沼，天高地阔

我们经常遇到这样的同学：他们总是为自己的长相、身材、家庭、学习而自卑、苦恼，他们觉得自己总是不如别人，对自己越来越没有信心。自卑，是因为你对现状不满；自卑，是因为你遇到了失败的事情。你心里没有阳光，所以看到周围的事物都是阴暗的，外面再温暖你也感觉不到。

其实，我们每个人都有缺点，关键是看你如何面对。贝多芬说："要扼住生命的咽喉。"林肯在填写国会议员履历表时，也不忘填"有缺点"，但他善于把握自己，把自卑化为强大的内驱力，终于达到人生的巅峰。承认自己比别人差，但并不安于比别人差这个现实，要立志赶上别人，甚至在某些方面超过别人，你就大有希望。

在一次火灾中，消防队员从废墟中救出了一对孪生兄弟——国梁和家梁。他们是此次火灾中幸存的两个人。

兄弟俩在这次火灾中都被烧得面目全非。弟弟家梁整天对着医生唉声叹气，认为自己的样子怪，没法继续生活下去。他的口头禅就是："与其赖活着，还不如死了算了。"哥哥努力地劝弟弟说："这次大火只有我们得救了，因此我们的生命尤为珍贵，我们的生活会更有意义，勇敢活下去，我们一定会过得很好。"

兄弟俩出院后，弟弟还是忍受不了别人的讥讽，于是在一天晚上偷偷地服了安眠药离开了人世。哥哥国梁坚强地活下来，无论遇到什么冷嘲热讽，他都咬紧牙关挺了过来，他每次都提醒自己："我生命的价值比谁都高，大难不死必有后福。"

有一天，国梁在雨中看到不远处的一座桥上站着一个人，那个人要自杀，国梁救了他，并严厉地告诫他不珍惜自己的生命是可耻的，为了让那个人不再悲观厌世，他把自己的经历告诉了他，让他重拾活下去的勇气。

没想到国梁救的这个人是一位亿万富翁，这个富翁很感激国梁，并且觉得国梁很有抱负，是个能做大事的人，于是就和他一起干事业。

自卑是麻醉药，会麻醉我们对未来追求的知觉，自卑是剧毒品，只会毒杀我们对成功的追求。一个人自轻自贱很简单，只是一念间的事。一个人走出自卑也很简单，只要能够正确地认识自己。

人因先天或后天的原因而造成了外表上的缺陷，这些都是自己无法选择的。比如长相丑，让自己丑就是了；比如地位低，家庭环境差，你一时也无法改变，你可以羡慕别人，但不可过于看重它，使之变成包袱。有一些不如别人的地方，不必非去改变。因为我们每一个人同周围人相比，都会有不如别人的地方。

没有任何一个人处处比别人强。更何况有些"缺陷"是通过努力也改变不了的，那你就不用理会它。你应该做的是把精力放在通过努力可以赶上并超过别人的方面，通过自己的努力奋斗以取得某一方面的成就来弥补自身的缺陷。假如你的智力不如人，你可以付出比别人多的时间，通过努力迎头赶上，来驱散自卑的阴影。

在改变对自己看法的同时，将注意力转移到自己感兴趣的活动中去。先寻找一件比较容易也很有把握完成的事情去做，一举成功后便会有一分喜悦，做完后再同样定下一个目标。这样，逐渐自信心就会越来越强。

成语"笨鸟先飞"就生动地诠释了战胜自卑、发愤图强者的心态。我们要正确对待别人的评价，变压力为动力。要认识到人不可能十全十美，有长处，就必有短处；有优点，就必有缺点；有成功，就会有失败。人的价值主要体现在通过自身的努力达到自己能取得的最大成就，而不是追求完美无缺。

"天生我材必有用"。在当今纷繁的世界上，我们更应该接受和肯定自己。任何悲观情绪都不利于走好人生的道路。人是永远没有满足的时候的。比上不足，比下有余。适当的比较，给自己定个奋斗目标是可行的，但是却不能因此而影响自己。我们要摆正心态。接受自己，不回避现实；肯定自己，尽力发挥自己的优势，多看多想自己好的一面，就能增强信心、充满活力。百万富翁不一定比街头的乞丐过得开心。

我们要学会正确认识自己，重建自信，要改变只看自己短处，用自己的短处比别人的长处的思维方式。我们要反过来经常想想自己的长处和优势，从而逐渐改变对自己的看法。我们不要压抑自己的真实情感，生活中会有许多令人陶醉、值得我们动心的事情，应当真实表露自己的情感。

第三章

活在当下，享受每一个今天

当我们沉溺于过去时，就无法在生活中体验美好。了解过去确实重要，但持续下去，只会令自己沉迷于昔日的生活，而不断背负过去的痛苦。

当我们执着于未来时，就无法在生活中感受轻松。关注将来固然重要，但长此以往，只会让我们焦虑迷茫、患得患失。

朋友，把握好当下的生活吧，享受每一个今天，你的人生就充满了快乐。

享受当下，不为昨天流泪

"拿得起，放得下"这句俗语说的就是这样一个道理，然而并不是所有的人都能做到"放得下"，很多人依然活在过去的事情当中。每当人们想起以前发生过的事情，无论是亲人的离别、初恋的终结，还是事业上的失败，都会感到痛苦。太多人习惯于为昨天流泪，习惯于回忆过去，就像给自己的心灵上了一把枷锁，用后悔来束缚自己。活在当下，如果总是为昨天而流泪，我们怎么能真正地享受生命呢？

我们应该学会忘记，忘记过去。无法忘记过去的人，常常会连今天也失去，沉迷于昨日的人，很可能也会错过人生美丽的金秋、辉煌的未来。活在昨天里的人不愿意面对今天的各种变化，当今天发生新变化时，他就会茫然不知所措，变得烦躁不安。

时光的流逝永不停息，我们应该学会忘记过去的遗憾、过去的伤痛，因为还有许多美好的事情在等着我们。

阿拉伯有一位著名的作家阿里，有一次和吉伯、马沙两位朋友一起旅行。三人行经一处山谷时，马沙失足滑落。幸好吉伯拼命拉他，才将他救起。于是马沙在附近的大石头上刻下："某年某月某日，吉伯救了马沙一命。"三人继续走了几天，来到一处河边，吉伯跟马沙为了一件小事吵起来，吉伯一气之下打了马沙一耳光。马沙跑到沙滩上写下："某年某月某日，吉伯打了马沙一耳光。"当他们旅游回来后，阿里好奇地问马沙为什么要把吉伯救他的事刻在石头上，将吉伯打他的事写在沙滩上？马沙回答："我永远都感激吉伯救我，我会记住的。至于他打我的事，我会随着沙滩上字迹的消失，而忘得一干二净。"

我们的确应该记住某些事，但我们更应该学会忘记某些事。无论对错，过去的事情终究已成过去，如果我们只记得过去，活着会很累，很有负担。在事情过去之后，我们应该学会忘记，否则我们这一路都走得很辛苦。

"人生不如意之事十之八九"，这是我们在日常生活中遇到挫折时常发的感慨。的确，纵观芸芸众生，有谁能一生都活得春风得意、一帆风顺、无波无澜？没有。成人的世界背后总有残缺，命运就如一叶颠簸于海上的小舟，时刻会遭受波涛无情的袭击。"万事如意"只不过是美好的祝福而已，在现实面前它总是显得如此苍白无力。因此，我们应学会忘记，忘记过去生活中不如意之事带给我们的阴影。不要轻易说"想要把你忘记真的好难"，不要固执地摇着头说"痛苦的往事怎能说忘就忘"。只要退一步想一想，给人类带来光明的太阳也有黑子，给我们以阴柔之美的月亮也有阴晴圆缺，我们就能渐渐忘记昨天生活给我们带来的阴影，坦然地面对今天的太阳，微笑着迎接明天的生活。

也许我们曾经踌躇满志，豪情万丈，想大展宏图，而生活的道路却总是磕磕绊绊，崎岖不平；也许我们乐于平凡，甘于淡泊，向往宁静以致远，而生活的海洋却总不时扬起风浪。于是，我们感到很苦、很累、很彷徨、很失意、很痛苦，而所有的这些烦恼，只缘于我们没学会"忘记"，总是对那伤心的昨天念念不忘，对过去的不如意耿耿于怀，使得宝贵的今天痛苦满溢，让忧伤占据，并在浑然不觉中与今天失之交臂。

我们无法抗拒生命的流逝，就像我们无法抗拒每天太阳的东升西落。因此，我们应学会忘记。不要总把命运给我们的一点儿痛苦，在我们有限的生命里反复咀嚼回味，那样将得不偿失，百害无一利。一味地缅怀和沉醉其中，只能使我们意志薄弱，长此以往，必然会导致我们错失时机以致一事无成，如此恶性循环，也必然使得我们的痛苦与日俱增。

在一次关于生活艺术的演讲中，哈佛大学的一位教授拿起一个装着水的杯子，问在座的听众："猜猜看，这个杯子有多重？"

"50克。""100克。""125克。"大家纷纷回答。

"我也不知道有多重，但可以肯定人拿着它一点也不会觉得累。"教授说，"现在，我的问题是：如果我这样拿着几分钟，结果会怎样？"

"不会有什么。"大家回答。

"那好。如果像这样拿着，持续一个小时，那又会怎样？"教授再次发问。

"胳膊会有点酸痛。"一名听众回答。

"说得对。如果我这样拿着一整天呢？"

"那胳膊肯定会变得麻木，说不定肌肉会痉挛，到时免不了要到医院跑一趟。"另外一名听众大胆说道。

"很好。在我手拿杯子的期间，不论时间长短，杯子的重量会发生变化吗？"

"不会。"

"那么拿杯子的胳膊为什么会酸痛呢？肌肉为什么可能痉挛呢？"教授顿了顿又问道，"我不想让胳膊发酸、肌肉痉挛，那该怎么做？"

"很简单呀。您应该把杯子放下。"一名听众回答。

"正是。"教授说道，"其实，生活中的问题有时就像我手里的杯子。我们埋在心里几分钟没有关系。如果长时间地想着它，它就可能会侵蚀你的心力。日积月累，你的精神可能会濒于崩溃。那时你就什么事也干不了了。"

你的手中是否一直在拿着不同的杯子呢？一个盛着失败，一个盛着挫折，一个盛着懦弱，还有许多盛着我们不如意的过往。如果我们不能学会放下这些包袱，就不会轻松地面向生活。放下，就是忘记，就是为了更好地拿起。

忘记昨天，是为了今天的振作。干大事业往往会为一时得失所羁绊，而成功人士都懂得应该怎样让昨天的失败变成明日的凯旋。

忘记烦恼，你可以轻松地面对未来的考验；忘记忧愁，你可以尽情享受生活的乐趣；忘记痛苦，你可以摆脱纠缠，让整个身心沉浸在悠闲无虑的宁静中，体味多姿多彩的人生。

忘记他人对你的伤害，忘记朋友对你的背叛，忘记你曾有过的被欺骗的愤怒、被羞辱的耻辱，你会觉得自己已变得豁达宽容，你已能掌握住自己的生活，你会更加主动、有信心，充满力量去开始全新的生活。

学会忘记，忘记我们对他人的恩惠，因为我们不贪图回报；忘记他人对我们的误解，因为相信总有一天会水落石出，真相大白，冰释前嫌。学会忘记，就像潮起潮落，花开花谢，云卷云舒，不必太在意。只要今天的我们在努力，我们就无愧于自己。只要我们活得问心无愧，就会觉得活得很轻松、很开心、很充实。

请记住，要享受当下，不要为昨天流泪！

过好今天，不要杞人忧天

我们经常会为一些还未发生的事情担忧。股民会担心股市暴跌，老师会担心学生上课不用心听讲，家长会担心孩子考试不及格，总之要担心的事情很多。这种担心其实都是不必要的，只要我们做好准备，这些担忧都是可以避免的。

过度思虑对一个人的精神伤害很大。打个比方，花谢花落，原本是非常正常的自然现象，可在敏感的林黛玉眼里，却成了一种韶华易逝的象征，而一旦联想到这些伤感的事物，林黛玉肯定会愁肠百结，抑郁不振，黯然神伤。

最后，不止林黛玉本人会尝到思虑过度带来的苦果，就连她身边的亲人、朋友、丫鬟也要跟着她一起遭罪。原因很简单，情绪是能够传染给别人的，跟快乐的人待久了，我们也会变得更开心，而跟悲伤的人处久了，我们也会变得更郁闷。

在《红楼梦》里，和林黛玉性格反差最大的，应该是开朗豪爽、心直口快的史湘云了。若是放在现在，史湘云的性格大概可以归到"没心没肺"一类，她不像黛玉那样凡事都喜欢刨根追底和较真，大口喝酒，大口吃肉才是她的真实本色。

也只有这样豪迈大方的姑娘，才干得出醉酒之后，为了图凉快酣眠青石板凳上的有趣事儿，当时，四面芍药花飞溅了她一身，满头脸衣襟上皆是红香散乱，手中的扇子在地下，也半被落花埋了，一群蜜蜂蝴蝶闹嚷嚷地围着，更有意思的是，她还用鲛帕包了一包芍药花瓣枕在自己的脑后。

事后，园子里的小姐和丫鬟都笑话她，可她一点也不当一回事，根本就不往心里去，若是换成林黛玉，那估计又要一个人躲起来想半天了。光想想这个画面，都真心替林黛玉感觉累，一个人每天都要说很多话，做很多表情和动作，如果人人都像她那样挨个去解读，去分析，去琢磨，那一天二十四小时恐怕都不够用，这也就罢了，成天沉溺在这些无用的思虑和猜忌中，容易把自己折磨疯掉。

想得太多，就容易把简单的事儿弄得很复杂，明明只是一点鸡毛蒜皮的小事，最后却在自己的过度思虑中，被放大成一个人间悲剧，这种愚蠢的做法不是没事找事吗？敏感的人就是思虑太甚，他们自身才是自己最大的敌人，费尽心力建造了一个迷宫，到头来却只为把自己困住。

无疑，思虑过度是一种心理疾病，敏感者必须早点意识到，然后积极采取有效措施，让自己的生活重回正常的轨道。

在通常情况下，我们都能勇敢地面对生活中的重大危机，然而却会被那些小事搞得焦头烂额。其实，和宝贵的生命相比，这些小事又算得了什么？我们所能做到的就是把握住今天的美好时光，把握住今天，就把握住了我们的生命。

沙林吉夫人是个很平静、很沉着的妇女，她从来没有为任何事情忧虑过。但是以前的她也会忧虑，而且还很严重。她说那时的她差点被忧虑毁掉。在她学会征服忧虑之前，她在自作自受的苦海中，生活了整整 11 年。那时她脾气不好，很急躁，生活在非常紧张的情绪之下。买东西时都会发愁房子被人烧了怎么办？用人跑了怎么办？孩子们被汽车撞了怎么办？她常常会因发愁而冒冷汗，往往会从工作单位跑回家，看看一切是否正常。在这种情绪的影响下，导致她第一次婚姻失败。

她的第二个丈夫是一个律师，人很文静，有分析和判断能力，从不为任何事情忧虑。每当沙林吉夫人紧张或焦虑的时候，他就对她说："不要慌，让我好好地想一想，你真正担心的到底是什么呢？我们分析一下概率，看看这种事情是不是有发生的可能。"

有一次，沙林吉夫人和她的丈夫在去往新墨西哥州途中遇到了一场暴风雨。

那天，天下着雨，道路很滑，车子很难控制。沙林吉夫人担心车子会滑到路边的沟里去，可是丈夫一直对她说，车子开得很慢，不会出事的。丈夫的镇定态度使沙林吉夫人的心情渐渐平静了下来。

还有一次，是夏天，他们准备到落基山区露营。一天晚上，他们把帐篷扎在海拔 7000 英尺的地方，突然遇到了暴风雨。帐篷在大风中抖动着、摇晃着，发出很大声响。沙林吉夫人一直在想：帐篷要被吹垮了，要飞到天上去了。可是，她的丈夫不停地说："亲爱的，我们有几个当地的向导，他们对这儿了如指掌，他们说这里从没发生过帐篷被吹跑的事情。根据概率，今晚风也不会吹跑帐篷。即使真吹跑了，咱们也可以躲到别的帐篷里去，所以不用紧张。"就这样，慢慢地，沙林吉夫人放松了精神，结果那一夜她睡得很安稳。

经过这两件事后，沙林吉夫人渐渐摆脱了那些愚蠢的担忧。

明天还没有到来，我们不要杞人忧天，为没有发生的事情担忧，让这些烦心的琐事影响我们的生活质量。我们现在所能做的就是把握好今天。

埃尔·史密斯在纽约当州长时，他常常发现许多政客为一些事情忧虑不已。于是他经常对那些政客说："让我们看看你所忧虑的事情发生的概率。"

1944 年 6 月初，埃尔·史密斯和他的同伴们正躺在奥玛哈海滩附近的一个散兵坑里。他看着这个长方形的坑，对自己说："这看起来就像一座坟墓。也许这就是我的坟墓呢。"

晚上 11 点，德军开始了轰炸行动。炸弹从空中纷纷落下，埃尔·史密斯吓得人都僵住了。前三天晚上他根本没合眼，到第五天夜里，几乎精神崩溃。他知道要是不赶紧想办法的话，他就会发疯。

这时埃尔·史密斯提醒自己，已经过了 5 个晚上了，而他还活得好好的，并且在这一组人中，大家都活得好好的，只有两个受了点轻伤。而他们之所以会受伤，也不是被德军的炸弹炸到的。

于是，埃尔·史密斯在他的散兵坑上造了一个厚厚的木头屋顶，并且告诫自己：除非炸弹直接命中，否则我死在这个又深又窄的坑里的可能性几乎是零。接着他算出直接命中率是万分之一。这样想了两三夜之后，他的心情平静下来，并且可以很快入睡了。以至于到后来，就连敌机袭击的时候，他也能睡得很安稳。

总之，如果你总是担心太多的事情，就不妨先看看以前这种事情发生的概率，然后问问自己，你现在担心的事情，究竟有没有可能会发生。如果不可能发生，你就不要庸人自扰、杞人忧天了。

别为自己的错误而苦恼

人非圣贤，孰能无过？人生中的许多烦恼往往都是自寻烦恼。遇到了一点挫折、烦恼，就终日沉浸在无尽的自责、哀怨之中，感到羞于见人。这样不仅失去了快乐的心境，也影响了自己的精神状态。懊恼只会更加痛苦。

懊恼，就像一剂慢性毒药，无休止地消磨我们的意志，不知不觉地消耗我们的快乐，总有一天，我们会被它们所吞噬。其实人的成长是一个不断尝试、经历磨难和失误的过程，只有经历了磨难，我们才能变得聪明。

世界著名小提琴家帕尔曼，在小的时候患上了小儿麻痹症，即使现在走路也要靠双拐。成名之后的帕尔曼要在纽约市林肯中心的艾佛瑞·费雪大厅举行一场音乐会。

帕尔曼走到他的座位前，缓缓地坐下，把双拐放在地上，解开腿上的支架，一只脚收在后面，另一只脚伸向前方。然后他弯下身拿起小提琴，放在颌下，朝指挥点了点头，开始了演奏。

但这次演出出了点麻烦。刚演奏完前面的几个小节，小提琴的一根弦断了，人们可以听到琴弦绷断声。任何人都知道用3根弦是无法演奏出完整的和弦的。当时大家都屏住了呼吸，想要看看这位大师如何处理。

出乎意料的是，帕尔曼并没有给小提琴换弦。只见他丝毫未显得惊慌，只是闭上眼睛，非常轻松自然地给了指挥一个信号，示意重新开始演奏。整个过程就好像已完成上一曲演奏的自然间歇，接着开始了下一曲。乐队奏响音乐，他从停止的部分开始演奏，但前后却衔接得非常和谐，听起来就像他调整了琴弦原有的音阶，演绎出一种它们从未奏出过的全新的声音。帕尔曼的演奏，让听众们第一次感受到 3 根弦奏出的音乐甚至比 4 根弦奏出的音乐还要美妙。

演奏结束，大厅中先是一片寂静，接着人们站起来热烈欢呼。帕尔曼微笑着，擦了擦额头上的汗，然后用恭敬的语气说道："大家知道，有时演奏艺术家的工作就是用你仅有的东西还能创作出新的音乐。"

帕尔曼在极其困难的条件下，获得了如此巨大的成功，就是因为他没有被自己打败。倘若在琴弦断的那一刻，他丧失了冷静，而是不停地后悔，不停地懊恼，那他就真的失败了。相反，帕尔曼没有懊悔，用自己的勇气、智慧、胆识创造了奇迹，改写了小提琴的演奏历史。

失败是宝贵的经验，是成功的先导。面对错误，我们大可不必怨天尤人，要善于化错误为成功，从中吸取教训，而不是在懊悔的泪水中虚度时光。

人生就是不停地奔波，我们免不了跌倒或迷失。一个聪明的人，绝不会为他所缺少的而感到悲哀，只会为他所拥有的感到欣喜。生命只有一次，失去的永远不再拥有。面对无法挽回的错误，后悔、埋怨都无济于事，反而会阻碍你继续前进的步伐，所以最好的方法就是忘记它，然后重新开始。千万不要在过去失败的泥潭里越陷越深，最后无力自拔。

那怎样才能避免悔恨呢？避免悔恨的最佳方法就是：生活在现在。人的一生中有许多这样的情况，有些东西，自己拥有的时候不太在意，一旦失去才后悔莫及。唯有活在现在，你才能把握住自己的人生。

因此，我们要学会原谅自己，不过分地苛求自己。当我们犯了某个错误，或辜负了自己的期望时，要学会原谅自己，别为自己的错误而苦恼。这样我们才能获得更加精彩的生活。一味地沉浸在错误之中，只会浪费更多的时间和精力。

不要在意这样那样的牵绊

在人生的道路上，每个人都会遇到很多的艰难险阻，或遭受侮辱、歧视，或遇到不公正的待遇。当你处在人生低谷的时候，切记千万不要一直为以前的错误而伤心，因为它永远也不会给予我们新的发现。相反，我们要正视现实，保持良好的心态，寻找一条适合自己的道路，那才是最重要的。

亚伦·桑德斯先生永远记得他的老师保罗·布兰德温博士给他上的最有价值的一课。

当时，亚伦·桑德斯只有十几岁，却经常为很多事发愁，为自己犯过的错误自怨自艾。他老是在想自己做过的事，希望当初没有那么做；老是在想自己说过的活，希望当时把话说得更好。

一天早晨，亚伦·桑德斯走进科学实验室，发现保罗·布兰德温老师的桌边放着一瓶牛奶。真不知道这和本节课有什么关系。突然，老师一下把那瓶牛奶打翻在水槽中，同时大声喊道："不要为打翻的牛奶而哭泣。"

然后，老师把亚伦·桑德斯叫到水槽边上，让他好好看看，永远记住这一课。

牛奶已经漏光了。无论你怎么着急，如何抱怨，也不能救回一滴了。我们接下来能做的就是，汲取这次的教训，去准备做好下一件事情。

对于聪明人来说，他们从来不会为打翻的牛奶哭泣，他们也永远不会坐在那里，为自己的错误而悲伤，相反，他们会很高兴地想办法来弥补过错，他们会想尽一切办法把损失降低到最小。

乔恩和姑父住在一个抵押出去的农庄上。那里土质很差，灌溉不良，收成又不好，所以他们的日子过得很紧，每分钱都要节省着用。可是，姑妈却喜欢买一些窗帘和其他小东西来装饰家里，为此她常向一家小杂货铺赊账。乔恩姑父很注重信誉，不愿意欠债，所以他悄悄告诉杂货店老板，不要再让他妻子赊账买东西。姑妈知道后，大发脾气。

这事过去差不多有50年了，姑妈还耿耿于怀。乔恩曾经不止一次听她说过这件事。

最后一次见到姑妈时，她已经快80岁了。可是，她依旧在抱怨这件事情。乔恩对她说："姑妈，姑父这样做确实是不对。可是你都已经埋怨半个世纪了，这不比他所做的事还要糟糕吗？"

琐碎的日常生活中，诸如撞碎油瓶、打翻牛奶的事在所难免，但总有人一味沉浸在已经发生的事情中，不停地抱怨，不断地自责，这样一来，将自己的心境弄得越来越沮丧。像这种看到眼前困境只知道抱怨的人，注定会活在低迷的状态中，看不见头顶那一片明朗的天空。

人世之间，变数太多，就像手中的油瓶刹那间被石头撞碎，牛奶突然之间被打翻了一样，事情一旦发生，绝非一个人的心境所能改变。道理明明白白：伤神无济于事，郁闷无济于事，一门心思朝着目标走，才是最好的选择。

　　长长短短的人生路上，一旦有了明确的目标，就不要在意这样那样的牵绊，要紧的是不懈怠地去探寻、去追求。

享受今天，过自己想要的生活

从小老师和父母就教导我们，想要出人头地，必须制订目标，努力去实现。但是我们一心一意执着于想去的地方，却忘了享受眼前的风景。我们牺牲今天，期待更美好的未来现身，到头来却发现事业有成了，却很少能使我们发自内心展颜欢笑。

其实，不需要依赖目标和详细的计划，我们现在就可以过上满意的生活。

在墨西哥海岸边，有一个美国商人坐在一个小渔村的码头上，看着一个墨西哥渔夫划着一艘小船靠岸，小船上有好几条大黄鳍鲔鱼。这个美国商人对墨西哥渔夫能抓住这么高档的鱼恭维了一番，问他要多长时间才能抓这么多。

墨西哥渔夫说："才一会儿工夫就抓到了。"美国人再问："你为什么不待久一点多抓一些鱼呢？"墨西哥渔夫说道："这些鱼已经足够我一家人生活所需啦！"美国人又问："那么你一天剩下那么多时间都在干什么？"

墨西哥渔夫回答："我呀？我每天都睡到自然醒，出海抓几条鱼，回来后跟孩子们玩一玩，再睡个午觉，黄昏时晃到村子里喝点小酒，跟哥们儿玩玩吉他，我的日子过得充实又忙碌！"

美国商人不以为然，帮渔夫出主意，他说："我是美国哈佛大学的企管硕士，我倒是可以帮你忙！你应该每天多花一些时间去抓鱼，到时候你就有钱去买条大一点的船，自然你就可以抓更多鱼，再买更多渔船。然后你就可以拥有一个渔船队。到时候你就不必把鱼卖给鱼贩子，而是直接卖给加工厂，或者你可以自己开一家罐头工厂。如此你就可以控制整个生产、加工和销售。然后你可以离开这个小渔村，搬到墨西哥城，搬到洛杉矶，最后到纽约，在那里经营你的企业。"

墨西哥渔夫问："这要花多长时间呢？"

美国人回答："15到20年。"

墨西哥渔夫问："然后呢？"

美国人大笑："然后你就可以在家当国王啦！时机一到，你就可以宣布公司上市，把你的公司股份卖给投资大众。到时候你就发财啦！你可以几亿几亿地赚！"

墨西哥渔夫问："再然后呢？"

美国人说："到那个时候你就可以退休啦！你可以搬到海边的小渔村去住。每天睡到自然醒，出海随便抓几条小鱼，跟孩子们玩一玩，再睡个午觉，黄昏时，晃到村子里喝点小酒，跟哥们儿玩玩吉他！"

听到这里，渔夫一笑："先生，如果是这样，为什么要绕那么大一个圈子呢？我今天不正过着你理想中的生活吗？"

真是这样，明天的快乐是未知的，很难把握，更是不能用来享受的生活；昨天的日子再辉煌，也早已成为过去了。只有今天，才是我们真正应该在意的日子。享受今天，过自己想要的生活吧！

就在今天，你不妨任性一回，去那家你一直想去品尝的特色餐厅大吃一顿吧；就在今天，你不妨彻底休息一次，从繁重的工作中走出来，到郊外好好欣赏一番美景；就在今天，你不妨约上几位挚友，一起喝喝茶谈天说地一番！

就在今天，请享受你的人生吧！

笑对生活，不预支明天的烦恼

现实生活中有很多人，企图把人生的烦恼都提前解决掉，以便将来过得更好、更自在，彻底无忧无虑。而实际上，很多事是无法提前完成的。过早地为将来担忧，不但于事无补，只能让自己活得很累、很无奈。

如果想要使自己过得轻松、过得有诗意，就不能预支明天的烦恼，不想着早一步解决掉明天的烦恼，努力把握好今天的事情。实际上，等烦恼来了，再去考虑也不迟。所谓"车到山前必有路，船到桥头自然直"。况且，明天的烦恼，你又怎能提前解决呢？更重要的是，有时候人们经常会夸大想象出来的烦恼。

今天无法解决明天的烦恼，只要保持坚定的意志，即便明天有任何困难出现，也可以坦然去面对、去解决。况且，再幸福的人也有烦恼，再不幸的人也有快乐。世间的每个人都有喜怒哀乐，抱着烦恼不放，就会把快乐丢掉。如果选择哭着活一天，还不如选择笑着活一天，开开心心地过好今天才是最重要的。

土灰色的沙鼠是生活在撒哈拉沙漠中的一种动物。每当旱季到来之时，这种沙鼠都要囤积大量的草根，以准备度过艰难的日子。因此，沙鼠在旱季到来之前都会忙得不可开交，它们满嘴含着草根在自家的洞口进进出出，辛苦的程度是可以想象的。

但是，如果当沙地上的草根足以使它们度过旱季时，沙鼠仍然要拼命地工作，必须将草根咬断运进自己的洞穴，这样它们似乎才能心安理得，感到踏实，否则便焦躁不安，这是一个很奇怪的现象。

研究表明，沙鼠完全可以不用这样劳累和多虑，由于这一现象是由一代又一代沙鼠的遗传基因所决定的，是出于一种本能的担心，因此，沙鼠经常干一些相当多余又毫无意义的事情。

可以说，沙鼠就是预支明天烦恼的典型例子，下面的这则故事也讲述了同样的道理。

这是一则丹麦的民间故事。有一个铁匠，家里非常贫困，因而他就经常担心："如果我病倒了不能工作怎么办？""如果我挣的钱不够花了怎么办？"结果，他严重地预支了明天的烦恼，这些烦恼压得他喘不过气来，渐渐地身体越来越弱。

有一天，他突然昏倒在街上，恰好有个医生路过。医生在询问了情况后十分同情他，就送了他一条金项链并对他说："不到万不得已的时候，千万别卖掉它。"铁匠顿时觉得没有什么后顾之忧了，于是高兴地回家了。

从那天以后，他不再像以前那样经常考虑明天的烦恼了，因为如果他实在没钱了，就可以卖掉这条项链。这样他白天踏实地工作，晚上安心地睡觉，逐渐地恢复了健康。后来他的小儿子也长大成人，铁匠家的经济也宽裕了。有一次他把那条金项链拿到首饰店里估价，老板告诉他这条项链是铜的而且只值1元钱，铁匠恍然大悟："原来，医生是想治好我的病，而不是想给我一条金项链。"

我们不难从中悟出这样的道理：预支明天的烦恼是徒劳无功的，做好今天的功课，就是对付烦恼的最好武器。当我们把心头的沉重包袱放下时，原来担忧的那些令人不安的后果往往都不会发生。人应当做生活的强者，而不是逃避者。遇山绕行、适水改道只能从表面上暂时避开烦恼，并不能得到真正的解脱。因此，遇到烦恼时不要害怕、不要退缩，只有遇山开路、逢水搭桥才能彻底解除心中的束缚，才能真正地解决问题。

大仲马面对烦恼时可以从容地说："人生是由无数小烦恼组成的念珠，懂得人生价值的人会笑着数完这串念珠的。"简简单单的一句话，却道出了人生的真谛——笑对烦恼！人生有无数的烦恼：大到生老病死，小到柴米油盐……当我们面对它们时能否做到像大仲马那般的坦然和从容呢？

威灵顿是一名英国将军，他在一次打仗失利后落荒而逃，当他沉浸在战败的痛苦与耻辱中时，被风中奋力结网的蜘蛛所激励，后来重整旗鼓，终于在滑铁卢之役挫败拿破仑。

又如，张海迪从小身体严重瘫痪，但她仍然以超乎常人的毅力敲开了生活的大门。她不因为自己身体残疾而自暴自弃，反而要在生活中比正常人做得更加出色。

再如，举世闻名的拳王阿里在 1973 年 3 月底的一次拳击比赛中，被名不见经传的肯·诺顿打碎了下巴，以惨败告终，舆论界哗然，嘲讽、挖苦的信件雪片般飞来。面对这种烦恼，阿里表现得相当冷静，重新认识自己失败的原因；他把这些意外的打击变为行动的动力，毫不松懈地苦练。终于在洛杉矶的比赛中一举打败了肯·诺顿，重新取得了胜利，赢得了掌声。

我们不得不佩服他们对待烦恼的积极精神和乐观态度，正因为他们的这种心态，才使得他们在人生中取得成功。

如果你想成为生活的强者，就必须笑对烦恼。因为微笑能使我们保持心平气和的状态，往往能找到解除烦恼的途径，将生活中一个个"拦路虎"清除，把坎坷的小径变成一条康庄大道。

只有笑对烦恼，才能真正懂得人生价值。因为在烦恼面前，愈是悲观逃避，它就愈会变本加厉。而人生的价值在于拼搏进取，在于用自己坚强的意志去排除一切障碍。就像在暴风雨肆虐的大海上行船的人，如果他不敢与之抗衡，被暴风雨的气势所吓倒，他就只能葬身海底。当面对烦恼时，如果能以顽强的毅力不懈拼搏，凭着不达目的不罢休的信念，就必能到达成功的彼岸。

其实，在人的一生中，总都会遇到不同的烦恼。如果以逃避的方式面对烦恼，就只会终日在烦恼中挣扎；相反，如果能以顽强的毅力、不懈拼搏的乐观精神面对烦恼，就一定会消除烦恼，天天都活在快乐之中。

朋友，仔细体味一下大仲马的话吧！它会让你不再预支明天的烦恼，使你成为一个笑对生活的强者！

享受今天，不要为未来而焦虑

当今社会，人们在享受充裕物质生活的同时，精神和心理压力也与日俱增，总让人有精疲力竭的感觉。生活节奏的加快，让人觉得焦躁不安而无所适从；人多职位少让人生怕明天就遭到淘汰，面对下岗的困境；太过忙碌，又担心哪天自己身体顶不住了；谈了恋爱怕失恋，要结婚怕婚姻不能长久……这便是现代人屡见不鲜的心理倾向。

心理学家分析，给人们造成精神压力的不是今天的现实，而是对明天未知问题的忧虑。正是这些忧虑严重地影响了人们今天的生活。致使人们忽视了珍惜和享受目前的生活，总是担心明天的日子怎么过，忘记了"车到山前必有路，船到桥头自然直"的古训。

卡耐基说过，我所了解有关人性的最可悲的事情之一是我们全都有担心未来的倾向。同时，又梦想着远方某个神奇的玫瑰园，却不知享受今天盛开在我们窗外的玫瑰。

当你习惯性地想：我们要为明天做好打算，要为自己的今后做好准备，要为今后的养老做好规划，要为孩子的未来画好蓝图等时，请告诉自己：与其为还没有到来的明天画一张饼，还不如把眼前的玉米面粥喝下去，你才有体力拥抱明天！至于明天是什么样子谁也说不清楚，关键是把握自己的现在，只有把握住了现在，你才会拥有美好的明天。

《纽约时报》发行人苏兹贝格曾说，当第二次世界大战的战火烧到欧洲的时候，他惊慌失措，担忧未来，常常失眠。他常半夜起来，拿着画布与颜料，对着镜子画自画像。他完全不会画画，不过他还是动手画了，只想借此消除忧虑。他从未能真正消除忧虑，得到心灵的平静，直到有一天，他看到赞美诗中的一段话：

恳请慈光引我前行，

照亮我的步履；

不求看清远方，

但求眼前明亮。

人们正站在过去与未来永恒的交会点上，不可能活在过去与未来任何一种永恒中——即使一瞬间也不可能。

"双鸟在林，不如一鸟在手"，与其把希望寄托在虚幻的明天，为了不可预测的事情自寻烦恼，还不如好好开始今天的生活，别忘了明天也是由无数个今天铺就而成的。

生命不过是一段匆匆的旅程，欣赏旅途中的每一步，享受每一天的阳光，切实把握现在，才是真真切切、实实在在的美好人生。

第四章

懂得去爱，活出无限的精彩

有些人为情所困，在情爱的纠结中痛苦。他们之所以为爱纠结，是因为不懂得如何去爱。其实，一个人只有明白爱是什么，才懂得为爱付出，才懂得如何去爱。当你能明白这些，你就生活在最美丽、最和平、最喜悦的世界中了。

有梦想的人才会获得幸福

对于我们来说，心灵现实也是一种现实。尤其是人生理想，它的实现方式是变成心灵现实，即一个美好而丰富的内心世界，以及由之所决定的一种正确的人生态度。我们的生命跟编织一样，先要设计出内心理想的图案，然后才能有编织的标准，正如编织生命，要有梦想，向往未来，坚持着目标，坚定地走下去，这样才能演绎出精彩而美丽的人生。

人生理想是精神的指路灯塔，永远照耀着人生的航程。漫漫人生路，为什么有的人能长期奋斗，创造成就，成为成就卓越乃至伟大者，而有的人却庸庸碌碌，无所作为？这之间的区别在于：前者心中有一盏人生目标的明灯，后者心中却是一片蒙昧或灰暗。世界在不断地变化。人生几十年，谁也不能准确预料未来几十年世界究竟会变成什么样子，我们周围生活的环境将会如何演变。不确定的因素很多，我们谁也不能完全把握这个世界和我们的人生。尤其是青年人，缺乏人生阅历，更不知如何把握未来的世界和人生。如果我们没有人生理想这盏明灯，我们就可能在变化的世界里迷失，不知不觉走向失败。然而，如果我们心中有一盏明灯，有了人生的理想追求，那么，我们就有一个强有力的精神支柱，我们的人生就会变得有意义，我们就不怕漫漫长夜，不怕世界的变化、社会的变迁。

当然你的梦想要合理和具体可行，不要好高骛远，空做摘星美梦。比如你天生一副乌鸦嗓子，就别梦想变成画眉鸟！还有，你要记住，就算你无法达到这个目标也并非世界末日。布朗宁曾说："如果凡人所梦想的都唾手可得，那还要天堂干吗！"

罗杰·罗尔斯是美国纽约州历史上第一位黑人州长，他出生在纽约声名狼藉的大沙头贫民窟。这里环境肮脏，充满暴力，是偷渡者和流浪汉的聚集地。在这儿出生的孩子，耳濡目染，他们之中很多人从小就逃学、打架、偷窃甚至吸毒，长大后很少有人从事体面的职业。然而，罗杰·罗尔斯是个例外，他不仅考入了大学，而且成了州长。在就职记者招待会上，一位记者问他："是什么把你推向州长宝座的？"面对三百多名记者，罗尔斯对自己的奋斗史只字未提，只谈到了他上小学时的校长——皮尔·保罗。

那时，皮尔·保罗被聘为学校的董事兼校长。当时正值美国嬉皮士流行的年代，他走进小学的时候，发现这儿的孩子比"迷惘的一代"还要无所事事。他们不与老师合作，旷课、斗殴，甚至砸烂教室的黑板。皮尔·保罗想了很多办法来引导他们，可是没有一个是有效的。后来他发现这些孩子都很迷信，于是在他上课的时候就多了一项内容——给学生看手相。他用这个办法来鼓励学生。

当罗尔斯从窗台上跳下，伸着小手走向讲台时，皮尔·保罗说："我一看你修长的小拇指就知道，将来你是纽约州的州长。"当时，罗尔斯大吃一惊，因为长这么大，只有他奶奶让他振奋过一次，说他可以成为五吨重的小船的船长。这一次，皮尔·保罗先生竟说他可以成为纽约州的州长，着实出乎他的预料。他记下了这句话，并且相信了。

从那天起，"纽约州州长"就像一面旗帜，罗尔斯的衣服不再沾满泥土，说话时也不再夹杂污言秽语。他开始挺直腰杆走路，在以后的40年间，他没有一天不按州长的身份要求自己。51岁那年，他终于成了州长。

萧伯纳有一句名言："一般人只看到已经发生的事情而说为什么如此呢？我却梦想从未有过的事物，并问自己为什么不能呢？"年轻人尤其应该有梦想、有希望，因为奋斗的过程和达到目标一样，都能使人产生无比的快乐。你要敢于梦想自己能成为一位名医、杰出的科学家、著名作家，而且要全力以赴，奔向理想。

信念是一种指导原则，让我们明确人生的意义和方向；信念人人可以支取，且取之不尽；信念也像大脑的指挥中枢，按照所相信的，去看事情的变化。如果你相信会成功，信念就会鼓舞你达成目标，如果你相信会失败，信念也会让你经历失败。

据说，清末时梨园中有"三怪"，他们都是因为抱着坚定的信念，勤学苦练后才成了名角。

失明的双阔，自小学戏，后来因疾失明，从此他更加勤奋学习，苦练基本功，他在台下走路时需人搀扶，可是上台表演却寸步不乱，演技超群，终于成为一名功深艺湛的武生。

另一位是腿有残疾的孟鸿寿，幼年身患软骨病，身长腿短，头大脚小，走起路来不能保持身体平衡。他暗下决心，勤学苦练，扬长避短，后来终成为丑角大师。

还有一位不会讲话的王益芬，先天不会说话，平日看父母演戏，一一默记在心，虽无人教授，但他每天起早贪黑练功，常年不懈。艺成后，一鸣惊人，成为戏园里有名的武花脸，被戏班奉为导师。

　　梨园三怪都身有残疾，他们为什么能够成大器呢？这是因为他们不被自己的缺陷所压服，身残的压力让他们更加坚定了人生的信念，看似失败的人生，实际上还有通向成功的希望，他们身残志坚，扬长避短，再加上不断地奋斗，从而创造了最好的自己，同时也成就了一番事业。

　　坚强的信念是一种重要的心理"营养素"。在人生的旅途中，人们常常会遭遇各种挫折和失败，会陷入某些意想不到的困境，这时，信念便犹如心理的平衡器，它能帮助人们保持平稳的心态，并能防止人们因坎坷与挫折而偏离了正确的轨道，误入心理的盲区。

淡了，就给婚姻休个假

你信不信，婚姻也会疲惫。

两个人相处久了，就会产生"审美疲劳"，那就是眼前的他或她，在自己的眼里不再潇洒或漂亮，其中的原因，一方面是因为容颜不再靓丽，另一方面是在彼此的眼里，对方已经失去了新鲜感。所以，婚姻也会疲惫。但是，很少有人知道，治疗婚姻疲惫的良药是小别。

产生"审美疲劳"的"祸根"，往往就是夫妻间要"长相厮守"。不可否认，永不分离是婚姻不可打破的定律，但是有人却把爱情中"永不分离"的誓言发挥到极致，他们在婚后总去追求"形影不离"，好像这才是"长相厮守""永不分离"，这才能体现出他们婚姻的完美。其实，婚姻中"长相厮守"和"永不分离"，那是两个人一生的承诺，它不局限于一时。给婚姻中的彼此留一点空间，适当的分离，才能给婚姻带来激情。给婚姻留个适度的空间，才能把握住婚姻，才更有利于一生的"长相厮守"和"永不分离"。

"小别胜新婚""距离产生美"，从生理和心理的角度说，适当的分离，不仅能给人在生理上有一个恢复，而且在感情上会因为分别而思念，这些都是点燃婚姻激情的元素。

从然和黄子林结婚已经五年了。在结婚之前，他们就爱得浓烈，两个人发誓今生今世永不分离。婚后，他们似乎是实现了婚前的誓言，除了工作之外，剩余的时间他们几乎都在一起。工作上的应酬能推掉就推掉，一下班就早早回来陪对方。双休日也变成了两个人的世界，他们从来都是在一起活动。从然不再和姐妹们逛街，黄子林也不再单独和朋友小聚。在家里，他们更是如胶似漆，就是从然在做饭的时候，黄子林也总喜欢从背后抱住她的腰，觉得她做饭的时候是那么迷人，散发着一种女性特有的魅力。

最初，他们确实是过了一段甜蜜的日子，但不到两年，他们就觉得婚姻渐渐地寡淡了起来，但他们谁也没有说，或许是怕这种感受说出来伤对方的心，他们仍旧保持着形影不离的状态，只是在一起时少了一些共同的语言和亲昵的动作。

可是最近似乎情况更糟糕了，黄子林甚至懒得和从然一起逛街，觉得这样的老婆带出去丢人。黄子林觉得老婆越来越难看，每天只知道忙家务，还常常搞得衣衫不整，不懂得情调和浪漫。看看眼前这个女人，蓬松的头发，面色暗沉，没有活力。他怎么也不相信，自己当初就爱上了这个女人。

而从然呢？她也发现了生活中的严重不协调，黄子林的大男子主义非常严重，在家里更是不爱做家务，比如黄子林很少下厨，一切家务都是从然来做——以前好像也是这样，可从然认为是自己默默忍受了五年。

于是，两个人的生活变成了小吵天天有，大吵三六九，人们常说的"七年之痒"好像提前到来了。终于有一天，从然和黄子林同时说出了这样的话："婚姻真的没意思，不如我们离婚吧！"可他们也曾经恩爱有加，而现在居然这么轻易地就提出了离婚，这好像不应该是他们的结局。可是，继续这样过下去的话，矛盾已然存在，离婚又心存不舍，于是他们商量之后，决定暂时分开一段时间。

从然搬到公司的宿舍，他们约定两周只见一次面，平时没事也不要给对方打电话，这样两个人就有时间冷静地思考一下婚姻了。这是他们结婚五年来第一次这样长时间的分离。

最初的几天，从然感到了充分的自由，自己可以不用下班陪黄子林而能在公司加班，终于可以做自己想做的事情。几天过去了，从然的心态也平和了很多，她开始在心里觉得自己缺少了什么，有时会不由自主地想到黄子林。

黄子林在和从然分开后，每天吃不到家里的饭菜了，要么在公司吃食堂，要么叫外卖，到后来吃什么都觉得索然无味，他常在吃饭时想到从然。结婚这几年，自己从不做家务，一直是妻子在打理这个家。

一个女人，如果不是爱，还有什么能够让她五年如一日地为一个家操劳？在外面吃难以下咽的饭菜的时候，黄子林明白了，是妻子在家忙里忙外，才使自己可以那么悠闲地待在家里，这样的好妻子哪里找得到？他仔细回想这个他曾经深爱过的女人，才发现她是如此可爱，她把她一生最宝贵的爱、最宝贵的时光都给了这个家，给了他，这是一个多么值得他爱的女人啊。

黄子林对妻子的思念开始越来越强烈，一天，当他一个人在公司宿舍泡好一盒方便面后，一口都没有吃下去，而是想起了妻子在厨房给他做饭，他在一边捣乱的情景，那种温馨让黄子林在心里产生了一种渴望。那天晚上，黄子林没有守规定地给妻子打了电话。奇怪的是，从然听到他的声音却哭了。当天晚上，从然和黄子林在分开10天后终于又见面了，两个人都憔悴了许多，他们紧紧地拥抱在一起，像找回了失而复得的珍宝。

那一夜，他们好像又回到了五年前，这是两个人在一起几年来从来没有过的感觉，他们说了一夜的悄悄话，他们回忆以前的浪漫生活，言语之间透着甜蜜。

很多时候，婚姻有些沉闷，那是因为两人在一起的时间太多了，没有给彼此适当的自由空间。在那一次短暂的小别以后，他们觉得再次相聚原来是那么充满激情，以后，他们就把小别当作调剂婚姻的手段，用他们的话说，这叫"让婚姻休假"。

好一个"让婚姻休假"！不难看出，这种"休假"能让矛盾激烈的夫妻冷静下来，使之重新走上正常的生活轨道；这种"休假"，能让趋于平淡的婚姻生活重新荡起波澜，使婚姻生活充满激情。让婚姻"休假"，用古人的话就是："两情若是久长时，又岂在朝朝暮暮。"

以阳光的心态对待聚散离合

婚姻，是因为幸福而结合，因为痛苦而分开。可是很多人只懂得为结合而欢心，不知道因为解脱而快慰，因此，在面对离婚的时候，相互憎恨或指责。殊不知，婚姻就是缘到而聚，缘尽而散。

从某种程度上来讲，结婚和离婚的方向都是指向快乐和幸福，只不过一个是走向幸福，一个是逃离痛苦。所以，在快乐中结合，也要学会在痛苦中解脱。

婚姻是以感情为基础，通过法律来约束的一种男女关系，这种关系很特别。当两个人在一起的时候，往往只显现出感情来，他们把法律对彼此关系的一些约束深埋在心中，有时会达到忘却的程度，因为在感情中掺杂法律总是显得有几分冰冷，因此很多人把夫妻双方的法律义务当作是因为爱而生发出来的。可是，当两个人决定分道扬镳的时候，他们又会变得形同陌路，在婚姻的尾声一切事情都会通过法律的途径去处理，感情因素已经变得很少。

的确，有时两个人的感情不会一直维持下去，但是，当两个人分手以后，不应让离婚的阴霾永远地笼罩在心头，否则，你们离婚就是错误的选择，或者说离婚的痛苦总会挥之不去，离婚后就不会变得很快乐。

汤姆·克鲁斯与妮可·基德曼离婚后，并没有像一些离婚夫妻那样关系尴尬，而是在离婚夫妻中树立了优秀的榜样。离婚后，汤姆·克鲁斯仍然盛赞妮可·基德曼的美丽与优秀，他们还会利用假期去探望从福利院收养的孩子，和孩子们一起享受天伦之乐。虽然妮可并未完全收拾好心情，但她面对这一切仍保持着优雅平和的姿态，因此，媒体评价说他们是最"阳光"的离婚夫妻。

但在现实中很多夫妻会因为离婚而仇视对方。这种状况一般都是分手对一方来说非自己的本意，所以，在不得不接受这个现实之后，对以前的爱人和前段婚姻都充满了仇恨，离婚后向所有的朋友控诉对方的不良、不忠，在言语之间透着仇恨……婚姻关系刚结束时产生的仇视情绪，可能都会存在，但如果长期如此，对自己未来的健康和生活都会不利。

其实，没有必要在离婚后还拿那段不幸的婚姻来惩罚自己，不幸婚姻的结束，往往又是寻找新快乐的开始，心怀怨恨，有时就意味着对以往情感仍有期待和牵挂，这种以前婚姻的"残余"若得不到彻底清除，将会成为二次婚姻幸福的最大障碍。

因此，离婚了，不管错在哪一方，都要以一种阳光的心态对待对方，这样才能过得更加快乐。那么，用什么样的心态对待你的前任才算"阳光"呢？

1. 分手也浪漫

婚姻是为了爱情的永恒，但离婚后过往经历就变成了一种生活体验。离婚对很多人来说是一种苦难，但要认识到离婚的苦难并不一定意味着损失，也有可能是一笔财富。因为离婚的时候，我们会更清醒地去反思自己在感情和婚姻中做得不妥的地方，在这个反思过程中，人的心智会变得更加成熟。当自己能从失败的婚姻中总结经验的时候，离婚的人也会有信心和热情投入下一段新的感情，更有能力把未来感情世界经营得更好。

因此，离婚虽然结束的是一段感情，但也意味着新的快乐的开始。既然结婚时，为了百年好合而举行过一个仪式，那么在离婚时，为什么不为双方未来的幸福而相互祝福呢？在离婚时，双方可以共进一顿晚餐，或向对方说句感激和祝福的话："感谢你这么多年陪伴我，照顾我，祝愿你早日找到自己的情感归宿。"这样的分手，令双方都有一个阳光的心态迎接新的生活。

2. 不做夫妻，做寻常朋友

不做夫妻，做朋友，是有胸怀和气度的表现。

谢贤与狄波拉离婚了，有人说婚姻的结束使得他们相互敌视，其实，很多人都错了。有一次，谢贤与狄波拉在派对上见面了，令很多人想不到的是，他们居然会一起笑盈盈地在媒体前合影，对一双儿女的成长更是你一言我一语地发表自己的看法。

很显然，离婚了为什么就不能再来往呢？不能做夫妻，但却完全有可能做知己，因为往日的夫妻关系使得没有人再比对方更了解你，两个人亲近过、相爱过，可能还会有儿女将你们永远联系在一起，离婚了，不做朋友，那简直就是人生的一大损失。这时，你会觉得你们的相处是那么轻松，再也没有怨恨，再也没有抱怨；对方的生活不再与你有关；可以看自己的心情偶尔问候一下对方；生日、纪念日不再为送对方什么礼物而为难……一切都显得平和从容。

3. 有一份从容坦然

离婚，有时不是简单的两个人感情的结束，一段婚姻往往会留下很多事需要处理，有人可能在前段婚姻中留下太多的伤痛，离婚后再也不想联络，就当从未认识过此人，似乎这样才能显得潇洒，其实，能否潇洒地对待离婚，还要看离婚后在处理一些事的时候能否有从容和坦然的心态。

两年前，小美和大壮离婚了，离婚的原因是婆婆嫌小美不能生育。面对婆婆的刁蛮和老公的懦弱，她没有对自己的婚姻做太多的坚持。在办完离婚手续回来的路上，小美还是让大壮骑车送自己回来，然后和四邻告别，并用车装上属于自己的东西，就默默地离开了家。不久，小美又结婚了。可是，虽然小美已另嫁他人，但每次听到前婆婆生病的时候，总会来看望；前夫的妹妹结婚，小美照样参加了前小姑子的婚礼，对于自己曾经被他们抛弃，小美显得很坦然。所有的人为她的大度而感动，也包括她原来的婆婆，婆婆早知道是自己对不起原来的媳妇，但一切都晚了。

离婚会把曾经同床共枕的两个人分开，可是，虽然两个人从法律的角度上是彻底分开了，但很多时候总还是有一些接触，可能是因为父母，因为小孩，因为朋友……这些是不可避免的事。离婚会为以后的婚姻生活增加一种牵挂，这种牵挂也是一个人婚姻的一部分，并影响着以后的婚姻。

也许有些人会因为你的离婚而对你持有偏见，而自己偏激的心态会加深人们对你的偏见，但有一个阳光的心态，也是在向世人宣告："离婚的人，并不是卑微的人；离婚这件事，也不是羞耻的事。"用阳光的心态面对离婚，离婚就不再是一件很痛苦的事了。

说能行的人，有的是一颗坚决的心

在我们身边，什么人最值得我们称颂呢？根据大多数人的意见，唯有"说能行"的人，是最难能可贵的。

当年曾有一位皇帝，问过一位哲学家：谁是最快乐最幸福的人呢？

哲学家的回答真出乎皇帝的意料，他说："能这么想，能这么做到的人，他就是最快乐与幸福的。"

爱默生曾说："这世界只为两种人开辟大路：一种是有坚定意志的人，另一种是不畏惧阻碍的人。"

的确，一个意志坚定的人，是不会害怕艰难的。尽管前面有障碍物，却不能阻止意志坚定的人的脚步。他会排除障碍，然后继续前进。尽管路上有使人跌倒的滑石，但意志坚定的人，行进时步步踏实，滑石也奈何不得他。

自信是成功之源！只要我们有自信，便能增强才能，使能力加倍。

许多人不具有坚定的信念，他们往往注重表面，忽略实际，他们没有自己的思想，任何人的意志，都可以使他们转变态度。

拿破仑·希尔认为"骑墙派"的思想，是最最危险不过的。当一方得势的时候，你就归向这方；等到另一方占上风的时候，你又附和了另一方。——你以为这是最圆滑的手段吗？可惜，你已成了一个没有主见、没有思想的人，这是何等的可怜啊。

所以，不可"骑墙"观望，你必须坚定地站在其中一方的立场上。不过，决定以后，你就得坚决地维护你的主张，任何阻挠与困难，不可改变你的志向。能够具有这么始终贯彻的思想，就能够成就伟大的事业。

反过来说，要是你决定了某一个方针，等一遇到阻碍，你的决心就动摇了，或者是犹豫不定，结果常常受反对方面的支配，以及被不赞同你的意见的人所操纵；不用说，你的事业就此全盘失败了。

因此，凡事犹豫不决，缺少决断力，没有确切决定的人，往往失败的时候多，成功的机会少。

一个人要是没有力量与决心，还有什么用处呢？如果你只有表面的自信，却没有主见，那还有谁能信任你呢？尽管你是一个好人，但是，你却难以获得他人的信任。每当有重大事情发生，或者正当危急的时候，也不会有人想到去请教你。

如果一个人能够了解坚定的力量，能够把他所希望的在心里牢牢地把握住；然后向着这理想目标不懈地努力，那么，他一定可以排除种种困难，而达到理想中的目标。

我们再谈谈"意志力"，就是做一件事情的"决心"，正如"坚定"自己的力量去做某一件事一般。在这个世界上，要是没有坚定的意志力，不论做什么事情，不可能获得成功。

意志坚定的人，在工作尚未完成前，要他中途放弃，那是绝对不可能的。因为，他对于工作有坚定的决心，他相信能够完成眼前的工作，他相信能够应付眼前的阻碍，他相信能够克服眼前的困境。

所以，我们需要时常增加勇气，因为"勇气"便是"信任"的基础。——能够获得他人信任的人，必定是勇谋兼备的人。

再进一步说，当一个人陷入困难的处境时，只要能够坚决地说：

——我必定……

——我能够……

——我要……

这不仅可以增强你的勇气，加强你的自信，并且可以从思想上克服逃避畏难的情绪，帮助你走出困境。

如果你遇到一件艰难的事情，你不必退缩与灰心，也不必彷徨与犹疑，只要赶快增强你的意志，等到你"正的力量"已胜过了"负的力量"时，你的事也就做成了。

学会遮风挡雨，才能赢得爱情

从结婚的那一刻起，两个独立的男女就走到了一起，一起品尝人生旅途中的酸甜苦辣，一起感受生活的幸福与快乐，一起承担迎面而来的暴风骤雨。不管将来等待他们的是什么，他们都会手牵着手、肩并着肩一同走下去。

爱是伟大的，它能给我们带来无穷的力量，并在无形中化为一种动力。我们毫无理由地相信它，愿意为它付出一切。因为爱，生活中诞生了奇迹：一个柔弱的女子孤身一人扛下所有的生活重担，只为病榻上的丈夫能够安心；一位铮铮男儿愿意冒着生命危险，只为营救自己心爱的妻子。也许你会说，这些算什么，他们顾的只是自己的小家，太平凡了。是啊，太平凡了，可平凡得让人感动，正因为这种平凡让人们看到希望。

"我能想到最浪漫的事，就是和你一起慢慢变老，直到我们老得哪儿也去不了，你还依然把我当成手心里的宝。"这首歌感动了许多人，歌词中的故事也是许多人所向往的生活。

对于一个人而言，最大的幸福莫过于和自己最爱的人一起慢慢变老。真正的爱情，是不在乎物质的匮乏和生理的缺陷的，爱情中的两个人要的是心与心的交融。

"我爱你"不是天天挂在嘴上才能体现它的价值，它真正的价值在相互搀扶的背影中，在岁月流逝的不弃不离里，在相互凝望的点滴关怀里。

一个医生缓缓地讲了这样的两个故事。

林奶奶因为脑出血得了中风，所以她经常要到医院进行治疗。每次来林爷爷都会陪着她，他们慢慢地走进运动治疗室。半个小时的运动治疗，林奶奶总是累得气喘吁吁，银灰的头发湿湿地贴在额前，而林爷爷总是拢好林奶奶的发丝之后，再扶起她，搀着她慢慢走出治疗室，生怕老太太跌了跤。望着他们互相搀扶的背影，你能感觉到散发出来的只有幸福的气息。

李爷爷因心脏病住了院，脸上布满了岁月的风霜，眼神透露着身体的疲惫。每天，医生都会去查房，再根据当天的情况给予适当的治疗。每次，李奶奶总会双手撑着下巴，靠在床上，用爱怜的眼神看李爷爷做治疗。

偶尔会听到两人在走廊散步的低语，他们喃喃地交流着，倒成了另一种音乐，伴着两人相扶的背影，静静地散发着幸福的气息。

"执子之手，与子偕老。"这个没有提到爱与情这两个字的句子，却充满了浓浓的爱情。没有惊天动地，只有两双互相扶持、互相传递温暖的手，在这绚烂的城市中，编织属于他们的浪漫与温柔。

李奶奶回忆起当年的事，脸上总会露出温馨的笑容。李奶奶只是因为李爷爷的一句话就嫁给了他，那个年代不知道什么叫作求婚，李爷爷对李奶奶说："如果我只有一碗稀饭，我会一半留给母亲，一半留给你。"

那年闹饥荒，李爷爷的母亲已不在人世，好像是上天故意的安排，家里真的只有一碗稀饭了，他们谁也舍不得吃，都想让对方吃下去，结果一碗稀饭谁也没吃，三天后发了霉。

李爷爷虽然贫穷，但李奶奶说："无论有多大的苦多大的难，我都会陪着你，如果没了你我可怎么活呀？"就因为李奶奶的这句话，李爷爷再苦再累都坚持着，当时他只有一个信念：要为了他的爱人活着。

现在他们已经七十多岁了，他们到哪儿都手牵着手，相互搀扶。一次他们坐公共汽车，车上没有座位，有一位好心人给他们让座，但他们谁都没有坐下，他们不愿自己坐着而让对方站着，于是两个人紧紧靠在一起抓着扶手。

这就是真正的爱情，不管生活中遇到什么样的痛苦和磨难，两个人都共同承受，生活中的幸福与快乐，两个人共同分享。在几十年的人生风雨路上，谱写最美好、最真实的爱情乐章，这就是真正的爱情，不朽的爱情。拥有这样的爱情，就可以踏踏实实地走自己的路，享受自己的生活。

她淡淡的一个微笑，能让他忘记世间所有；他轻轻的一个转身，能让她看到生活的希望。这就是平淡的爱情，婚姻将这种平淡归于真实，走向永恒。生活中的负担因为有两个人一起承担，重量会减轻一半；生活中的幸福与快乐，因为两个人一起分享而增加一倍。这样的婚姻才会成就不朽的爱情，这样的爱情才会不断地创造着奇迹。

不为真爱纠结，你才可以爱

在这样一个物欲横流的年代，有些人为一己私利出卖朋友，出卖良心。有人不禁会问：世间还有真爱吗？但我相信世间有真爱，如果没有真爱，阳光会这么明媚吗？天空会如此蔚蓝吗？这个世界又岂能如此五彩缤纷？人们的笑容会灿烂吗？

泰戈尔曾说，爱是理解的代名词。也就是说，在你爱的人面前，你想做任何事情，都会考虑到对方的感受，对方的想法，只有这样，才是真爱。没有理解，就会有痛苦；没有理解的爱，往往是不会长久的。

有一对新婚夫妇，为了生计，丈夫不得不出门找活挣钱，只得留下已有身孕的妻子独守家中。几年后，丈夫回来了，妻子带着他们的小儿子到村口迎接他。久别重逢是多么开心的一件事啊！妻子想做一桌丰盛的晚餐，给丈夫接风洗尘。

就在妻子准备饭菜的时候，这位年轻的父亲让孩子叫他爹。可是，小男孩怎么也不答应："你不是我爹。我爹每天晚上都会来，我娘就会陪他说话，一边讲还一边哭。娘坐下来，爹就坐下来。娘躺下来，爹就躺下来。"年轻的父亲一听，心都冷了。

妻子的饭菜做好了，丈夫看也不看，就走出了家门，到很晚才回来。从那之后，他把自己灌得醉醺醺的，每天在村子中闲逛。他妻子也不知道自己做错了什么。几天后，妻子终于忍受不了丈夫的冷落，投河自尽了。

办完丧礼的那天晚上，这位年轻的父亲燃起煤油灯，他的儿子叫起来："这是我爹！"他指着他父亲墙上的影子说："我爹每天晚上都会这样子跑来，然后我娘都会跟他讲话，还不停地哭。我娘坐下来，他就坐下来。我娘躺下来，他就躺下来。"

原来，几个月前，小孩问起他爹，她就指着她自己在墙上的影子说："这是你爹。"她太想念他了，她就向自己的影子哭诉："你也该回来了，我一个人带着小孩，好辛苦啊！"

这时年轻的父亲才明白一切，可为时已晚。

年轻的父亲因为没有理解妻子那一颗爱他的心，没有理解妻子爱他爱得是那么深，所以，才导致心爱的人永远离开自己，这出人间的悲剧就是因为猜忌和误解。有一种说法是这样的："真爱的第四层次是舍，意即平等心、不执着、不分别，平常心或放下。如果你的爱有执着、分别、偏见或依恋，这就不是真爱。"

放下分别和偏见，移开彼此之间的界线。只要还把自己当成爱人的人，把他人当成被爱的人，只要还把自己看得比他人重要或是跟他人有所不同，就不是真的舍。想要理解和真正爱一个人，便要把自己放到"他的立场"与他成为一体。做到这样，就不会有"我"或"他"。

很多人追求真爱，希望得到真爱，可是，他们只在渴求中，不懂得用自己的行动去得到真爱。

我们可以将慈、悲、喜、舍看作是真爱的四个层面，也就是说，真爱是包含在慈、悲、喜、舍之中的。

你要是爱一个人，而又不能给他带来快乐，不能为他止息痛苦，不能为他欢喜，不能接纳他的一切，很显然，这根本谈不上真爱，甚至谈不上有爱。如果说爱是一种情愫，那么，慈、悲、喜、舍就是这种情愫的直接体现。

学会分担，才能走得更远

我们的一生要学会的东西很多，但最重要的还是要学会分享与给予，养成互爱互助的习惯。正像俄国伟大的作家托尔斯泰所说："神奇的爱，使数学法则失去平衡，两个人分担一个痛苦，只有一个痛苦；而两个人共享一个幸福，却有两个幸福。"每个人都希望有人爱，都希望自己所爱的人幸福，那你就去与你爱的人和爱你的人一起分担生活中所遇到的一切吧！一起分担痛苦，一起分享幸福。

当你爱一个人的时候，应该懂得本着什么样的心态去爱，用什么样的行动去爱。如果说按对方所需要是真爱的行为，那么有一颗悲心就是真爱的心态。悲，在佛法中的意思是指帮助别人止息痛苦、减轻忧伤，是带有深刻关怀的。那么，如何将悲化作爱的行动呢？也就是说，在生活中，我们拿什么去止息和转化别人的痛苦，减轻别人的忧伤呢？告诉你，最直接有效的办法就是分担。道理很简单，别人肩负 100 斤的重担，你给他分担 50 斤，别人的担子就会轻很多。别人就会因为你的分担而减轻重压的痛苦。

有这样一个感人的故事。

爱利奥，是一名小学五年级的学生，她家的生活很清苦，生活的重担全压在父亲一个人的肩上，父亲白天在工厂上班，利用晚上的时间抄写封条来挣些零花钱补贴家用。小爱利奥想帮父亲抄写封条，从而减轻父亲的压力，但是父亲没有答应。于是爱利奥每天晚上等父亲睡着了，自己再偷偷地爬起来抄写封条。因为父亲每天干得很晚，从来不会留意字迹的不同，第一周父亲领了工资回来，因为抄封条的收入多了不少，他非常开心，还带了一个鸡腿庆祝。爱利奥看着父亲脸上久违的笑容，心里也美滋滋的。长此以往，爱利奥睡眠不足，功课退步，不知情的父亲还经常为此责骂她，爱利奥默默地忍受着。直到有一天，父亲才明白了一切。

爱利奥为父亲减少了痛苦，这就是真爱。其实，每个人都无法脱离他人、脱离社会而独立存在。天底下的任何一个人，不管你有多少财富，有多大能力，都有需要他人帮助的时候。很多时候，人与人在一起不是需要享受，而是需要分担，这是人与人相处最大的意义。亲情也好，爱情也罢，唯有分担才有真爱。

从前有个商人要远行，他带了一匹马和一头驴，在路上他让驴驮着所有的东西。驴太累了，于是对马说："请帮帮我吧，为我分担一点身上的东西吧，要不然我会没命的。"马没说话装作没听见。没多久驴被累死了。商人没办法只好卖了驴肉，剥下驴皮，然后将所有的货物连同驴皮都放在了马背上。马后悔极了，哭着说："假如我当时愿意为我的朋友分担一些货物，那我现在就不会这么累了。"

没有分担的世界是苦的，没有分担的世界更是冷的，没有分担的世界更是悲惨的。真爱的世界哪能是这样的呢？想想看，当爱人不堪重负的时候，你却袖手旁观，爱又在哪里呢？分担重担，分担忧伤，分担苦楚，这样才是真爱。

看看秋天的大雁吧，它们长途跋涉向南方飞行，那么远的距离，它们如何坚持下来的呢？这就是大雁的 V 字队形理论。它们用叫声相互鼓励，轮流做领头雁，雁群中的每一个成员都会主动分担责任。如果一只大雁受了伤，队伍中会有两只大雁保护和陪伴它。正是这种相互分享力量、相互承担责任的精神，支持着它们飞完全程。

同样地，如果我们在学习中、在生活上也能够像大雁一样分享彼此的力量，分担彼此的压力，彼此借力共同完成艰难的长途跋涉，那么我们也一定能够完成更伟大的目标。

北方有个小村庄，村口住着两户人家，一家，夫妇俩都很健康；而另一家，男人双目失明，女人下肢瘫痪。很多人都以为，夫妇俩都很健康的那一家一定过得幸福快乐，残疾的那一家肯定过得穷苦艰难。但事实恰恰相反，健康的夫妻总是吵架，家庭气氛非常紧张。而残疾的那家人一天到晚总是开开心心，脸上始终闪烁着幸福的笑容。

于是，健全的那家人很纳闷，于是就去问残疾的那家人，为什么我们什么都有了，却不快乐；而你们家过得这么艰难，却能这么开心呢？女人说："我为什么不高兴呢？我不能走路，但他愿意做我的双腿，让我跟其他人一样看到这美丽的世界。"男人说："我虽然看不到东西，但是她愿意做我的双眼，让我知道这个世界色彩斑斓。"

健全夫妻终于明白了，他们一直都在按照自己的想法生活，从来没有考虑过对方的感受。所以，他们总是相互埋怨，不断争吵。其实，在他们健康的外表下，隐藏着我们看不到的残疾。

人生的路很长，只有学会分担，我们才能走得更远。

　　当你知道你所爱的人痛苦的时候，你只要紧紧地坐到他旁边，看着他，倾听着他的诉说，感受着他的苦楚。你能与他有心灵的沟通和交流，这样，就可以给他带来些许的安慰。

　　分担是真爱的抓手，是慈悲的体现。拿什么爱你的父母，你的子女，你的朋友，你的爱人？很简单，为他们分担就可以了。人生的路很长，也很艰难，只要我们学会分担，就可以走得更好更远。

学会爱别人，才会被别人爱

不可否认，我们每个人都希望得到别人的爱，希望世上所有的人对自己善良。那么，我们每个人心中所期望的这份爱来自哪里呢？为什么有人总能获得自己满意的那份爱，而有些人总是很少得到别人的爱呢？其实这些问题的答案并不难找，问题的根本在自己，你有没有问过自己付出过多少爱呢？

曾听人说："爱是阳光，让心灵的鲜花开放；爱是雨露，滋润干涸的心灵；爱是和煦的微风，吹去心头的阴影。世界是互动的。你给世界多少爱，世界就会回报你多少爱。当接受别人爱的同时，不要忘记给别人关爱。爱给人的收获远远大于恨带来的暂时满足。重要的是改变世界前先试着改变自己。"一个人缺少爱，得不到爱，是因为他没有一颗爱别人的心，因为爱是相互的，你付出多少爱，才有可能得到多少爱。

有一个年轻人，由于在生活中遇到了很多的误解和挫折，他感觉整个世界都在跟他作对，感受不到人间的爱。在不可摆脱的抑郁中，他度日如年，精神几乎要崩溃。

有一天，他登上了一座风景秀丽的大山。当他看到其他人都悠闲地欣赏着美丽的风景，又想起了自己多年不幸的遭遇，他内心的烦恼像洪水般汹涌而至，他忍不住对着对面的大山大声喊道："我讨厌你们！我讨厌你们！我讨厌你们！"

没想到，空荡幽深的山谷不停地传来比他的声音大百倍的回声："我讨厌你们！我讨厌你们！我讨厌你们！"旁边正在旅游的人也向他投来了疑惑的目光。

似乎群山都在回应，他越听越烦。不论走到哪里，这些怨恨的声音都在围绕着他，扰得他更加恼怒。

就在他被这些声音扰得心神不定的时候，突然从身后传来了"我喜欢你们！我喜欢你们！我喜欢你们！"的声音。他扭头一看，原来在他身后有一个老人在冲着他喊。

老人微笑着向他走来，他便向老人一股脑地说出了自己内心的苦恼。

听了他的讲述，老人笑着说："生活就像刚才我们的回音，你用什么样的心态说话，它就会用同样的语气给你一个同样的回应。你先试着改变一下自己，换一种友善的心态去面对周围的一切，你会有意想不到的快乐。"

年轻人听了老人的话，对着山谷大声地喊道："我喜欢你们！我喜欢你们！我喜欢你们！"群山真的传来了同样的回音，周围的游客们也给了他友好的微笑和掌声。年轻人的心情一下子舒畅了很多。

从此，年轻人用和善的心态面对周围的一切，用笑脸迎接每一个人，他和别人之间的误解消除了，再没有人和他过不去，工作也走上了轨道，他也发现自己真的快乐起来了。

是啊，爱就是生活的回音壁，在生活中我们每个人都应该记住，我们付出了多少爱，生活就会回馈我们多少爱。希望得到别人的爱，就必须先去爱别人，你付出的越多，得到的也会越多，你也不会再抱怨，为什么受伤的总是我。

很多时候，爱不仅能换来爱，还可以化解心中的恨，这是爱给人带来的最大的回馈。

　　有些人总喜欢说，他们现在的境况是别人造成的。环境决定了他们的人生位置。但是，我们的境况不是周围环境造成的。说到底，如何看待人生，由我们自己决定。德国纳粹集中营的一位幸存者维克托·弗兰克尔说过：“在任何特定的环境中，人们还有一种最后的自由，那就是选择自己的态度。”

　　马尔比·D·巴布科克说：“最常见同时也是代价最高昂的一个错误，是认为成功有赖于某种天才，某种魔力，某些我们不具备的东西。”可是成功的要素其实掌握在我们自己的手中。成功是正确思维的结果。一个人能飞多高，并非由其他因素决定，而是由他自己的态度所决定的。

　　我们的态度在很大程度上决定了我们人生的成败：

　　1. 我们怎样对待生活，生活就怎样对待我们。

　　2. 我们怎样对待别人，别人就怎样对待我们。

　　3. 我们在一项任务刚开始时的态度决定了最后有多大的成功，这比任何其他因素都重要。

　　4. 人们在任何重要组织中地位越高，就越能达到最佳的态度。人的地位有多高，成就有多大，取决于支配他的思想。消极思维的结果，最容易形成被消极环境束缚的人。

　　一般人都认为不可能的事，你却肯向它挑战，这就是成功之路。然而这是需要信心的，信心并非一朝一夕就可以产生的。因此，想要成功的人，就应该不断地去努力培养信心。

　　信心要如何培养？其中的一个方法是，多读一点有关这方面的好书。然后，利用从实践中得来的能力，使事情变成可能。另一个方法是，提高自己的热情。借着提高自己的热情来培养自己的信心；也就是要抱着热情去挑战，而从经验中培养信心。这时候如果能配合着读一点好书的话，效果会更好。

以自信这个理念为种子，撒播在你的思想中，然后注意培养、管理。不久，这个种子会慢慢生根，从各方面汲取养分。如果能热心又忠实地继续培养信念的话，不久所有的恐惧感就会消失殆尽，不会再像过去一样出现在你的心中，你也就不会再成为环境的奴隶。

培养这种信念，也就是把自己的力量提高到最大的程度。

第五章

学会取舍，做好人生的选择题

　　生命如舟，不能有太多的负载物。一个人的精力有限，如果想做的太多，疲于奔命，穷于应付，"小舟"就会在抵达彼岸的航途中搁浅或沉没。人生的每一步都是一道选择题，正确地选择，果断地放弃，才能够获得成功与欢乐，才能够享受人生的轻松与愉悦。

豁达洒脱，人生是如此美好

在人生的历程中，我们有时会不知不觉地被带到了选择的十字路口。这时，对面临的选择，往往因为某件事取舍两难而患得患失。这一次次选择，决定了我们今天在社会上的地位和人生状况，选择对于人生有着重大意义。所以哲学家说：人生即是选择。

从前，有一个人一直怀疑天堂和地狱的存在。一天，他问神父："这个世界上真的有天堂和地狱吗？"神父问他："你是做什么的？"他回答说："我是一名骑士。""什么样的领主会要你呢？看你的面孔犹如乞丐！"骑士不知神父是在故意激怒他。于是他怒目相视，拔剑而出。这时，神父缓缓说道："地狱之门由此打开。"骑士为之一震，心有所悟，遂收起宝剑，向神父深鞠一躬，以谢开示。"天堂之门由此敞开。"神父欣然道。

这个故事虽然简单，但是它告诉人们，人起心动念的善恶和一言一行的好坏，都是对未来的选择，人们一生中都在不停地选择。

人生处处是选择，人生时时要选择，人生是一系列的选择过程。但是由于人们价值观的不同，选择也会出现差别。一样的人生，异样的心态，看待事情的角度截然不同。我们要学会跳出来看自己，以乐观、豁达、体谅的心态来认识自己。当痛苦向你袭来的时候，换个角度看自己，勇敢地面对人生。

从前，有位老妇人有两个女儿。大女儿嫁给了一个卖伞的生意人，二女儿在染坊工作。这位母亲天天忧愁。天晴了，她担心大女儿的伞会卖不出去；天阴了，她又担忧二女儿染坊里的衣服晾不干。她这样晴天也忧愁阴天也忧愁，没多久就白了头。一天，一位远方亲友来看她，惊讶她的衰老，问其缘由，不觉好笑，那亲友说："阴天你大女儿的伞好卖，你该高兴才是，晴天你二女儿染坊生意好也该高兴才是。这样你每天都有快乐的事，天天是好日子，你干吗不捡高兴专拾忧愁呢？"老妇人一听："言之有理！"从此，她便笑口常开，幸福每一天。

学会选择，能够让我们跳出来看自己，这样你就会发现生活是苦累还是开心舒坦，完全取决于我们的心境，取决于我们对生活的态度。人的一生，总免不了磕磕碰碰。每当这个时候，我们就要选择一个正确看待事物的角度。

科学家们研究发现，大脑的情绪中心与免疫系统有着直接的联结。现代医学认为，良好的情绪可使机体生理机能处于最佳状态，使免疫系统发挥最大效应，抵抗疾病的侵袭。医生认为，躯体本身就是良医，85%的疾病可以自我控制。因此，有的心理学家把情绪称为"生命的指挥棒"、"健康的寒暑表"。靠健康的心态战胜疾病的例子屡见不鲜，相反，不良情绪能够致病，影响健康。在实际生活中，这方面的例子太多了。譬如，有的棋迷遇到旗鼓相当的对手，由于极度紧张而中风，甚至丧命；一些演员因为过度兴奋、紧张而失眠；第一次怀孕的妇女因为紧张而早产；因为交通拥挤，司机中患胃溃疡的人越来越多。人们还发现：失恋，失去心爱之物，极度悲伤，往往导致精神问题；暴怒时和暴怒后会感到腹部疼痛，血压上升；怒而不发的人有可能患十二指肠溃疡；长时间的脑力紧张、过分激动、争吵骂架，会诱发冠心病、心绞痛或心肌梗死。英国一位研究癌症的医生，调查了 250 多名癌症患者，发病前，精神上受过严重打击的就有 156 人。无数事实说明，人的生理活动是心理活动的基础，同时，心理活动又不断反作用于生理活动。

为了让自己身心更加健康，我们需要学习掌控自己的情绪。掌控情绪意味着，你能通过给自己充电，拥有对自己、对生活、对世界的健康信念来改变自己的不健康情绪。这些信念，会给我们带来诸如勇敢、容忍、同情这些更为健康的情绪和心态。

有这么一首小诗："你要是心情愉快，健康就会常在；你要是心境开朗，眼前就是一片明亮；你要是经常知足，就会感到幸福；你要是不计较名利，就会感到一切如意。"如果我们能有一份好心情，提高适应环境的能力，保持乐观向上的精神状态，使自己进入洒脱豁达的境界，那就掌握了生命的主动权。

学会放弃，你会收获更多

　　人的一生很多时间都是在选择与放弃中度过的，该选择上大学还是该选择闯荡社会？该选择经商还是选择做学术？选择中式婚礼，还是选择西式婚礼？无论事业还是生活都面临着各种选择，在进行了这样的选择之后，就意味着放弃了另外的选择，在取舍之间要懂得衡量，要懂得选择，更要懂得放弃。选择是为了得到，有时候放弃是为了得到更多。

　　《羊皮卷》中有这样一句话：暂时地放弃一些利益，是为了得到更多的利益，这就是放弃的艺术。所以在遇到抉择的时候，一定要把眼光放得长远一些，选择能够给你带来长远利益的东西，不要因为贪图一时的安逸或者利益而做出错误的选择。有时候，放弃一些利益，并不会损失什么，反而可能会给你带来更多的利益。智者曰：两弊相衡取其轻，两利相权取其重。放弃有时候反而是绝路逢生的契机。不轻言放弃并没有错误，但是在一棵树上吊死就是荒谬了。要把握住整个局势，才能够做到适时放弃。

　　詹姆斯原来沾染了恶习，在把父亲给他的一笔财产花光了后，生活就难以为继。这时，他醒悟了，立誓改掉以前的毛病，从头开始。

　　他从哥哥那里借来一点钱，自己开办了一间小药厂。他亲自在厂里组织生产和销售工作，从早到晚每天工作 18 个小时，把赚到的一点钱积蓄下来扩大再生产。几年后，他的药厂办得有点规模了，每年有几十万美元的赢利。

后来，詹姆斯经过市场调查和分析研究后，觉得当时药物市场的发展前景不大，又了解到食品市场前景良好。世界上有几十亿人口，每天要消耗大量的各式各样的食物。

经过深思熟虑后，他做出了令人震惊的选择，要放弃经营药厂，改成食品加工。很多亲戚朋友感到非常不解，觉得他这是败家的表现。

而他毅然转让了自己的药厂，又向银行贷了一笔款，买下"加云食品公司"的控股权。

这家公司是专门制造糖果、饼干及各种零食的，同时经营烟草，它的规模不大，但经营类别不少。詹姆斯掌控该公司后，在经营管理和营销策略上进行了一番改革。他首先将产品的规格和式样进行了扩展延伸，如把糖果延伸到巧克力、口香糖等多个品种；饼干除了增加品种，细分儿童、成人、老人饼干外，还向蛋糕、蛋卷等发展。这样就使公司的销售额迅速增长。

接着，詹姆斯在市场领域上下功夫，他除了在法国巴黎经营外，还在其他城市设立分店，后来还在欧洲众多国家开设分店，形成了连锁销售网。

随着业务的增多，资金变得雄厚起来，詹姆斯又随机应变，把英国、荷兰的一些食品公司收购下来，使其形成大集团，声名鹊起。

詹姆斯并没有因为别人的看法改变自己的决定，他放弃了没有发展前景的药厂，把资金全部投入到食品方面，看起来似乎风险很大，但是，正是他的果断放弃，成就了他后来的事业，事实证明他当初的决定没有错。

比尔·盖茨是一个数字英雄，是年轻人心目中的偶像，他是一个懂得放弃、懂得选择的人。他曾经说过这样一句激动人心的话："人生是一场大火，我们每个人唯一可做的，就是从这场大火中多抢救一点东西出来。"他一生中所做的最重要的一次放弃，就是在上大学时选择退学。刚刚 20 岁的比尔·盖茨对计算机十分感兴趣，他深信，总有一天计算机会像电视一样走入千家万户。他坚定的信念，不但打动了伙伴，还打动了父母，获得了事业上和精神上最宝贵的支持。哈佛大学是多少年轻人梦寐以求的学府，而考上哈佛大学的比尔·盖茨却在大三时，毅然决然地选择了离开，去闯一番属于自己的天地。

选择从哈佛大学退学，是需要多么大的勇气和魄力啊！倘若当年的比尔·盖茨没有放弃就读哈佛，那么今天闻名世界的 Windows 系统或许不会那么早就普及，商界的微软奇迹或许根本不可能出现。

正是比尔·盖茨能够及时地决定要放弃的东西和要选择的东西，才给他带来了崭新的创业之路，也改变了他一生的轨迹。所以当自己追求的理想和现实发生冲突时，当你有坚定的信心时，就不要犹豫了，放弃自己不想要的，勇敢去追求自己心中的理想，也许这个过程会很艰难，但是努力过后，你一定会收获更多。

鱼和熊掌不可兼得

"鱼，我所欲也；熊掌，亦我所欲也，二者不可得兼，舍鱼而取熊掌者也。"孟子放弃了鱼，而获取了熊掌。面对两种自己都想要的东西，我们必须学会取舍，从中选择一个最适合自己的。

泰戈尔说："当鸟翼系上了黄金时，就飞不远了。"智者曰："两弊相衡取其轻，两利相权取其重。"在明智的选择中，聪明的放弃也占有较大的比例。放弃是生活中时时要面对的清醒选择，学会放弃才能卸下人生的种种包袱，轻装上阵，安然地等待生活的转机，度过风风雨雨。懂得放弃，才能拥有一份成熟，才会活得更加充实、坦然和轻松。生活中的绝大多数时候，我们不能兼得鱼和熊掌，也就是说，我们要学会选择，学会放弃，审时度势，扬长避短，把握时机，明智的选择胜过盲目的执着，选择是量力而行的睿智和远见。

一只倒霉的狐狸被猎人布下的套子夹住了一只爪子，它毫不迟疑地咬断了那条腿，然后逃命。放弃一条腿而保全一条性命，这是狐狸的哲学。人生亦是如此，当生活强迫我们必须付出代价以前，主动放弃局部的利益而谋求整体的利益是最明智的选择。

孟子说的也是这样一个道理。人必须学会取舍，学会选择。"有所为必有所不为，有所得必有所失。"也许，我们更多时候，执着于鱼，执着于有所为有所得，只看到选择放弃时的失落和痛苦，而忘记了如果我们不放弃鱼，就会面临更大的失去熊掌的痛苦。

历史上有个故事，是说汉代荆州太守杨震调任，途经巴邑，曾得到杨震提携的县令王密前往拜见，并献上黄金。杨震对此举十分反感："我过去推举你做官，是因为你有才华，并非为了回报。"杨震执意不收，王密乖巧地劝道："半夜三更，无人知晓。"杨震怒而质问："天知地知，你知我知，怎说无人知晓？"王密只好尴尬地带着黄金走了。杨震舍弃了黄金，却赢得了"四知太守"的清官美誉。

生活中经常面临着鱼和熊掌不可兼得的情况，也就有了选择和放弃，就是所谓的取舍。清醒的放弃和大胆的选择是一致的。

在鱼和熊掌的取舍之间，放弃是为了更好地选择。放弃一时之利，是为了享有永久之益。我们应该放弃失恋带来的痛楚；放弃受辱留下的仇恨；放弃心中难言的烦恼；放弃无聊的争吵；放弃没完没了的解释；放弃对权力的追逐；放弃对金钱的贪欲和对虚名的争夺。记住，凡是主客观条件不一致的事情，或者是一厢情愿的事情，或者是能办到但不能给他人和社会带来好处的事，都应属于放弃之列。

不会放弃的人，永远无法获得。有所弃，才有所取；有所为，才有所不为。学会放弃，就得知道该放弃什么，不该放弃什么。为了熊掌，我们可以放弃鱼；为了事业的成功，我们可以放弃消遣娱乐；为了纯真的爱情，我们可以放弃金钱；为了庄严的真理，我们可以放弃利禄。该放弃时就放弃。放弃后，你就会看到天空的蔚蓝，感受到阳光的温暖；你就会闻到芳草的清香，听到动人的音乐；从你放弃的那一刻起，你就有了新的收获：或是快乐，或是信念，或是信任等。

是的，很多时候，鱼和熊掌是不能都要的，这需要我们适时地做出选择和舍弃。舍弃是大自然的一种法则，舍弃也是世间万物生存的一种方式。

一个小男孩在玩耍的时候，把手伸进了花瓶里，像是在找什么东西。糟糕的是，当他想把手抽出来的时候，却怎么也拔不出来。男孩的父亲发现后，帮着他一起尝试几次，也均告失败。男孩的父亲想把瓶子打碎，好让儿子摆脱困境。可是，花瓶太名贵了，父亲迟迟下不了决心。最后男孩的父亲决定换一种方法再试最后一次，不行就打碎瓶子。

"孩子，你把手伸直，把手指并拢在一起，再往外拔，就像我这样。"父亲边说边给儿子做示范。

男孩随后的回答让他大吃一惊："爸爸，我不能那样做，如果我把手松开了，我手里攥着的硬币就会掉下来，那可是1美分呀！"哭笑不得的父亲，终于明白了儿子的手拔不出来的真正原因。

听完这个故事你也许会对小男孩的天真报以微笑。一枚面值小得可怜的硬币差点毁了一个名贵的花瓶。

其实我们很多人何尝不是如此呢？我们往往会守着一些毫无价值的东西，舍不得放弃，结果另外一些更有价值的东西却被我们忽略或者放弃。

从古至今，无数著名人物取得了彪炳史册的丰功伟绩。他们的成功无不得益于对"舍得"二字的把握和体悟。

昭君舍弃了锦衣玉食的宫廷生活，踏上了黄沙漫天的西域之路，却得到了天下的一时太平与后世的无限赞美；英台舍弃了世间的一切繁华，化作一只蝴蝶，却得到了海枯石烂和天长地久的爱情；李白舍弃了富贵，却留住了"安能摧眉折腰事权贵，使我不得开心颜"的傲骨；越王勾践在被吴王夫差打败后，舍弃了君王一时的尊严，忍辱苟活，卧薪尝胆，经过十年的反思、十年的历练，他又重新夺回了天下；东晋的陶渊明，毅然放弃了当时世人竞相追逐的功名利禄，回到了山林，过上了"晨起理荒秽，戴月荷锄归"的隐士生活，才获得了那种"采菊东篱下，悠然见南山"的悠闲；司马迁舍弃了尊严，没有选择体面地死去，在牢中怀着更为强烈的忧愤之情创作出了《史记》，完成了一部前无古人后无来者的恢宏史诗；钱学森舍弃了美国优厚的待遇，克服重重困难，毅然回国，为新中国的"两弹一星"事业建立了不可磨灭的功勋，得到了国人的赞颂；德国前总理勃兰特，在访问捷克和波兰时，面对犹太人死难者的纪念碑，放弃了总理的身份，双膝跪下，虔诚地为纳粹德国的罪行赎罪，最终赢得了世界人民的赞誉。

现代社会充满了诱惑，选择面很广，但更要在选择中学会舍弃，什么都不愿意舍弃的人其结果必然是对生命的最大舍弃。因此，舍弃是一种勇气，舍弃也是一门学问，舍弃意味着另外一种追寻和选择。懂得放弃，是一种人生哲学；敢于放弃，是一种生存魄力，是一种良好心态；学会取舍，更是一门艺术。亲爱的朋友们，学会取舍懂得放弃，这样才能更好地生活，这样你的世界才会大不一样！

不要让犹豫带走你的机遇

　　不知道你有没有这样的感受，当我们遇到事情拿不定主意的时候，往往会思前想后、犹犹豫豫很久，结果一眨眼，就错过了最佳时机。其实，你的思考时间只有那么短，在这么短的时间内，只要我们考虑好问题，就要抓紧时间行动，而不要犹豫，否则我们将会为此后悔。

　　从前，有一位很有名的哲学家，他迷倒了不少女孩。

　　有一天，一个年轻的姑娘来敲他的门，说："让我做你的妻子吧！错过我，你就找不到比我更爱你的女人了！"哲学家也很喜欢她，但他仍然回答说："让我考虑考虑。"然后，哲学家用他研究哲学问题的精神，把结婚和不结婚的好处与坏处分别列了出来。他发现，这个问题有些复杂，好处和坏处差不多一样多，真不知道该如何决定。最后，他终于得出了一个结论：人如果在选择面前无法作决定的时候，应该选择没有经历过的那一个。

　　哲学家去找那个姑娘，对她的父亲说："您的女儿呢？我考虑清楚了，决定娶她。"但是，他被那个姑娘的父亲拒之门外。他得到的回答是："你来晚了10年，我女儿已经是3个孩子的妈妈了！"哲学家几乎不敢相信自己的耳朵，他难过极了。两年后，他就得了重病。临死前，他把自己所有的书都扔进火里，只留下一句话："如果把人生分成两半，前半段的人生哲学是

'不犹豫'，后半段的人生哲学是'不后悔'。"

可见，犹豫的确会使我们错失很多的机会。所以当我们考虑清楚之后，就要立刻行动起来。当我们有了行动的目标，就要抓紧一切时间，调动一切资源，把事情落实到位。犹犹豫豫，只会使我们把机会留给别人。

有一则寓言故事是这样讲的：有个老牧师生活在一个山谷里。40 年来，他照管着教区所有的人，施行洗礼，举办葬礼、婚礼，抚慰病人和孤寡老人，是一个楷模。有一天，天下起雨来。倾盆大雨连续不停地下了 20 天，水位高涨，迫使老牧师爬上了教堂的屋顶。正当他在那里浑身颤抖时，突然有个人划船过来，对他说道："神父，快上来，我把你带到高地。"牧师看了看他，回答道："40 年来，我一直按照上帝的旨意做事，我施行洗礼，举办葬礼，抚慰病人和孤寡老人。我一年只休一个星期的假期，而在这一个星期的假期中，你知道我在干什么？我去一家孤儿院帮忙做饭。我真诚地相信上帝，因为我是上帝的仆人，你可以驾船离开，我将留在这里，上帝会救我的。"

那人无奈地划着船离去了，两天之后，水位涨得更高，老牧师紧紧地抱着教堂的塔顶，水在他的周围打着旋儿。这时，一架直升机来了，飞行员对他喊道："神父，快点儿，我放下吊架，你把吊带在身上系好，我们将把你带到安全地带。"对此，老牧师回答道："不，不。"他又一次讲述了他一生的工作和他对上帝的信仰。就这样，直升机也离去了，几个小时后，老牧师被水冲走，淹死了。

因为他是一个好人，于是死后升入天堂。他对自己最后的遭遇颇为生气，来到天堂时，情绪很不好。他气冲冲地在天堂中走着，突然碰到了上帝，上帝惊讶地看着他，说道："麦克唐纳神父！多令人惊奇！"对此，老牧师凝视着上帝，说："哦！惊奇，是吧？40年来，我遵照你的旨意做事，总是兢兢业业，而当我最需要你的时候，你却让我淹死了。"

上帝回头看了看他，迷惑不解地说："你被淹死了？我不相信，我确信我给你派去了一条船和一架直升机。"

事实上，在我们的生活中，类似于船与直升机的机会一直存在，我们需要做的只是迅速地抓住它们。当我们为自己确立了目标之后，我们真正要付出的就是行动。这样，那些我们熟视无睹的看似偶然的事件就会变成真正的机会。

一般来说，机会对每个人都是平等的，一生中总会有一些机会就在你身边，触手可及，切不要因为自己的犹豫而错失机遇。

别让自己在痛苦的海洋里挣扎

在人的一生中，要遇到许多的选择，无奈的是往往鱼和熊掌不可兼得。在把握命运的十字路口，审慎地运用你的智慧，快乐地做出最正确的判断，放弃无谓的固执，冷静地用开放的心胸去做正确的选择。不要悲观地感慨"不可兼得"的失去，要乐观地看到"失之东隅，收之桑榆"的惊喜。

人的情感就是这样，总是希望有所得，以为拥有的东西越多，自己就会越快乐。所以，这人之常情就迫使我们沿着追寻获得的路走下去。可是，有一天，我们忽然惊觉：我们的忧郁、无聊、困惑、无奈、一切不快乐，都和我们的欲望有关，我们之所以不快乐，是因为我们渴望拥有的东西太多了，或者，太执着了，不知不觉，我们已经执迷于某个事物。

韩非子讲过这样一个故事：一个人丢了一把斧子，他认准了是邻居家的小子偷的，于是，出来进去，怎么看都像那小子偷了斧子。这个时候，他的心思都在斧子上了，斧子就是他的世界。后来，斧子找到了，他心头的迷雾才散去，怎么看都不像是那个小子偷的。仔细观察我们的日常生活，我们都有一把"丢失的斧子"，这"斧子"就是我们热衷而现在还没有得到的东西。譬如说，你爱上了一个人，而她却不爱你，你的世界就微缩在对她的感情上了，她的一举手、一投足，衣裙细碎的声响，都足以吸引你的注意力，都能成为你快乐和痛苦的源泉。

有时候，你明明知道那不是你的，却想去强求，或可能出于盲目自信，或过于相信精诚所至、金石为开，结果不断的努力，却遭遇不断的挫折，弄得自己苦不堪言。世界上有很多事，不是我们努力就能实现的，有的靠缘分，有的靠机遇，有的我们能以看山看水的心情来欣赏，不是自己的不强求，无法得到的就放弃。

懂得放弃才有快乐，背着包袱走路总是很辛苦。中国历史上"魏晋风骨"常受到称颂，在入世的生活里，又有一分出世的心情，说到底，是一种不把心思全都放在"斧子"上的心态。

我们在生活中，时刻都在取与舍中选择，我们又总是渴望着取，渴望着占有，常常忽略了舍，忽略了占有的反面：放弃。懂得了放弃的真意，也就理解了"失之东隅，收之桑榆"的妙处。多一点平和从容，静观万物，体会诗意，我们自然会懂得适时地有所放弃，这正是我们获得内心平衡和快乐的好方法。

生活有时候会逼迫你不得不放弃爱好，不得不放弃你的远大理想。人生其实就是一个选择的过程，选择对了，是成功的帆；选择错了，势必会是南辕北辙。尤其是遇到追求的目标不可能实现时，果断地放弃是一种明智的选择。

一对师徒走在路上，一个徒弟发现前方有一块大石头，他就皱着眉头停在石头前面。

师父问他："为什么不走了？"

徒弟苦着脸说："这块石头挡着我的路，我走不过去了，怎么办？"

师父说："路这么宽，你怎么不会绕过去呢？"

徒弟回答道："不，我不想绕，我就想要从这块石头上迈过去！"

师父："可能做到吗？"

徒弟说："我知道很难，但是我就要迈过去，我就要战胜这块大石头！"

经过艰难的尝试，徒弟一次又一次地失败了。

最后徒弟很痛苦："连这块石头我都不能战胜，我怎么能完成我伟大的理想？"

师父叹了口气："说到底，你要知道有时坚持不如放弃。"

所以，执着过了分，就转变为固执，就是一种包袱，不如适时放弃，轻松上路，享受快乐生活。

在各种各样的选择中，有时候选择放弃要比选择执着、奋斗更需要勇气、决心。有的时候放弃不是逃避、不是灰心、不是无所作为。适时地放弃某种努力，目的是为了登上更高的思想境界；主动地放弃是一种大智慧、大境界，必将享受无尽的快乐！

慎重放弃，不要半途而废

在生活中，我们绝不可能什么东西都获得，有时候不得不学会放弃。如果放弃得合理，我们就会在放弃中寻找到另外一种完美。相反，如果不假思索地放弃，我们反而会错过一些重要的机会。

心理学家做过这样一个试验：将一只饥饿的鳄鱼和一些小鱼放在一个水箱里，中间用一个透明的玻璃板将它们隔开。刚开始时，鳄鱼会毫不犹豫地向小鱼发动进攻，它虽然失败了，但是它毫不气馁，会接着向小鱼发动第二次更猛烈的进攻，这次它又失败了，并且受了伤。

它还要进攻，第三次，第四次……但是经过多次无望的进攻后它再也不动了。这时，心理学家将隔板拿开，鳄鱼仍然一动不动，它只是无望地看着那些小鱼在自己的眼皮底下游来游去。它放弃了所有努力，最终被活活地饿死。

放弃也需要智慧。合理的放弃会减少我们的负担，相反，错误的放弃会让我们错失很多机会。

某公司要裁员。名单上有内勤部办公室的艾丽和密娜达，规定一个月之后她们必须离岗，当时她俩的眼圈都红红的。第二天上班，艾丽的情绪仍很激动，跟谁都没有什么好脸色，她不敢找老总去发泄，就跟主任诉冤，找同事哭诉。

"凭什么把我裁掉？我干得好好的……""这对我来说太不

公平了!"她声泪俱下的样子，让人心生同情，但大家又不知该怎样劝慰她。

而她只顾到处诉苦申冤了，以至于她的分内工作：订盒饭、传送文件、收发信件等都耽误了。该做的工作拖拖拉拉地不做，这使得同事们对她的意见更大了。

而密娜达恰恰相反。知道裁员名单公布后，她整整哭了一个晚上，觉得自己有点委屈。但第二天上班，她就和以往一样地干活了。由于大伙不好意思再吩咐她做什么，所以她便主动揽活。面对大家同情和惋惜的目光，她总是微笑着说："是福跑不了，是祸躲不过，反正这样了，不如干好最后一个月，以后想干恐怕都没机会了。"她仍然每天非常勤快地打字复印，随叫随到，坚守在岗位上。正是这一转变，为她迎来了机会。

一个月后，艾丽如期下岗，而密娜达却被从裁员名单中删除，留了下来。主任当众传达了老总的话："密娜达的岗位，谁也无可替代，密娜达这样的员工，公司永远不会嫌多!"

正是由于密娜达的坚持，最终为自己创造了机会。过早地放弃，使艾丽失去了最后一次机会。

有位诗人说："即使是黑暗的日子，能挨到天明，也会重见曙光。"有时只要再坚持一下，成功便在眼前。

中国球星孙雯是20世纪最优秀的女子足球运动员。而当初她在体校里，却并不是一个很出色的球员，虽然她很卖力地踢球，但每次职业队去挑人，她都没被选中。她去找平时赏识她的教练，教练总是对她说："名额不够，下次就是你。"于是她继续努力地练。一年之后，她仍然没被选上，灰心了，打算放弃足球，离开体校。这天她告诉教练不想踢球了，想考大学，教练默默地看着她，什么也没说。第二天，她竟然收到职业队的录取通知书！这时教练才告诉她："孩子，以前我总说下一次就是你，那不是真的，我是不想打击你，你的球艺不错，我希望你能一直坚持下去！"

成功是时间和耐心的结合。如果我们面对挫折不知道坚持，那么我们就永远也不可能成功。许多事情，越是到了最后，就越是在考验我们的意志。如果中途放弃，我们就会错失机会。放弃需要智慧，究竟什么时候放弃才是最合适的，需要我们的经验来把握，这就需要我们不断地积累人生经验。

放弃也是一种美的释放

有时候，人们总是将"放弃"与懦弱或者失败联系到一起，因此"坚持"与"放弃"相比得到了更多的礼遇与赞美。其实放弃是一种破碎、感伤的美丽，它是勇气、豪气的新起点，不妨坚信，错过了还有更好的等着自己。

法国少年皮尔，小时候的理想就是成为一名出色的舞蹈演员。可是，因为家境贫寒，父母根本拿不出多余的钱来送皮尔上舞蹈学校。皮尔的父母将他送到一家缝纫店当学徒，希望他学一门手艺后能帮助家里减轻点负担。皮尔厌恶极了这份工作，不但繁重的工作所得的报酬不够支付他的生活费和学徒费，重要的是，他为自己的理想无法实现而苦闷。皮尔认为，与其这样痛苦地活着，还不如早早结束自己的生命。就在皮尔准备跳河自杀的当晚，他突然想起了自己从小就崇拜的有着"芭蕾音乐之父"美誉的布德里，皮尔觉得只有布德里才能明白他这种为艺术献身的精神。皮尔决定给布德里写信，拜他为师。

皮尔很快收到了回信，他迫不及待地打开信封，搜寻自己想要的结果。布德里并没提及收他做学生的事，也没有被他要为艺术献身的精神所感动，而是讲了他自己的人生经历。布德里说他小时候很想当科学家，因为家境贫穷无法上学，他只得跟一个街头艺人跑江湖卖艺。他说，人生在世，现实与理想总是有一定的距离。我们首先要选择生存。只有好好地活下来，才能让理想之星闪闪发光。一个连自己的生命都不珍惜的人，是不配谈艺术的。布德里的回信让皮尔猛然醒悟。后来，他努力学习缝纫技术。23岁那年，他在巴黎开始了自己的时装事业。很快，他便建立了自己的公司和服装品牌。说到这里，大家应该都已经猜到了，他就是皮尔·卡丹。

在一次公开的场合，皮尔·卡丹曾表示，其实自己并不具备舞蹈演员的素质，当舞蹈演员只不过是少年轻狂的一个梦而已。

对于皮尔·卡丹来说，放弃做舞蹈演员的梦想，是把自己重新放置在一个起点上，就像重新在一张白纸上作画，人生可以重新来过。因为没有放弃就不会有收获；放弃意味着人生将获得一次重新选择的机会。放弃就是获得的前提。

第六章

接受现实，正视人生的不完美

　　你的生活中是不是也有不完美的地方呢？你一直在为它而纠结吗？人们对生活的一味理想化、一味追求完美，导致了自己内心的苛刻与紧张。因为完美只是相对的，没有绝对的完美。所以，在完美主义者的眼里，他们会以不是缺憾的缺憾而伤感，在不完美的人生中盲目地追求完美，因此，活得就不快乐。

别再和烦恼过不去

你不给自己烦恼，别人也永远不可能给你烦恼。所以印度大文豪泰戈尔说："世界上的事最好是一笑了之，不必用眼泪去冲洗。"英国大戏剧家莎士比亚说："我愿意扮演一个小丑，在嘻嘻哈哈的欢笑声中老去；我宁可用酒温暖胃肠，不用悲哀的呻吟声去冰冷自己的心。"在这些伟人的眼里，你不绑架烦恼，烦恼也不会绑架你。

生活中有太多不值得我们去计较的事情。只要我们能够以一种平和的心态去面对生活中的一些琐事，那么，我们就会享受到生活本应有的快乐与幸福。把事情看远，把问题看透，把人看准，万物看淡，遇事看开，发挥你的智慧，以一种豁达超然的心态处世，小事必然不会给你带来烦恼。

蓝天大学毕业时，只身一人到北京打拼，通过努力，终于在一家大型合资企业稳定下来了。经历了许多坎坷，忍受了不少委屈，他终于拥有了自己想要的工作和生活。可是最近，他和公司内的一位同事产生了一点矛盾，搞得他整天精神恍惚，压力重重。于是他打电话向朋友诉说，朋友告诉他，想想当初刚毕业的时候，一个人打拼事业是多么艰难，想想自己吃的那些苦，这又算什么呢？为什么一定要把它记在心上呢？想办法解决，解决不了，就忘记。他顿时大悟：是啊，有没有矛盾，关键是自己怎么看，一点小小的不快，把它放到自己的经历中，那根本不值得一提，这点矛盾算什么呢？

总是自寻烦恼的人，大都是把困难放大的人。其实，只要我们仔细地想一下就会知道，那些我们曾经经历的坎坷与挫折是多么微不足道。苏格拉底说过，聪明人并不一味追求快乐，而是竭力避免不快乐。

我们也许为生活奔波疲惫不堪，心中的郁闷得不到发泄，可当我们放弃那些无谓的烦恼时，就会感到真的没必要为小事发愁，况且有些烦人的事情是自己所无法控制的。

滑稽明星斯格特小时候因为有个大鼻子，在学校同学们都嘲笑他"大鼻子斯格特"。他为此而自卑，整天闷闷不乐，从不和同学一起玩，集体活动也从不参加，没事他就看室外的风景。

数学老师玛丽亚注意到了整天忧郁的斯格特，有一天下课后，她发现斯格特又趴在窗户前，于是她就走到斯格特身边问："你在看什么呢？"

"有个人埋葬了一条小狗，多可爱的小狗啊，它真可怜。"斯格特悲伤不已。

"这情景太让人伤心了，不如我们到另一扇窗户那儿去看看吧。"玛丽亚拉着斯格特的手来到另一扇窗户边，她推开窗子问道："孩子，你看到了什么？"

窗外是一个花坛，花坛里的花在阳光的照射下显得格外灿烂芬芳，斯格特的心情豁然开朗，所有悲伤一扫而光。

"孩子，你看，你选错了应该打开的窗户。"玛丽亚指指窗外的美景，抚摸着小男孩的头说，"你没发现吗，其实你的鼻子很可爱，至少我是这么认为的。"

"但大家都笑我啊。"小男孩还是很难过。

"你可以换一扇窗户的，你可以试着向大家展示你鼻子可爱的一面啊。"

不久，学校举行了一个小型话剧演出，玛丽亚鼓励斯格特扮演一个很适合他的角色。在玛丽亚的帮助下，斯格特的演出获得了成功。在演出中由于他的大鼻子而博得满场喝彩，学校里的每个人都知道了这个大鼻子小明星。

后来，斯格特长大后成为了好莱坞最受欢迎的滑稽明星之一。

当我们因窗外的景物而烦恼时，是否想过要换一扇窗，换一扇窗，也许你就会看到别样的风景；当我们陷入困境、走投无路时，是否想过换一种思维方式，换一种态度，也许你就会开启成功的大门。

经常有人无奈地感叹："使我们不快乐的常常是一些芝麻小事。我们可以躲开一头大象，却躲不开一只苍蝇。"在人生的道路上，在重大的危机来临的时候，人们往往能够勇敢地面对，稳妥地解决，却常常会被生活中的芝麻小事弄得焦头烂额。人生有快乐也有痛苦，每个人都有能力也有权利对自己的人生做出选择。选择快乐吧，这样就不会再为生活中的小事而烦恼。生命其实很短暂，为什么要让小事绊住我们前进的脚步呢？为什么要把如此宝贵的时光浪费在琐碎的烦恼中呢？善待自己，善待人生吧！

别人永远不可能给你烦恼，烦恼是自己给自己的。想想，那些令人发愁的事情，在遇到生命危险的时候，显得多么荒谬、渺小，无论什么时候我们都应该告诉自己：如果我还能有机会看见明天的太阳，我永远也不会再为那些小事烦恼了。

正视不完美，你就不纠结

没有完美的世界，也没有完美的人生，有时往往目标与现实就差那么一点点。如果你抱着自己的完美理想不放手的话，就会招惹来无穷无尽的烦恼的纠缠，常常生气，相反，在完美与不完美间寻找一个平衡点，你的生活将会轻松快乐很多。

有时候人们会被这种在生活中或是工作中吹毛求疵、追求完美的压力所蒙蔽。认为只有做得"更好"才会使自己更加快乐，其实，大可不必，有时候你的缺陷也是一笔可观的人生财富，所以，没必要为自己的缺陷而生气。

现实中，我们许多人都过得不够开心、不够惬意，因为我们对环境总存有这样或那样的不满，没有看到自己快乐的一面。也许你会说："我并非不满，我只是指出还存在的问题而已。"其实，当你认定别人的过错时，你的潜意识已经让你感到不满了，你的内心已经不再平静了。

有一个不完整的圆为找回自己丢失的碎片，踏上了艰苦的滚动旅程。由于不完整，它走得很慢，它尽情领略日出的壮观和日落的浪漫，一路走来它与鲜花为伍，同昆虫做伴。它找到了许多碎片，但都不是它要找的那一块。终于有一天，它实现了自己的愿望。然而，当它成了一个完整的圆后，它却无法控制自己的速度，由于滚动得太快，错过了沿途的美丽风景，错过了花开的时节，忽略了昆虫，它感受到从未有过的孤独。后来它意识到由于追求自己的圆满，而失去了太多后，它坚定地放弃了自己历尽艰辛找回的碎片。

人活在世间，不如意事十有八九，谁能事事顺心呢？其实人生永远不会完美，人生就是这样子，往往缺憾才是永恒的美。世界本来就是有缺憾的，如果没有缺憾就不能称作人的世界，人的世界就是由缺憾累积而成的，往往不完美才是完美，而太完美了就变成了缺陷。我们在缺憾中生存，缺憾将伴随我们一生，没有缺憾就是圆满，而圆满就是到达了终点，就是停滞。因为圆满，会使人失去奋斗的劲头。如此，圆满反而成了一个最大的缺憾了。断臂的维纳斯，她的美不仅仅征服了西方，也征服了全世界。曾几何时，多少艺术家使出浑身解数，想为她修复双臂，然而，欲成其美，却适得其反。许多悲剧之所以那么令人回味无穷就在于它的缺憾，留给观看的人很大的思考余地。正如狄德罗所说："如果世界上一切都是十全十美的，那便没有十全十美的东西了。"月亮因为有阴晴圆缺，所以才那么丰富多彩。杰出、优秀者并非完美，奇才常常有大缺憾。著名影星玛丽莲·梦露，有人说她脸太短，身体则丰满得有点偏胖，然而她却被评为20世纪最美的女人。美国伟大的总统林肯，相貌丑陋，不修边幅，嗓音粗哑，但他却是历史上最高超的演说家之一。

要记住，虽然你缺点很多，也不完美，但这恰恰会让你变得独特和稀有起来。卢梭说："大自然塑造了我，然后把模子打碎了。"但是，有太多人违背自我，以别人眼中的"完美"作为自己的目标和追求对象，所以，肯定会活得很不开心。对于生活，大可不必如此，只要保持正常状态，拥有一颗知足的平常心，你将轻松许多。而且，接受多数人身上都存在的缺点，你的生活一定能或多或少地得到改观，同样，对自己也尽量宽容一些。学会欣赏自己的不完美才会构建属于自己的快乐生活！

人的一生有时候就是一个遗憾的过程，从错误中寻找正确，从失败中寻找成功，从黑暗中寻找光明，从不完美中寻找完美。但是，有很多人无法接受失败，他们认为失败是一种很不光彩的事，每当失败时他们总会为自己的失败找借口、找理由。当他们做事不顺心时，当他们学习不好时，当他们参加了各种比赛没有获奖时，就会怪罪于他人，就在为自己的失败找借口、找理由，这也是所有不成功的人的共同特征。为自己的失败找理由，而且抓着这些他们相信是万无一失的借口不放，只为解释他们为何成就有限。

正因为他们将所有的精力与时间都花在寻找一个更好的借口上，因此，即使下一次重新开始，失败仍是必然的。相反，那些成功人士在遇到困难时，总是在想办法解决，而不是为自己找一推无用的借口，以掩饰自己的过错和失败。他们知道借口是事业成功的最大障碍，凡事都要从自己的身上找原因，而不是怨天尤人。

著名的美国西点军校有一个悠久的传统，遇到学长或军官问话，新生只能有四种回答：

"报告长官，是。"

"报告长官，不是。"

"报告长官，没有任何借口。"

"报告长官，我不知道。"

除此之外，不能多说一个字。

新生可能会觉得这个制度不尽公平，例如军官问你："你的腰带这样算擦亮了吗?"你当然希望为自己辩解。但是，你只能给出以上四种回答，别无其他选择。

在这种情况下，你也许只能说："报告长官，不是。"

如果军官再问为什么，唯一的恰当回答只有："报告长官，没有任何借口。"

这既是要新生学习如何忍受不公平——人生并不是永远公平的，同时也是让新生们学习必须承担责任的道理。现在你们只是军校学生，恪尽职责可能只要做到服装仪容的要求，但是日后你们肩负的却是其他人的生死存亡。因此，"没有任何借口!"

从西点军校出来的学生，许多人后来都成为杰出将领或商界奇才，不能不说这是"没有任何借口"的功劳。

真诚地对待自己和他人是明智的选择，有些时候，为了寻找借口而绞尽脑汁，不如对自己或他人说"我不知道"。这是诚实的表现，也是对自己和他人负责的表现。

退一步，你的天地会更宽阔

古语有云：忍一时风平浪静，退一步海阔天空。但在我们的生活中，有人说："我可不愿忍，不想退，那样我就失了尊严，丢了面子，没了威信。"也有人说："我不敢让，让了别人还会得寸进尺。"真是这样吗？逞一时之勇，也许你得到了尊严、夺回了面子、获得了威信，可是往往你失去的会更多。

有人认为，快乐就要往前冲。告诉你，不一定。有时候，你的乐园是在后面，向前你不会得到，退一步反而能找到自己的快乐。不是吗？当你身处悬崖边，后面哪怕是一地沟壑，那里也是你的乐园；当你身处刀山火海，后面哪怕是满地荆棘，那里也是你的乐园。所以说，快乐不见得非要往前冲，有时候，退一步就会进入不纠结的状态。

早晨，一个穿着整整齐齐的小伙子，去隔壁村里迎娶他的新娘。当他正在过通往丈人家必经的独木桥，眼看就要到桥头的时候，迎面走来一位推独轮车的农夫，车上满是家禽。

小伙子不愿回头，他向农夫说道："大伯，你看，我就要到桥头了，能不能让我先过去？"

农夫把眼一瞪，说："凭什么让你先过？我着急去赶集呢，要是去晚了，我带的几只母鸡就卖不上好价钱了！"

小伙子说："我让路的话，迎娶新娘就会晚了。"

于是，两人谁也不让谁，虽然两个人都很着急，但因为谁也不肯相让，所以只能僵持在桥上。

过了许久，远处河面上漂来一只小船，船上坐着一个和尚。于是两人就请和尚为他们评理。

和尚看了看农夫，问道："你真的很急吗？"

农夫答道："我真的很急，再晚便赶不上集市了，我的母鸡就卖不出去了。"

和尚说："你要是真的急着赶集，为什么不赶快给小伙子让路呢？你只要退那么几步，他便过去了，他一过去，你不就可以早早地去赶集了吗？"

农夫听了和尚的话后，红着脸没有说话。

和尚又笑着问小伙子："你今天洞房花烛，这可是人生大事，为什么不先退一步呢？"

于是，在和尚的调解下，小伙子和农夫都过了桥。

下午的时候，小伙子和农夫再次在桥上相遇。小伙子是一个人回来的，满脸的沮丧；而农夫的车上，依然是满车的家禽，也是一脸的痛苦。

原来，小伙子因为错过了迎亲的时辰，老丈人不愿意将女儿嫁给他了；而那个农夫，也因为赶集迟到了，一只家禽也没有卖出，家禽在烈日的炙烤下还死了不少。

你看，多么可惜呀！两个人要是有一个人能退一步的话，晚上，小伙子就会洞房花烛，农夫也会怀揣着钱回家。

生活中很多人都喜欢争强好胜，但是，不论是说话还是做事，如果不给别人留一点余地和空间，那么很容易就把自己逼进死胡同。尝试在生活中换一种角度考虑问题，退一步，有时候是一种以退为进的策略，如果能够适时地将以退为进的策略用于生活中，那么生活将会变得张弛有度，游刃有余，你便会感到"柳暗花明又一村"的释然。

一天，法师正要开门出去时，迎面闯进一位魁梧的男子，结结实实地撞到法师身上，把法师的眼镜都撞碎了，镜框还戳青了法师的眼皮，可那位撞人的男子丝毫没有歉意，还恶狠狠说："活该你戴着眼镜！"

法师笑了笑没有说话。

男子颇觉惊讶地问："和尚，你怎么不生气呢？"

法师说："生气有用吗？生气能让眼镜复原吗？生气能让脸上的淤青消肿吗？再说，生气只会让事情变得更糟糕，造成更多的矛盾。要是我早退一步，我们就会避免相撞了。"

男子听后十分感动，并坐下来与法师讨论了很多问题，然后若有所悟地离开了。

在一年之后的一天，法师接到一信封，信封内装有五千元，正是那位男子寄的。

原来男子大学毕业之后，在事业上不顺利，婚后也不知善待妻子，生活在痛苦之中。一天，他发现妻子与一名男子在家中谈笑，他非常气愤，就在厨房找了一把菜刀，打算先杀了他们，然后自尽。

他正要冲进客厅，却看见那男子惊慌地回过头，脸上的眼镜掉了下来，瞬间，他想起了法师的教诲，于是他退出了客厅，让自己冷静了下来，反思了自己的过错。

后来，他的生活很幸福，事业也顺利了，特寄来五千元钱，感谢从法师那里得到了幸福快乐的秘籍。

很多时候，在生活中退一小步，就会进入不纠结的状态。

很多时候，退一步就是忍一忍，退一步就是吃点亏，退一步就是让一让。忍一忍，会让你少去很多困难；吃点亏，会让你少去很多麻烦；让一让，会让你免去灾难。想一想，没有困难、麻烦和灾难的人生难道不就是快乐吗？所以，不纠结的生活的秘诀就三个字：退一步！

会舍去才会活得潇洒

很多人认为，佛家所说的"放下"是什么也不去做，什么也不去想，什么都是空，其实这是错误的。佛家的"空"，是说一切都不是常住的，一切都是变化的，而不是一切都是没意思的，一切都不应该珍惜。

世俗生活中，有得必有失，可是，大多数人都想得到什么，得了多少，得了有多好，而再失的时候，往往舍不得，往往"放不下"。更多的人，在"放不下"的时候，想的都是拥有的时候有多好，失去的时候有多糟糕。

在人生旅程中，的确有很多东西都是靠努力打拼得来的，因其来之不易，所以我们不愿意放弃。比如让一个身居高位的人放下自己的身份，忘记自己过去所取得的成就，回到平淡、朴实的生活中去，肯定不是一件容易的事情。但是有时候，你必须放下已经取得的一切，否则你所拥有的反而会成为你生命的桎梏。所以，我们不要执着于某个目标，不要为求一点，而失掉一面。

人在幼年时的单纯向往、少年时的懵懂幻想、青年时的激昂奋进、中年时的淡定从容，每个人生阶段都为达到自身期待的境界而不断地思索、进取。在这曲折的道路中，沿途有着别致的幽香、缤纷的美景令人留恋，不舍离去，但若是长久驻足，只怕时间匆促的脚步带走易逝的年华，而霜染鬓角的时候却发现手心空荡。或者前进时碰到可怕的沼泽，历经艰险走过，却始终让自己的心沉浸在可怕的梦魇中而不能欣赏沿途那绚丽的景致。

我们没有能力挽留过去的岁月，过去已成为历史，展望未来，未来却又是一个未知数。你不妨将心态归零，不让过往的阴云或者荣耀牵绊今日的脚步。人的心好比是可盛水的玻璃瓶，盛满清水后仿佛满了。但这不是最终所要达到的形态。其实，能够溶解在水中的物质还有很多。这些物质就有如我们需要吸收的新的、有益的知识。当我们以"归零心态"去面对这个变化越来越快的世界时，我们就会抱着一种学习的态度去适应新环境，接受新挑战，创造新成果。为了生存、发展，就需要让自己时时处于"归零"的状态（空杯心态），去溶解更多的"物质"。归零心态不是简单的忘记，而是让自己以平和的心态去接纳更多的声音。

我们还倡导以归零的心态做事。以归零的心态做事，就是要求我们每一个人在各自的岗位上做好本职工作，练好基本功。俗话说：磨刀不误砍柴工。"磨刀"就是练基本功，是一种心态归零的过程。以归零的心态做事，就是要求每个人把自己远大的人生目标建立在本职工作上，做一行，爱一行，精一行。可以这样说，一个人做好了自己的本职工作，就经营好了自己的人生。以归零的心态做事，就是要有一股创业精神，要有一种艰苦奋斗的心理准备。"吃得苦中苦，方为人上人"是良训，吃饭是为了生活，但生活不仅仅为了吃饭！

茫茫世界风云变幻，漠漠人生沉浮不定，而未来的风景却隐在迷雾中，向那里进发，有坎坷的山路，也有阴晦的沼泽，深一脚浅一脚，虽然有危险，但积极的冒险却是在有限的人生道路上通往成功与幸福的必由之路。

生命的整个过程总不会是一帆风顺，成与败，得与失，都是这过程的一部分，一路走来繁花锦簇也好，萧瑟凄凉也罢，终究会成为过眼云烟，重要的是自己心里的感受。

生活中，很多人舍不得放下所得，这是一种视野狭隘的表现，这种狭隘不但使他们享受不到"得到"的幸福与快乐，反而可能会给他们招来祸患。秦朝的李斯，就是这样一个很好的例证。他曾经位居丞相之职，一人之下，万人之上，荣耀一时，权倾朝野，虽然当他达到权力顶峰之时，曾多次回忆起恩师"物忌太盛"的话，也想过回家乡过那种悠闲自得、无忧无虑的生活，但由于贪恋权力和富贵，所以始终未能离开官场，最终被奸臣陷害，不但身首异处，而且殃及三族。李斯是在临死之时才幡然醒悟的，临刑前，他拉着二儿子的手说："真想带着你哥和你，回一趟上蔡老家，再出城东门，牵着黄犬，逐猎狡兔，可惜，现在太晚了！"

心理专家分析，一个人若是能在适当的时间选择短暂的"隐退"，不论是自愿的还是被迫的，都是一个很好的转机，因为它能让你留出时间观察和思考，使你在独处的时候找到自己内在的真正的需求。尽管掌声能给人带来满足感，但是大多数人在舞台上的时候，没有办法做到放松，因为他们正处于高度的紧张状态，反而是离开舞台后，才能真正享受到轻松自在。虽然失去掌声令人惋惜，但"隐退"是为了进行更深层次的学习，一方面挖掘自己的潜力，一方面重新拧紧发条，平衡日后的生活。

事实上，全身而退是一种智慧和境界。为什么非要得到一切呢？活着就是老天最大的恩赐，健康就是财富，你对人生要求越少，你的人生就会越快乐。对于我们这些平凡人来说，能怀一颗平常善良之心，淡泊名利，对他人宽容，对生活不挑剔、不苛求、不怨恨，富不行无义，贫不起贪心，这就是一种人生的练达。

人生征途上，要懂得追求，也要学会放弃，特别是在人生的重要转折点上，拿得起，放得下，这样才能拥有美丽幸福的人生。

不为不能左右的事情纠结

卡耐基曾这样说道："其实很多小忧虑也是如此，我们都夸大了那些小事的重要性，结果弄得整个人很沮丧。我们经历过生命中无数狂风暴雨和闪电的袭击，可是却让忧虑这个小甲虫咬噬，这真是人类的可悲之处。"人生总有很多事我们不能左右，与其在焦虑、沮丧中活，还不如干脆就不去想，这样，你的生活就不会有纠结。

纠结是人所有情绪中的一种，它就和烦恼一样，是非常不必要的。生活中总是有人在不停地纠结：孩子今天在学校有没有好好听课？明天中午吃什么呢？世界真的会毁灭吗……这些忧虑对于我们来说没有任何意义，因为你永远不知道接下来的生活会发生什么。无谓的忧虑只会给自己增加烦恼，让自己纠结。所以，你要做的就是好好地把握眼前的一分一秒，那些未知的忧虑就统统地抛掉吧。

凯瑟琳·赫本成名以前，有一场非常关键的演出，但在她演出前的十几分钟里，她真正感受到了压力。她感到紧张，呼吸急促，觉得自己无法演出了，所有她知道的方法都试过了，她认定自己的嗓子出现了问题。她告诉医生，她觉得自己将要瘫痪了，几乎没有办法移动。

医生也注意到了她的异样，并关切地问："你怎么了？"

"我突然非常害怕，四肢无力。我感到前所未有的紧张，这一次的演出跟以前大不相同。"

"没关系，"医生安慰道，"你是一位实力派的艺术家，你只是有点紧张，一定能克服的。正好我这里还有种新药，可以缓解紧张情绪，效果很好。"

接着，医生从药箱里取出针管和一小瓶药水，并用针管给赫本注射了药水。

医生做完所有的程序后，向赫本保证道："这是一种特效药，效果又快又好。"

"慢慢坐下，不要想观众想演出，放松。"

几分钟后，赫本真的平静下来了。

"太谢谢您了，这药效果真的很好。"赫本高兴地说道。

演出开始后，赫本信心百倍地上台，赢得了观众热烈的掌声。后来在庆功会上，医生过去向她道贺："恭喜你，这是你最精彩的一次演出。"

"谢谢您。"赫本说。

"不，你不要感谢我，你应该感谢你自己，我并没有做什么。你知道吗？演出前我只是给你注射了一瓶生理盐水，没加任何药物。"

纠结不需要任何药物就可以治好，可见，纠结纯粹是人的心理作用。而人的痛苦和快乐，往往就在于你是否成了忧虑的俘虏。法国的乔治·桑说："心情愉快是肉体和精神上的最佳卫生法。"马克思也说过："一个美好的心情，比千副良药更能解除生理上的疲惫和痛楚。"很多事情都不会因为我们的意志而改变，与其每天沉浸在不必要的忧虑当中，不如快快乐乐地过好现在的每一天。

有一位商人，是制作各式各样成衣的，有一段时间经济危机，商人为生意日渐低迷而终日郁郁寡欢、愁眉不展，每天晚上都不能好好睡觉。他的妻子看到丈夫日渐憔悴，她就建议他去看心理医生，他也听取了妻子的意见，希望从心理医生那里得到解决的方法。

医生见他精神萎靡，双眼布满血丝，便问他："怎么，失眠了？"为失眠所困的商人说："是呀，真叫人痛苦不堪。"心理医生开导他说："别急，这没什么！你以后如果再睡不着，就数绵羊吧！"商人听后，道了声谢就回去了。

一周后，他又来到心理医生的就诊室里。他双眼依然布满血丝，精神更加萎靡了。心理医生看到商人非常吃惊地说："你有没有照着我的话去做？"商人有气无力地回答说："当然是照着你的话去做的呀！我每天晚上都数到三万多头呢！"心理医生不解地问："数了这么多还是不能入睡？"商人回答说："本来是有了一点睡意，但一想到三万多头绵羊的羊毛一定能卖很多钱，不剪太可惜了！"心理医生于是说："那你剪完了羊毛总可以睡了吧？"商人很无奈地说："羊毛剪完了，问题又来了，这么多羊毛若制成了毛衣，又去哪儿找买主呢？你说我怎么睡得着？"

为未来早做打算并没有什么坏处，但是一旦失了分寸，做出杞人忧天的事来岂不是很可笑？有些事想得太远，就成了一种无形的压力，会给我们带来许多不必要的烦恼。

我们时常忧虑明天，但明天会发生什么事情你根本无从知晓。所以，为明天担心完全是多余的，因为它的发展总是出乎你的意料。

纠结甚至会使最强壮的人生病。在美国南北战争的最后阶段，格兰特将军发现了这一点。故事是这样的：

格兰特将军围攻里奇蒙德有九个月之久，李将军手下衣衫不整、饥饿难忍的部队被打败了。有一次，好几个兵团的人军心不稳。其余的人在他们的帐篷里开会祈祷——叫着、哭着，看到了种种幻象。眼看战争就要结束了，李将军手下的人放火烧了里奇蒙德的棉花和烟草仓库，也烧了兵工厂，然后在烈焰笼罩的黑夜里弃城而逃。格兰特乘胜追击，从左右两侧和后方夹击南部联军，而由骑兵从正面截击，拆毁铁路线，拦截了运送补给的车辆。

由于剧烈头痛而眼睛快要失明的格兰特无法跟上队伍，就留在了一个农家。"我在那里过了一夜，"他在回忆录里写道，"把我的两脚泡在加了芥末的冷水里，还把芥末药膏贴在我的两个手腕和后颈上，希望第二天早上能复原。"

第二天清早，他果然复原了。可是使他复原的，不是芥末药膏，而是一个带回李将军降书的骑兵。

"当那个军官到我面前时，我的头还痛得很厉害，可是我一看到那封信的内容，我就好了。"

显然，格兰特是因为忧虑、紧张和情绪上的原因才生病的。一旦他恢复了自信，想到他的成就和胜利，就立刻好了。马克·吐温晚年时曾经感叹："我的一生太多时候在忧虑一些从未发生过的事。没有任何行为比无中生有的忧愁更愚蠢的了。"是啊，过去的已经过去，明天却还未知。所以我们根本没有必要背负昨天的烦恼，预想明天的烦恼，开心、快乐地把握当下才是最明智的选择，至于明天会怎样，就等明天起床后再说吧！

忘记是不纠结的开始

漫漫人生路，坎坷和不幸随时会来到我们身边：朋友的背叛、亲人的远离、竞争的失败、事业的不顺、身体的病痛、突发的灾害……人生有太多意外，如果一切都无法避免，那我们无须纠结，不妨挥一挥衣袖，学会淡忘。淡忘过去，淡忘痛苦，淡忘所有应该淡忘的一切。

茫茫人海中，抱怨痛苦的人多，宣称快乐的人少：穷人为衣食的缺失而终日忙碌，富人为金钱买不到快乐而伤心不已，老人为身体的病痛所折磨叹息，小孩子为没有自由而烦恼伤心，似乎人活在世上，总是痛苦的时候多，快乐的时候少。

快乐真的离我们这么远吗？并非如此，那是因为你没有学会淡忘。淡忘是拥有快乐的一条捷径，只有学会淡忘，人才能超越自身的束缚，释放出最大的能量，才会创造原先不曾创造的奇迹，才会真正拥有幸福。

古时候有位军医，随着军队转战南北，负责救治战场上的伤员。

他的医术很高，被他治愈的伤员不计其数。但随着时间的流逝，他发现越来越多的伤员都是熟悉的面孔。

原来，他治疗的许多病人往往刚刚痊愈，随即又投入战场继续作战，于是便再次伤亡。这种情况往复多次以后，他开始思考这样做的意义：如果伤员命中注定要死，我又何必将他救活；如果我的医治是有意义的，那么他为何又去战死呢？一想到这些，他觉得自己的工作毫无价值。于是心神不定，精神恍惚。天长日久，他的精神终于崩溃了。他不明白当军医有何意义，心里乱得无法继续工作……

后来，他向一位世外高人求教。他跟随高人在山上住了几个月，过着那种"闲看庭前花开花落，漫随天外云卷云舒"的逍遥日子以后，终于找到了问题的症结所在，解开了这个困扰他已久的思想疙瘩。

于是，他便下山再次行医。每当遇到熟悉的伤病员时，他便对自己说："因为我就是医生啊！其他的我不用管啊！"只此一句，烦恼全无，他又再次投入工作。

可见，人生中的烦恼，有很多是因为自己太纠结。

就像故事中的那个医生，他能够将士兵从伤病中抢救过来，使他们痊愈，但却没有权利不让他们再去冲锋陷阵，而一旦去冲锋陷阵伤亡就是难免的；作为一个战士，冲锋陷阵是他的使命所在，医生根本无力改变这一切，作为医生只要医好自己的每一位病人就可以了，如果顾虑太多，"想"得过多，最终只会把自己搞得太累，痛苦不堪。

人生正是如此，很多时候，我们总是在为自己无力改变的事情伤心不已，钻进了精神的死胡同，殊不知万物都有自己的规律，事情的发展也有它自身的法则，如果自己力所不能及，不妨学会放下。心放宽了，天地也就大了。

一个女孩莫名其妙地被老板炒了鱿鱼，老板要她下午到财务室结算工资。中午，她坐在公园的长椅上黯然神伤。突然，她发现一个小孩子一直不走，便奇怪地问："你站在这里干什么？"

"这条长椅刚刚刷过油漆，我想看看你站起来的时候后背是什么样子。"小家伙说。

女孩怔了怔，笑了。

忽然，女孩明白了：如同这双天真烂漫的眼睛想看到我背后的油漆一样，我昔日那些同事想要偷窥我的颓败、落魄和失意。我决不能在丢失了工作的同时，也丢失了自己的笑容、风度和尊严。选择和被选择不过是现在这个世界上无时无刻不在发生的最平常不过的事情，这个事情对于她的唯一意义便是提醒她必须改变，找更适合自己的工作。

她决定淡忘这暂时的挫折，用平常心面对生活。短暂的自我调整之后，她又拥有了笑容。

于是，那天下午，同事们纷纷心照不宣地出来和她打招呼，看到的是一张比平时更加平静美丽的面容，同事们惊讶不已。

可见，既然无力挽回，不如把它看淡。淡定，有时会让对手更加震撼。

人生在世，意想不到的事情太多：名利的得失和形象的毁损，无端的误解和不公正的待遇，无中生有的流言蜚语和五花八门的小道新闻……如果这一切都是不可避免的，那我们不妨挥一挥衣袖，学会淡忘，淡忘所有应该淡忘的一切，这样可以让我们少很多不必要的烦恼。淡忘曾经的仇恨，那将帮助你开辟另一条通往成功的大道，收获更多的幸福。

一次，英国维多利亚女王与丈夫吵了架，丈夫独自回到卧室闭门不出。女王回不去卧室，只好敲门。

丈夫在里边问："谁？"

维多利亚傲然回答："女王。"

没想到里边既不开门，又无声息。她只好再次敲门。

里边又问："谁?"

"维多利亚。"女王回答。

里边还是没有动静。女王只得再次敲门。

里边再问："谁?"

女王这次柔声回答："你的妻子。"

这一次，门开了。

可见，要想家庭和睦、幸福，哪怕是在自己朝夕相处的爱人面前也要淡忘自己高贵的身份。

回家之前，就应该把各种头衔、职位扔在脑后，女王也不能例外。淡忘功名利禄，那将使你不再高高在上，不会有那种孤独的高处不胜寒的悲凉；淡忘物质浮华，那将有助于你放下包袱，寻找到真正属于自己的幸福；淡忘曾经的痛楚，那将有助于你轻装上阵，攀登人生新的高峰。

所以，人生其实并非只有痛苦，快乐无处不在。只要你学会放下，学会淡定，学会淡忘，快乐就会来到你身边。淡忘不幸，因为痛苦的日子总会过去；淡忘失意，让烦恼从指尖轻轻地滑走；淡忘不快，让心里的阴霾随风飘散，还自己一片明亮的天地。当痛苦和不幸来临时，你只要记住：乌云笼罩的日子并不可怕，挥一挥衣袖，淡忘身边的不愉快，那么，明天一定还是艳阳高照!

就让往事随风而去

有一种保持快乐的好方法，那就是"忘记"。忘记烦恼、忘记失意、忘记痛苦、忘记伤悲、忘记亲人的远离、忘记他人对你的伤害、忘记朋友对你的背叛，总之，该忘记的往事你都要忘记，这样你就不纠结。忘记了人生旅途中的这些恩恩怨怨和是是非非后，你就如同搬掉了"绊脚石"，快乐也如约而至。

快乐是什么？加拿大的钢琴大师布雷默说："快乐是发自内心的心灵发现。"法国思想家罗曼·罗兰说："快乐是一个人经常维持像孩子一般纯洁的心灵，用乐观的心情做事，用善良的心肠待人，忘掉一切过去的事情。"

可见，快乐是一种心理感受，快乐需要忘记。不为生活的贫乏而唉声叹气，不为亲人的离去而痛哭流涕，不为爱人的背叛而伤心不已，更不会为了生存环境的改变而长吁短叹。也就是说，忘掉生活中种种不幸的往事，拥有一颗释然的心，这样才能得到快乐。

慈济寺中有一个修行颇好的和尚悟缘，当初在他入寺的时候，他最爱的父亲去世了，这对于孝顺的他来说无疑是一个沉重的打击，可是就在他父亲出殡的那天，悟缘竟然一改沉痛，甚至面带笑容地送走了父亲的遗体，然后气定神闲地走回自己破败的小屋。邻居都以为他是悲极而疯，可是从他的表现来看，好像又并非如此。

于是邻居大惑不解，便问悟缘："你失去了最后一个亲人，为什么你还这么高兴，难道你不知道这是对你父亲的一种不孝之举吗？"

悟缘不以为然地说："非也，非也，我的父亲已经去世了，无论我怎么痛苦，也无法让他老人家活过来，与其悲痛，倒不如忘记，我快乐地生活，也是九泉之下的父亲最希望看到的。"

邻居恍然大悟。

可见，快乐是一种忘记。亲人的离去固然让人悲痛，但与其伤心不已，不如快乐地面对，从悲伤中走出来，这也许是九泉之下的亲人最希望看到的事了。忘记了过去，才能将更多的时间交给现在，精力充沛地面对现在的生活，信心百倍地去迎接未来，从而快乐地生活。

悟缘的做法值得人们借鉴。是的，大部分人正因为忘不掉往事，比如说忘不掉亲人的生离死别，忘不掉爱情的恩恩怨怨，忘不掉过去的是是非非，所以活得很累，往事就像一座大山一样压得我们喘不过气来，生活毫无快乐可言。

张阳最近老是失眠，经常借酒浇愁。因为前段时间他处了一个女朋友，他十分痴情，可是随着交往的深入，他心里越来越难受，原来他了解到女朋友在认识他之前，曾与另一个男孩相处六年。他本来考虑与她结婚，但越想越觉得生气，越想越感到委屈。他痛苦地对朋友说："她曾和别人有过六年啊……"

张阳把自己逼进了一个死胡同，可他明知道是个死胡同，还是要往里面钻，就像可怜的飞蛾，拼了命要在灯光那儿折腾。他忘不了女朋友的过往，但是又不愿意放弃，每天被这样的念头纠缠着，简直痛不欲生。

是的，张阳正是因为搬不开女朋友往事的"绊脚石"，结果把自己逼进了死胡同。他用狭隘的思想把美丽的相遇变成了地狱。本来，他找到了一个自己非常喜欢的女朋友，应该很快乐才对，但他偏不这样想，而是在她的过去上穷追不舍，这无异于是自寻烦恼。相信如果他搬不开这块"绊脚石"，那么他将永远与快乐绝缘，甚至与幸福绝缘。

要想做一个快乐的人，就要拿得起，放得下，就要让痛苦的往事随风而去，"船过水无痕，鸟飞不留影"，所有往事都不会成为影响现在快乐的理由，做到了这些，那才是真正的洒脱，真正的快乐人生！

话说有一只白猫和一只黑猫，它们生活在主人家里，衣食无忧，受尽恩宠，好不快活。可是有一天，它们被主人送给了一个好朋友，这个朋友比较粗心，他常常忘了给猫儿们喂食，甚至连一个安家的窝也没有为它们准备，它们经常忍饥挨饿。

于是白猫整日以泪洗面，懒懒地趴在角落里，想自己的心事，它觉得环境太陌生，想到过去的种种美好，又想到现在的种种冷遇，它觉得自己是世界上最不幸的猫。

可是黑猫却不是这样，它每天都很快乐，它一刻也不闲着，东逛西游自己找乐不说，还常常会转着圈儿追赶自己的尾巴，玩得高兴极了。

白猫很不理解地问："你为什么这么快乐呢？难道你忘了过去的生活吗？"

黑猫说："过去就过去了呗，现在想还有用吗？快乐是要靠自己找的，你看，捉尾巴就很快乐呀！"

白猫听后也试着转圈儿捉自己的尾巴，它果然觉得很快乐。

同样的生活环境，两只小猫的感受却不一样。黑猫之所以快乐，是因为它忘记了过去的锦衣玉食，注重活在当下，而白猫却固步不前，老想着过往的那些事，结果把自己弄得郁闷不说，还对生活渐渐失去了兴趣。可见，能否"走出过去"，这是能否获得快乐的重要前提。

其实人生就是这样，生离死别、爱恨情仇、物是人非……许多痛苦的事情我们谁也无法回避，既然如此，那么怎样才能搬掉这些痛苦的"绊脚石"，让自己快乐起来呢？秘诀就是两个字："忘记！"忘记曾经发生的一切，让往事随风而去，这样才能真正享受人生的快乐！

追梦人生

卜兴丰 / 编著

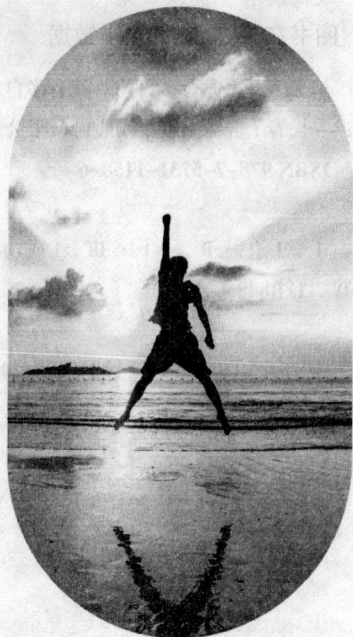

你有多自律
就有多自由

吉林出版集团股份有限公司｜全国百佳图书出版单位

图书在版编目（CIP）数据

追梦人生.你有多自律　就有多自由 / 卜兴丰编著
. -- 长春 : 吉林出版集团股份有限公司 , 2022.3
ISBN 978-7-5731-1158-6

Ⅰ . ①追… Ⅱ . ①卜… Ⅲ . ①成功心理 – 通俗读物
Ⅳ . ① B848.4-49

中国版本图书馆 CIP 数据核字 (2022) 第 021619 号

前　言

不自由，毋宁死。

生活中，不少人以为，自由就是想做什么就做什么，如想吃就吃，想睡就睡，想减肥就减肥，想锻炼就锻炼，想看书就看书。如果不想，也可以什么都不做。但是，当他们真正这么做了，才发现随心所欲带来的并非自由：不学习，成绩下降，考不上好的大学，导致择业面狭窄，只能艰难地为生活打拼；不工作，没钱四处旅游，甚至对想吃的食品也只能垂涎三尺；不锻炼，身体肥胖，行动受限，"三高"来袭……

可见，自由并非没有边界，恰当的自律是自由的前提。

一般来说，自由有两种：一种是身体自由，一种是心灵自由。如果你是一个亿万富翁，身体健康，工作顺心，而且可以大把地支配自己的时间，说明你的自由度很大。但是，你也肯定会遇到烦心的事，肯定会做一些错事。如果任凭这些烦心的事扰乱你的意识，进而影响自己的情绪，那么，你的心灵就是被禁锢的，而非自由的。

这就是我们所说的心理学上的自由——对自己的意志、意识能够掌控。也就是，你有多自律，就有多自由。

一个长期对自己毫不节制，对生活随心所欲的人，只会在一团糟的环境中让自己活得越来越痛苦，反而体会不到丝毫自由的快乐。因为从本质上来讲，你想拥有的自由的限度，取决于你自律的程度。康德有句名言：所谓自由，不是随心所欲，而是自我主宰。如果你想生活得更惬意，更随心所欲，那么，自律必不可少。

目 录

第一章　管好自己，你会有更多自由

第二章　志存高远，过有目标的生活

第三章　改变心态，积极地面对生活

第四章　掌控情绪，学会高情商做事

第五章　克服惰性，不为拖延找借口

第六章　高效执行，扛起该扛的责任

第一章

管好自己，你会有更多自由

　　一个人的许多优秀品质都体现在宽容、忍耐和克制上。自制力对一个人走向成功起着十分重要的作用。一位哲人曾经说过："美好的人生建立在自我控制的基础上。"自制力是实现自我价值的重要元素，是人生转折和飞跃的保险绳。有了较强的自制力，我们在前进的道路上便不会迷失方向，便不会被各种外物诱惑，不会因为其他事情而影响了自己的判断。

保持理智，无须太费劲

"理智"的"理"是理性，是逻辑化的主见；"智"是智慧，是机智行事的方法。《现代汉语词典》对于"理智"词条的解释为：辨别是非、利害关系以及控制自己行为的能力。一个理智的人，有主见，又有方法，做事说话知进退、懂轻重、明缓急。

人的七情六欲最难控制，种种冲动皆源于此。所谓七情，指的是喜、怒、哀、惧、爱、恶、欲；所谓"六欲"，指的是对异性的色欲、形貌欲、姿态欲、言语声音欲、细滑欲、人相欲，后来又有人把六欲概括为见欲、听欲、香欲、味欲、触欲、意欲。灭绝情欲对于大多数人来说是很困难的，人类的发展与历史进步的动力，在很大程度上就是源于人的情欲。因此，有情欲也并非坏事，有情欲的人才有情商。只是，人的情欲不可放纵，不能让情欲牵着自己走，而要用理智的绳索牵着情欲走。

一个理智的人，中了巨额大奖也不会醉生梦死、花天酒地。一个有理智的人，即使面对百般羞辱也能保持冷静，而不会一触即跳或走极端，使自己在愤怒中迷失方向。乐不可极，乐极生悲；欲不可纵，纵欲成灾。一个人失去了理智，就得准备接受打击和惩罚。因为理智不允许做的事，都是在寻常状态下不应该做或不能够做的事。

理智不但是一种明智，更是一种胸怀，没有胸怀的人，总是缺少理智。而一个没有胸怀和缺少理智的人则难成大器。"所取者远，则必有所待；所就者大，则必有所忍。"古往今来，大抵如此。

理智还是一种权衡。权衡轻重缓急，扬长避短，可让自己走向成功。而一个好冲动的人，却较少考虑自身条件，凭着一时的冲动去行动，到头来一事无成，枉费了许多精力和时间。

遗憾的是，人的理智有时却是很脆弱的，甚至不堪一击，特别是在面对强烈感情的时候。吴三桂冲冠一怒为红颜，合"情"却不合"理"。正是这种行事的不理智，造就了吴三桂悲剧的一生。我们或许做不到"诸葛一生唯谨慎"，却应努力做到"吕端大事不糊涂"。

1965 年 9 月 7 日，世界台球冠军争夺赛在美国纽约举行。路易斯·福克斯的得分一路遥遥领先，只要再得几分便可稳拿冠军了。就在这个时候，他发现一只苍蝇落在主球上，他挥手将苍蝇赶走了。

可是，当他俯身击球的时候，那只苍蝇又飞回到主球上来了，他在观众的笑声中再一次起身驱赶苍蝇。这只讨厌的苍蝇破坏了他的情绪，而更为糟糕的是，苍蝇好像是有意跟他作对似的，他一回到球台，它就又飞回到主球上来，引得周围的观众哈哈大笑。

路易斯·福克斯的情绪恶劣到了极点，他终于失去了理智，愤怒地用球杆去击打苍蝇，球杆碰动了主球，裁判判他击球，他因此失去了一轮机会。之后，路易斯·福克斯方寸大乱，连连失分，而他的对手约翰·迪瑞则愈战愈勇，超过了他，最后夺走了冠军。

　　一只小小的苍蝇，竟然击倒了所向无敌的世界冠军，其中的教训可谓深刻。

提高自制力的三大原则

控制自己的情绪和行为，是一个人有教养和成熟的表现。可是在生活和工作中，常常会有这样的人，他们总是为一点儿小事大动干戈、发脾气，闹得鸡犬不宁，既破坏了和谐的工作环境，也破坏了同志间的团结。心理学家认为，冲动是一种行为缺陷，它是指由外界刺激引起，突然爆发，缺乏理智而带有盲目性，对后果缺乏清醒认识的行为。

有关研究发现，冲动是靠激情推动的，带有强烈的情感色彩。其行为缺乏意识的能动调节作用，因而常表现为一个人感情用事、鲁莽行事，既不对行为的目的做清醒的思考，也不对实施行为的可能性做实事求是的分析，更不对行为的不良后果做理性的评估和认识，而是一厢情愿、忘乎所以，其结果往往是追悔莫及，甚至铸成大错、遗憾终生。

增强自制力，可以使我们有更多的机会获得成功的体验，使自己更加理智，遇事更为冷静，从而进入良性循环，使自我得到积极健康的发展。

有了较强的自制力，可以使人具有良好的人格魅力，增强自己的亲和力。更容易得到别人的认同，拥有更多的朋友和知己，使自己的交际范围更为广泛，在与朋友的交往中学习别人的优点，吸取别人的教训，进一步完善自我。

自制力可以使我们激励自我，从而提高学习效率；也可以使自己战胜弱点和消极情绪，从而实现自己的理想。怎样培养和增强自己的自制力呢？从理论上讲可以从以下几个方面进行。

1. 认识自我，了解自我，深入自己的内心

人最大的敌人不是别人，而是自己。只有认识自我，在取得成绩时，才能保持平常的心态，不会因此而骄傲自满，丧失自我，对自己的能力进行过高的估计；只有认识自我，在遇到挫折和失败时，才不会被其击倒，一如既往地为着自己既定的目标而努力，不会对自己进行过低的评价。任何人都不可能一帆风顺地就成功了，也没有任何事情是不需要付出任何一点儿努力就能完成的。当我们遇到挫折时，当我们因为各种原因而后退时，我们就必须重新认识自我，只有在正确认识自我的基础上，我们才能重新找回自己的航行坐标，朝胜利方向前进。

我们随便找几个人问他是否了解自己，得到的回答一般说来都是肯定的。很多时候，人们总是认为自己对自己最为了解，其实，你真的了解自己吗？不，其实很多人根本不了解自己，根本不能正确地认识自己。

很多时候，我们总认为自己是对的，但当事情有了结果之后，我们才发现自己的错误。我们常常以为自己完全了解自己，其实我们是被自己蒙蔽了，或者说我们自己不愿意去正确地认识自己，我们情愿被自己的表象所麻痹。

怎样才算是认识自己了呢？认识自我，就是对自己的性格、特点、长处、短处、理想、生存目的、价值观、兴趣、爱好、憎恶、心理状态、身体状态、生活规律、家庭背景、社会地位、交际圈、朋友圈、现在处于人生的高峰还是低谷、长期或短期目标是什么、最想做的事是什么、自己的苦恼是什么、自己能

够做什么、自己不能做什么等方面做出正确全面的综合评估。

2. 学会控制自己的思想，而不是任由思想支配

人的具体活动，都是以思想为先导，每个行为都受着思想的控制，有的是无意的，有的是有意的。但是，思想是构建在肢体之上的，它必须起源于我们的身体。在思想控制活动之前，我们就一定要先主动积极地对其进行正确的引导，或者控制、修正其中的错误，发出正确的行动指令。这样，我们的行为才会减少冲动因素，使我们的情绪更为稳定，能更为理性地看待问题。

要想控制思想，让其受我们自身的驾驭，就要知道自己想做什么，能做什么，不能做什么。当明确了这些之后，我们在思想上就可以为自己的行为定下一个准则，利用这个准则来指导自己该做什么，不该做什么。

要想掌控自己的思想不是件容易的事情，在活动进行的过程中，我们原先为自己定下的准则会时不时地受到各种因素的影响，使得我们所坚持的准则开始动摇甚至坍塌。所以，在活动进行的过程中，我们要时常检讨自己的行为，思考自己的得失，减少冲动、激进的心理，这样才能重新夺回思想的控制权，使自己的行为更为理性。

3. 树立远大的目标

一个有远大目标的人，能不太理会身边的嘈杂而专注前行。一个想去麦加朝圣的行者，不会轻易在路途中因听别人的话而改变路线，也不会轻易因别人的挑衅而拔刀相向；勾践因为有复国雪耻的目标，因此不会因为夫差的羞辱而冲动。

因为有了努力的方向，所以不会盲目行动；因为身负重任，所以心无旁骛。有了自己最想完成的目标，我们的思想和行为或多或少都会受其影响，在一定程度上可以矫正我们的思想和行为，对我们自制力的增强将会起到积极的作用。

你有多自律，就有多自由

　　没有自由，人如同笼里的鸟，即使是黄金做的笼子，也断无快乐幸福可言。但在追求自由的人，别忘了"自制"这个词。没有自制，必受他制。自由来自于自制。

　　例如：每个人都有享受美食的自由，可是当这种自由因为无节制而失去控制时，自由就会被肥胖以及由此带来的一系列疾病所束缚。节食和减肥就是在享受这种自由后不得不付出的代价。

　　抽烟、喝酒也一样。当做不到自制地享受这些自由时，那无疑是在作茧自缚，并有可能从此被剥夺享受这些自由的权利。

　　更极端的是，一些不知自制或不能自制的人，见色起心或见财生念，一时冲动做出违背法律的荒唐事，将自己送入囹圄，彻底告别自由。

　　控制自己不是一件非常容易的事情，因为我们每个人心中永远存在着理智与情感的斗争。自我控制、自我约束也就是要一个人按理智判断行事，克服追求一时情感满足的本能愿望。一个真正具有自我约束能力的人，即使在情绪非常激动时，也是能够做到这一点的。

　　自我约束表现为一种自我控制的感情。自由并非来自"做自己高兴做的事"，或者采取一种不顾一切的态度。如果任凭感情支配自己的行动，那便使自己成了感情的奴隶。一个人，没有比被自己的感情奴役而更不自由的了。

无法自制的人难以取得卓越的成就。所有的自由背后都有严格的自制做保证，人一旦无法控制自己的情绪、惰性、时间、金钱……那他将不得不为这短暂的自由付出长远的、倍受束缚的代价。

无法自制定被他制。如果不希望成为被他人判处约束的"无期徒刑"或"死刑"，你就得好好管住自己。

学会自制，才不会受制于人

美国麻省理工学院曾经对 3000 个经理做了调查研究，发现凡是优秀的经理都不是"穷忙族"，他们总能有效地安排和利用时间，使时间得到充分合理的运用。美国著名的管理专家杜拉克教授说："认识你的时间，是每个人只要肯做就能够做到的，这是一个人走向成功的必由之路。"

当然，认识时间不是人天生就具备的，但是一个人如果有心，他便可以督促自己珍惜时间，久而久之，珍惜时间的习惯成为第二天性，就不必特意费神去关注了。但对于一些自制力差、管不住自己的人来说，就有必要在专家的指导下，有意识地培养科学合理的时间观，提高自己对时间的利用效率。

善于集中时间，不要平均分配时间。要把自己有限的时间集中在处理最重要的事情上，最好不要期望每样工作都抓，要有勇气拒绝不必要的事情。这意味着你每做一件事情，都要脚踏实地地完成。很多人会反问："既然要充分利用时间，我多干些活有什么不对？"没什么不对的。但是你必须脚踏实地地完成每一件工作。如果你接了第二个活就把第一个活给丢了，那你永远不可能致富。一次只做一件事情，一个时期只有一个重点。聪明人要学会抓住重点，远离琐碎。应该把精力用在最见成效的地方，所谓"好钢用在刀刃上"。要懂得处理事情的轻重缓急，要懂得重点的事重点对待。

善于处理两类时间。对任何人来讲，都存在着两类时间：一类是自由时间，归个人自由控制；另一类是"被动时间"，属于对他人和他事做出反应所需要的时间，不由个人自由支配。这两类时间对个人来讲都是存在的，也都是必要的。在你进行各种计划时，你必须考虑到"被动时间"，如果你忽略了它的存在，可能会造成不必要的麻烦。

安排好每一天的时间。着手把你每一天要做的事情记下来，别期望靠脑子记，那样容易出问题。如果没有安排工作日程的小本子，就去买一个。你要养成这样的习惯：随时记下你的想法和计划，然后安排好实现这些想法和计划的时间。然后你必须立即行动，去实现你已经计划好的事情。今天要做的事情必须在今天完成，不要拖拉，这样做也会增加你的满足感和成就感。

充分发挥每一分钟的效用。要充分利用每天的所有时间去做有实际效用的工作。要对照着你在工作日程本子上记录的项目去考虑问题，把有可能取得成果的每一件事都安排到日程里去，把工作时间的每一个空当都安排上事情，把每一分钟都要利用起来。

自制不仅是人的一种美德，在一个人成就事业的过程中，自制也可助其一臂之力。

有所得必有所失，这是定律。因此说，要想取得并非是唾手可得的成功，就必须付出努力，自制可以说是努力的同义语。

自制，就要克服欲望，人有七情六欲，此乃人之常情。古语有云："食色美味，高屋亮堂，凡人即所想得，但得之有度，远景之事，不可操之过急，欲速则不达也，故必控制自己。否则，举自身全力，力竭精衰，事不能成，耗费枉然。"又有些奢华之事，如着华衣，娱耳目，实乃人生之琐事，但又非凡人所能自克，沉溺其中而不能自拔，就不是力竭精衰的小事了，人必然会颓废不振，空耗一生。

人最难战胜的是自己。换句话说，一个人成功的最大障碍不是来自于外界，而是自身。除了力所不能及的事情做不好之外，自身能做的事不做或做不好，那就是自身的问题，是自制力的问题。

一个成功的人，他是在大家都做情理上不能做的事，他自制而不去做；大家都不做情理上应做的事，而他强制自己去做。做与不做，自制与强制，这就是取得成功的因素。

从小事做起，养成自制习惯

如果你今天早上计划做某件事，但因昨晚休息得太晚而困倦，你是否会义无反顾地披衣下床？

如果你要远行，但身体乏力，你是否要停止远行的计划？

如果你正在做的一件事遇到了极大的、难以克服的困难，你是继续做呢，还是停下来等等看？

对诸如此类的问题，若在纸面上回答，答案一目了然。但若放在现实中，自己去拷问自己，恐怕也就不会回答得这么爽快了。眼见的事实是，有那么多的人在生活、工作中遇到了难题，都被打倒了。他们不是不会简单地回答这些问题，而是缺乏自制力，难以控制自己。

要拥有非凡的自制力，并非看几本书、发几个誓就能立刻见效。九尺之台，起于垒土。通过一件又一件的小事来锻炼自己的自制力，是提升自制力的一个切实可行的方法。

1976 年，曾连续二十年保持美国首富地位的"石油大王"，象征石油财富和权力的保罗·盖蒂去世，留下巨额遗产。按照他的遗嘱，将 20 多亿遗产中的 13 亿美元交给"保罗·盖蒂基金会"。

保罗·盖蒂曾不止一次对他的子女们说：一个人能否掌握自己的命运，完全依赖于自我控制力。如果一个人能够控制自己，他就不必总是按喜欢的方式做事，他就可以按需要的方式做事。这正是人生成功的要点。

保罗·盖蒂是一个富家子弟，年轻时不爱读书爱浪荡。有一次，他开着车在法国的乡村疾驰，直到夜深了，天下起大雨，他才在一个小城镇找一家旅馆住下来。

他倒在床上准备睡觉时，忽然想抽一支烟。取出烟盒，不料里面却是空的。由于没有烟，他就更想抽烟了。他索性从床上爬起来，在衣服里、旅行包里仔细搜寻，希望能找到一支不小心遗漏的烟。但他什么也没有找到。

他决定出去买烟。在这个小城镇，居民没有过夜生活的习惯，商店早就关门了。他唯一能买到烟的地方是远在几千米之外的火车站。当他穿上雨鞋、披上雨衣，准备出门时，心里忽然冒出一个念头："难道我疯了吗？居然想在半夜三更，离开舒适的被窝，冒着倾盆大雨，走好几千米路，目的只是为了抽一支烟，真是太荒唐了！"

他站在门口，默默思考着这个近乎失去理智的举动。他想，如果自己如此缺少自制力，能干什么大事？

他决定不去买烟，重新换上睡衣，躺回被窝里。

这天晚上，他睡得特别香甜。早上醒来时，他浑身轻松，心情很愉快，因为他彻底摆脱了一个坏习惯的控制。从这天开始，他再也没有抽过烟。

对于保罗·盖蒂来说，戒烟的真正意义不在于戒烟本身，而在于戒烟成功后对自己意志与自制力的磨炼与提升。因此，对于本节前面所提的点滴小事，你若能有所警醒，与惰性和惯性做一些斗争并最终取胜，对于自制力的提升会有莫大的帮助。

学会控制自己的坏脾气

一提到"脾气"，许多人都会认为是"脾"之"气"，是与生俱来无法改变的。因此，那些脾气不好的人，大抵是一贯如此，直至老死仍无任何改变。脾气不好的人，最容易冲动。

从前，有个脾气极坏的男孩，到处树敌，人人见到他都避之唯恐不及。男孩也为自己的脾气而苦恼，但他就是控制不住自己。

一天，父亲给了他一包钉子，要求他每发一次脾气，都必须用铁锤在他家后院的栅栏上钉一个钉子。

第一天，小男孩一共在栅栏上钉了37个钉子。过了一段时间，由于学会了控制自己的愤怒，小男孩每天在栅栏上钉钉子的数目逐渐减少了。他发现控制自己的脾气比往栅栏上钉钉子更容易，小男孩变得不爱发脾气了。

他把自己的转变告诉了父亲。父亲建议说："如果你能坚持一整天不发脾气，就从栅栏上拔掉一个钉子。"经过一段时间，小男孩终于把栅栏上的所有钉子都拔掉了。

父亲拉着他的手来到栅栏边，对小男孩说："儿子，你做得很好。可是，现在你看一看，那些钉子在栅栏上留下了小孔，它们不会消失，栅栏再也不是原来的样子了。当你向别人发脾气之后，你的那些伤人的话就像这些钉子一样，会在别人的心中留下伤痕。你这样就好比用刀子刺向某人的身体，然后再拔出来。无论你说多少次对不起，那伤口都会永远存在。其实，口头对人造成的伤害与直接伤害人们的肉体没什么两样。"

还有一个故事也颇能说明我们的观点。

有位脾气暴躁的弟子向大师请教，"我的脾气一向不好，不知您有没有办法能帮我改善?"

大师说："好，现在你就把'脾气'取出来给我看看，我检查一下就能帮你改掉。"

弟子说："我身上没有一个叫'脾气'的东西啊。"

大师说："那你就对我发发脾气吧。"

弟子说："不行啊! 现在我发不起来。"

"是啊!"大师微笑说，"你现在没办法发脾气，可见你暴躁的个性不是天生的，既然不是天生的，哪有改不掉的道理呢?"

如果你觉得情绪失控，怒火上升，试着延缓 10 秒钟或数到 10，之后再以你一贯的方式爆发。因为，最初的 10 秒钟往往是最关键的，一旦过了，怒火常常可消弭一半以上。

下一次，试着延缓 1 分钟，之后，不断加长这个时间，1 天、10 天，甚至 1 个月才生一次气。一旦我们能延缓发怒，也就学会了控制。

记住，虽然把气发出来比闷在肚子里好，但根本没有气才是上上策。不把生气视为理所当然，内心就会有动机去消除它。其具体方法如下:

办法一: 降低标准法。经常发脾气可能和你对人对事要求过高、过苛刻有关，也可能和你喜欢以自我为中心、心胸狭窄有关。因此，通过认真反省，改变自己的思维方式和处事习惯，降低要求别人的尺度，学会理解和宽容忍让，是改掉坏脾气的根本途径。

办法二：体化转移法。怒气上来时，要克制自己不要对别人发作，同时通过使劲咬牙、握拳、击掌心等动作，使情绪转由动作宣泄出来。

办法三：逃离现场法。发火多由特定的情景引起，因此当怒气上来时，培养自己养成条件反射般立即离开现场的习惯，暂时回避一下，待冷静下来再处理事情。

办法四：精神胜利法。一说到精神胜利法，大家可能自然而然地想到阿Q，并不屑为之。但偶尔精神胜利一下也未尝不可。相传某禅师偕弟子外出化缘，途中遇一恶人左右刁难，百般辱骂，禅师不搭理，该人竟穷追数里不肯罢休。禅师面无愠色，和弟子谈笑自如。恶人无奈，只得退后罢休。事后，弟子不解，问禅师："师父你遭此羞辱为何不生气，不反击？"师父答道："若你路遇野狗朝你狂吠，你会放下身段与之对吠吗？如果你惹到它，它咬了你，难道你也去咬它？"禅师面对挑衅与侮辱的态度难道不是一种大智慧吗？

第二章

志存高远，过有目标的生活

苏轼在《留侯论》中云："匹夫见辱，拔剑而起，挺身而斗，此之不足为勇者。猝然临之而不惊，无故加之而不怒，此其所挟者甚大，而其志甚远也。"他这段话的大意是：庸人受到一些侮辱就会冲动得与对方争斗，甚至敢于搏命，其实这根本就称不上勇敢；天下有一种真正勇敢的人，遇到突发的情形毫不惊慌，面对无缘无故的侵犯，他也不动怒——他为什么能够这样呢？因为他胸怀大志，志存高远。

新生活从选定方向开始

一个英国的探险家发现在一个沙漠中有一个小村庄。它紧靠一片绿洲，从这里走出沙漠只要三天时间，可是奇怪的是，这里却没有一个人走出过沙漠。探险家问那里的人：为什么不出去？得到的回答是：走不出去。原来他们尝试过多次，但是无论向哪个方向走，他们每次都是回到原地。

探险家当然不信，他雇了一个当地人，让他带路，走了十天，果然又回到了原地。他由此弄清了他们走不出去的原因：原来他们不认识北斗星，在茫茫大漠里没法准确地判断方向，所以他们走的路线实际上不是直线而是一条弧线。探险家告诉向导，你白天休息，晚上朝着那颗星星的方向一直走，就能走出去了。后来，向导就成了那里第一个走出沙漠的人。

如今那里成了旅游胜地，那里竖着一座向导的铜像，铜像的底座上刻着这样一行文字：新生活是从选定方向开始的。

人生的旅途其实就像沙漠，本来就没有方向。很多人在这个沙漠中迷了路，因为他们找不到方向，今天往东明天往西，走来走去都是绕路，做的是无用功。而另一些人，则一开始就树立了坚定的志向，找到了人生的方向，并且坚持不懈地沿着这个方向一直走下去，很快他们就走出了人生的荒漠，步入丰美的绿洲。

果断走出人生的舒适区

好逸恶劳是人的天性，当我们熟悉一种状态时，往往就想安于现状，不愿意再多吃点苦，不甘心再多受点折磨。不可否认，这种活法会让人过得比较轻松，可长此以往，我们就会沦为平庸，终其一生都不可能看到那个闪耀夺目的自己。

有一条河流从遥远的高山上流下来，经过了很多个村庄与森林，最后它来到了一个沙漠。它想："我已经越过了重重的障碍，这次应该也可以越过这个沙漠！"

可是，当它决定越过这个沙漠的时候，河水却渐渐消失在泥沙当中。它试了一次又一次，总是徒劳无功，于是它灰心了，颓丧地自言自语道："也许这就是我的命运了，我永远也到不了传说中那个浩瀚的大海。"

这时候，沙漠低沉的声音响了起来："如果微风可以跨越沙漠，那么河流也可以。"

河流很不服气地说："那是因为微风可以飞过沙漠，可是我却不行。"

"因为你一直维持原来的状态，所以你永远无法跨越这个沙漠。你必须让微风带着你飞过这个沙漠，到达你的目的地。只要你愿意，你可以放弃你现在的样子，让自己蒸发到微风中。"沙漠继续说道。

河流惊恐地说："放弃我现在的样子，蒸发到微风中？不！

不！那不是等于自我毁灭吗？"

"微风可以把水汽包含在它之中，然后飘过沙漠，到了适当的地点，它就把这些水汽释放出来，于是就变成了雨水，这些雨水又会形成河流，继续向前进。"沙漠耐心地回答。

"那我还是原来的河流吗？"河流问。

"可以说是，也可以说不是。"沙漠回答，"不管你是一条河流还是看不见的水蒸气，你的本质不会改变。你之所以坚信自己是一条河流，是因为你从来不知道自己的本质。"

此时小河流的心中隐隐约约地想起：自己在变成河流之前，似乎也是由微风带着，飞到内陆某座高山的半山腰，然后变成雨水落下，才汇成今日的河流。于是，河流化成水蒸气，投入到微风的怀抱之中，奔向它生命中的归宿。

不要害怕吃苦，也不要害怕挑战，人生不可能处处都是康庄大道，我们总会遇到各种困难、阻碍和挫折。此时，退缩、软弱和安于现状只会不断消耗我们本就不够鲜活的生命力，唯有勇敢地走出自己的舒适区，想方设法跨越生命中的障碍，我们才能像故事中的小河流一样，从雨水变成河流，再从河流变成汪洋大海。

而所谓的"舒适区"，指的是一个人所表现的心理状态和习惯性的行为模式，人会在这种状态或模式中感到舒适。舒适区，又称为心理舒适区。在这个区域里，每个人都会觉得舒服、放松、稳定、能够掌控、很有安全感。而一旦走出这个区域，人们就会感到焦虑、恐慌、别扭、不舒服、不习惯。

有一家公司的主管，在一次培训课上，用一幅图诠释了一个人生寓意。

他首先在黑板上画了一幅图：在一个圆圈中间站着一个人。接着，他在圆圈的里面加上了一座房子、一辆汽车、一些朋友。

主管说："这是你的舒适区。这个圆圈里面的东西对你至关重要：你的住房、你的家庭、你的朋友，还有你的工作。在这个圆圈里，人们会觉得自在、安全，远离危险或争端。现在，谁能告诉我，当你跨出这个圈子后，会发生什么？"

教室里顿时鸦雀无声，一位积极的学员打破沉默："会害怕。"

另一位说："会出错。"

还有一位说："会吃苦。"

这时，主管微笑着说："当你犯错误了，其结果是什么呢？"

最初回答问题的那位学员大声答道："我会从中学到东西。"

主管说："正是，你会从错误中学到东西。当你离开舒适区以后，你会学到你以前不知道的东西，你能增长自己的见识，所以你会进步。"

主管再次转向黑板，在原来那个圈子之外画了个更大的圆圈，还加上了些新的东西，如更多的朋友、一座更大的房子等。

"如果你总是在自己的舒适区里打转，你就永远无法扩大你的视野，永远无法学到新的东西。只有当你跨出舒适区以后，你才能使自己人生的圆圈变大，才能把自己塑造成一个更优秀的人。"主管说道。

是的，我们每个人的人生就好比一个圆圈，在这个圆圈里，我们有着属于自己的固定的舒适区。如果我们害怕出错、吃苦、遭罪，不愿意走出这个舒适区，那我们就会变成井底之蛙；反之，如果我们能够勇敢地走出自己的舒适区，那便能开阔视野，增长见识，提高自己的创造力，让自己迅速成长起来。

美国著名的大提琴家麦特·海默维茨 15 岁时，与以色列爱乐乐团演出了他的第一场音乐会，便立即造成轰动，受到各阶层人士的注意。在他 16 岁时，就获得了艾弗里费瑟职业金奖。著名的德国唱片公司还跟他签了独家发行其唱片的合约。之后，他更多次获得唱片大奖、金音叉奖等著名大奖。

然而就在海默维茨声名大噪的时候，这位大提琴神童却突然消失了四年，几乎让人们把他的名字给淡忘了。

原来他去哈佛大学进修了。他做了一篇以贝多芬《第二大提琴奏鸣 102 号》为课题的毕业论文，并赢得了哈佛大学的最佳论文奖。

法国著名的文学家蒙田说："谁害怕受苦，谁就已经因为害怕而在受苦了。"没错，年轻就是要吃苦，伟大都是磨出来的，而吃苦的第一步就是要走出自己的舒适区，寻求舒适区外的"最优发展区"，以适度的紧张和焦虑获得最佳表现。就像海默维茨一样，不断地挑战自己，超越自己，最后成就一个卓越的自己。

锁定目标，别让梦想变幻想

没有目标的活动无异于梦游，没有梦想的生活只不过是一种幻象。许多人把一些没有计划的活动错当成人生的方向，即使花费了九牛二虎之力，由于没有明确的目标，最后还是哪里都到不了。

要攀登人生山峰的更高点，必须要有实际行动，但是首要的是找到自己的方向和目的地。没有明确的目标，一切都只是空中楼阁，望不见更不可及。如果我们想要使生活有突破，确定目标很重要。只有设定了目标，人生之旅才会有方向、有进步、有终点、有满足。

然而在生活中，有不少人缺乏明确的目标。他们看起来很努力，总是不断地在行进，却永远找不到终点，找不到目的地。没有了目标，活动就没有焦点，只会让自己白费力气，得不到任何成就与满足。

有一位大学生经常在报纸上发表作品，他从事新闻工作的天分很高，有这方面的潜力，但他在毕业时却没有选择从事这个行业。他觉得新闻工作就是报道一些琐碎的事情，没有发展机会。可是5年后，他却不无懊悔地说："老实说，我现在的待遇也不算低，公司也有前途，工作又有保障，但是我压根儿心不在焉，我很后悔没有一毕业就从事新闻工作。"从这位大学生的身上可以看出，他对于现在的工作没有热情。一个人对自己的工作缺乏激情，那么将来在本行业就不会有什么前途。

如果这位大学生当初投入新闻行业的话，或许他早就小有成就了。

他失败的根本原因就在于没有确定自己的发展方向和事业的目标。因为有了目标才会成功，目标是促使你有所成就的真正动力。

威廉姆斯·玛斯特恩，是一位非常杰出的心理学家。他曾经向3000人问过同样的问题："你为什么而活着?"结果表明，居然有94%的人说他们没有明确的生活目标。正如有句谚语所说："每个人都会死，但并非每个人都真正地活着。"玛斯特恩的调查也证实了这一点。许多人过着如梭罗所说的"宁静的绝望生活"，他们忍耐、等待、彷徨，期望他们的人生目标在某个神灵的激发下瞬间降临。同时，他们只是在生存着，重复着生活的机械动作，从未感受过生命的精彩。他们看着自己的生命之光飞逝，变得越来越恐惧，害怕自己还没有体会到任何真正的喜悦和生命的内涵，就走到了人生的尽头。

设定明确的目标，是所有成就的出发点。那些94%的人之所以茫然地生活着，就在于他们没有设定明确的目标，并且也从来没有踏出他们的第一步。

当你研究那些已获得成功的人物的事迹时，你会发现，他们每一个人都有自己明确的目标，都有如何达到目标的计划，并且花费最大的心思和付出最大的努力来实现这个目标。

美国著名诗人弗洛斯特在第一次接触到雪莱的诗时深受触动："啊! 这个东西正是我所要的。"他觉得自己与雪莱的作品一见钟情，以至心心相印。他不但找到了指定的读物，还找到了图书馆中收藏的所有英国诗集。读了雪莱、济慈等人的诗集之后，越来越觉得诗才是他应该选择的目标，从此他迈向了诗坛，自己的诗作发表后，便一发不可收。

人们一般都知道，优秀的企业或组织都有 10 年至 15 年的长期目标。毫无疑问，一个人也应该从这样的企业规划与发展战略中得到某种成功的启示：为自己计划 10 年以后的人生的事情。如果希望 10 年以后变成怎样，那么现在就必须朝这个方向发展。

一个心中有目标的人，就可能成为创造历史的人；一个心中没有目标的人，只能是个平庸的人。

目标绝对重要，它不但能调动我们的积极性，而且能够激发我们对人生的热情。你应该从今天就开始制定目标，为自己的未来规划航向。思想家罗伯特·F·梅杰说："如果你没有明确的目的地，你很可能就走到了不想去的地方。"因此，你应该尽一切努力去实现自己的理想，而不要原地转圈或盲目地走到自己不想去的地方。

让目标牵引你的行动

目标是人类对于美好事物的一种憧憬和渴望，但目标绝不是空想和妄想。人生需要目标，人生如果没有目标，就像没有明天一样无望；人类需要目标，目标让这个世界变得如此生动，如此丰富多彩。

因为有了飞翔的目标，莱特兄弟发明了飞机；因为有了光明的目标，爱迪生发明了电灯；因为有了探索宇宙的目标，加加林成为第一位从太空看到地球的人；而美国宇航员阿姆斯特朗则于 1969 年 7 月 21 日 2 时 56 分乘登月舱"鹰"在月球静海西南角登陆，成为第一位登上月球的人，实现了人类有史以来探访月球的目标。

彩虹之所以美丽，是因为不仅仅有赤橙黄绿青蓝紫七种颜色作为丰富内容，还有灿烂阳光与细小水珠激情融合的艺术形式。尽管空中虹桥不可以渡人，但其绮丽足以令人赞叹。

飞瀑之所以壮观，是因为激流途经百里坎坷曲折后，以那震撼人心的纵情一跃，既完成了飞流直下倾泻银河的壮举，又实现了浪击峭壁潭隐蛟龙的夙愿。

任何一个成功者心中都有一个伟大的目标。目标驱动着他前进，目标让他不畏艰难，目标让他敢于挑战权威，目标让他勇往直前。

目标不是有钱人的奢侈品。本田汽车公司的创始人本田宗一郎，在小的时候就有伟大的目标。本田宗一郎出生在一个非常贫困的家庭，父亲是铁匠并兼修自行车，在耳濡目染中，他对机车事业产生了兴趣。小时候，当他第一次看到汽车时，简直入了迷，他的传记里记载了这件事：我忘了一切，追着那部汽车，我深深地受到震动，虽然我只是个孩子，我想就在那个时候，有一天我要自己制造一部汽车的念头已经启动了……

20世纪50年代初期，本田宗一郎推动自己的公司，进入已经很拥挤的机车工业。5年内，他成功地击败了汽车工业里的250位对手，其中有50家日本公司。他"目标"中的机器在1950年推出，实现了他儿时制造更好的机器的目标。随后他在1955年，在日本推出"超级绵羊"系列产品，1957年，这种产品在美国推出，同时推出著名的广告语："好人骑本田"。这种不同流俗的产品，加个创意新颖的广告促销，使本田汽车立刻成为畅销的热门产品，也改变了已经奄奄一息的汽车工业。到了1963年，本田机车几乎在世界各个国家，都变成了汽车工业里最主要的力量，让美国的哈雷机车和意大利的机车公司大败。

目标不是年轻人的专利。目标是对生活的一种积极进取的态度和一种深深的企盼。

为了目标的实现，多少勤劳、智慧、热爱生活的人们做出坚持不懈的追求，无论道路多么崎岖，不管激流多么湍急，都不能挡住人们实现目标的愿望。

目标改变一个人的冲动

朋友小李自幼丧母，初中未毕业就走向社会，跟随老乡在各个城市里的基建工地混饭吃，学会了社会上很多的不良习气，例如赌博、打架等，大错不犯、小错不断。他的少年时代就在懵懂与磕碰中流逝，到了二十出头，他遇上了一个可心的女孩，方才行事稍微有点收敛。

小李和女朋友没有结婚，两人一直同居着。有了"老婆"后的小李，也开始为自己的将来做一些谋划与打算。他谁也靠不上，爸爸在几年前再婚，接着小李又有了一个同父异母的小弟弟。再说，他家里的情况本来就比较贫困。至于"老婆"家，一则也是很普通的人家，二则一直反对他们在一起，小李想要指望"老婆"家也是不可能的。

在城市里生存的贫寒"小夫妻"，日子虽然甜蜜，但总是难免有"贫贱夫妻百事哀"的时候。稍微有些收心的小李终于在一次手里没钱时犯了傻，因为一时的冲动，抢了出租车司机的钱。抢得不多，但终归是抢劫，小李很快就被抓住，判了四年刑。

坐了三年多一点的牢后，小李因为表现优异被提前释放。重回社会后，一切都变了。他原先的"老婆"已经结婚生子，对象居然是小李原来的包工头小彭。那几年因为房地产开发的热火，小彭赚了好几十万，因此小日子过得颇为红火。小李当时接受不了这一现实，准备动刀子解决问题。我知道情况后极力劝阻他，从各个角度进行说服后，他最终被我的"激将"法打消疯狂的报复念头。我告诉他：如果他真的有本事，就做一个比小彭更大的包工头，最好是做包工包料的大包头，让小彭在自己的手下拿工程；不要靠刀子征服小彭和女友，要靠实力来说话。

小李被我的激将法激起了壮志后，果然冷静了下来，不再提动刀子的事情。当然，白手创业的过程是艰难的，但七八年后的今天，30多岁的他一步一步地变成了一个不大不小的包工头，偶尔也包工包料。我在这中间曾经问过他，是否还要打点架、赌点博，他回答：唉，哪有时间，忙正事都忙不过来，现在我根本就懒得想那些打打杀杀的事情，就是谁打到我头上我也能躲就躲、能忍就忍，这些事情根本就不值得放在心上。

目标居然彻底改变了一个浪子。实际上，当时的我也只是想打消他疯狂的冲动而救急的说辞。但他听进了耳，立下了自己的目标，并为了这个目标而逐渐改变了自己的坏脾气、坏习惯。这是当初我劝说他时实在没有想到的。

事情过后，我想：一个心有目标并且不达目标不罢休的人，必定是心无旁骛的，哪里犯得着为目标以外的其他事情而触动、而冲动？

当然，目标并非根治冲动的万能药。事实上，有目标的人在追逐目标时也可能会冲动——如何避免不必要的冲动并引导好冲动在我们后面的章节里会提及，至少能够帮助人们减少许多与目标无关的冲动。这，就是有目标对于避免冲动的意义之所在。

因为"负重",所以"忍辱"

强者为什么能够忍受常人所不能忍受的侮辱?是因为他们心中有远大的理想——也就是说,他们身负重任。和他们身上的"负重"相比,侮辱算不了什么。也许应该这样说:"负重忍辱"——因为"负重",所以"忍辱"。

在有关忍辱负重的典故中,韩信所受的"胯下之辱"已足够让人难以承受,但比起勾践的"尝粪问疾"来说,就显得"小巫见大巫"了。韩信只是从人的裆下钻过,而勾践从一个过惯了锦衣玉食的一国之王,成为吴国的阶下囚,为奴三年,受尽凌辱。他为了活下去,为了生存,为了复国、复仇,为吴王当马夫,当"上马石"!他为了进一步麻痹夫差,以为夫差看病为名,竟尝其粪便,这令人想起来就作呕的行为远远超出了人的生理极限,实在令人难以想象!

成语"负荆请罪"的故事传为千古美谈:蔺相如身为宰相,位高权重,而不与廉颇计较,处处礼让,何以如此?为国家社稷也。"将相和",则全国团结;国无嫌隙,则敌必不敢乘。蔺相如的忍辱,正是身负国家安定之"重"。也并非所有的"负重"者都能"忍辱"。楚汉相争时,项羽吩咐大将曹咎坚守城皋,切勿出战,只要能阻住刘邦 15 日,便是有功。不想项羽走后,刘邦、张良使了个骂城计,指名辱骂,甚至画了画,污辱曹咎。这一招,惹得曹咎怒从心起,早将项羽的嘱咐忘到九霄云外了，立即带领人马，杀出城门。这真是所谓的"冲冠将军不知计，一怒失却众貔貅"。汉军早已埋伏停当，只等项军出城入瓮。霎时地动山摇，杀得曹咎全军覆没。

曹咎身负重任，却因为一时冲动而忘记了"负重"，最终做了一件无比愚蠢的冲动事。因此，我们在头脑发热之时，一定要强迫自己想一想：我的目标是什么？我这样做，是否有利于实现目标？

专注使人减少冲动

著名哲学家黑格尔说过一句话："一个有品格的人即是一个有理智的人。由于他心中有确定的目标，并且坚定不移地以求达到他的目标……他必须如歌德所说，知道限制自己；反之，那些什么事情都想做的人，其实什么事都不能做，而终归于失败。"

是的，机遇就在目标之中。用眼睛盯住目标，用理智去战胜飘忽不定的兴趣，不要见异思迁，这样我们才能抓住成功的机遇。正如美国作家马克·吐温所说："人的思维是了不起的。只要专注某一项事业，那就一定会做出使自己都感到吃惊的成绩来。"

在互联网上的淘金大军当中，李彦宏一开始只是一个默默无闻的角色。他之所以能够脱颖而出，没有像绝大多数人一样从淘金到"逃荒"，一个至关重要的原因就是——专注。"百度是一个更专业、更专注的公司，我们就做一件事情——中国的搜索引擎，而且我们做得非常极端，这在中国是很大的一个市场，你看世界上其他公司，没有任何一家像百度做得这么专注。"李彦宏的话的确值得我们深思。正是无与伦比的专业与专注，才成就了今天的百度。

这是一个比拼深度的时代。唯有专业，才有深度；而专业来自于对事物的专注。

你知道以前的石匠是怎么敲开一块大石头的吗？他所拥有的工具只不过是一个小铁锤。当他举起锤子重重地敲下第一击时，没有敲下一块碎片，甚至连一丝凿痕都没有，可是他并不以为然，继续举起锤子一下再一下地敲，100下、200下、300下，大石头上依然没出现任何裂痕。

可是石匠还是没懈怠，继续举起锤子重重地敲下去。路过的人看他如此卖力而不见成效却还继续硬干，不免窃窃私语，甚至有些人还笑他傻。可是石匠并未理会，他知道虽然所做的还没看到成效，不过那并非表示没有进展。他又挑了大石头的另一个地方敲，一锤又一锤，也不知道是敲到第500下还是第700下，或者是第1000下，终于看到了成效，那不是只敲下一块碎片，而是整块大石头裂成了两半。难道说是他最后那一击使得这块石头裂开的吗？当然不是，这是他一而再，再而三连续敲击的结果。这个故事给我们很大的启示：持续不断的努力就有如那个小铁锤，它能敲碎一切横亘在人生路途上的巨大石块。

美国钢铁大王安德鲁·卡内基在一次对美国柯里商业学院毕业生的讲话中指出："获得成功的首要条件和最大秘密，是把精力完全集中于所干的事。一旦决心干哪一行，就要决心干出名堂，要出类拔萃，要点点滴滴地改进，要采用最好的机器，要尽力通晓这一行。失败的企业是那些分散了精力的企业。它们向这件事投资，又向那件事投资；在这里投资，又在那里投资；方方面面都有投资。'别把所有的鸡蛋放入一个篮子'之说是大错特错的。我告诉你们，要把所有的鸡蛋放入一个篮子，然后照管好这个篮子。注视周围并留点神，能这样做的人往往不会失败。照管好那个篮子很容易，但在我们这个国家，想多提几个篮子因而打碎鸡蛋的人也很多。有三个篮子的人就得把一个篮子顶在头上，这样很容易摔倒。"

　　每个人的精力是有限的，只有把有限的精力全部集中到一件事情上，才能把这件事情做好。

　　澳大利亚零售商伍尔沃斯的目标就是要在全球设立"廉价连锁商店"，他把全部精力都花在这项工作上，最后他终于完成了此项目标，并获得了成功。

做自己最好的知己

只有选取了适合自己的目标，你才能坚定地走下去，并有最大的可能达成目标。选取适合自己的目标，需要最大限度地了解自己、认识自己。拿破仑·希尔说："无论别人的推心置腹显得多么明智和美好，但是从事物本身的性质来讲，人们都应当是自己最好的知己。"

寻找真实的自己，不是一朝一夕的工作，而是你整个人生的一件工作。寻找真实的自己，是自我充实的一件伟大而生动的工作。如何寻找真实的自己？你必须记住，真实的自己，包含着善与恶。善的本质包括：自尊、自信、自恃、勇气……恶的本质包括：失意、孤僻、愤恨、自卑……寻找真实的自己，就必须了解自己的缺憾对自己的影响。恶的本质创造了一个渺小的自我，善的本质创造了一个伟大的自我，而每个人都是一个渺小自我与伟大自我的混合体。渺小自我的消极感经常存在，它们就像红灯，让你把善良的本质隐藏起来，加入它们的阵营。伟大自我是绿灯，让你勇往直前，以心智的能力追求你的目标，不让自己的消极感作祟。

如何寻找真实的自己？你必须了解自己是永远无法达到完美的境界的，但只要自己每天尽力去做，就能使自己获得极大的快乐。究竟该如何尽力去做呢？就是要解决问题，克服困难，超越愤怒、挫折、卑怯和空虚之感。试着用善的本质去达到自己的目标，你就算是向着寻找真正的自我之路迈进了。太阳每天都是新的，每天都有新的机会，只要你不断地找寻真实的自我，就可以获得充实的人生，从而发挥你的灵性。

能够客观地认识自己当然是有些困难的，然而作为一个想做一番事业的人，对自己先要有个正确的认识，这是一个起码的要求。比如说，你可能解不出那样多的数学难题，或记不住那样多的外文单词、成语，但你在处理事务方面却有特殊的本领，能知人善任、排难解纷，有高超的组织能力；又比如你在物理和化学方面也许差一些，但写小说、诗歌却是能手；也许你分辨音律的能力不行，但却有一双极其灵巧的手；也许你连一张桌子也画不像，但有一副动人的歌喉；也许你不善于下棋，但有过人的臂力。在认识到自己长处的前提下，如果能扬长避短，认准目标，抓紧时间把一件工作刻苦、认真地做下去，久而久之，自然会结出丰硕的成果。

即使是那些看起来很笨的人，也许在某些特定的方面也会有杰出的才能。比如，亚瑟·柯南·道尔作为医生并不著名，写小说却名扬天下。每个人都有自己的特长，都有自己特定的天赋与素质，如果你选对了符合自己特长的目标并为之努力，就能够成功；如果你没有选对符合自己特长的目标，或许就会自己埋没自己。

很多成功人士的成功，首先得益于他们充分了解自己的长处，并根据自己的长处来进行自我定位。如果不充分了解自己的长处，只凭一时的兴趣和想法，那么定位就很可能不准确，具有很大的盲目性。歌德一度没能充分了解自己的长处，树立了当画家的错误志向，因此他浪费了 10 多年的光阴，为此他非常后悔。美国女影星霍利·亨特一度竭力避免被定位为短小精悍的女人，结果走了一段弯路。幸亏经纪人的引导，霍利·亨特重新根据自己身材娇小、个性鲜明、演技极富弹性的特点进行了正确的自我定位，出演了《钢琴课》等影片，一举夺得1993年戛纳电影节的"金棕榈"奖和奥斯卡大奖。

类似的例子实在是太多了。

爱迪生小时候在校学习时，老师认为他是一个愚笨的孩子，经常责怪他。而爱迪生的母亲却发现了自己儿子爱探究的天赋，用心培养他，后来爱迪生终于成了发明大王。

达尔文学数学、医学的时候呆头呆脑，一接触到动植物却灵光焕发……

阿西莫夫是一位世界闻名的科普作家，同时也是一位自然科学家。一天上午，他坐在打字机前打字的时候，突然意识到："我不能成为一个第一流的科学家，但我能够成为一个第一流的科普作家。"于是，他几乎把自己的全部精力放在科普创作上，终于成了当代世界最著名的科普作家。

伦琴原来学的是工程科学，他在老师孔特的影响下，做了一些物理实验，并逐渐体会到，这就是最适合自己干的行业。后来他果然成了一个有成就的物理学家。

一些遗传学家经过研究认为：人的正常智力由一对基因所决定。另外还有五对次要的修饰基因，它们决定着人的特殊天赋，起着降低或提高智力的作用。一般说来，人的这五对次要基因总有一两对是"好"的。也就是说，人总有可能在某些特定的方面具有良好的天赋。

所以，每一个人都应该努力根据自己的长处来设计自己，量力而行。根据自己的才能、素质、兴趣、环境、条件等，确定自己的目标。不要埋怨环境与条件，应努力寻找有利条件；不能坐等机会，要自己创造条件，拿出成果，获得社会的承认。从事科学研究的人不仅要善于观察世界，观察事物，也要善于观察自己，了解自己。

第三章

改变心态，积极地面对生活

    一个拥有良好自控力的人首先应该是一个心态非常好的人。一个人想要提升自己的控制能力，让自己在工作上做出更大的成就，必须要从心态上改变自己，积极主动、自信、不抱怨、不浮躁，所有的这些特质都能帮助人控制自我的良好心态。

改变心态，才能改变人生

美国著名社会心理学家亚伯拉罕·马斯洛曾说："心态若改变，态度跟着改变；态度改变，习惯跟着改变；习惯改变，性格跟着改变；性格改变，人生就跟着改变。"没错，心态决定成败。积极乐观的心态，能使人奋发上进，灵活适应不同的环境和变化，从容应对各种困难和挑战，从而获得更多的发展机会；而消极悲观的心态，则会使人萎靡不振，不思进取，从而失去许多宝贵的发展机会。

有两位住在乡下的陶瓷艺人，一位叫杰克，一位叫亨利。

他们听说城里人喜欢用陶罐，便决定将自己烧制的最好的陶罐卖到哥伦比亚特区去。经过十多年的反复试验，他们终于烧制出了自认为最好的陶罐。他们雇了一艘轮船，准备将所有的陶罐都运到哥伦比亚特区去。

没想到轮船中途遇到了强烈风暴，等风暴过后，轮船靠岸，陶罐全部成了碎片，他们的富翁梦也随着陶罐一起碎了。

杰克提议先去酒店住上一晚，明天再去城里四处走走，好好见识见识。而亨利则在捶胸顿足地痛苦了一番后，问杰克："你还有心思去城里四处走走，难道你就不心疼我们辛辛苦苦烧出来的那些陶罐？"

杰克心平气和地说："我们失去了那些陶罐，本来就够不幸了，如果还因此不快乐，那不是更加不幸？"

　　亨利觉得他的话有道理，于是跟着杰克去城里好好地玩了几天。在游玩的过程中，他们意外地发现，城里人用来装饰墙面的东西很像他们烧制陶罐的材料。于是，他们索性将那些碎陶罐全部砸得更碎，做成了马赛克，出售给了城里的建筑工地。结果，他们不但没有因为陶罐的破碎而亏本，反而因为出售马赛克而大赚了一笔。

　　机遇总是像一个调皮的孩子，在曲折人生道路的某个岔道口与我们玩着捉迷藏的游戏。此时，是否拥有良好的心态是决定我们能否抓住机遇的关键。

　　在实际工作中，我们应该学习故事中的杰克，不管遇到什么事情，永远保持积极乐观的心态。要知道，机会向来都青睐拥有好心态的人。

　　现代成功学大师拿破仑·希尔说过："人与人之间只有很小的差异，但这种很小的差异却可以造成巨大的差异。很小的差异即积极的心态或消极的心态，巨大的差异就是成功或失败。"很多人有所不知的是，拿破仑·希尔会发出这种感叹，是因为他曾有过一段令人难忘的经历。

　　在这段经历中，他曾遇到过两个在心态上有着霄壤之别的年轻人，让他感到震惊的是，不同的心态竟然能造就两个年轻人不同的命运。

　　第一个年轻人在一家百货公司工作已经 4 年了。一天上午，拿破仑·希尔和他在柜台边交谈，年轻人说，这家公司没有器重他，他正准备跳槽。

　　在谈话中，有个顾客走到年轻人的面前，要求看看帽子，但他却置之不理，继续和拿破仑·希尔谈话。直到说完了，他才对那位显然已不高兴的顾客说："这儿不是帽子专柜。"顾客又问帽子专柜在哪儿，年轻人懒洋洋地回答："你去问那边的管理员好了，他会告诉你。"

拿破仑·希尔感叹说，4年来，这个年轻人一直处于很好的机会中，但他却不知道。他本可以使每一个顾客都成为回头客，从而展现出他的才能，但他却冷冷淡淡，把好机会一个又一个地损失掉了。

另一个年轻人也是这家百货公司的售货员。一天下午，外面下着雨，一位老妇人走进店里，漫无目的地闲逛，显然不打算买东西。

大多数售货员都没有搭理这位老妇人，而那位年轻的店员则主动向她打招呼，很有礼貌地问她是否需要服务。老妇人说，她只是进来避避雨，并不打算买东西。这位年轻人安慰她说，没关系，即使如此，她也是受欢迎的。他还主动和她聊天，以显示他确实欢迎她。

当老妇人离开时，年轻人还送她出门，并体贴地替她把伞撑开。这位老妇人向他要了一张名片后，就转身走了。

后来，这位年轻人完全忘了这件事。但有一天，他突然被公司老板召到办公室，老板向他出示了一封信，是那位避雨的老妇人写来的。在信中，老妇人要求这家百货公司派一名销售员前往苏格兰，代表该公司接洽一宗大生意。老妇人还特别指定这位年轻人接受这项工作。

原来，那位老妇人就是美国钢铁大王卡内基的母亲。而这位年轻人由于他的热情、积极、平和的心态获得了一个极佳的晋升机会。

在实际的工作中，很多人都觉得自己之所以一事无成，是因为公司不给自己机会，又或是自己倒霉，运气不好。很显然，这种将自身的失败归结于外界因素的想法是不对的。至少这个故事很好地给我们上了一堂课，告诉每一位在职场打拼的人，决定我们成功与否的，绝对不是环境，而是我们的心态。

换句话说，心态决定我们的视野、事业和成就。如果我们在工作中拥有好的心态，机会就会降临在我们的身上，我们就能在职场平步青云。

一位哲人说过："你的心态就是你的主人。"诚然，我们不能延长生命的长度，但我们可以扩展它的宽度；我们不能改变天气，但我们可以左右自己的心情；我们不能控制环境，但我们可以调整自己的心态。

总之，心态决定我们的工作状态，有什么样的心态，我们就有什么样的职场未来。身为员工，我们要想提高自身的职业素养，首先还得从心态开始，树立一个积极乐观的心态比什么都重要。我们要始终坚信，在积极乐观的心态的指引下，我们会与更多、更宝贵的机会相遇，我们的职场前景必然会灿烂无比。

自信就是你的软实力

自信是一种积极的心态，是一个人对自我价值和能力的肯定。通过对自己的信任以及对自我的肯定，大脑会建立一种潜意识的思维模式，那就是自己会成为一个成功的人。正是因为有了这种积极的心理暗示，当我们遇到困难时，才不至于丧失勇气和信心，才得以战胜困难和挫折，笑对人生。

可以毫不夸张地说一句，信心是我们精神大厦的基石。只要有信心在，我们的精神就不会垮掉，不管遇到什么问题，都能高效快速地将其解决掉。很多时候，一些人之所以不能成功，并非因为他没有才华或者能力，而是他的信心发生了动摇，于是阻碍了自身能力的发挥，从而使自己与成功失之交臂。

有这样一个故事。

日本某公司招聘职员，有一位应聘者面试后等待录用通知时一直惴惴不安。等了好久，该公司的信函终于寄到了他手里，然而打开后却是未被录用的通知。

这个消息简直让他无法承受，他对自己的能力失去了信心，无心再去面试其他公司，于是服药自尽。

幸运的是他并没有死，刚刚抢救过来，又收到该公司的一封致歉信和录用通知，原来电脑出了点差错，他是榜上有名的。这让他十分惊喜，急忙赶到公司报到。

可让他没有想到的是，公司主管见到他的第一句话竟是：

"你被辞退了。"

他愕然，连忙问道："为什么？我明明收到了录用通知。"

"是的，可是我们刚刚得知你自杀的事，我们公司不需要因小事而轻生的人。"公司主管冷静地回答道。

听了主管的话，他笑了，他没想到自己失去工作，不是失在严格而苛刻的笔试考题上，也不是败给实力不俗的竞争对手，恰恰是自卑成了自己的克星，挡住了自己梦寐以求的发展道路。

没错，这位应聘者之所以会彻底失去这份工作，正是因为他不够自信，心理极度脆弱和自卑，没有正确评估自己的能力和价值，遇到了一点点打击和挫折便轻视自己，对自己的未来再也不抱有任何希望。

试问，这样的人又有哪位管理者敢招入麾下呢？要知道，员工存在的价值就是为老板分忧解劳的，如果员工缺乏良好的心态，不相信自己的能力和价值，那最后非但不能替老板解决问题，反而会频繁地给老板制造问题。

德国哲学家谢林曾经说过："一个人如果能意识到自己是什么样的人，那么，他很快就会知道自己应该成为什么样的人。但他首先在思想上得相信自己的重要，很快，在现实生活中，他也会觉得自己很重要。"对一个人来说，当他正确地认识了自身的能力和价值时，他就会产生一种肯定性的情感和积极的心态，促使自己将自身的才华展现得淋漓尽致，从而收获成功。

如今，杨澜是家喻户晓的明星人物。不过，起初杨澜只是北京外国语大学一个普通的大学生。她的人生转折点是应聘中央电视台《正大综艺》的主持人，这对她来说是一次机会。正如她自己所说："如果没有一个意外的机会，今天的我恐怕已经做了什么大饭店的什么经理，带着职业的微笑，坐在一张办公桌后边了。"

杨澜是怎么把握住这次机会的呢？恐怕在诸多因素之中，自信是处于第一位的。

其实，杨澜并不特别漂亮，只是她那清纯、自然、自信的气质，赢得了评委们的青睐。但是，与漂亮的人选相比，评委们还拿不准最后的主意。

关键的时刻来临了。电视台主管节目的领导都到场了，他们要在杨澜与另一位连杨澜也不得不承认"的确非常漂亮"的女孩中选择一人。这将是最后的选择。

杨澜的好胜心一下子被激起了，她想："即使今天你们不选我，我也要证明我的素质。"于是，她带着这样强烈的自信心登场了。

这次考试的两个题目是：一、你将如何做这个节目的主持人；二、介绍一下你自己。

杨澜是这样开始的："我认为主持人的首要标准不应是容貌，而是看她是不是有强烈的与观众沟通的愿望。我希望做这个节目的主持人是因为我特别喜欢旅游。人与大自然相亲相近的快感是无与伦比的，我要把这个快感讲给观众听……"

在自我介绍时，杨澜这样说："父母给我起'澜'为名，就是祝愿一个女孩子有海一样开阔的胸襟，自强、自立。我相信自己能做到这一点……"

杨澜一口气讲了半个小时，没有一点文字参考。她的语言流畅，思维缜密，富有思想性，很快就赢得了诸位领导的赏识。大家不再关注她是否是最漂亮的主持人，却全都被她出众的口才吸引住了。

据杨澜后来回忆说："说完后，我感到屋子里非常安静。今天看来，按气功的说法，是我的气场把他们'罩'住了。"

当杨澜再回到那个房间时，中央电视台已决定录用她了。

这次面试改变了杨澜的一生，让她从一个寂寂无闻的学生，摇身一变，成为现在全中国无人不知无人不晓的名人。

自信是一种软实力。杨澜无疑具备这种软实力。在与强有力的对手竞争中，她虽然没有在容貌上占据绝对优势，但是强大的自信，让她充分发挥了个人的潜能，终于以个人优秀的素质胜出。

通过这个故事，我们可以清楚地看到，在竞争日益激烈的职场，想要在众人中脱颖而出，信心就显得尤为重要。

只有拥有自信，我们才会勇于挑战困难，我们才能最大限度地展现出自己的才华与能力。如果干什么事情都不能树立信心，那就相当于自己给自己设置心理障碍，自己给自己出难题，到头来只会与成功无缘，什么事情都做不成。

美国发明家爱迪生曾说："我最需要的，就是做一个能够使我尽我所能的人。尽我所能，那是'我'的问题；不是拿破仑或林肯的所能，是尽'我'的所能。我能够在我的生命中贡献出最好的，抑或是最坏的，能够利用我能力的 10%、15%、25%，抑或90%，这对于世界，对于自己，都可以生出很多差异来。"

自信的魔力可以改变一切，只要我们相信自己能，我们就无所不能。尤其在工作中，如果我们对自己足够自信，那我们就能如爱迪生所说尽己所能，充分利用自己的能力，成就一番非凡的事业，创造一个美好的明天。

在工作中要少抱怨多行动

行走职场，相信很多人都有过抱怨的经历，有时候不是抱怨工作太累，就是抱怨工作太难；不是抱怨升职太慢，就是抱怨薪水太低……然而，当我们喋喋不休地抱怨的时候，是否发现有些人却一声不吭，只顾埋头工作。

难道他们在工作中没有不满意的事情吗？还是他们为了讨好老板阳奉阴违？又或是他们的心理承受能力特别强？

一段时间过后，我们就会发现，我们曾经抱怨自己得不到的那些待遇都被这些人得到了。他们是命运的宠儿，不仅老板欣赏他们，就连同事也敬佩他们。

这究竟是为什么呢？

其实，他们并不比我们更加幸运，只是他们拥有一个良好的心态，总是能把大多数人用来抱怨的时间用在解决问题上。

众所周知，在实际的工作中，抱怨并不能改变我们的现状，它除了能排解我们心中一时的不快之外，根本不能解决任何实质性的问题，有时候甚至还会让我们的心情变得更加黯然失色，长此以往，会给我们的工作带来诸多不利影响。

王利到一家工厂打工，可是一年半后，他就被领导辞退了。

其实，刚开始的时候，领导是很器重王利的，他上班后不久，领导就提拔他当了车间的班长，一年后，又提拔他当了自己的助理。

　　王利本人的工作能力很强，不过，他有一个缺点，就是心态不够好，遇到一丁点不如意之事，都会忍不住抱怨、发牢骚。这一点领导早有耳闻，只是觉得人无完人，只要王利能改正这个毛病，还是可以重用的。

　　但是，自从做了领导助理，王利不仅没改掉自己的缺点，反而变本加厉，甚至当着领导的面抱怨不休。于是，领导开始渐渐冷落他，免去了他助理的职务。

　　失去领导的欣赏和重用后，王利的牢骚话就更多了，对待工作的态度也越来越差，不仅自己消极怠工，工作中错误不断，还影响其他的同事做事。无奈之下，领导只好炒了王利的鱿鱼。

　　后来，王利陆陆续续又应聘了几份工作。起初，公司的领导都挺重视他，可是他爱抱怨、发牢骚的毛病始终改不了，结果同样遭到了冷遇。而他受不了冷落，一气之下，就向领导递交了辞职信。

　　辞职之后，王利就一直待业在家，整个人变得十分颓废，每天都过着借酒消愁的日子，家人、朋友看见他这样，都很无奈。

　　其实，如果王利能够吸取教训，调整心态，以后不抱怨地去工作，那他应聘其他单位，也一样会有前途。

　　有位哲人说过："如果不喜欢一件事，就改变那件事；如果无法改变，就改变自己的态度，不要抱怨。"

　　为什么不能抱怨？

　　因为抱怨就是心灵的麻醉剂，倘若我们把抱怨当成家常便饭，那久而久之，我们就会像吸食鸦片一样对抱怨上瘾。我们总是试图通过抱怨让自己得到短暂的安慰，却认识不到抱怨对自己的伤害。

有这样一个故事。

有一天，杰弗里向牧师抱怨说："上帝真的是太不公平了，有能力的人得不到机会，没能力的人却能成功！"

"约翰，你知道吧，他曾经是我的同学，那时，他的成绩糟糕透了，还经常抄我的作业，现在他居然当上了作家，不但出了很多书，还上了电视。我简直无法想象，这么一个没能力的人，是怎样成功的！"

面对杰弗里的抱怨，牧师打断他的话说："可是，我听说约翰很能吃苦，常常写作到深夜……"

还没等牧师将话说完，杰弗里又接着抱怨道："还有个叫凯文的人，他也是我的同学，就他那个身体，连多走几步路都会喘不过气，现在你猜怎么样？他居然成了体育明星！你能想象得到吗？"

牧师回答他说："我听人说，凯文除了吃饭睡觉，所有的时间都花在了训练上……"

没等牧师将话说完，杰弗里又抱怨道："特别让我生气的是迈克，在学校里的时候，他天天吃面包夹青菜叶，谁都知道他的家庭条件最差，现在居然开了酒楼！"

这次，牧师没有急着说话，他在等杰弗里将话说完。

杰弗里却急了："你怎么不说话了？你说上帝是不是不公平？"

牧师这才开口说："我认为上帝是公平的。他让饥饿的人有肉吃，让身体瘦弱的人懂得锻炼的重要，给了每一只小鸭做白天鹅的梦想。难道这还不算公平吗？"接着，牧师又说，"对于人生来说，成功就是一架梯子，不管你攀登的技术是好还是坏，但有一点值得记住，双手插在口袋里的人是永远爬不上去的。"

是啊，双手插在口袋里的人，比如杰弗里，只知道抱怨，而不知道行动，是永远不可能登上成功这架梯子的！

要知道，一旦我们的头脑中出现了抱怨的意识，我们就会立马放下手中的活儿，为自己鸣不平、拉选票，在他人面前大骂世事不公，或是哀叹老天无眼。

长此以往，我们会不断放大不如意之事带给自己的负面情绪，让自己在抱怨中消极沉沦。所以，与其像杰弗里那样浪费时间在抱怨中碌碌无为，我们还不如正视困境，主动寻求解决之道，又或是重振精神，以积极乐观的心态笑看工作中的风风雨雨。

索尼公司创始人盛田昭夫曾经说过这样一个故事：

东京帝国大学的毕业生在索尼公司一直非常受欢迎。有个叫大贺典雄的东京帝国大学高才生，是一位有才华的青年。他加入索尼公司之后曾多次与盛田昭夫争论，盛田昭夫喜欢这个直言不讳的年轻人，非常器重他。

出人意料的是，后来盛田昭夫居然把大贺典雄下放到了生产一线，给一位普通工人当学徒。这让很多员工迷惑不解，甚至怀疑他得罪了盛田昭夫。有人为大贺典雄感到不平，但大贺典雄只是淡淡一笑。

一年后，更让人大跌眼镜的事情发生了，还是学徒工的大贺典雄居然被直接提拔为产品总经理，员工们百思不解。

在一次员工大会上，盛田昭夫为大家揭开了谜团："要担任产品总经理，必须要对产品有绝对清楚的了解，这就是我把大贺典雄下放到基层的原因。让我高兴的是，大贺典雄在他的岗位上干得不错。然而，让我坚定提拔他的念头的是——整整一年，他在累脏的工作环境下居然没有任何牢骚和抱怨，而且甘之如饴。"

人们不由地对大贺典雄报以热烈的掌声。5 年后，也就是在大贺典雄 34 岁那年，他成了公司董事会的一员，这在因循守旧的日本企业，简直是前所未闻的奇迹。

大贺典雄的故事告诉我们一个道理：永不抱怨是强者的生存哲学。如果我们对自己目前所处的环境不满意，那唯一的办法，就是让自己战胜环境、超越环境。

不可否认，人在遭遇挫折和不公正待遇时，会产生种种抱怨情绪，这是正常的心理反应。但是，如果一个人长期处于抱怨情绪中，总是把抱怨的矛头不断地对准别人，对准外界环境，那就会产生负面效应。因为抱怨之声总会令人反感，如果传到老板的耳朵里，还会让老板觉得这是一个不好好工作的人。

永远记住，强者靠自己，弱者靠同情，怨天尤人实是于事无补，喜欢抱怨的人没有立足之地。在工作中，我们一定要学会转变心态，少抱怨，多行动，一心一意朝着自己的目标奋斗。要知道，当我们努力提高自己的职业素质，不抱怨地去工作时，整个世界都会给我们让路。

自我激励，让自己每天进步

当小孩摔倒的时候，有的妈妈会飞快地跑过去把他抱起来，还一边安慰他："宝贝，疼不疼？不哭哦，妈妈在呢！"而有的妈妈则会冷静地站在一旁，为他加油打气："宝贝，自己站起来，你行的！"在妈妈的鼓励下，原本正准备咧嘴大哭的他，竟然晃晃悠悠地站了起来，朝向张开双手的妈妈走去。

毫无疑问，后一种妈妈的做法是最值得提倡的，因为她没有剥夺孩子自我成长的机会。众所周知，生活在这个世界上，我们会遇到各种困难，我们也会遭受各种不幸，没有人能保护我们一辈子，我们必须学会自己拯救自己。

其实，那些从困境中走出来的人并没有三头六臂，他们和我们一样都只是普通人，如果非得要说区别，那唯一的区别就是他们比我们更懂得自我激励。

懂得自我激励，就是一种良好心态的体现。这意味着，任何时候，不管遇到什么问题，他们都不曾选择气馁，而是不断地鼓励自己直面问题，同时他们也相信自己有能力解决问题。正是这种适当的、积极的自我期待和自我鼓励，最终使得他们冲破黑暗的阻挠，成功地驶向光明的彼岸。

1982年1月，美国人史蒂文·卡拉汉独自驾着自己建造的小船穿越大西洋。6天后，小船在途中沉没，他只能靠一个仅1.5米长的救生筏在海上漂流。

当时，救生筏上只剩下 3 斤食物、4 升水、1 个太阳蒸馏器和 1 个自制的矛。很快，所有的食物都被吃光了，所有的水也被喝光了，卡拉汉就像一个在旱时立于海水中的农夫，在希望中又近乎绝望。幸运的是，救生筏上还有蒸馏器和矛，卡拉汉不停地为自己打气，他尝试着用蒸馏器将海水变成饮用水，用矛来捕获可以果腹的鱼。在海上漂流的 2 个多月里，卡拉汉的救生筏漂流了大约 2898 千米，期间，他一直在和死神做抗争。当他被渔民救起时，他的体重已经下降到令人无法相信的程度，用骨瘦如柴和形容枯槁来形容都不为过。

后来，卡拉汉向人们讲述他一路的艰辛和苦难。他说自己既要承受严重的晒伤，还要不断地和凶残的鲨鱼做斗争。最让他痛苦的是，唯一的救生筏还被扎破了，他不得不拖着虚弱的身体，花了一个多礼拜的时间去修理它，最后实在没有办法，他只能耗尽所有的力气去吹它。而他所做的这一切，都是为了能活下来。

很多人问他，你在海上漂流了整整 76 天，难道没有一刻想过要放弃吗？

对于这个问题，卡拉汉并没有做出回答，不过他在自己的回忆录《漂流：迷失大海 76 天》中如是写道："我告诉自己我能行。比起别人的遭遇，我算是幸运的。我一遍又一遍地对自己这样讲，好让自己坚强起来。"

不能说卡拉汉没有过一点恐惧，然而，恐惧只是一时的，生存的决心和自我的鼓励给他带来了源源不断的力量，他相信自己一定能行，一定能克服难关活下去。事实证明，他的自我激励取得了良好的效果，他克服一切困难活了下来。

在这个世界上，有的人眼睛失明都能出书，有的人耳朵失聪还能奏乐，有的人双腿残疾却能走世界上最远的路……试问，有多少人天生就是一帆风顺的幸运儿呢？比我们更不幸的人比比皆是，可他们个个都活出了自己的光彩，这难道不是一个奇迹吗？

当然，奇迹不是天上掉下来的免费午餐，它需要我们每一个人在面对困难和挫折时，都懂得自我激励，给自己打气，昂首阔步向前走，不断取得进步。尤其在工作中，我们若想提升自己的职业素质，将工作做到尽善尽美，就必须学好自我激励这堂职场必修课。

美国联合保险公司业务部有个叫姜寒·艾伦的人，他一心想成为公司的王牌推销员。

有一天，他买了一本杂志回来阅读，其中一篇《化不满为灵感》的文章令他非常振奋，文中作者教导读者如何利用自我激励的心态实现自己的梦想。

艾伦仔细地反复地阅读这篇文章，并在心中不断地默念，或许有一天他可以将这种心态灵活地运用到工作中去。

那一年的冬天，艾伦在工作上遭遇困难时，正巧让他有了践行这种心态的机会。

在寒风刺骨的冬天里，艾伦正在威斯康星市区里沿街拜访，然而，运气不好的他，一次又一次吃了闭门羹。心情烦闷的艾伦，当天晚上回到家后，在用餐时间他什么东西也吃不下，烦恼地翻看着手上的报纸。

忽然间，一个突来的念头闪过脑际，他想起了那篇《化不满为灵感》的文章，于是兴冲冲地将剪报找了出来，仔细地重温其中的要诀，接着他告诉自己："明天我一定要试一试！"

第二天，他到公司向其他同事报告昨天的情况。当他报告时，其他与他遭遇相同的同事，个个都表现出垂头丧气的模样，只有艾伦精神饱满地说明昨日进度。

最后艾伦做了一个结语："放心好了，今天我还要再去拜访昨天那些客户，今天的业绩我一定会超越你们！"

不知道是幸运之神听见了他的呼唤，还是文章里的秘诀真的有效，艾伦真的实现了他的愿望。他又来到昨天到过的那个地区，再度拜访了每一位客户，结果，他一共签下了 66 份新的意外保险单。

不难发现，正是自我激励让姜寒·艾伦重拾工作的信心，不再畏惧自己所遇到的困难和挫折。他鼓励自己，相信自己一定能行，并竭尽全力地付诸行动，所以才促使结果朝着自己想要的那个好的方向发展。

所以，在工作中，当我们被困难、挫折、苦难、不幸包围时，不要急于缴械投降，更不要轻易否定自己、贬低自己、看不起自己。要知道，最重要的力量永远都在我们自己身上，只要我们学会调整心态，激励自己，把自己对困境的畏惧转变为蔑视，那我们就能从险恶的环境中突围出来，我们就能不断取得进步，成为一名高素质的优秀员工！

学会在工作中寻找乐趣

在香港 TVB 制作的电视剧里，我们经常会看到这样的画面，当有人想要开导别人的时候，总是会语重心长地说上一句："做人呢，最要紧的是开心。"

为什么开心会如此重要呢？

因为开心是一种发自内心的情感，使人浑身都散发着阳光活力的气息，让人不自觉地扫除堆积在心底的烦恼垃圾，微笑着面对生活中屡屡出现的不如意之事。不仅如此，开心还能够感染身边的人，帮助他们走出逼仄阴郁的潮湿心境，最后重新回到温暖明亮的太阳底下。

其实，工作更需要与开心为伴。当我们心情愉快地去工作时，会发现自己的工作效率要比心情抑郁时高上好几倍。

可遗憾的是，在实际的工作中，很多人的精神状态、心情指数并不乐观，他们总觉得自己不过是在给老板打工，工作就是一种负担，毫无乐趣可言。这种消极悲观的心态无疑会影响他们的工作质量，同时也不利于其职业素养的提升。

有这样一个有趣的小故事。

一群孩子在一位老人家门前嬉闹，叫声连天。几天过去，老人难以忍受。

于是，他出来给了每个孩子 25 美分，对他们说："你们让这儿变得很热闹，我觉得自己年轻了不少，我用这点钱表示谢意。"

　　孩子们很高兴，第二天仍然来了，一如既往地嬉闹。老人再出来，给了每个孩子 15 美分。他解释说，自己没有收入，只能少给一些。15 美分也还可以吧，孩子们仍然兴高采烈地走了。

　　第三天，老人只给了每个孩子 5 美分。

　　孩子们勃然大怒，"一天才 5 美分，知不知道我们多辛苦!"他们向老人发誓，他们再也不会为他玩耍了!

　　心理学家将人的动机分为两种，一种是内部动机，一种是外部动机。如果按照内部动机去行动，我们就是自己的主人;如果按照外部动机去行动，我们就不可避免地成为它的奴隶。

　　在这个故事中，起初孩子们在老人家门前玩耍，是内部动机决定的，可随着老人给钱请他们玩耍，他们就不再为自己的快乐而玩了，而是为得到美分而玩。所以，一旦老人给的美分变少，他们就无法从玩耍中得到以前的那种乐趣了。

　　仔细想想，故事中的老人就好比老板、上司，那群孩子就是员工，而美分就像薪水、奖金等工作报酬，在老人家门前玩耍则是员工的工作。可以看到，当我们只为薪水和奖金工作时，我们就没办法在工作中找到任何乐趣，反之，当我们转变心态，找回工作本来的意义时，那不管从事何种工作，我们都不会感觉乏味。

　　为了调查人们对于同一件事情在态度上的差异以及这种差异带来的不同影响，一位心理学家特地来到一个建筑工地做实地调查。

　　此时，刚好工地上有三个忙着敲石头的建筑工人，于是，他分别问了这三个人一个相同的问题:"请问您现在在做什么事儿？"

听了心理学家的问题，第一个工人的脸顿时拉得老长，他语带怒气地回道："我在做什么？你难道没长眼睛吗？我正在用这把死沉的铁锤，敲碎这些可恨的石头啊！这些石头真是又臭又硬，我的手都快敲残废了，老天爷实在是太该死了！"说罢，他还使劲地甩了甩手，看他愤愤不满的神情，似乎恨不得甩掉自己悲惨的命运，以及手头上这把可恶的铁锤。

第二个工人则有气无力地哀叹道："我在修房子，这份工作可不是一般人能吃得消的，累死人不偿命啊！要不是为了养家糊口，谁愿意日晒雨淋、没日没夜地敲石头啊？"他擦了擦额头上的汗水，满是无奈地摇了摇头，又继续挥臂敲打眼前的巨石。

第三位工人却是一脸快乐的表情，他笑着说道："我正在修建这个世界上最宏伟的教堂，等它竣工之后，有很多信徒都会到这儿做礼拜。虽然敲石头是一件苦差事，但每次一想到未来将有好多人到这里接受上帝的关爱，我浑身就充满了力量。"

朋友们，猜猜这三位建筑工人日后会有什么样的人生际遇？

许多年后，心理学家找到了他们，原本在同一家建筑工地敲石头的三个人，现在竟然过着天壤之别的生活。

当年的第一个建筑工人现如今还是一个拿着微薄薪水的建筑工人，每天重复地干着敲石砌墙的辛苦体力活；第二个建筑工人的情况比第一个建筑工人要稍微好点，他现在已经是一个包工头了，每天带领自己的施工团队穿梭于各大工地，虽然衣食无忧，但也感觉不到快乐。至于第三个建筑工人，心理学家并没有花费太多的心思去寻找此人，因为他早就成为一个名气响当当的建筑公司老板，时不时地出现在各大报纸的头版新闻中。

三种工作态度造就三种人生际遇，与其说这是造化弄人，不如说是心态决定命运。

众所周知，每一个人的一生都离不开工作，工作虽然不是生活的全部，但我们一天花在工作上的时间总是不少于 8 个小时。如果一个人想要实现自己的人生价值，那么工作无疑就是他最好的选择之一，因为工作不仅仅意味着努力付出，它还会给我们带来丰厚的果实。

故事中的第一个工人和第二个工人，之所以感觉不到敲石头的工作的意义所在，完全是因为他们没有在工作中找到任何乐趣。当他们把敲石头的工作当成是一件特别痛苦的事时，他们的人生也就成了一出极其煎熬人心的悲剧，只有愁苦和烦闷，没有什么值得振奋精神的东西。

哲学家加缪认为，生命本没有意义可言，处处充斥着荒诞和滑稽，正是因为如此，人类才要奋起反抗，像古希腊神话里的西西弗斯一样，推着巨石不断地上坡，即使永远无法到达山顶，也要凭借自己的不息抗争，向众神证明自己的尊严。

工作亦是如此，它本身并没有与生俱来的乐趣和意义，所有的价值全部是人为加诸在它上面的。所以，不管我们从事的工作是单调乏味，还是趣味盎然，这一切都取决于我们看待它的心境，正所谓相由心生，大抵就是这么一个理儿。

为什么有的人总是把工作当成一种苦役，而有的人却把工作当成一种享受？这是因为前者总带着消极悲观的心态去看待工作，而后者则是带着积极乐观的心态去看待工作，所以总能从工作中找到乐趣。

刚刚进入工厂时，萨姆尔·沃克莱所做的工作，就像《摩登时代》里卓别林扮演的那个工人一样，日复一日地拧螺丝钉。

看着这一大堆螺丝钉，沃克莱满腹牢骚，心想自己干什么不好，为什么偏偏来拧螺丝钉呢？他曾经想找经理调换工作，甚至想过辞职，但都行不通。最后他考虑能不能找到一个积极的办法，使单调乏味的工作变得有趣起来。于是，他和工友商量开展比赛，看谁做得快，工友当时也苦于工作的无聊，立刻就答应了。

这个办法果然有效，他们工作起来再也不像以前那样乏味了，而且效率也大为提高。不久，沃克莱就被老板提拔到新的工作岗位。再后来，他就成了火车制造厂的厂长。

卡耐基有句经典名言："我们内心对待工作的态度，很大程度上决定了我们是否能对它做出正确的判断——工作究竟是令人沮丧的辛苦劳作，还是让我们灵魂感到愉悦的快乐之事。"

刚开始，沃克莱也觉得自己的工作是令人沮丧的辛苦劳作，可当他的心态发生变化，一扫之前的消极悲观后，他也渐渐地能从工作中找到乐趣了。整个人的精神面貌和工作状态焕然一新，他在工作上的成就也就是意料之中的事了。

罗丹说过："生活中并不缺少美，而是缺少发现美的眼睛。"工作也是如此。工作中其实也有很多乐趣，只要我们愿意去寻找，最后总是能找到。

所以，我们应该换一种积极乐观的心态去工作，在工作中寻找乐趣，把工作变成一种享受，努力将工作做到最好，从而不断提高自己的工作能力，不断提升自己的职业素质，让自己的职场前途越来越光明。

要受得了委屈，不能顾影自怜

喜欢看 NBA 的球迷最不愿意见到的一幕是什么呢？许多人的答案应该是自己心爱的球员被罚坐冷板凳吧！坐冷板凳通常意味着球员没有机会上场打球，喜欢他的球迷也就没有办法欣赏他在球场上激烈厮杀的精彩画面，这在球迷的心中确实是一大憾事。

其实，坐冷板凳并不是球员的专利。每一位在职场行走的人，不管你是初涉职场的应届毕业生，还是能力超强的职场达人，在职业生涯中都可能遭遇这样的窘境——坐冷板凳。

俗话说，人生不如意之事十有八九，我们的工作自然也不可能永远一帆风顺。在实际的工作中，常常听到有人为自己坐冷板凳发愁："为什么我努力工作，公司领导却还是不待见我呢？""公司老总冷落我，天天让我坐冷板凳，我该不该坚持下去？""被罚坐冷板凳的时候，我怎么做才能把冷板凳坐热呢？"……

不得不说，一个人坐冷板凳的原因总是多种多样的，但坐冷板凳也不全然是一件坏事。马云说过："人的胸怀是被委屈撑大的！"这句话的潜台词是，一个人受得了多大的委屈，就能练就多大的胸怀，就能成就多大的事业。

所以，身为员工，当我们坐在冷板凳上时，千万不要唉声叹气，消极悲观，一定要调整好自己的心态，把冷板凳好好地坐下去，直到把冷板凳坐热，最后走出恼人的冰冻期，一飞冲天成为职场达人。

1999 年，她从北京广播学院播音系毕业，随即被分配到上海电视台新闻频道。对未来满怀憧憬的她心想，这下终于可以拿起心爱的话筒，展示自己的能力与才华了。可事与愿违，当时新闻频道每个岗位都有了主持人，于是，台里的领导就安排她先到行政办公室帮忙，工作内容是装订人事档案。

作为一个品学兼优的高才生，她对这样的安排显然不是很满意，觉得自己就是在坐冷板凳。可没有办法，既然领导安排了，她就算硬着头皮也要做下去。

就这样，每天早上八点钟，她准时上班，打开抽屉，一页一页检查员工档案，看看有没有写错或遗漏信息，发现了就动手改正或填补。剪刀、尺子、修正液，她整天和这三样为伍。在同事们面前，她始终面露微笑，可当一个人的时候，她却是眉头紧皱，心事重重。

3 个月过去了，她每天依旧做着装订人事档案的工作，这份工作机械乏味，不仅和话筒无缘，和新闻更是不搭边。她每做一天，心里的焦虑就增多一点。眼看着和自己同时进入电视台的同学已经陆续有了属于自己的栏目，做得风生水起，而自己还整天干着不相干的事，她真是心急如焚。

思前想后，她打算辞职另觅工作，可这个时候，妈妈的一番话却让她改变了主意："谁规定年轻人刚进单位就一定要被安排到对口的岗位上。挑大梁的想法没错，但要看机会。没准儿领导就是在考验你，看你愿不愿意干小事，能不能先把小事干好，看看你是不是一个眼高手低的人。要想成功，一定要坐得住'冷板凳'，要守住初心。"

听了妈妈的话，她决定调整心态，继续认真踏实地将这份工作做下去。每天，她都开开心心地去上班，把装订档案的活儿干利索，一有机会就实地去观摩前辈们怎么主持。

这样一来，之前一直让她耿耿于怀的"冷板凳"倒坐得热乎起来，而机遇也悄悄地降临在她的身上。

没过多久，电视台策划搞一场华人新秀歌手大赛，在选择女主持人的时候，他们打算启用"新面孔"。为此，有人和导演提议：台里分进来个扎辫子的小姑娘，整天乐呵呵的，看着蛮有灵气，可以找她试试。

就这样，导演找到装订档案的她，聊过后，当场决定让她来主持。从此，她在播音的道路上越走越远：先是《上海早晨》开启了她的主播生涯，后来担任央视《第一时间》的主持人，现在，她成了央视《新闻联播》里最年轻的"国脸"。这个受到亿万观众瞩目的人就是欧阳夏丹。

从这个故事中我们可以看到，坐冷板凳并非我们想象中的那么可怕。如果我们能像欧阳夏丹那样，在不被重用的时候，努力调整自己的心态，一方面将手头上的工作做好，一方面抓紧时间学习新的知识和技能，那在关键时刻就能一鸣惊人，最终脱颖而出，成为职场最为靓丽的一道风景。

其实，在职场上，老板如果真的觉得某位员工不能胜任岗位的工作，一般都会选择直接辞退他，而之所以让他坐冷板凳，说明他还有回旋的余地和机会。此时，坐在冷板凳上的人切忌自暴自弃，决不能消极怠工、敷衍了事，更不能跟老板对着干，要知道，这样做只会让自己连"冷板凳"也坐不上。

聪明的做法是什么呢？答案很简单。那就是我们要收起自己的锋芒，表现出一颗面对挫折也照样淡定的平常心，对待工作依旧认真负责，甚至要比以前做得更好、更细致、更完美。时间一长，老板自然会对我们刮目相看，不想用我们都难。

在工作中，很多人觉得，既然坐冷板凳了，就代表没人关注自己了，也没人管自己了，那工作表现是好是坏都不重要了。不难想象，如果我们真的抱着这种心态去工作，最后肯定会落得个更加悲凉的结局。

要知道，当我们坐在冷板凳上时，关注我们的人并不少，老板、同事会比之前更注意我们的言行。一旦我们表现得怨天尤人，工作差错不断，只会让他们进一步确定让我们坐这冷板凳是应该的，同时更加轻视我们；相反，如果我们心态足够积极乐观，不把坐冷板凳当回事，工作照样做得优质、完美，那他们就会对我们心生敬意，觉得我们是一个非常有毅力、忍耐力的好员工。

所以，当我们被安排坐冷板凳，在空闲部门或是边缘部门任职时，一定不要顾影自怜、怨气冲天。而是要转变心态，沉住气，牢牢地树立起"化危机为转机"的必胜信念，在做好本职工作的同时，多学习，多充电，努力提高自身的素质，最后以实际行动踢翻冷板凳。

不怕犯错，学会在错误中成长

在工作中，很多人都非常害怕犯错，一方面是觉得犯错很丢脸，一方面是不想为自己的错误承担责任。可俗话说得好："智者千虑，必有一失。"即便一个人再聪明、再能干、再思虑周全，也难免有犯错的时候。

所以，我们要学会调整心态，不要害怕犯错。英国著名文豪王尔德说过："经验是每个人给自己所犯的错误取的名字。"可见，只要我们能从错误中吸取教训，将自己所犯的错误进行浓缩，从中提取精华，转化成丰富的经验，那我们就能不断提升自己的素质和能力。

易风在一家汽车制造公司担任人事总监。有一次，他在对众多应聘者进行面试时，只问了这些人同一个问题："在你之前的工作中，你曾犯过多少次错误？"

大部分的应聘者在听到这个问题之后，都纷纷表示自己不曾在工作中犯过错，只有一个男人的回答与众不同，他说自己曾经在工作中犯过许多次错误。

易风最终选择了这个犯错频繁的男人，很多人对他的决定迷惑不解，不明白他为何要选择一个错误不断的"倒霉蛋"。结果，易风给出的理由是："我不要一个在工作中没有犯过错的员工。虽然这个男人曾犯过无数次错误，但他每次都能从错误中吸取教训，我们公司正需要这样的人才！"

　　由此可见，我们所犯的错误都是非常具有价值和教育意义的。正所谓吃一堑，长一智。聪明的人总是能从自己的错误中学到经验，将绊倒自己的那块石头当成垫脚石，从而每天都能让自己更上一层楼；愚笨的人却时常目光短浅，他们不仅害怕犯错，在犯错之后也不愿意积极勇敢地对自己的错误进行反思，只知道硬着头皮往下走，最后又反复被同一块石头绊倒，摔在同一个地方。

　　说到底，这都是心态的问题。心态好的人，往往能正确看待犯错。心态不好的人，则总是视犯错为洪水猛兽。其实，犯错并不可怕，只要我们换个角度看问题，就会发现，犯错从本质上来说是在促使我们进步。

　　日本有家商贸公司的市场部经理，在任职期间犯了个大错误，他没有经过上司批准就擅自决定为一家商业伙伴生产一批手机零件。

　　等产品生产出来准备卖给对方时，对方公司却宣布倒闭了。无疑，这位市场部经理的决策失误为自己任职的公司带来了很大的损失。

　　但是，这位市场部经理没有把失误推到市场的变化无常和商业伙伴的经营不稳定上面。尽管他当时想不出补救措施，但是，他没有找任何借口，坦诚地向总经理讲述了一切，承认了错误，并表示要努力改变自己盲目决策的习惯，尽力挽回损失。

　　总经理看到他在事实面前确实认识到自身弱点给企业带来的损失，不但没有批评他，反而鼓励他不要泄气。

　　这次，这位市场部经理吸取了教训，经过冷静而全面的市场调查，了解了对手机零件有需求的几个客户，寻找新的合作伙伴。一个月后，他终于将这批手机零件全部销售完毕。在以后的决策中，他也总是善于征求他人的意见，不再轻易许诺。

爱因斯坦曾说："一个人从未犯错是因为他不曾尝试新鲜事物，所以不要内疚和自责。承认你的错误，并且改正它！"

可以看到，故事中的这位经理在犯错之后，并没有浪费时间在内疚、自责以及找借口为自己推脱责任上面，而是勇敢地承认错误，并且想办法改正自己的错误。这种心态和做法无疑值得我们每一位职场人士借鉴。

不可否认，没有人喜欢犯错误，但是我们在工作中又无法避免犯错误。因此，与其想方设法避免犯错，不如在犯错之后，积极勇敢地对自己的错误进行反思，从错误中吸取宝贵的经验和教训，从而提升自己的工作能力和职业素质。

当然，有一点必须要注意，那就是我们绝对不能被同一块石头绊倒两次，即下一次，我们不能再犯同样的错误。犯错诚然不是什么要紧的大事，可如果我们在犯错之后，对错误置之不理，那么这个错误只能成为我们人生中代表失败的一个黑点，它不具备任何有用的经验和价值。

张竟是一家化妆品公司的销售员。有一次，他请一个客户在餐厅吃饭，本以为能顺利谈成这桩大生意，可他最终还是铩羽而归。

原来，和他一起吃饭的客户是一个非常注重个人外在形象的人，而刚好张竟那天是一身休闲风格的打扮。在客户的眼里，张竟的衣着服饰让他整个人显得非常稚嫩，一点也不成熟稳重，因此，客户不放心和他谈生意。

张竟却不以为然，他觉得一个人只要穿得干净整齐就行了，完全没必要搞得那么严肃，肯定是这个客户自身太挑剔了。

于是，带着这样的想法，当张竟再次一身休闲服饰出现在另一个客户的面前时，同样的"悲剧"又发生了。吃完饭后，这个客户就再也没有联系过张竟。

倘若张竟能在第一次失败之后，在错误中反省自我，吸取经验和教训，那么第二次他定然不会被同一块石头绊倒，让自己连续两次丢失客户。

由此可见，一个人要是想将自己犯错误的成本降到最低，唯一的办法就是在第一次犯错之后，不要急于前行，而是应该停在原地，对自己所犯的错误进行思考。毕竟"磨刀不误砍柴工"，只有好好弥补我们在第一次犯错中显现出来的自身不足，下一次我们才不会被同一块石头绊倒，陷入相同的窘境。

下面分析一下我们能从错误中学到什么：

1. 不要浪费时间为自己的错误辩驳

很多时候，当我们在工作中犯了错时，第一反应就是找借口推卸责任，为自己的错误辩驳。其实这样做只会浪费时间，还不如第一时间承认自己的错误，给老板留下一个勇于担责的好印象。

2. 反省为什么会犯错

在实际的工作中，引起犯错的原因可能有很多，为了避免重复犯错，我们需要追根溯源，反省自己为什么会犯错，然后对症下药，以免重蹈覆辙。

3. 犯错也是学习的机会

很多人害怕犯错，是因为他们的心态不够积极乐观，没有意识到犯错也是一个很好的学习机会。其实，从自己的错误中，我们能够学到智慧，并加快自我的进步。因为想要成功就需要冒险，犯错对于成功来说也是很重要的，所以，我们可以把犯错看作是迈向更好人生的基石。

美国当代名师莎伦·德雷珀说过："犯错误是最好的学习方式。"人非生而知之者，工作中犯错是人之常情。所以，只要我们树立积极乐观的心态，不怕犯错，善于从错误中提升自己的能力，我们就能在错误中飞速成长，不断提高自己的职业素质，成为一名知错能改的好员工。

不再浮躁，脚踏实地才是正途

在我们身边，不少人对工作都满怀憧憬，希望在工作中干出一番骄人的业绩，从而实现自己的理想和抱负。其实，这种渴望出人头地、功成名就的迫切心理是可以理解的。但我们也应该知道，没有人能够一口吃成一个胖子。

古人说，不积跬步，无以至千里。可见，做任何一件事都得用"捂热"石头的耐心去对待。这跟小孩学走路是一个道理，小孩子如果不先学"扶墙走"，又怎么能有以后的疾步快走呢？

所以，行走职场，我们一定要拒绝浮躁的心态，学会脚踏实地地去工作。要知道，如果我们总想着"抱负、抱负"，丝毫不考虑客观环境，那这"抱负"就会成为我们的"包袱"。毕竟，饭吃快了会噎着，水喝快了会呛着，要想不被噎着呛着，那就得放下"急于求成"的速度，一口一口地来！

宋云儿大学毕业后进入一家广告公司从事策划工作。当时，她的月薪只有一千多，但宋云儿觉得自己想从事广告这一行，即使公司现在给的薪水不高，她认为只要自己能够做出一番业绩，工资自然会涨上来。

抱定"做出一番业绩"的想法，宋云儿开始了自己的广告策划工作。公司的一些老前辈告诉宋云儿，想做出一个好的广告策划，前期的市场调查工作必不可少。但宋云儿却认为，只要把广告做好，就不怕别人不看。而市场调查工作又十分烦琐，会浪费大量的时间。于是，宋云儿就放弃了这个环节，直接进入了产品定位和广告策略制定环节。

结果可想而知，这份缺乏目标受众的广告策划直接被公司否决了，对他们来说，宋云儿的策划不具备最基本的操作性。

后来宋云儿又做了几份策划，但总会出现这样或者那样的问题，不是缺了受众调查，就是少了产品调研。屡屡遭受失败的她每失败一次，心态上就更急一点，总想做出一份完美的策划。最后的结果是，她进入那家公司近半年，都没有做出一份像样的策划，公司认为她在这方面没有潜质，就找了个理由将她辞退了。

在现实生活中，很多员工都会有宋云儿的这种心态，总想走出最完美的第一步，以至于忽略了很多需要用耐心去"浇注"的烦琐工作。

毫无疑问，这种过于浮躁的心态是要不得的。不管从事何种工作，我们越是急于证明自己的能力，获得领导的认可，最后就越容易将事情办砸。

有位一心想学佛的年轻人请教一位禅师："如果我每天像你一样打坐念佛，需要多久才能够成功呢？"

大师回答道："最快也得 10 年。"

年轻人感觉时间太长了，又问："如果我晚上不去睡觉都用来念佛，需要多久才能够成功？"

禅师回答："15 年。"

年轻人吃了一惊，继续问道："如果我白天黑夜都用来习读佛经，吃饭走路也想着，又需要多久才能成功？"

大师微微笑道："那你今生与佛无缘了。"

年轻人愕然，怎么也想不明白这其中的奥秘……

不难发现，这位年轻人就是一个急于求成的典型。其实，大师的话的意思很简单，从古至今，没有人能在急于求成的渴望下获得成功。换句话说，一个人的心态越是浮躁，越是急于求成，那他就越不可能美梦成真。

俗话说得好："心急吃不上热豆腐。"在心急火燎的状态下，我们的思维和行动会不够理智，很容易做出错误的决定。而凡事都有一定的规律，只有一点点积累，才能达到质的飞跃。所以，如果我们的心态太过浮躁，不但出不了成果，还会延缓成功的速度，甚至产生许多负面影响。

相信很多人都有过这样的体验：在决定做一件事情时，表现得很兴奋、很激动，想象着美好的前景，并希望那一天尽快到来。结果，由于过于着急导致盲目地做出决定，而这种决定大多都会偏离正确的方向，甚至与正确的方向背道而驰，最终滑向失败的泥潭。

所以，在工作中，我们一定要拒绝浮躁，少一点好高骛远，多一点脚踏实地。永远记住，任何成功都不会是一蹴而就的，我们必须一步一个脚印，把目标放在前面，用自己的努力慢慢向前挪，只要小步子到位了，那么总有一天我们能够达到自己的目标，实现自己的梦想。

曾经风云国际商界的惠普公司的前董事长卡利·奥菲莉娜在这方面算得上一个很好的榜样。

奥菲莉娜毕业于美国赫赫有名的斯坦福大学。在那里毕业的大学生个个都是傲气十足，一心盯着主管或者白领、金领的职务。可是，奥菲莉娜找到的第一份工作是到一家房地产投资经纪公司做"接线生"。

尽管这个工作就是简单枯燥地打电话、打字、复印等，尽管人们认为这不是一个斯坦福大学生应该做的，可是，奥菲莉娜却做得很认真。她认为，做任何事情都能让自己学到不少东西，学到工作需要的知识与技能。其中最关键的是要踏踏实实地去工作，用心地将工作做好。

正是由于在这些简单的最基层的工作中得到了锻炼，积累了一定的文秘经验，后来，奥菲莉娜在得到撰写文稿的机会时，一举脱颖而出。对此，奥菲莉娜认为，是自己做得很好的"接线生"工作，帮助她得到了一次彻底改变自己的机会。

由此可见，我们要想在职场脱颖而出，就要摒弃急功近利、急于求成的浮躁心态，不管做什么事情，都要脚踏实地地去做。

要知道，脚踏实地不仅对我们工作经验的积累大有裨益，还能成为我们获取老板信任和重用的强大资本。

与浮躁之人不同的是，脚踏实地的人处处给人一种稳重可靠的感觉，他们总能出色地完成自己的本职工作。正因为如此，老板才会对他们委以重任，放心地将更多、更重要的工作交给他们，从而使他们有机会展露自己的才华，锻炼自己的工作能力，提升自己的职业素养。

总之，浮躁是一种并不可取的工作态度。一旦心态浮躁，我们就很容易迷失工作的方向，从而步入歧途。因此，要战胜浮躁，首先需要静心；其次，需要坚定不移的定力和耐力。只有这样，我们才能选对工作的位置，才能脚踏实地去积累一定的经验和经历，用持之以恒的意志力赢取一份希望，收获一份成功。

第四章

掌控情绪，学会高情商做事

千万别让坏情绪毁了你，因为你能学会许多化解坏情绪的方法，尽管并非所有方法都适合你。你必须了解自己，且具有能激励你改变生活的勇气！

这样，你就能具备一些从坏情绪中拯救自己或是帮助他人所必需的信条。它能让你接受事实的本质，对自己的选择负责，并激励你善用资源来化不可能为可能。

不斤斤计较就不会有坏情绪

　　曾有这样的一个例子，张小姐有一位从高中时代起就是好友的王小姐。张小姐最近羡慕起王小姐，因为王小姐已经去国外旅游好几次了，张小姐虽然在外企工作多年，收入颇丰，但就是没有出过一次国。"王小姐每次去国外，都像是炫耀似的购买各种名牌货回来。好！我明年也出国吧！而且要去王小姐还没去过的法国，大买名牌货。"

　　下了这样决心的张小姐，愿望出乎意料地很快实现了。因为公司的业务需要和拿到比预想还多的奖金，张小姐完全可以利用出差到心仪已久的法国。在出国之前情况还算良好，但是，这次出行带给张小姐的却是一肚子的不高兴，理由有二：一是因为她不像王小姐那样热衷名牌，即使买到最新最时髦的名牌货，张小姐也不会有满足感，甚至产生了"实在不该花了这样一大笔钱"的后悔念头；另一个就是食物的问题，对吃惯中餐的张小姐来说，每天吃真正的法国大餐，几乎吃得食欲减退了。想去法国旅行的愿望并没有让张小姐从心里涌出的强烈欲望得到满足，因为她只不过是要和王小姐比较而已，也就是所谓"想和她站在同等地位或自己要占上风"这样的虚荣心。

　　如果是因为"别人是这样，所以我也要这样"的话，就要好好地想一想"自己是真正希望这样子的吗？"

　　小时候，我们总觉得别人家的饭菜比自己家的香。长大后才知那是多么可笑，所以不要和别人比较。

在密克罗尼西亚群岛有这样一则笑话：有一个富翁乘快艇来到这个太平洋中部风光旖旎的小岛上玩，出来迎接的岛民对他说："能当上你这样的有钱人真好，真令人羡慕呢！"而这富翁却如此回答："别开玩笑了，我才羡慕你们呢！我努力工作赚钱，好不容易才可以来岛上游玩，哪像你们一开始就住在这美丽的天堂里，你们比我更令人羡慕！"

在羡慕别人之前，要对自己周围的事物保持感恩之心。

我们可能生活得不富裕却安全和平稳。如果陷入"这是理所当然"的错觉中，就会变得贪得无厌，羡慕别人、嫉妒的倾向也更强了。

举例来说，有的人会如口头禅般一直抱怨："因为我没学历，所以不能出人头地，真羡慕大学毕业生。"或"我的身体比别人差，所以做什么都不行。"

人之所以会有这样的抱怨，正是因为对自己周围的一切不能保有感恩之心。不要空说什么"没学历所以不能出人头地"，与那些"下岗"和"待业"的人比较的话，我们已经是受上天的眷顾了。说什么自己"身体不好"的人亦然，虽然可能身有宿疾，但是四肢健全，一天也能好好地吃下三餐，难道还不值得感恩吗？

这样一想，难道我们不应该对受到很多人的照顾和享用地球资源等这些林林总总的恩惠心存感恩吗？

因此，为了不让坏情绪侵扰你，从今天起就应该对所有的事物保持感恩之心。"知足者常乐"就是这个意思。

下雨了，如果觉得忧郁的话，不妨想想"因为下雨，所以天气凉爽!"遇到发生事故而电车晚到的情况,也不要焦虑生气,要想到"幸好电车最终到了,真是上天保佑!"要对自己双手所接触的、眼睛所看到的、身体所体验的事物永远心存感谢。

现正担任电脑学校讲师的刘小姐,在大学毕业后进入某服装公司。在一开始的时候,被分配到经理部的她,因为不擅长计算,总是出错。不仅如此,"和同事相比,我要花两倍的时间才能做同样的事",为此她产生了很大的自卑感,每天为此烦恼。面临这种情况的她,在公司使用个人电脑后出现转机,上司认为:"你因为用手计算的错误比较多,以后就做电脑工作吧!"

虽然她有些疑惑困扰,但却开始每天上电脑学校,在短短一年里就精通了电脑设计的操作,变得比谁都能在工作上出成绩,而上司对她的评价也突然变好了。一起工作的女职员也对她说:"你真的很会操作电脑,真令人羡慕啊!如果我也是先学了电脑该多好。"众人对刘小姐投以羡慕的眼光。

她对公司的贡献不仅如此,在实施网络化作业的时候,她作为该计划的领导人为公司立下汗马功劳。后来,刘小姐被认同她成绩的电脑学校高薪聘走。

为自卑感烦恼的人也应该像刘小姐那样,磨炼自己擅长的事物或拿手的技能。如果能把这手活用于工作上,即使其他的地方比别人弱,你也会变得不在意自己的弱点,更不会被困在坏情绪之中了。

无论是谁,都有被上天赋予的不同于他人的天资和才能。

积极表达，避免人际冲突

为了使心态保持在积极的状态，有必要从改变日常生活语言中的遣词用字做起。

所谓语言的不可思议的力量，就是指语言中所蕴藏的某种力量，有些念头一旦说出口，人们往往就会按照所说的目标去努力实现它。

实际上，赞同语言的神秘力量就是肯定语言对情绪的作用，说出积极建设性的话语后，那话语就会和潜意识同化，使人生呈现最好的状态。相反的，一旦从口中说出愤怒、悲伤、痛苦、迷惘、烦恼等消极否定的言语，就会给潜意识带来可怕的暗示，在生活中产生很多问题。而符合后者的人会发现他们把许多蕴藏在人生中的成功可能性都浪费掉了，甚至掐掉了本来应该有的幸福之芽。

如果光说负面的话，实际上却出现好结局的可能性也不是没有，但大部分都会出现不好的结果。

如果这个推论是正确的，我们在日常生活中就要审慎使用说话的字眼，通过有意识的改变，而使潜意识朝自己希望的方向发展。

那么，要怎样做才会有好的效果呢？一开始即使是自己美好的愿望不能全部兑现也不要紧，只要在日常生活中的用字遣词上下些功夫，简单说就是频繁使用积极光明的话语，使自己拥有一个努力向上的心态，往往就会产生出意想不到的效果。

平时要用心去搜集那些谁听了都能激发勇气、变得高兴、心情愉悦的话语。当然，一开始也许会因为不习惯而困惑并产生排斥感。但是如果能持续下去，自己所说的话就会变成暗示输入到潜意识中，进而影响到想法和行动，想法和行动就会和自己所说的话产生效果，形成言行一致。如此一来就能没有坏情绪，而命运的好转也只是时间上的问题了。

有些时候，即使说出负面否定的话语后，也要记得添加上正面肯定的话语。

例如失恋了，被男友或女友甩掉时，大部分的人都会不自觉地说出——"好痛苦""我不想再谈恋爱了"或"再也不想有恋人了"这类的话，这时在那些句子后面就别忘了再加上——"但是就是因为和他分手了，才能重新开始一场真正的恋爱""但是这一定是命运想把我引导到好的方向"等的正面句子。这样的一句话就可以把负面念头隔绝在潜意识外。

在健康状况不佳时亦应该如此。

"好热啊！身体懒懒的都不想动，但是夏天就要有夏天的感觉才好。今晚的啤酒一定很爽口！"

"电脑打多了，肩膀硬邦邦的，肌肉绷得好紧！但这正是我努力工作的证据。"

像这样子，句子最后都以积极的说话方式结束，如此一来，就能增加自我暗示的力量，并渐渐地产生出干劲。

和人对话时也是同样的情况。

在被上司询问"营业成绩的情况如何"时，一名员工回答："因为不景气，所以营业状况不可能会好。"而另一名职员回答：

"因为不景气，所以营业成绩还不会一下子就有起色，但我会努力改变这种状况，因为不景气是暂时的。"

在这种情况下，上司会对哪个部下有好的评价呢？因此我们可以知道，措辞乃是开展工作和人际关系的最大关键，也是避免情绪冲突的不二法门。

与人为善，好情绪自然来

时时刻刻保持知足的心态及谦虚的态度，才可以充分享受人生的乐趣。谦虚的态度是非常重要的，但有一点要注意，那就是不要胡乱贬低自己。倘若一味贬低自己的话，就会渐渐觉得自己真的"不行了"。另一方面，一味贬低自己在外人看来很虚伪，因为俗话说，"过分的谦虚等于骄傲"。骄傲当然不是与人为善的相处态度。

请持续维持感谢的心情，作为保持谦虚之方法。简而言之，就是怀有"托大家的福，我才能幸福地生活着"这种心情。能有这种自觉的话就没问题了，因为是保持着"受人恩惠，才能幸福地生活着"的态度，因而自然能变得十分谦虚。

然而，在社会上与之相反的人却有很多，从谁那儿得到些什么，都觉得是理所当然的，也不太想使用"谢谢"这句话。而其中当有人在工作上有出色成绩时，会错以为这是自己一个人的力量完成的，进而得意扬扬。就像足球比赛中，前锋如果踢进两个球就认为完完全全是自己的功劳，那就大错特错了。如此一来，大家对你的评价就会一直下降。重要的是，即使认为这是自己一个人的功劳，也要常保持这是集体在我没看到的地方给予我力量或被周围看护着的心情。

想要别人对你保持好感，还应该抛弃面子，以谦虚的姿态示人。

如果自己想要被肯定，首先必须了解自己的分量，了解了自己的分量才能谦虚地知道"自己只不过是这样而已"。能谦虚待人就能虚心向人请教，这种态度关系着你是否认同对方，而对方也能否变得认同你。

人际关系就像一面镜子，你改变的话对方也会改变。但有人会这么想："虽然按道理是应该这样做，但我怎么也无法喜欢那个人。""我不愿意和那恨也不值得恨的家伙和解！"一旦彻底讨厌一个人，就会觉得对方整个人都穷凶极恶，甚至连对方本来就有的长处和魅力也令人感到不愉快。

至于说怎么应对才好，如此看来只要保持乐观的想法、感谢的念头就可以了。

即使是面对最差劲的人，如果你能与之友好相处，那么以后不论你碰上哪种人，也都一定能和睦相处。

也许最初你会有排斥感，但如果能想成"只有我与人为善才能使自我顺利成长"，那么你的看法应该会渐渐转变，当然你的情绪自然就会变好了。

人际关系如镜子，只要你改变，对方也会改变。

想要建立良好的人际关系，有一点非得铭记于心不可，那就是要真正牢记"人际关系像面镜子，别人对你的态度就是你对别人的态度这样一个原则。

虽说在与人交往中要建立良好的人际关系，但并不是所有的人都能与你合得来，这中间当然也有与你不合而对你采取攻击态度的人。在这种情况下，不要逃避或憎恨对方，从你这方面先来改善，只要你抱定这样的心态，坏情绪自然离你远去。

有一个例子，一位在设计师事务所工作的女士曾经说："我的上司每次一有事就拿我和同事比较，对我又挖苦又讽刺，我不知该怎么应付她才好。"为什么上司总是对她又挖苦又讽刺呢？是因为她总是保持着"无法喜欢那上司"的情绪，当然，她的情绪也会传达到上司那儿，所以对方也就对她保持同样的情绪了。

如果有与自己不合或欺负自己的人，在憎恨厌恶对方前，有必要先检讨一下自己本身的心理状态，是不是自己对对方有着不友好的心态。然后，肯定对方的优点，并保持和解的念头与对方沟通一下。

如此一来，这种想法在输入潜意识中，也会传达给对方，两人间所产生的隔阂应该就会渐渐消失于无形了。当然，如果对方仍然"不买账"，你对他敬而远之便是了，犯不着为此破坏了自己的情绪。

总之，想要有良好的人际关系，第一步就应该从认同对方的价值观开始。

卡耐基先生说了这样的话："从前如果男子出外能树敌七人就是美德。但实际上这样的人是成不了大器的。"

也许这会使人联想到"八面玲珑的生存方式"，但正确的理解是：在主张自己的想法、重视自己的想法的同时，也要努力理解对方的想法。

比如在销售会议上，有同事对你的提案计划唱反调，这时就要控制自己，不要马上反驳对方或固执己见。因此在这种时候，你就应该静下心来听取对方意见，并且试着重拟更好的计划，而最要紧的就是虚心倾听，即使你对对方意见有无法赞同的部分，也要努力去了解对方的想法和立场。如果你能做到这点，对方对你的印象就会大不相同了。因为不论结果如何，对方都能知道自己的观点被人认同了。

不光是工作，人际关系也一样。当对方想着脱离常规的事或价值观、人生观错得离谱的时候，我们也不能光以自己的知识或经验，不分青红皂白地加以否定。即使你有再多知识，再多经验，这世上也没有所谓"绝对"的事。

因此不管你听到对方说了什么话，首先还是应该试着接受，即便是和自己心意相反。

彻底认同对方的存在感，你的存在感也会提高。

建立良好人际关系的重点，就在于提高对方的"希望被认同存在"的自我重要感，因为无论是谁都难免会保持着希望自己被注意的欲求。

例如，工资本来是员工自己到财务部门去领，现在也有很多公司改由银行来代为转账。当然这依据公司的规模而有所不同。但是如果是领导为员工着想，经理们最好一边说着："你总是这么努力，真感谢你！"一边亲自把工资交到每个人手中。因为即使是这么简单的一件事，员工也能提高自我重要感。

在广东经营木材批发生意的赵先生经常在每个员工的工资袋中放入自己亲笔所写的慰问便条。因为常出差，所以他很少有机会和员工相处，因此他才想到了这种方法作为沟通的手段。

"这个月时常加班，辛苦你了。因为你的努力公司才会有如此好的成绩，假日时请在家中好好休养。"

"从经理部的何先生那儿听说你的儿子考上大学了，恭喜你！儿子马上就成人了，如此一来，你就可以和儿子一起喝酒了，但是请留意不要喝得太多。"

在薪水袋中增加这样的留言，员工会怎么想呢？他们会心存感激，因为他们的情绪完全被老板的热情调动起来了。

假如通过认同对方的存在感，使对方心存感激，对方也会认同你的存在感，而让你拥有成倍的强大力量，这种力量就能为你带来无限的好情绪。

善于用人之人，就是用心去关怀别人的人。

一直为人所用的人，在处于用人的时候，一方面会感到自己责任重大，另一方面也会感觉到工作的价值，甚至会产生因为自己的意愿而使人行动的一种快感。

但他是否能得到自己下属员工的信赖与尊敬，其结果会让他之后的人生发展大不相同。虽然员工与上司的关系很重要，但如果上司不能以有德者的身份支持自己的下属员工，那么在紧急的时候，大家都不会站在你这边，和你站在一起的，则是那赶也赶不尽的坏情绪。

上司如何才能成为有德者让下属员工倾慕呢？第一就是在和员工相处时，在指责员工的缺点前，一定要先肯定他的优点，也就是先不要给别人制造坏情绪。

给予别人赞美是为你，也是为别人带来好情绪的重要的一种方法，没有人会因为被赞美而不高兴，在听到恰当的赞美时，不论是谁都会觉得快乐。因此你先开口赞美部下或晚辈好的地方，即使只赞美了一点点，他们的能力也应该会大为提升的。像日本著名企业家松下电器创始人松下幸之助先生就是关怀别人的高手。例如，在会客室接受访问的时候，即便是一个咖啡杯，他也会放置在秘书容易收拾的地方，这种让别人容易处理的心意，就是想给人温情的心意，将会使部下感激不尽的。

千万不能和工作过不去

转换想法的话，对无聊的工作也会感到做的价值和生存的意义。

如果你因为企业整顿而被降职或派到分公司，你会有怎样的感受呢？大概会受到相当的打击。但是以这样的心情，不管到哪里，都不会找到像样的工作的。

而遭遇到相同的事情，如果从不同的角度去理解，比方说保持乐观的想法，事情又会变得怎样呢？即使你被派到偏远地方，也会每天都有新的感觉、新的发现，学习到新事物，结交到新朋友，最重要的是你不仅拥有好情绪，而且还能把好情绪带给大家，你因此而成为一个受欢迎的人。

郑先生原本是机关的科长，20 年过去了，他已经基本上没有发展的机会了。从他自己的立场来看，尽管努力奋斗，却往往被给予最低的评价，郑先生经过一番考虑后还是提出辞职一走了之。但进入某公司后，郑先生仍是不得意。他的好朋友欧阳先生对他说："光对现在的工作或职位、薪水感到不满而辞去工作，也不会开创出更好的道路。学着调整情绪，试着从现在的工作找到价值和乐趣，也许会有意外的发现，那时你会感觉到辞职并不是正确的抉择。"

因为欧阳先生的建议，情绪低落的郑先生试着转变成乐观的想法，于是他找到了工作的乐趣，他的工作性质还使他可以认识到很多人，也能交到很多朋友。

自那之后，郑先生努力地经营人际关系，于是在不知不觉中，过去心里所累积的不平和不满消失了。不仅如此，数年后郑先生在公司内的影响是——"郑先生擅长交际，工作有魅力"。而当这传到上层的耳朵里之后，在董事长的坚持下，郑先生终于被任命为主管，后又逐渐升迁。

在日复一日的工作中，蕴藏着成功价值的种子和开拓发展的成果。

的确是没什么乏味的工作，如果你感到无聊，也不可一直抱怨，请尽快调整自己的心态，理顺自己的情绪，想些把工作变得更有趣的方法。

还有一个例子。娟子大学毕业后，进入心仪已久的某报社当记者。身为记者的她不能被指派担任采访等工作，而是每天做整理其他记者的采访录音带等内勤工作。

光做这样的工作对一个新闻系的大学毕业生来说是始料未及的，而日益不满的她，甚至萌生出辞职的念头。后来，有人给了她这样的建议："如果说现在的工作无聊的话，请试着想想使它变有趣的方法。例如现在学习如何快速听写录音带，试着成为速记的能人如何？将来一定会派上用场的。"

娟子听从了建议，每个周末都去文化学院学习速记，因为她觉得"听写一个小时的录音带，往往得耗掉三至五倍的时间，但如果精通速记的话，只要花费和录音带相同的时间就可以完成了，不但有效，而且也可以减少时间的损失"。

而精通了速记的娟子，变得热爱工作，因为这项工作使她感觉到快乐和有成就感。

而六年后的今日，娟子以"高手"身份活跃于各界，以"更快速、更有效、更正确"为座右铭的她，如今已是新闻界著名的发稿"快手"。

如同娟子的例子一般，即使是无聊单调的工作，能对其保持乐观的想法，也许会意外地成为你找到工作价值、发现天资的契机。遇到"不得已只有这样"的时候，你试着换个角度思考看看，也许会为改变情绪带来契机。

这是第二次世界大战中的事情。有一位被俘关入战俘营的A先生，他和很多被俘虏的士兵都深信——"援军迟早会赶来救人的"。但援军迟迟未能赶来，因此俘虏们渐渐焦虑不安，甚至有人十分气馁、憔悴不堪而死。

A先生却这样想："仔细思考看看，原本我们是处于战死也不令人奇怪的状态下，但现在是死是活很难说，当了俘虏，至少可以避免战死。当然，既然当了俘虏，就不知道何时会被杀，不过目前应该还没有问题。现在不但还这样活着，而且盟军一天天在取胜，法西斯终究长不了。"

这样想的话，就好的方面而言，想开了心里就会产生安全感，也不会杞人忧天了。不管想或不想，人总有一天是要死的，既然如此，在活着的时候就找些有趣、快乐的事去做。

环顾四周，也有不少美军士兵被俘，于是A先生产生了"好吧！在这里起码学点儿英文也好"的想法，不知不觉中他变得能和美军士兵自由交谈了。

令人觉得有趣的是，他和一个美军士兵意气相投，特别谈得来，交情好到两人可以生死与共，多次避免了死亡的危险。

不久大战结束，因为这位美军士兵帮忙说好话，A先生因此能最先回国。而在回国后，A 先生担任了某英语补习班的授课老师。因为他在战俘营的时候，已把英语学到精通的程度了。

为了将来不知道究竟会不会发生的事而忧心忡忡，不但浪费了时间，而且使人生变得索然无味。不要去担心未来的事，把握眼前积极快乐的生活，人生才显得更有价值。

让坏情绪悄悄离你而去

保持心理的平静，以平和的心态去勇敢地接受最坏的情况，这样你就不会再失去什么，一切也可以重新开始，坏情绪就会悄悄地离你而去。

是否想有一个快速而有效地消除坏情绪的办法——那种不必再多往下看，就能马上应用的方法？

美国的威利·卡瑞尔发明了这个办法。卡瑞尔是一个很聪明的工程师，曾是纽约卡瑞尔公司的负责人。他在纽约工程师俱乐部做了一次演讲。

"年轻的时候，"卡瑞尔先生说道，"我在纽约州水牛城的水牛钢铁公司做事。我必须到密苏里州水晶城的匹兹堡玻璃公司——一座花费好几百万美金建造的工厂，去安装一台瓦斯清洁机，目的是消除瓦斯里的杂质，使瓦斯燃烧时不至于伤到引擎。这种清洁瓦斯的方法是新的方法，以前只试过一次——而且当时的情况很不相同。我到密苏里州水晶城工作的时候，很多事先没想到的困难都发生了。经过一番调整之后，机器可以使用了，可是成绩并不能达到我们所保证的程度。

"我对自己的失败非常吃惊，觉得好像是有人在我肚子上重重打了一拳。我的胃和整个肚子都开始扭痛起来。有好一阵子，我担忧得简直没有办法睡觉。

最后，因为我的常识，我想起忧虑并不能解决问题，于是我想出一个不需要忧虑就可以解决问题的办法，结果非常有效。我这个反忧虑的办法，已经使用了 30 多年。这个办法非常简单，任何人都可以使用。其中有三个步骤：

第一步，我先冷静地分析了整个情况，然后找出万一失败可能发生的最坏的情况是什么。

没有人会把我关起来，或者把我给枪毙，这一点说得很准确。不错，但很有可能我会丢掉差事；也有可能我的老板会把整个机器拆掉，使投下去的 2 万块钱泡汤。

第二步，在找出可能发生的最坏情况之后，让自己能够接受它。

我对自己说，这次的失败，在我的记录上会是一个很大的污点，可能会因此而丢掉差事。但即使真是如此，我还是可以找到另外一份差事。至于我的那些老板——他们也知道我们现在是在试验一种清除瓦斯杂质的新方法，如果这种试验要花费他们 2 万美元，他们还付得起。他们可以把这个账算在研究费用上，因为这只是一种试验。

找出可能发生的最坏情况，并让自己能够接受它。

第三步，从这以后，我就平静地把我的时间和精力，拿来试着改善我在心理上已经接受的那种最坏情况。

我努力找出一些办法，让我减少我们目前可能面临的 2 万美元损失。我做了几次试验，最后发现，如果我们再花 5000 美元，加一些装备，我们的问题就可以解决。我照着这个办法去做之后，公司不但没有损失 2 万美元，反而赚了 1.5 万美元。

如果当时我一直担心下去的话，恐怕再也不可能做到这一点。因为忧虑最大的坏处，就是会毁了我集中精神的能力。在我们忧虑的时候，我们的思想就会到处乱转，而丧失所有做决定的能力。然而，当我们强迫自己面对最坏的情况，而在精神上接受它之后，我们就能衡量所有的情形，使我们处于一个可以集中精神解决问题的状态。

我说的这件事情，发生在很多年以前，因为这种做法非常好，我就一直使用着。结果就是，我的生活里几乎完全不再有烦恼了。"

为什么卡瑞尔的万灵公式这么有价值，这么实用呢？从心理学上来讲，它能够让我们不再为坏情绪所折磨，它可以使我们的双脚稳稳地站在地面上，而我们也都知道自己的确站在地面上。如果我们脚下没有结实的土地，又怎么能期望把事情想通呢？

应用心理学之父威廉·詹姆斯教授，已经去世快 100 年了，如果他今天还活着，听到这个面对最坏情况公式的话，一定也会大表赞同。

为什么这么说呢？因为他曾经告诉他的学生："你要愿意承担这种情况，因为……能接受既成的事实，就是克服随之而来的任何不幸的第一个步骤。"

林语堂在他《生活的艺术》里也谈到这个同样的概念——"心理的平静"。他说："……能接受最坏的情况，在心理上，就能让你发挥出新的能力。"

一点也不错，当我们接受了最坏的情况之后，我们就不会再损失什么，而这也就是说，一切都可以得回来。"在面对最坏的情况之后，"卡瑞尔告诉我们，"我马上就轻松下来，感到一种好几天来没有经历过的平静。然后，我就能思想了。"

很有道理，对不对？可是还有成千上万的人，因为坏情绪而毁掉了他们的生活。因为他们拒绝接受最坏的情况，不肯由此以求改进，不愿意在灾难中尽可能地救出一点东西来。他们不但不重新构筑他们的财富，还参与了"一次冷酷而激烈的斗争"——终于变成我们称之为"忧郁症"的那种颓废的坏情绪的牺牲者。

你是否愿意看看怎样利用卡瑞尔的万灵公式来解决忧虑呢？我们不妨听听艾尔·汉里1948年11月17日在波士顿史帝拉大饭店亲口讲述的故事：

1929年，艾尔·汉里说："我因为常常发愁，得了胃溃疡。有一天晚上，我的胃出血了，我被送到芝加哥西比大学的医学院附属医院里。我的体重从175磅降到90磅。我的病严重到医生警告我，连头都不许抬。三个医生中，有一个是非常有名的胃溃疡专家。他们说我的病是'已经无药可救了'。我只能吃苏打粉，每小时吃一大匙半流质的东西，每天早上和晚上都会有护士拿一条橡皮管插进我的胃里，把里面的东西洗出来。"

这种情形持续了好几个月……最后，我对自己说："你睡吧，汉里，如果你除了等死之外没有什么别的指望了，不如好好利用你剩下的这一点时间。你一直想在你死之前环游世界，那么你还想这样做的话，就只有现在去做了。"

当我对那几位医生说，我要环游世界，我自己会一天洗两次胃的时候，他们都大吃一惊。不可能的，他们从来就没有听说过这种事。他们警告我，如果我开始环游世界，我就只有葬身在海里了。"不，我不会的。"我回答说，"我已经答应过我的亲友，我要葬在尼布雷斯卡州我们老家的墓园里，所以我打算把我的棺材随身带着。"

"我去买了一副棺材，把它运上船，然后和轮船公司安排好万一我去世的话，就把我的尸体放在冷冻舱里，一直到回到老家的时候。于是我开始踏上旅程，心里只想着一首诗：

啊，在我们零落为泥之前，

岂能辜负，不拼作一生欢。

物化为泥，永寂黄泉下，

没酒、没弦、没歌妓，而且没明天。

"当我从洛杉矶上了亚当斯总统号船向东方航行的时候，我就觉得好多了，渐渐地不再吃药，也不再洗胃。不久之后，任何食物我都能吃了——甚至包括许多奇奇怪怪的当地食品和调味品，这些都是别人说我吃了一定会送命的东西。几个礼拜之后，我甚至可以抽长长的黑雪茄，喝几杯老酒。多年来我从来没有这样享受过。我们在印度洋上碰上季风，在太平洋上碰上台风。这种事情就只因为害怕，也会让我躺进棺材里的，可是我却从这次冒险中得到很大的乐趣。

"我在船上和他们玩游戏、唱歌、交新朋友，晚上聊到半夜。我发现我回去之后要料理的私事，跟在沿途一些地方所见到的贫穷与饥饿比起来，简直像是天堂跟地狱之比。我摈弃了所有无聊的担忧，觉得非常舒服。回到美国之后，我的体重增加了90磅，我几乎忘记自己曾患过胃溃疡。我这一生从没有觉得这么舒服过。我回去做事，此后一天也没有病过。"

艾尔·汉里说，他发现他是在下意识里应用了威利·卡瑞尔征服坏情绪的办法。

第一，我问自己："所可能发生的最坏情况是什么？"答案是："死亡。"

第二，我让自己准备好接受死亡。我不得不如此，因为别无其他选择，几个医生都说我没有什么希望了。

第三，我想办法改善这种状况。办法是："尽量享受我所剩下的这一点点时间"。如果我上船之前还继续保持坏情绪，毫无疑问，我一定会躺在我的棺材里完成这次旅行了。可是我放松下来，忘了所有的麻烦，而这种心里平静，使我产生了新的体力，救了我的性命。"

所以，对抗坏情绪的规则是：如果有忧虑的问题，就应用威利·卡瑞尔的万灵公式，进行下面三件事情——

（1）问自己："可能发生的最坏情况是什么？"

（2）如果必须接受的话，就准备接受它。

（3）然后很镇定地想办法改善最坏的情况。

活在成功中，哪来坏情绪

贤者是为了想办法解决问题而用脑，而愚者即使想破头也解决不了问题，并为此而烦恼。

有人会把明明没有发生的事情往坏的方向想，而且越想越糟，这其实是很愚昧的。

其理由有二：一是这样的想法不过是把负面的念头输入潜意识中。光保持负面想法的话，会因为"害怕的东西将要实现"这样的潜意识作用而真的就遭遇不幸了。二是这种问题再怎么想也是没法子解决的，因此不停地忧虑也是无济于事，更不会得到什么好处。

当然，预设结果，有某种程度的忧患意识是最好不过，根据状况也许不得不加以细心注意。但是，要分辨这究竟是在彻底思考问题，还是根据事情去解决问题，而解决这两种性质之烦恼的方法有着根本上的差异。

比方说，你因为在天气很冷的日子里外出，而似乎有感冒的症状。这种时候，整日想着"感冒发高烧而病倒的话怎么办呢"。实际上，怎么想烦恼也不会自动解决，而应该想的是"今天早点下班回家静养""是吃感冒药好呢，还是去看医生好呢"，并采取最妥当的措施。

工作方面也一样，老是让烦恼困扰自己，"如果公司精简人员，我被炒鱿鱼怎么办呢？"状况当然不会好转。既然事情已经如此了，就要冷静而理性地思考"为了不被裁员，该怎么做好"，或"即使被公司解雇，该怎么做才可以使自己生存下去"，而这些想法也是有建设性的。

同样，对过去感到忧心，也可说是想了也无济于事的问题。即使再怎么后悔过去发生过的事，除非有时光机器回到过去，否则问题也是不能解决的，只能多滋生一些不必要的坏情绪罢了，结果是得不偿失。

失败者浪费一分一秒，成功者珍惜一分一秒。

"就算连一分钟休息的时间都没有，也不会觉得不幸福，只有工作是我生活的全部意义。"这是世界著名的昆虫学家法尔布所说的名言。珍惜一分钟的时间也就是珍惜每一瞬间。

我们常在工作中会鼓起干劲："今天一天要达到这样的工作定额。"但是这并不是指在今天结束前达到工作定额就好了。有这样一句话：现在正是时候。就是当下不得不行动的意思。因此，所谓"今天内无法完成的工作量，明天中午前完成"这样的想法是不行的。如果有这样的想法的人，没有在明天中午前完成工作，就会把时限延到黄昏；黄昏前没有完成，就会延到后天早上，白白浪费了宝贵的时间。

所谓"今天一天"不是指 24 小时，而是指现在的一小时，现在的一分钟。因此所谓"今天一天都要努力"，是指现在的每一小时都要努力，现在的每一分钟都要努力。

我们常说要写完一本书不容易，如果以 400 字的稿纸换算，大约是 300 张左右。虽然如此，最近有很多上班族一面到公司上班，一面写评职称要发表的论文。他们因为不能疏忽掉正职，所以写稿时间也自然受到限制。因此他们把早上出门前的 30 分钟当成写作时间，孜孜不倦地写着，累积数量。一天勉强可以写下 300~400 字，那么过了一年也累积到出一本书的稿纸张数了。而如果论文一旦被采用刊登的话，他们不仅可以获得一笔意料外的稿费，还能为评职称凑足材料。

一直有抱怨着"老是存不了钱"的人，这样的人是因为不能一下子存到一笔钱而感到挫折，但如果每天即使是 10 元、20 元也好，一直存下去，不久就会积累成一笔巨款了。

简要地说，反复积累小小的努力会带来成功和愿望的实现。

辨别不走运的人和成功的人，只要观察他们所选择的表达方法就可一目了然。

抱怨是永远换不来成功的

要说对人生感到不满，谁也没有资格和美国作家海伦·凯勒相提并论。因为一场大病，她的双眼失明，耳朵也失去了听觉，要是换作常人，恐怕早已崩溃了。但海伦一直都没有放弃过自己。在教师的帮助下，她慢慢地认识了这个世界，开始学习文字，但是对于一个看不到光明的孩子来说，这得克服多大的困难。

试问，如果你整天面对的是无边无际的黑暗和死一般的沉寂，你是选择抱怨人生，放弃自己，还是选择顽强地生存下去，与命运做斗争？

世界上就有着那么一群人，虽然他们没有健全的身体，但是他们用自己顽强的精神向世人证明，即使自己和普通人不同，也可以活得很精彩。在每四年一次的残疾人奥林匹克运动会上，来自各个国家的残疾运动员，他们有的是因意外而受伤，有的是天生就残疾，他们在赛场上奔跑、拼搏，用实际行动来发扬奥林匹克精神。

2016 年的里约残奥会，中国体育代表团获得奖牌数高达239 枚，名列奖牌榜第一位，创下了 51 项世界纪录。赛场上的每个瞬间都震撼人心，想想普通的运动员要想获得名次得付出多少心血，那么为了获得名次，残疾人又得付出多少倍的汗水呢？

　　这样一想，你觉得自己有资格去抱怨吗？你觉得自己有什么理由可以不努力？你已经够幸运了，你能够吃饱穿暖，可以自在地奔跑，你凭什么不去努力，你有什么资格不去努力？

　　少点抱怨，多点努力，你就会发现努力比抱怨更重要。职场上，老板总是赏识比较努力的员工，而抱怨的员工在一段时间后，就会发现自己混得越来越差了。他抱怨自己不如别人，抱怨薪水比别人低，抱怨老板对他不器重……却又何曾想过，你有比别人努力吗？你有比别人更优秀吗？以自我为中心的人，他们只看到了表层，却没看到别人的努力，也没别人努力，也永远不会明白，抱怨换不来成功。

　　著名的科学家富兰克林这样说过：我未曾见过一个勤奋、谨慎、诚实的人抱怨命运不好；良好的品格，优良的习惯，坚强的意志，是不会被所谓的命运击败的。

　　社会就是这么现实，人们往往看到的是结果，而从不在意过程，过程的艰辛很少有人会去理会，但是如果没有辛苦的努力，又怎能得来丰硕的果实呢？你需要去努力，努力才会使你前进，努力才能让你明白成功不易，也可以让你明白抱怨永远换不来成功。抱怨，只会让你松懈，让你放弃，甚至比不努力更严重。

第五章

克服惰性，不为拖延找借口

高峰只对攀登它，而不是仰望它的人来说才有真正意义。行动高于一切。只要敢于行动，想法就一定能实现。"不可能"只存在于自己的想象中，天下事怕就怕认真二字，只要下定决心去干的事情，早晚都会成功。最终你就会发现：没有"做不到"的事情。

不要把希望寄托在明天

某日语学习班开学报名时，来了一位老者。"给孩子报名?"登记小姐问。"不，自己。"老者回答，"儿子在日本找了个媳妇，他们每次回来，说话叽叽咕咕，我挺着急。我想听懂他们的话。"

"您今年高寿?"小姐问。"68 岁。""您想听懂他们的话，最少要学两年。可您那时已经 70 岁了!"老人笑吟吟地反问："姑娘，你以为我如果不学，两年后就能 66 岁吗?"言毕，众人皆无语。

是的，这位老人学与不学，两年以后都是 70 岁，差别是：一个是可能开心地和儿媳妇交谈，一个是依然像木偶一样在旁边呆立。事情往往就是如此：我们总是以为开始得太晚，因此而放弃，殊不知只要开始，就永远不晚。

很多时候我们想到了，却因为各种各样的原因放弃了行动，或者是觉得太晚了，或者是觉得时机还没到，或者是屈服于内心的恐惧，一念之间的迟疑，很可能会让我们错失一次成功的机会，甚至走上死亡的道路。

寒号鸟的故事让我们警醒：

在古老的原始森林里，阳光明媚，鸟儿欢快地歌唱，辛勤地劳动，其中有一只寒号鸟，有着一身漂亮的羽毛和嘹亮的歌喉，更是到处游荡卖弄自己的羽毛和嗓子。它看到别人辛勤地劳动，反而嘲笑不已，好心的鸟儿提醒它说："寒号鸟，快垒个窝吧！不然冬天来了怎么过呢？"

寒号鸟轻蔑地说："冬天还早呢？着什么急呢！趁着今天大好时光，快快乐乐地玩玩吧！"就这样，日复一日，冬天眨眼就到来了。鸟儿们晚上都在自己暖和的窝里休息，而寒号鸟却在夜间的寒风里，冻得瑟瑟发抖，用美丽的歌喉悔恨过去，哀叫未来："哆啰啰，哆啰啰，寒风冻死我，明天就垒窝。"

第二天，太阳出来了，万物苏醒了。沐浴在阳光中，寒号鸟好不得意，完全忘记了昨天晚上的痛苦，又快乐地歌唱起来。有鸟儿劝它："快垒窝吧！不然晚上又要发抖了。"寒号鸟嘲笑地说："不会享受的家伙。"

夜晚又来临了，寒号鸟又重复着昨天晚上一样的事。就这样重复了几个晚上，大雪突然降临，鸟儿们奇怪寒号鸟怎么不发出叫声了呢？太阳一出来，大家寻找一看，寒号鸟早已被冻死了。

《寒号鸟》虽是一则寓言，但它的确讲明了在人的一生中，今天是多么重要，寄希望于明天的人，是一事无成的人，到了明天，后天也就成了明天。今天你把事情推到明天，明天你就会把事情推到后天，一而再，再而三，事情永远没个完。

富兰克林说："把握今日等于拥有两倍的明日。"今天该做的事拖延到明天，而明天也无法做好的人，占了大约一半以上。行动的魅力让我们着迷，它可以把不可能变成可能，正如歌德所说："把握住现在的瞬间，把你想要完成的事物或理想，从现在开始做起。只有勇敢的人身上才会富有天才、能力和魅力。因此，只要做下去就好，在做的过程中，你的心态就会越来越成熟。能够有开始的话，那么，不久之后你的工作就可以顺利完成了。"

只有那些懂得如何利用"今天"的人，才会在"今天"打下成功事业的奠基石，孕育明天的希望。

立即行动可以让 100 天的价值变成 1000 天的，甚至 10000 天的价值。有一位幽默大师曾经说过："每天最大的困难是离开温暖的被窝走到冰冷的房间。"他说得不错。当你躺在床上认为起床是件不愉快的事时，它就真的变成一件困难的事。即使那么简单的起床动作，即把被窝掀开，同时把脚伸到地上的动作，都可以击退你的恐惧。那些大有作为的人物总是推动自己的精神去做好自己的事。"现在"这个词对成功的意义是妙用无穷的，而用"明天""下个礼拜""以后""将来某个时候"或"有一天"，往往就是"永远做不到"的同义词。

各行业中首屈一指的成功人士都有一个共同的优点——他们办事言出即行。这种能力会取代智力、才能和社交能力，来决定你的薪酬等级和晋升速度。虽然这个观念很简单，但不善于取得成果的人士总是缺乏它。行动习惯，也就是立即把思想付诸行动的习惯，这对完成事情来说是必不可少的。这里有七个方法能让你培养出立即行动的习惯。

1. 不要等到条件都完美了才开始行动

如果你想等条件都完美了才开始行动，那很可能你永远都不会开始。因为总是会有一些事情不是那么好。或是错过时机，行情不好，或是竞争太激烈。现实世界中没有完美的开始时间，你必须在问题出现的时候就行动起来并把它们处理好。开始行动的最佳时间就是去年，其次便是现在。

2. 做一个实干家要实践，而不要只是空想

你想开始实践吗？你有没有好的创意要告诉老板？今天就行动起来吧。一个没被付诸行动的想法在你的脑子里停留得越久越会变弱，过些天后其细节就会随之变得模糊起来，几星期后你就会把它给全忘了。在成为一个实干家的同时，你可以实现更多的想法，并在其过程中产生更多新的想法。

3. 记住，想法本身不能带来成功

想法是很重要，但是它只有在被执行后才有价值。一个被付诸行动的普通想法，要比一打被你放着"改天再说"或"等待好时机"的好想法来得更有价值。如果你有一个觉得真的很不错的想法，那就为它做点什么吧。如果你不行动起来，那么这个想法永远不会被实现。

4. 用行动来克服恐惧

你有没有注意到公共演讲最困难的部分就是等待自己演讲的过程呢？即使是专业的演讲者和演员也会有表演前焦虑、担心的经历。但是一旦开始表演，恐惧也就消失了。行动是治疗恐惧的最佳方法。万事开头难。一旦行动起来，你就会建立起自信，事情也会变得简单。可以通过行动来克服恐惧，建立自信。

5. 机械地发动你的创造力

人们对创造性工作最大的误解之一，就是认为只有灵感来了才能工作。如果你想等灵感给你一记耳光，那么你能工作的时间就会很少。与其等待，不如机械地发动你的创造力马达。如果你需要写点东西，那么强制自己坐下来写。落笔，灵机一

动，乱涂乱画。通过移动双手来刺激思绪，激发灵感。

6. 先顾眼前，把注意力集中在你目前可以做的事情上

不要烦恼上星期理应做什么，也不要烦恼明天可能会做什么。你只有现在可以左右时间。如果你过多思考过去或将来，那么你将一事无成。明天或下周的事经常是永远都不会发生的。

7. 立即谈正事（立即切入正题）

人们在开会前一般都会做些社交活动或聊聊天。独自工作者也是如此。如果你不避开这些让人分心的事情来开始谈正事，那么它们会花掉你很多时间。一旦立即开始谈正事，那就会变得更有创造力，而且别人也会把你当领导者看。

到美国首府华盛顿观光的游客总不免要到华盛顿纪念碑一游。纪念碑游客如织，导游大概会告诉你，排队等搭电梯上纪念碑顶就要等上两个钟头。但是他还会加上一句："如果你愿意爬楼梯，那么一秒钟也不必等。"这句话说得多么真切！不止观光华盛顿纪念碑如此，对于人生之旅又何尝不是！不论如何，现在就付诸行动，才可能踏上卓越之途。

人生最昂贵的代价之一就是：凡事等待明天。"明日复明日，明日何其多。我生待明日，万事成蹉跎。"明天永远都不会来，因为来的时候已经是今天。只有今天才是我们生命中最重要的一天；只有今天才是我们生命中唯一可以把握的一天；只有今天才是我们可以用来超越对手、超越自己的一天。不要把希望寄托在明天，希望永远都在今天，希望就在现在。把握住现在也就是把握住未来。

立即行动，不要坐失良机

很多成功人士，在起步之初，并没有过人的才能，也没有特别好的机遇，为什么他们能取得不凡的成就呢？原因仅仅在于：他们迈出了第一步，并且努力不懈。台湾企业家刘秀忍的成功经历，就非常值得我们借鉴。

刘秀忍的家乡在台湾最闭塞、经济最落后的鹿谷乡，她家是当地几户最穷的人家之一。所以，她才念到小学四年级就辍学了。结婚后，她和丈夫合办了一家贸易商行，生意还不错。但她不满足于小打小闹，便说服丈夫，同意她孤身一人去日本创业。

来到日本东京后，刘秀忍才发现事情远不像她想象的那么简单。首先，她人生地不熟，根本不知道应该从哪里开始起步；其次，她语言不通，怎么跟人家谈生意呢？最后，她的资金很少，日本再好赚钱，也得先投资才能赚到钱呀！

刘秀忍的信心开始动摇了。但她想，好不容易下决心出来，也不能什么都不干就跑回去呀！好歹先做起来再说！她设法找到在日本的台湾老乡帮忙办手续，办起了一家小小的贸易行。她没有聘请员工，里里外外全是她一人忙活。

刘秀忍一面学日语，一面尝试谈生意。她的日语进步很快，但生意方面毫无起色，好几个月一件生意也没有做成。她知道，在此情况下，没有什么可以依赖，只能靠耐心。她不急不躁，一次又一次地跑客户。她一天天带着希望走出门，又一天天带着失望走回家。

终于有一天，刘秀忍看到了一丝曙光：一位日本商人被刘秀忍百折不挠的韧劲所感动，把自己不想做的一笔小生意让给她做。生意虽小，但对刘秀忍来说却是一件大事，她小心翼翼，将活干得漂漂亮亮。这笔生意为她赢得了信誉。此后，一笔又一笔生意接踵而至，她的事业开始真正起步。

后来，刘秀忍的生意越做越大，她成为拥有三家大公司、七座百货大楼以及多家分公司的大老板。

不管做任何事，迈出第一步都很重要。智者虽有千虑，但如果不立即行动，也将一事无成；愚者虽少智慧，但只要在行动中磨炼自己，也将心想事成。在任何时候，我们不要忘记提醒自己：立刻行动，首先迈出第一步，切勿坐失良机！

放弃空想，先干起来再说

老子说：千里之行，始于足下。

老子这句话，有积少成多的意思，也有万事开头难的意思。本章取意为：最困难的是迈出第一步。无论你的速度快慢，只要迈出第一步，或迟或早，总能到达目标。很多人的遗憾是：只是打算开始，却从未采取行动；或者几步不顺利，马上就退回到原来的地方。千里马虽然迅捷，但是如果呆立不动，到不了任何地方；老牛破车虽然迟缓，可是若用功不停，也能周游天下。成功没有固定的模式，只有不变的定律：首先迈出第一步，然后一步一步地往前走。

普通人并不缺少机会和智商，他们缺少的只是行动。

一个才华横溢的年轻人，立志成为大作家。他宣布要写一部有关爱情的小说，并且已经有了很好的构思。一年后，朋友问他，小说写得怎么样了？他说，那本书由于时间关系，还没有写。但他现在已经有了一个更好的构思，计划写另一部更有趣的书。

一个自信满满的年轻人，立志成为大商人。他决定辞掉那份薪水很低的工作，去开一家小店，然后由小做大。一年后，他还在做那份薪水很低的工作，他的小店计划已经改为将来某个时候开一家大商场。

一个野心勃勃的年轻人，立志成为政治家。他决定登门拜访新上任的领导。一年后，这位新领导变成了老领导，被提拔到了新的岗位，由于这样或那样的不便，年轻人还没有登门拜访过一次。

你相信这几个年轻人能成为大作家、大商人或政治家吗？

有人说，天下最悲哀的一句话就是：我早就想到了，可惜我没做。比如："如果我几年前就开始那笔生意，早就发财了！""如果我早一点向她求婚，她就不会变成别人的新娘。"有机会却迟迟不见行动，事过境迁再来后悔，正是小人物的通病。

成功人士都有一个好习惯：一旦做出决定，马上就开始行动。因为拖延会产生许多负面的东西：惰性、猜疑、焦虑、自卑、恐惧……而行动中却能产生许多积极的东西：勇气、决心、自信、主动性、创意……

有一个知名专栏作家谈到他的创作秘诀时说："我有许多东西必须按时交稿，无论如何不能等到有了灵感才去写，一定要想办法激发自己的精神力量。方法如下：我先定下心来坐好，拿一支铅笔乱画，想到什么就写什么，尽量放松。我的手先开始活动，用不了多久，还没等我注意到时，便已经文思泉涌了。当然有时候没有乱画也会突然心血来潮，但这些只能算是红利而已，因为大部分好构想是在进入正规工作情况以后得来的。"

其实，天下任何事，都跟写一篇文章相似，积极行动才能达成好的结果。

有了好想法，就积极实践

有这样一个笑话：有个落魄的中年人每隔三两天就到教堂祈祷，而且他的祷告词几乎每次都相同。

"上帝啊，请念在我多年来敬畏您的份儿上，让我中一次彩票吧！阿门。"

几天后，他又垂头丧气地回到教堂，同样跪着祈祷："上帝啊，为何不让我中彩票？我愿意更谦卑地来服侍您，求您让我中一次彩票吧！阿门。"

又过了几天，他再次出现在教堂，同样重复他的祈祷。如此周而复始，不间断地祈求着。

终于有一次，他跪着祈祷说："我的上帝，为何您不倾听我的祈求？让我中彩票吧！只要一次，让我解决所有困难，我愿终身奉献，专心侍奉您……"

就在这时，圣坛上空传来一阵雄伟庄严的声音："我一直倾听你的祷告。可是，最起码，你也该先去买一张彩票啊！"

这个中年人其实是很可笑的，他希望能中彩票，解决自己的困难，那么他为这个目标做了什么呢？除了等待上帝赐予这样的机会外，他甚至连一张彩票都没买过。生活中，许多人也像这个落魄的中年人一样，习惯于等待好事情的发生，而自己却不为梦想付出一点努力，到了最后，他们的梦想只能是竹篮打水一场空。

有一位美国女孩名叫曼迪，她的父亲是西雅图有名的整形外科医生，母亲在一家声誉很高的大学担任教授。

她的家庭对她有很大的帮助和支持，她完全有机会实现自己的理想。

她从念大学的时候起，就一直梦想着当电视节目的主持人。

她觉得自己具有这方面的才干，因为每当她和别人相处时，即使是陌生人都愿意亲近她并和她长谈。她知道怎样从人家嘴里"掏出心里话"。她的朋友们称她是他们的"亲密的随身精神医生"。

她自己常说："只要有人愿意给我一次上电视的机会，我相信我一定能成功。"

她在等待奇迹出现，希望一下子就当上电视节目的主持人。这种奇迹当然永远也不会到来。因为在她等奇迹到来的时候，奇迹正与她擦肩而过。

我们不能不为曼迪感到惋惜，如果不是习惯于等待，她是很有可能获得成功的。故事还没完，曼迪有个同班同学雪利也非常喜欢主持人的工作，不过说实话，她的条件要比曼迪差多了，她来自纽约的一个贫民家庭，她没有曼迪漂亮，也没有曼迪会说话，但她却是个敢想敢干的姑娘，"想到了就要去争取"是她的口头禅。大学毕业后，她白天在医院工作，晚上就去上播音主持的培训课，有机会就向各电视台投简历，结果三年后，雪利成了一个颇受观众欢迎的节目主持人。

两个怀着相同梦想的女孩，最终却得到了两个不同的结局，一个成功，一个失败。之所以会产生这种结果，就是由于一个习惯消极等待，而另一个却习惯主动出击。等待是毫无意义的，如果你希望实现梦想，那就要努力去争取，只是坐在家里等待有用吗？不行动是无法成功的。

曾经有人问布莱克："你成为一位伟大的思想家，成功的关键是什么？"

"多思多想！"布莱克回答。

这人满怀"心得"，回去躺在床上，望着天花板，一动也不动，开始多思多想。

一个月以后，布莱克在回家的路上，碰见了那人的妻子，她对布莱克说："求你去见我丈夫一面吧，他从你那儿回来后，就像中了魔一样。"

布莱克到了那人的家一看，只见那人变得骨瘦如柴，拼命挣扎着爬起来，对布莱克说："我每天除了吃饭，一直在思考，你看我离伟大的思想家还有多远？"

"你整天只想不做，那你思考了些什么呢？"布莱克问。那人道："想的东西太多，头脑里都装不下了。"

"我看你除了脑袋上长满头发，收获的全是垃圾。"

"垃圾？"

"只想不做的人只能生产思想垃圾。成功是一把梯子，双手插在口袋里的人是爬不上去的。"布莱克答道。接着，他举了这样一个例子：

从前，有一位满脑子都是智慧的学者与一个文盲相邻而居。尽管两人地位悬殊，知识水平、性格有天壤之别，可两人有一个共同的目标：如何尽快富裕起来。

每天，学者跷着二郎腿大谈特谈他的致富经，文盲在一旁虔诚地听着，他非常钦佩学者的学识与智慧，并且开始依着学者的致富设想去实现。

若干年后，文盲成了一位百万富翁，而学者还在空是谈他的致富理论。

思想固然重要，但行动往往更重要。我们的基本本性是主动行动而不是消极等待。这一本性不仅能使我们选择对某种特定环境的反应，而且能使我们创造环境。

采取主动并不意味着紧催硬逼或寻衅好斗，它的真正含义是承认我们有责任使事情发生。

许多人等待着事情发生，或等待着别人照顾他们。但最终获得好职位的人都是那些解决了问题的能动型的人，而不是被问题所困住的人，这些人按照正确的原则掌握主动，做了需要做的事件，完成了工作。

那些发挥主动性的人和那些不发挥主动性的人有着天壤之别。这里指的不是效率上的25%~50%的差别，而是5000%以上的差别，如果那些发挥主动性的人是聪明、有见地和反应敏锐的人就更是这样了。

迈出第一步，就别停下来

魏茨曼曾经说过："奇迹有时候是会发生的，但是你得为之拼命地努力。"只要我们相信未来掌握在我们手中，通过努力奋斗必然会迎来辉煌和创造出奇迹！

法国名画家纪雷有一天参加一个宴会，宴会上有个身材矮小的人走到他面前，向他深深一鞠躬，请求纪雷收他为徒。纪雷朝那人看了一眼，发现他是个缺了两只手臂的残疾人，就婉转拒绝他，并说："我想你画画恐怕不太方便吧?"可是那个人并不在意，立刻说："不，我虽然没有手，但是还有两只脚。"说着，便请主人拿来纸和笔，坐在地上，就用脚趾头夹着笔画了起来。他虽然是用脚画画，但是画得很好，足见是下过一番苦功的。在场的客人，包括纪雷在内，都被他的精神所感动。纪雷很高兴，马上便收他为徒。这个矮个子自从拜纪雷为师之后，更加用心学习，没几年的工夫便名扬天下。他就是有名的无臂画家杜兹纳。

世上没有不弯的路，人间没有不谢的花。苦难宛如天边的雨，说来就来了，你无法逃避，无法退却；苦难又似横亘的山，赶也赶不跑，你只有跨越，只有征服。面对苦难，最要紧的是心不烦，意不乱。

也许我们并不能做到像杜兹纳那样出名，因为我们只是平凡得不能再平凡的人；但比起杜兹纳，我们是幸运的，我们无须面对别人的鄙视，也无须为之行动不便，我们应该学习杜兹纳的坚强、勇敢与执着的精神品质。现在的生活固然安定，但也绝不能就此放纵自己，因为我们同样拥有理想，我们同样要经历坎坷，我们同样要为生活而奋斗。

"吃得苦中苦，方为人上人"，其实奇迹的背后最简单的道理就是无所畏惧的行动。一个肯吃苦、肯奋斗、不怕失败的人，他的前途必定会是一片光明。

一夜成城，是为神话；一年成城，是为必然；把一年之劳说成一夜之功，便是奇迹的产生。现实中成功人士创造的奇迹种种，大抵便属此例。因这"奇迹"的帮助，成功与成功人士便似乎玄乎渺远了起来，飘飘然似欲远离现实人间。我们的现实舆论有一种导向：成功似乎遥不可及，成功人士似乎离我们很远很远。

难道事情真如此一般？

1993 年，伯森汉姆徒手攀登上纽约的帝国大厦，在创造了吉尼斯世界纪录的同时，也赢得"蜘蛛人"的称号。

美国恐高症康复联席会得知这一消息，致电"蜘蛛人"汉姆，打算聘请他做康复协会的心理顾问，因为在美国有八万多人患有恐高症，他们被这种疾病困扰着，有的甚至不敢站在一把椅子上换一只灯泡。

伯森汉姆接到聘书，打电话给联席会主席诺曼斯，让他查一查第 1042 号会员。这位会员很快被查了出来，他的名字叫伯森汉姆。原来他们要聘做顾问的这位"蜘蛛人"，本身就是一位恐高症患者。

诺曼斯对此大为惊讶。一个站在一楼阳台上都心跳加快的人，竟然能徒手攀上四百多米高的大楼，这确实是个令人费解的谜，他决定亲自去拜访一下伯森汉姆。

诺曼斯来到位于费城郊外的伯森汉姆的住所。这儿正在举行一个庆祝会，十几名记者正围着一位老太太拍照采访。原来伯森汉姆 94 岁的曾祖母听说他创造了吉尼斯世界纪录，特意从一百千米外的葛拉斯堡罗徒步赶来，她想以这一行动，为伯森汉姆的纪录添彩。谁知这一异想天开的想法，无意间竟创造了一位耄耋老人徒步百里的世界纪录。

《纽约时报》的一位记者问她："当你打算徒步而来的时候，你是否因年龄关系而动摇过？"老太太精神矍铄，说："小伙子，打算一气跑一百千米也许需要勇气，但是走一步路是不需要勇气的，只要你走一步，接着再走一步，然后一步再一步，一百千米也就走完了。"

恐高症康复联席会主席诺曼斯站在一旁，一下明白了伯森汉姆登上帝国大厦的奥秘，原来他有向上攀登一步的勇气。在这个世界上，创造出奇迹的人，凭借的都不是最初的那点勇气，而是只要把最初那点微不足道的勇气保留到底，任何人都会创造奇迹。

放眼古圣先贤的成就也都是通过奋斗所换取来的，没有人一生下来就会说话、走路，都是靠后天的培养与学习。很多人觉得，一个具有传奇色彩且备受瞩目的人，他的一生就像是被安排好似的，不管以前经历的是磨难还是煎熬，但是最后的结果殊途同归——都将成为各个领域的先锋人物，甚至是拥有更加至高无上类似于"奇迹""神话"般的头衔。

其实，他们的成功并不是奇迹。他们的成功和自己的付出是能够画上等号的。他们的成功都是靠自己点滴的汗水和努力铸就的，奇迹并没有出现在他们的身上，因为他们都是靠着自己的努力，花上了大半生的时间，一步一个脚印，最终登上自己所研究的领域的最高峰。有谁敢说，他们的成功只是依靠上帝的垂青呢？

古人有"头悬梁，锥刺股"形容求学之难，今人有"摸爬滚打泥里转"形容成业之难，催人奋进的同时难免使人心生敬畏，而一日功成后当事人的有意自夸，旁观者的无意解嘲都足以使我们打消为达成希望而努力的念头，而直接通往那最后之门——成功，但深渊此时已横亘在我们面前，我们无视了那早已搭就的桥。

他们前行，一步步地挪动脚步，积累，而你忽视了这慢进中的过程，直到有一天突然发现站在你面前的他已然无法超越，于是你习惯性地耸耸肩，为自己也为旁的人开脱：这是奇迹。

而这奇迹，你也可以创造，只要你有足够的耐心和毅力，只要你试着迈开第一步，不停歇……

蓝色的天空中，雄鹰在飞翔。你只要学会奋斗和努力，终究有一天，你也会成功地超越自我和创造奇迹。

不要把梦想推给明天

安妮是大学里艺术团的歌剧演员。在一次校际演讲比赛中，她向人们展示了一个最为璀璨的梦想：大学毕业后，先去欧洲旅游一年，然后要在纽约百老汇中成为一名优秀的主角。

当天下午，安妮的心理学老师找到她，尖锐地问了一句："你今天去百老汇跟毕业后去有什么差别？"安妮仔细一想："是呀，大学生活并不能帮我争取到去百老汇工作的机会。"于是，安妮决定一年以后就去百老汇闯荡。

这时，老师又冷不丁地问她："你现在去跟一年以后去有什么不同？"安妮苦思冥想了一会儿，对老师说，她决定下学期就出发。老师紧追不舍地问："你下学期去跟今天去，有什么不一样？"安妮有些眩晕了，想想那个金碧辉煌的舞台和那双在睡梦中萦绕的红舞鞋，她终于决定下个月就前往百老汇。

老师乘胜追击地问："一个月以后去跟今天去有什么不同？"安妮激动不已，她情不自禁地说："好，给我一个星期的时间准备一下，我就出发。"老师步步紧逼："所有的生活用品在百老汇都能买到，你一个星期以后去和今天去有什么差别？"

安妮终于双眼盈泪地说："好，我明天就去。"老师赞许地点点头，说："我已经帮你订好明天的机票了。"第二天，安妮就飞赴到全世界最顶级的艺术殿堂——美国百老汇。当时，百老汇的制片人正在酝酿一部经典剧目，几百名各国艺术家前去应征主角。按当时的应聘步骤，是先挑出 10 个左右的候选人，然后，让他们每人按剧本的要求演绎一段主角的对白。这意味着要经过百里挑一的两轮激烈角逐才能胜出。安妮到了纽约后，并没有急着去漂染头发、买靓衫，而是费尽周折从一个化妆师手里要到了将要排演的剧本。这以后的两天里，安妮闭门苦读，悄悄演练。正式面试那天，安妮是第 48 个出场的，当制片人要她说说自己的表演经历时，安妮粲然一笑，说："我可以给您表演一段原来在学校排演的剧目吗？就一分钟。"制片人首肯了，他不愿让这个热爱艺术的青年失望。而当制片人听到传进自己鼓膜里的声音，竟然是将要排演的剧目对白，而且面前的这个姑娘感情如此真挚，表演如此惟妙惟肖，他惊呆了！他马上通知工作人员结束面试，主角非安妮莫属。就这样，安妮来到纽约的第一天就顺利地进入了百老汇，穿上了她人生中的第一双红舞鞋。

有了梦想就要及时行动，一味地往后拖延只会让机会从你手中白白溜走。

王强是一位很普通的乡下孩子，因为没考上高中而来到城里做起了厨师学徒，和所有的年轻人一样，在工作之余也常去网吧里玩玩游戏。一次，他们正在一家网吧里上网，忽然间电脑系统出了故障，网吧里的人只能愣在电脑前等着技术人员修好，但是足足过了二十来分钟还没有恢复，有的退钱走人，有些不想走的索性就坐在沙发上大发牢骚。老板安慰大家说："每家网吧都会出现这样的情况，这是行业通病，没办法的！"说者无心，听者有意！王强心想，既然每家网吧都会出现这样的问题，那如果有一家能专门针对网吧的电脑维修公司，不是有很大的市场？

从那一刻起，王强对电脑的兴趣就从游戏转到了系统程序上，半个月后，他把足足两个月的工资交到了一家计算机学校，开始学起了网页设计、办公软件等电脑知识。师兄弟们纷纷在背地里取笑他说："一个连高中都没有上过的农村孩子，还想从事什么电脑行业，简直是痴人说梦！"王强的师傅也不止一次地提醒他认真学烧菜才是应该做的事情，甚至还因为王强的两头忙而狠狠地批评过他。但是这并没有挡住王强追求梦想的决心，他心里面总是想着那个空白的市场，成立一家为网吧服务的电脑公司！

为了不让师傅责备，他尽量做到不迟到不早退，把所有学习电脑的时间都安排在业余时间里。因为勤奋和努力，他的电脑水平一直在全校名列前茅。后来，一家私人企业到计算机学校招聘优秀的学员，学校很自然地推荐了王强。于是王强去了那家私人企业上班。王强边工作边总结，电脑技术变得更加熟练，但半年后，因为在工作中的一个失误，王强被辞退了。

在自责和自省中，王强在网吧里找到了一份工作，从事网吧的系统维护、游戏安装、页面寻找、网页设计，在一年多的时间里，王强对网吧的运营流程、设备的维护、网络的管理等方面都了如指掌，于是决定辞职自己干。他打印了许多宣传单，给网吧做电脑更新，给毕业学生们做些视频简历。可是当时大家对这种简历的认可度不高，而且费用也不低，坚持了半年鲜有顾客，只能关门大吉。就这样，王强第一次创业失败了。

这时，他那些做厨师的师兄弟们非常善意地对他说："算了，心不要太高，好好做厨师吧！那些事情不是你这样的人能做的!"

王强感谢师兄弟们的关心，但并没有因此而改变自己的梦想。他觉得电脑已经越来越普及，各地的网吧更是如雨后春笋般冒出，而所缺少的正是他这类拥有专业技术的人。王强再次打印了一些宣传单，挨家发给一些网吧，又从朋友那里借来电脑、硬盘和其他一些专业工具，最后到旧货市场买了一张旧写字台，就成立了一家小型网络公司，并且采用了免费试用来吸引客户。没多久，一家网吧老板试用了王强的服务，一周后，老板决定用4000元一次性购买他的电脑网络系统维护产品。

得到这家网吧的认可，不仅使王强做成了第一笔生意，更为他打造了一个业务示范模板，就这样第二家、第三家网吧紧接而来。

十年时间过去了，当初的小厨师如今已经成为当地一家大型网络公司的老板，办公地点也从出租房移到了写字楼，技术队伍更发展到了30多人，能从事多项网络技术服务，每年的经营利润就能达到26万元。目前，王强又把客户范围延伸至企事业单位的电脑网络维护、网络安全管理等。对于将来，王强打算在附近的石家庄、保定以及河南的安阳、山东的聊城等地陆续开设分公司，努力把自己的网络公司做大做强。

人生在世，芸芸众生，我们都是有梦想的。然而，面对生活，我们却习惯性地把梦想推给"明天"，推给无数个借口。于是，梦想就在这日复一日的借口、推脱中被我们磨平、消耗掉了，面对生活，面对曾经的那些梦想，只能徒留遗憾。

有梦的人生是绚烂的，梦想是对现实生活的一个美好愿望，是给自己人生设立的一个目标，是让人前进的动力。然而，光有梦想的人生是虚无的，只有梦想，却无行动来支撑的梦想无疑是纸上谈兵般的不切实际。

古希腊哲学家德谟克利特说："一切都靠一张嘴来谈理想而丝毫不实干的人，是虚伪和假仁假义的。"唯有做到理想与行动二者合一，才有可能让梦想变为现实。

所以，有梦的人生是好的，但要记得在制作梦想蓝图的过程中带着行动上路。

不为拖延找任何借口

西点军校是美国陆军学校的别称，因其坐落在美国纽约州南部奥兰治县哈德逊河畔的西点镇而得名。200 年来，西点军校为美国培养出了三位总统，五位五星上将，3700 名将军及无数的精英人才。美国前总统罗斯福在几十年前就指出："在这整整一个世纪中，我们国家其他的任何学校都没有像西点这样，在我们的民族最伟大公民的光荣史册上写下如此众多的名字。"

不但如此，更让人惊异的是，大批西点军校的毕业生在企业界同样获得了非凡的成就。可口可乐、通用公司、杜邦化工的总裁都出身于西点。美国商业年鉴的资料显示，二战以后，在世界 500 强企业里面，西点军校培养出来的董事长有 1000 多名，副董事长有 2000 多名，总经理、董事有 5000 多名。可以说，任何商学院都没有培养出过这么多优秀的经营管理人才。

人们不禁要问，西点军校隐藏着怎样的秘密？其全部的秘密就在于"没有任何借口"。在美国西点军校里有一个广为传诵的悠久传统，就是遇到军官问话，学员只有四种回答："报告长官，是！""报告长官，不是！""报告长官，不知道！""报告长官，没有任何借口！"除此之外，不能多说一个字。"没有任何借口"所体现出的是一种负责、敬业的精神，一种服从、诚实的态度，一种完美的执行能力。正是秉持着这一重要的行为准则，西点学子在任何一个团队里都表现出了良好的团队精神和合作能力，他们具有强烈的责任心、荣誉感和纪律意识，自信、诚实、主动、敬业，从而成了足可信赖和承担重任的人。

如果不是秉持"没有任何借口"这一最重要的行为准则，罗文把信送给加西亚将是不可想象的。伟大的巴顿将军也是这样。1916年，作为美国墨西哥远征军总司令潘兴将军副官的巴顿，也有过一次类似的送信经历。巴顿将军在他的日记中写道：

"有一天，潘兴将军派我去给豪兹将军送信。但我们所了解的关于豪兹将军的情报只是说他已通过普罗维登西区牧场。天黑前我赶到了牧场，碰到第七骑兵团的骡马运输队。我要了两名士兵和三匹马，顺着这个连队的车辙前进。走了不多远，又碰到了第十骑兵团的一支侦察巡逻兵。他们告诉我们不要再往前走了，因为前面的树林里到处都是维利斯塔人。我没有听，沿着峡谷继续前进。途中遇到了费切特将军（当时是少校）指挥的第七骑兵团和一支巡逻兵。他们劝我们不要往前走了，因为峡谷里到处都是维利斯塔人。他们也不知道豪兹将军在哪里。但是我们继续前进，最后终于找到豪兹将军。"

然而，不幸的是，在生活和工作中，我们经常会听到这样或那样的借口。借口在我们的耳畔窃窃私语，告诉我们不能做某事或做不好某事的理由，它们好像是"理智的声音""合情合理的解释"，冠冕堂皇。上班迟到了，会有"路上堵车""手表停了""今天家里事太多"等借口；业务拓展不开、工作无业绩，会有"制度不行""政策不好"或"我已经尽力了"等借口；事情做砸了有借口，任务没完成有借口。只要有心去找，借口无处不在。做不好一件事情，完不成一项任务，有成千上万条借口在那儿响应你、声援你、支持你，抱怨、推诿、迁怒、愤世嫉俗成了最好的解脱。借口就是一个敷衍别人、原谅自己的"挡箭牌",就是一台掩饰弱点、推卸责任的"万能器"。有多少人把宝贵的时间和精力放在了如何寻找一个合适的借口上,而忘记了自己的职责和责任啊!

当你开始找借口的时候,胜败已成定局。其实,在每一个借口的背后,都隐藏着丰富的潜台词,只是我们不好意思说出来,甚至我们根本就不愿说出来。借口让我们暂时逃避了困难和责任,获得了些许心理的慰藉。但是,借口的代价却无比高昂,它给我们带来的危害一点也不比其他任何恶习少。

大庆"铁人"王进喜当年创业时的一句名言:"有条件要上,没有条件创造条件也要上,只要再活二十年,拼命也要拿下大油田。"瞧,这是何等豪迈的英雄情怀,何等感人的创业精神!面对当年大庆的恶劣环境和极差条件,王进喜完全可以找出许多借口来拖延建设大庆油田的脚步,但他不找半点借口,而是全心全力、豁上性命去改善环境,创造条件,率领 1205 钻井队,以决不屈服的英雄气概,自力更生,艰苦奋斗,终于为祖国和人民提前献出了一个石油滚滚的大庆油田,把"中国贫油"的帽子甩到了太平洋里,创造了震惊世界的奇迹。"铁人"王进喜的豪言和壮举正是中国特色的"没有任何借口"的绝好写照。

"没有任何借口",它强化的是每一个人想尽办法去完成任何一项任务,而不是为没有完成任务去寻找任何借口,哪怕看似合理的借口。"没有任何借口"让我们懂得:工作中是没有任何借口的,失败是没有任何借口的,人生也没有任何借口。只要敢于行动,任何困难都不能成为困难,任何借口都是站不住脚的借口。

第六章

高效执行，扛起该扛的责任

　　说一百句不如去做一次，没有执行力，自控力就是空中楼阁。所以，打造超强自控力其中的一个秘诀就是提升自己的执行能力，让高效的执行来督促自己。这个世界上拥有超强自控力的人最后都是执行力超强的人，这是共性，也是必然。

主动去做，把责任扛起来

在职场中，面对同一份工作，有的人工作起来得心应手，诸事顺利；有的人却不尽如人意，怨声载道。大家做的事明明都差不多，为什么最后会出现这两种完全相反的情况呢？

在回答这个问题之前，我们先来看一个故事。

在一次行动力研习会上，主讲师做了一个游戏。他说："现在我请各位一起来做一个游戏，大家必须用心投入，并且采取行动。"说着，他就从钱包里掏出一张面值100元的人民币，又说："现在有谁愿意拿50元来换这张100元人民币？"他说了几次，但很久没有人行动，最后终于有一个人跑向讲台，但仍然用一种怀疑的眼光看着老师和那一张人民币，不敢行动。那位主讲师提醒说："要配合，要参与，要行动。"跑向讲台的人才采取行动，终于换回了那100元，顷刻就赚了50元。

最后，主讲师说："凡事马上行动，立刻行动，你的人生才会不一样。"

主讲师最后说的这番话确实有道理，尤其是在工作中，我们更要立即行动，主动执行上级交代的任务，只有这样，我们才能拥有与众不同、事事顺利的人生。

说到这儿，前面提到的那个问题的答案也就随之浮出水面了。没错，他们之间最大的区别就在于，前者总是能自觉承担责任，自动自发地去执行任务；而后者就好似"算盘珠子"，拨一下动一下，不拨他就不动，这种人做事向来懒于思考，疲于行动，眼里根本就没有活儿，就算上级给他们安排了工作任务，他们最后也会随随便便应付了事。可以说，被动消极是贴在他们身上的最恰当的标签。

当然，我们必须要搞清楚，主动执行并非是一句简单的口号或是一个简单的动作，而是指要充分发挥自己的主观能动性，在接受工作任务后，应尽一切努力，想尽一切办法，把工作做到最好。

董明珠——珠海格力电器有限公司副董事长兼总裁，中国空调界一个举足轻重、掷地有声的人物。很多人都好奇她为何会如此成功，也许我们可以从她的一个小事件——"主动讨债"中找到答案。

初到格力电器时，董明珠只是一名最底层的销售人员，她被派到安徽芜湖做市场营销工作。当时，她的前任留下了一个烂摊子：有一批货给了一家经销商，但经销商很长时间都不肯付货款，几十万元的货款一直收不回来。

其实，公司并没有把收款的任务交给董明珠，所以按理说，她完全可以对此撒手不管，一门心思把自己的业务开拓好就可以了。可董明珠却不那么认为，她心想，既然我是公司的一份子，那别人欠公司的钱，我就有责任把这笔钱收回来。

就这样，她跟那家不讲信誉的经销商软磨硬泡，经过几个月的努力，虽然没要到货款，但总算把货要回来了。

让董明珠没想到的是，这次"多管闲事"的讨债行为，刚好让公司见识了她的工作实力和商业才能。很快，她就从基层员工中脱颖而出，坐上销售经理的位置。在后来的工作中，董明珠继续展示着她对责任的自觉承担以及对工作的超强执行力，这一切就成功将她推上总裁的宝座。

著名成功学家拿破仑·希尔曾经说过："主动执行是一种极为难得的美德，它能驱使一个人在不被吩咐应该去做什么事之前，就能主动地去做应该做的事。这个世界愿意对一件事情给予大奖，包括金钱与名誉，那就是不找借口、主动执行。"可以看到，董明珠的成功并非偶然，她对责任的自觉承担以及她对工作的主动执行，才是她最终获得成功的根本原因。

众所周知，执行是实现目标的关键，任何好的计划和目标都需要员工高效的执行力来保证，能否完美执行是考验一个员工能否成为优秀员工的最终条件。而员工自身执行力的高低，也直接决定了他们的工作业绩和职场前途。

纵观现代职场，那些发展最快、成就最高的员工，往往都是将责任承担得最彻底、将执行做得最出色的人。因此，我们要想在事业上有所成就，就必须培养自己积极、主动、负责的工作精神，自觉地从被动执行走向主动执行，唯有如此，我们才能获得宝贵机会的青睐，实现自己的人生价值。

反之，如果我们做不到对岗位负责，做不到自动自发地去工作，那最后等待我们的只能是一个前途暗淡的未来。

雷军在一家商店工作，一直以来，他都认为自己是一个非常优秀的员工，因为他每天都会完成自己应该做的工作——记录顾客的购物款。于是，他自信满满地向经理提出了升职的要求，没想到经理竟拒绝了他，理由是他做得还不够好。

雷军感到非常生气，但又无可奈何。有一天，他像往常一样，做完了工作和同事站在一边闲聊。正在这时，经理走了过来，他环顾了一下周围，随即示意雷军跟着他。雷军心里很纳闷，他不知道经理"葫芦里卖的是什么药"。

就在雷军满头雾水之际，只见经理一句话也没有说，就开始动手整理那些被顾客预订的商品，然后他又走到食品区，忙着清理柜台，将购物车清空。

经理用自己的行动告诉雷军一个道理：如果你想获得加薪和升迁的机会，那你就得自觉承担更多的责任，并积极主动地执行。而当你养成这种自动自发工作的习惯后，你就可以用行动证明自己是一个勇于承担责任、值得信赖的人。

总之，岗位责任如果不落在执行上，那它就会变成一纸空文，没有任何意义。一个出色的员工，应该是一个自觉承担岗位责任，积极主动去做事的人，这样的员工，压根就不需要任何管理手段去触发他的主观能动性。而我们所要做的，就是努力再努力，不断地朝着这个方向进军，直到有一天我们也成为那样的人。

对岗位负责，拒绝拖延

对岗位负责的员工，在工作上遇到问题时，从来不会拖延，更不会得过且过，他们只会努力地寻求解决之道，防止事情进一步恶化；而对岗位不够负责的员工，其自身也缺乏足够的执行力，遇到问题总是习惯置之不理，再三逃避，结果问题就像滚雪球一样，越滚越大，最终发展到不可收拾的地步，让人追悔莫及。

不难发现，后者所犯的正是拖延症。所谓的拖延症，在心理学上的定义是这样的：自我调节失败，在能够预料后果有害的情况下，仍然把计划要做的事情往后推迟的一种行为。在职场上，有拖延症的员工比比皆是，归根结底，还是因为他们对工作缺乏必要的责任感，在接到工作任务或是工作上遇到问题后，无法立即执行岗位职责。他们总是习惯将任务和问题一推再推，今天推明天，明天推后天，直到不能再推，才勉强逼迫自己去做，而最后的结果可想而知。

对于每一位渴望在事业上获得成功的人来说，拖延症无疑最具破坏性，同时它也是最危险的恶习，它让我们在不知不觉之中丧失进取心。一旦我们开始遇事推脱，那下一次就很有可能再犯，直到将其变成一种根深蒂固的习惯。

那么，我们究竟该如何做才能克服拖延症呢？答案只有两个字——行动。没错，只要我们还愿意承担岗位责任，那我们就必须用行动来破除拖延症的魔咒。而当我们开始着手做事时，我们就会惊奇地发现，自己的处境正在迅速改变。

一位老农的农田里，多年以来一直横卧着一块大石头。这块石头碰断了老农的好几把犁头，还弄坏了他的农耕机。老农对此无可奈何，巨石成了他种田时总是挥之不去的一块心病。

有一天，在又一把犁头被碰坏之后，老农想起巨石给他带来的无尽麻烦，终于下决心要弄走巨石，了结这块心病。于是，他找来撬棍伸进巨石底下，却惊讶地发现，石头埋在地里并没有他想象中的那么深、那么厚，稍稍使点劲儿就可以把石头撬起来，再用大锤把它打碎，最后再清出地里。

老农脑海里闪过多年被巨石困扰的情景，再想到自己其实可以更早些把这桩头疼事处理掉时，不禁一脸的苦笑。

其实，在工作中，遇到问题就应该立刻弄清根源，然后再想办法解决问题。要知道，做事拖拖拉拉或许能换取一时的安逸和舒适，但是从长远来看，这样做绝对是在浪费我们宝贵的时间和精力，妨碍我们在积极行动中提升自己的能力。就像故事中的老农，很多事情并没有我们想象中的那么困难，只要我们积极主动地执行岗位职责，就能在行动中找到最佳的解决办法。

习近平总书记说："空谈误国，实干兴邦"，言出必行，是走向成功的必要条件。毫无疑问，拖延症患者对于那些属于自己的岗位责任，他们始终不愿意立即采取有效的行动，所以最后才会陷入无穷无尽的烦恼之中而无法自拔。

李畅琳大学毕业后进入一家公司工作，做事一向拖拉的她，最终在自己的第一份工作中栽了个大跟头。工作的第一天，公司领导就给她和另外一个新来的女生安排了一个任务，让她俩在网上搜集相关的资料，然后结合自己的创意和想法，各自撰写一个公司活动的策划方案，要求在一个礼拜内完成。

李畅琳一听领导说"一个礼拜内完成"，心里顿时卸下了一个大包袱，她长吁一口气，决定先把这个策划放到一边，最后两天再来想办法完成它。当另外一个女生已经开始疯狂地在网上搜集相关的资料时，李畅琳还在跷着二郎腿，一边小口地喝着咖啡，一边悠闲地逛着淘宝网。

时间飞快地过去了，到了第七天，李畅琳还没开始工作，她心里感到非常焦虑，拖延了那么久，她每天其实过得并不开心，心里总是惦记着这个事儿，可就是不愿意展开行动。一个上午的时间，李畅琳才搜集了一点点资料，这一下，她彻底慌了，因为接下来的几个小时，根本不够她撰写活动策划方案。

怎么办呢？李畅琳只好病急乱投医，从网上抄一些别人的创意，加在自己的活动策划方案里，草草了事，随便应付下领导。

最后，领导采纳了另外一个女孩精心撰写的活动方案，并且决定让这个女孩担任这次公司活动的总监，尽情地施展自己的才华。而李畅琳呢，因为做事拖延，导致自己撰写的活动方案粗制滥造，不仅错失了这次机会，还挨了领导的批评。

其实，在实际的工作中，像李畅琳这样做事拖延的人不胜枚举。他们总以为时间还有一大把，只要在规定的期限内把工作完成就行了，殊不知，要做好任何一项工作都不是简单的事，**必须花费我们一定的时间和精力。**所以，当期限将至我们着手准备去完成那件工作时，我们会发现，事情并不像我们所想的那般简单，再加上长期的拖延于无形中又消耗了我们不少的心力，最后我们上交给领导的只可能是一个不甚完美又或是十分糟糕的结果。

　　说白了，做事拖延就是因为人的惰性在作怪，每当我们要付出行动，或要做出抉择时，总会想办法找一些借口来安慰自己，总想让自己过得轻松些、舒服些。然而，越是这个时候，我们越是要意识到自己所肩负的岗位责任，勇敢果断地战胜惰性，积极主动地应对挑战，绝对不能深陷拖延的泥潭，白白蹉跎自己的光阴。

把业绩当成唯一标准

在职场上，常听到有人抱怨自己在工作上像老黄牛一样埋头苦干，任劳任怨，每天提早上班，推迟下班，有时甚至连周末都不休息，最后把自己弄得疲惫不堪，却还是得不到老板的赏识和重用。

为什么会出现这种情况呢？

仔细想想，只有一个答案，那就是"老黄牛"式的员工，最后上交的工作结果并不能让老板满意。众所周知，在讲究效率和结果的职场，没有功劳的苦劳统统是徒劳。如果我们不能为公司创造出利润和价值，那即便我们工作再努力，再废寝忘食，最后也换不回老板的一声赞扬。

下面请看一个故事：

有一天，一个雇主打算要出一趟远门，临出发前，他把三个仆人召集了起来。根据每个人不同的能力和才干，雇主分别给了这三个人不同数量的银子，他希望仆人们能好好地利用手上的这一笔银子，替他创造出巨额的财富。

一年后，雇主风尘仆仆地回来了，踏进家门的那一刻，他就立马把三个仆人全部叫到了身边，细细地询问，想要了解这一年他们各自的经商情况。

这时，第一个仆人得意扬扬地说道："您之前交给我的5000两银子，我已经用它再赚了5000两，现在把它全部奉献给您！"

雇主听了，笑得合不拢嘴，赞赏地说道："你真能干！你既然能把赚得的钱全部交给我，可见你的为人还忠厚老实，我以后要让你当这个家的总管，让你管理很多的事情！"

紧接着，第二个仆人也兴高采烈地说道："您交给我的2000两银子，我用它再赚了2000两！"雇主听了也很高兴，称赞他道："不错，不错，到时候我也派一些事情让你管理。"

最后，雇主把询问的目光投到了第三个仆人的身上，此时，第三个仆人急急忙忙地来到他的面前，打开包得严严实实的手绢说道："您交给我的1000两银子还在这里。我一直把它埋在院子里的那棵大树下，听说您回来了，我就连忙把它挖出来了。"

顿时，雇主的脸色犹如黑云压城，他严厉地训斥道："你这个懒鬼，竟敢白白浪费我的钱！要你这个只知道吃白饭的仆人何用？"于是，他飞快地夺回了第三个仆人手上的1000两银子，最后，还怒气冲冲地把这个仆人赶走。

不难发现，故事中的雇主就好比老板，而第三个仆人就是"老黄牛"式的员工。或许有人在读完这个故事后，会有点不服气，忍不住替第三个仆人叫屈，说他辛辛苦苦替雇主守住了这1000两银子，没有亏本，也是一件相当不容易的事情，就算没有功劳，也有苦劳。

可是我们有没有想过，雇主最看重什么？相比起过程，他最看重的还是结果。第三个仆人显然没有为雇主创造出直观的利益，那他的工作就是没有价值的！而在竞争激烈的社会，老板为了让自己的公司能继续生存和发展下去，必然也会像雇主一样看重结果，希望员工能出色执行岗位职责，最后上交一份完美的答卷。

所以，当我们拿不出一个完美的工作结果时，请别再高喊"没有功劳，也有苦劳"了，要知道，这并不是一个万能的借口。身为员工，我们必须明白，"没有苦劳，只有功劳"才是现代企业的生存法则，给不出结果，一味地强调"苦劳"最终也换不回老板的"芳心"。我们只有转变思维，创造性地去工作，以结果为导向，主动执行岗位职责，我们才能将工作做好，取得事业上的成功。

蒋宇和曹志同时受雇于一家超级市场，两人都从最基层的工作做起。然而不久，蒋宇就获得了总经理的青睐，从领班一直被提拔到了部门经理。

这让曹志感到很不服气。于是，曹志找到总经理，向他提交了辞呈并痛斥总经理的不公平，对自己这样辛辛苦苦工作的员工，非但不提拔，还正眼都不看一下，相反，对一些喜欢溜须拍马的家伙，却一再提拔。

总经理耐心地听曹志说完，随即笑着说道："你想知道问题出在哪里吗？这样吧，你现在立刻到集市上去，看看今天有什么卖的。"

曹志接到任务后，立马飞奔去集市，没过多久，他便从集市上回来说，刚才集市上只有一位农民拉了一车土豆在卖。

"一车大约有多少袋？多少斤？"总经理问。

曹志又跑去集市，回来后说了袋数和每袋的重量。当总经理问他价格是多少时，他又只好再次跑到集市上去。

看着跑得气喘吁吁的曹志，总经理说："请先休息一会儿，让我们来看看你的朋友在相同的时间里都做了些什么。"说完叫来了蒋宇，吩咐他说："你马上到集市上去，看看今天有什么卖的。"

蒋宇很快从集市上回来了，汇报说："到现在为止，只有一位农民在卖土豆，有40袋，价格适中，质量很好，我带了几个回来让您看一下。这个农民一会儿还会弄几箱西红柿上市，据他说，价格还算公道，可以进一些货。我想，这种价格的西红柿您大概会要，所以我带回来了几个西红柿作为样品，并把那位农民也带来了，他现在正在外面等着回话呢。"

总经理看了一眼旁边红了脸的曹志，说："这就是蒋宇获得晋升的原因。"

对于企业来说，时间就是金钱，效率就是生命。每一位企业管理者，都希望自己的员工在执行岗位职责的时候，态度足够积极，效率足够高。所以，如果我们能在相同的时间内比其他员工完成的工作更多，且完成的质量更好，那就意味着我们的工作能力更强，我们对岗位的责任感更强，领导自然会更钟情于我们这样的员工，而我们当然能获得比别人更好的工作待遇。

唯有高效执行岗位职责，上交给公司一个优质的工作结果，我们的辛苦付出才能得到有效的回报，我们才更容易从职场脱颖而出，成为领导不可或缺的左膀右臂！

拒绝空想，行动至上

美国有一部著名的励志电影——《当幸福来敲门》。这部电影讲述的是主人公从贫穷到富有的过程。

威尔·史密斯扮演的主人公最初只是一名医疗仪器推销员，当他意识到自己的这份工作还不能让他养家糊口时，他毅然决定重新找一份工作。

后来，他到一家知名的证券公司应聘，作为一个没有学历没有背景的新人，他吃尽了苦头，在收到录用通知的第二天，他还因为欠债被关进了当地警局。

但最后的结果也是令人欣慰的，主人公加德纳最终获得了这个职位，经过自己的努力，成为一名股票经纪人，最后还创办了自己的公司。

这虽然只是一部电影，但却是根据真实故事改编而来。电影中的主人公加德纳的原型，正是美国华尔街著名股票公司老板克里斯·加德纳。

克里斯·加德纳天资聪颖，而且擅长计算，电影中的主人公也正是如此。但如果加德纳仅仅只是擅长计算、脑袋聪明的话，他就能够获得成功吗？

答案当然是"否"。如果加德纳只是拥有非凡的头脑而不去主动"找工作"的话，那么他很快就会沦为平庸。

所以，从这部电影中，我们可以收获这样的启示：空想毫无益处，成功都是干出来的，一个人即便再有实力，也绝不能坐等成功来敲门。

下面我们再来看一个故事。

在美国某公司的一次促销会上，销售经理请与会者都站起来，看看自己的座椅下面有什么东西。结果每个按照要求做的人都在自己的椅子下面发现了钱——最少的捡到一枚硬币，最多的有人捡到了100美元。

这位经理说："这些钱谁捡到就归谁了，但你们知道我为什么这样做吗？"与会人员用眼神和表情相互交换了意见之后，面面相觑，不明白经理的用意。

最后经理一字一顿地说："我只不过想告诉你们一个最容易被忽视甚至被忘掉的道理：坐着不动是永远也赚不到钱的！"

好一个"坐着不动是永远也赚不到钱的"！不难发现，在实际的工作中，那些喜欢坐着不动的人，往往都是一些空想家。他们想象丰富、渴望强烈，善于夸夸其谈，但却很少将自己的想象和渴望付诸行动，又或是刚开始行动便很快懈怠了。

毫无疑问，这种人是不可能获得成功的。毕竟，再丰富的想象、再强烈的渴望，如果不能应用到具体的行动上，那统统等于零。

诗人斯好说过："给梦一把梯子，现实与梦想之间的距离即可取消，不可跨越的迢迢银河举步便可迈过。"对于每个渴望成功的人来说，圆梦的梯子就是行动。一次行动胜过一箩筐的空想，只有行动，我们才能真正地迈上成功的阶梯。

拿破仑·希尔告诉人们：计划通常是不完善的。如果你对目标有清晰的观察力，你的计划也有弹性，并足以应付突发的阻碍或从偶发的机会中得利，那么一分钟也别拖延，立即付诸行动——就算你日后再做修正——这将使你集中心力，朝目标迈进。立即行动，这是一个成功者的格言，只有"立即行动"才能将人们从拖延的恶习中拯救出来。

美国成功学的奠基人奥里森·马登博士曾在《一生的资本》一书中说过："每个人在自己的一生中，都有着种种的憧憬、种种的理想、种种的计划，如果人们能够将这一切的憧憬、理想与计划，迅速地加以执行，那么在事业上的成就不知道会有怎样的伟大。然而，人们往往有了好的计划后，不去迅速地执行，而是一味地拖延，以致让一开始充满热情的事情冷淡下去，使幻想逐渐消失，使计划最后破灭。"

爱迪生发明电灯的灵感来自于朋友的婚礼。有一天，爱迪生去参加一位朋友的婚礼，当时观礼的人们都坐在教堂里等待新郎新娘的出现。过了一会儿，婚礼进行曲奏响了，新郎新娘出现在门口，正当大家要为他们祝贺的时候，这时突然有一个人从教堂中急急忙忙地冲了出去，这个人就是爱迪生，他还没来得及说一句祝福的话。当时，爱迪生一口气冲回了实验室，四十六天之后，电灯诞生了。因为想到就做，没有片刻的拖延，爱迪生那一闪念的灵感，照亮了人类千百年来的漫漫长夜。

当灵感在艺术家们脑中突然闪现的时候，这时候如果能将它在第一时间迅速地记录下来，那它便价值千金。

拖延的习惯往往会妨碍人们的前行，因为它会磨灭人的创造力。在对一件事情有热情的时候尽量去完成它，那样你会得到意想不到的好结果；相反，在热情消失后再去做，你会觉得那是一种折磨，一种痛苦，而且做成功的机会也会很小。

有人曾问过希尔顿饭店的创始人康德拉·希尔顿这样一个问题："您是什么时候知道自己将会成功的?"希尔顿说："当我还穷困潦倒得必须睡在公园的长板凳上的时候，就已经知道自己今后会成功了。因为我知道，一旦一个人下定决心要功成名就的时候，就表示他已经向成功迈出了第一步。"

决心，就是想好了立即去做，马上执行！决不拖延！美国哈佛大学人才学家哈里克说："世界上有93%的人都因拖延的陋习而一事无成，这是因为拖延能够杀伤人的积极性！"

机会出现在人们眼前时，必须立即把握，当机立断，千万别犹豫不决，不知所措，否则不但误了自己，还会殃及他人！

命运常常是奇特的，好的机会往往稍纵即逝，有如昙花一现。如果当时不善加利用，错过之后就后悔莫及。

《汉书·董仲舒传》中曾提到："临渊羡鱼，不如退而结网。"这句话本意是说，你站在河塘边，与其急切地期盼着、幻想着鱼儿跳到你的手上，还不如快快回去下功夫把渔网编织好，这样就不愁得不到鱼了。

由此可见，行走职场，我们若想获得成功，就不能做一个空想家，而是要做一个立即执行的实干家。唯有立即执行，果敢地将自己的想法转变成行动，主动去创造机会，我们才能实现自己的梦想，在竞争激烈的职场中争得一席之地。

就让问题到此为止吧

"责任到此，不能再推"，这是美国第 33 届总统杜鲁门的座右铭。这句话传达出一种勇于承担责任的工作态度，告诫每一个在职场工作的人，不要把宝贵的时间和精力浪费在如何推脱责任上。只要是我们的职责所在，问题必须到此为止，这才是一个高执行力的员工应有的职业素养。

在一家企业当中，如果每个人、每个部门都习惯性地推卸属于自己的责任，那么给企业造成的损失是非常可怕的。

廖明和张鑫是一家中型科技公司两个部门的主管。廖明主管市场部，张鑫主管技术部。这家科技公司凭借着一项专利技术让公司的核心竞争力有了很大的提高，不光在国内市场风生水起，最近一两年，公司还积极向国外市场进军，并且有了一些重大的收获。

不过，公司最近发生的一件事情却让企业老总大为光火，因为这让他们公司损失了一笔数千万美金的订单。事情是这样的。

公司的海外事务部最近反馈给公司一个重要消息：土耳其一家大型公司需要一大批器材，在斟酌了价格和技术之后，他们选择了我们的公司，这个订单非常大，超过我们过去一年在海外市场的订单总额。

面对这样突如其来的好事，公司各部门开始协同运作。首先，市场部主管廖明带队，与技术部主管张鑫一起奔赴土耳其展开洽谈。事情原本进展得非常顺利，但一个小小的插曲却让这次合作成为泡影。

在这家位于伊斯坦布尔的公司总部里，双方正在会议桌上洽谈合作方式、合作方法。当对方问及如果"设备安装、维修等具体售后服务由自己解决，你们在价格上可以给出多大的优惠"时，廖明和张鑫顿时就懵了。因为他们俩都没有准备这样的"功课"，廖明以为这是技术部的事情，而技术部认为市场部早就了解各方面的价格，对此也应该有准备。

两人你推我，我推你，最后都没能回答这个问题，只是说："等我们向公司咨询后回答你们的问题"。而客户对他们的态度非常不满，直接撂下一句："你们公司看来都没有准备好这次合作，如果是这样，我们要重新考虑双方的合作了。"

就这样一件小事，让这次合作成了泡影。

回国之后，两人又开始在总经理面前互相推诿责任。压抑着怒火的总经理说出了这样一句话："我们公司的制度你们也清楚，在洽谈合作方面，市场部和技术部要协同合作，这件事情你们都有责任，而且责任都不轻。客户提出的要求的确出人意料，但你们的反应也出乎我的意料。如果你们仅仅是没有做足功课，面对这种突发状况准备不足，还情有可原，但你们那种互相推诿责任的态度不但让客户看到了，还吵到了我这里来。你们俩应该要反思。具体的惩罚稍后我会告诉你们，我现在可以明确告诉你们，公司对这种不负责任的态度向来是零容忍的，所以，你们自求多福吧！"

老总的一番话，让两位主管无言以对。

诚然，在这个世界上，我们有很多事情无法掌控，但我们至少可以掌控自己的行为，并对自己的一切行为负起全部的责任。尤其在工作中，当我们犯下错误时，不应该像亚当夏娃一样，将责任推到别人的身上，竭力掩饰自己的过失，而是要让问题止于自己，然后积极主动地去寻求解决办法。

要知道，一个有责任感的人遇到任何问题，首先想"我应该怎么做"，而不是"他应该如何做"。所以，我们若想成为一个有高效执行力的优秀员工，就要从我们问的问题开始，首先就是不要再问"谁应该为此事负责？""他为什么要让这件事情发生呢？"这样的问题，而是首先要问"我要怎么做才能解决问题？"或是"我如何才能比别人做得更好？"诸如此类有助于完成任务的问题。

一家食品公司的厂房地势较低，一年夏天，老板出差去了，走之前，他叮咛几位主要负责人："时刻注意天气变化。"

一天晚上，老板给几位负责人打电话，因为看到天气预报说有雨，担心厂房被淹。但老板一连打了几个电话都打不通，最后打到了财务经理的家里，让他立即到公司查看一下。

"嗯，马上处理！"接完电话，财务经理并没有到公司去。他心里想：这是安全部的事，不该我这个财务经理管，何况家离公司很远，去一趟也费事。于是，他给安全部经理打了电话，提醒对方去公司看一下。

安全部经理接到电话时有些不愉快，心想：我安全部的事情，不需要你来管，反正有安全科长在，我不用担心。于是，他也没有去公司，连电话也没打一个。

安全科长没有接到电话，但他知道下雨了，并且清楚下雨意味着什么，可他心里想有好几个保安在厂里，用不着他操心。于是，他连手机也关了。

保安们的确在厂里，但用于防洪抽水的几台抽水机没有柴油了，他们打电话给安全科长。科长的电话关机，他们便没有再打，也没有采取其他措施。值班的保安在值班室里睡得很沉，以为雨不会下很大。

到凌晨两点左右，雨突然大了起来，当值班保安被雷雨声吵醒时，水已经漫到床边！他立即给消防队打电话。

消防队虽然来得及时，但由于通知太晚，大部分生产车间都被雨水淹没了，数十吨成品、半成品和原辅材料泡在水中，直接经济损失达数百万元！

事后，每一个人都说自己没有责任。

财务经理说："这不是我的责任，因为我通知安全部经理了。"

安全部经理说："这是安全科长的责任。"

安全科长说："保安不该睡觉。"

保安说："本来可以不发生这样的险情，但抽水机没有柴油了，是行政部的责任，他们没有及时买回柴油。"

行政部经理说："这个月费用预算超支了，我没办法，应该追究财务部责任，他们把预算定得太死。"

财务经理又说："控制开支是我们的职责，我们何罪之有？"

老板听了，火冒三丈："你们每个人都没有责任，那就是老天爷的责任了！我并不是要你们赔偿损失，我要的是你们的态度，要的是你们对这件事情的反思，要的是不再发生同样的事情，可你们只会推卸责任！"

虽说在一家企业里，我们不能奢求每一位员工都富有责任心，都具备超强的执行力，但是我们必须看到，一个能勇于负责且有高效执行力的人，必然能拥有强大的号召力，进而获得大家的尊敬和拥戴。

总之，主动承担更多的责任是成功者必备的素质。在大多数的情况下，即便我们没有被告知要对某项工作负起责任，我们也应该拿出"职责所在，问题到此为止"的积极态度，高效地去执行岗位职责，毕竟只有这样的员工，才是最值得企业管理者去用心栽培的人才。

追梦人生

卜兴丰／编著

没有梦想
何必远方

吉林出版集团股份有限公司｜全国百佳图书出版单位

图书在版编目（CIP）数据

追梦人生.没有梦想　何必远方/卜兴丰编著.--
长春：吉林出版集团股份有限公司,2022.3

ISBN 978-7-5731-1158-6

Ⅰ.①追… Ⅱ.①卜… Ⅲ.①成功心理–通俗读物
Ⅳ.① B848.4–49

中国版本图书馆 CIP 数据核字 (2022) 第 021618 号

前　言

　　在你少年时的笔记本扉页，是用行书写着晚清李鸿章的言志七律——"丈夫只手把吴钩，意气高于万丈楼。一万年来谁著史，三千里外觅封侯……"，还是用正楷抄着日本明治维新时期西乡隆盛的"男儿立志出乡关，学不成名死不还。埋骨何须桑梓地，人生无处不青山"？

　　时光飞逝，岁月辗转，只因心有梦想，哪怕前路漫长。

　　梦人人都可以做，不同的是：有的人梦想成真，有的人南柯一梦，有的人永远活在梦中。就像一条弱小的毛毛虫，梦想着来到满眼芳草绿树的彼岸，却为面前那条宽广湍急的河流所阻隔。成功，在最初看来总是那么遥不可及。可是，只要你在成长，不停地成长；总有一天，会从量变到质变……变成一只轻舞双翅自由飞翔的美丽蝴蝶，轻松飞跃面前的大河。

　　坎坎坷坷的是道路，永不停歇的是脚步，风风雨雨的是人生，不言放弃的是信念，只因为心中有个梦想，行动才会有力量。每一个孤独的夜晚，我们都可以用梦想作灯，刺破那无边黑暗。

　　没有一蹴而就的成功，成功需要成长，成长难免经历苦与痛。小毛毛虫在它蜕变的时候，皮被磨破，蜕去，那种痛令它窒息。长大的小毛毛虫撕心裂肺地哭喊着："小茧子，你永远是我最温暖的家，我离不开你。"可回答的只有风的呜咽……

不要迷惘，不要彷徨，抓住梦想的光芒，让它带领着我们穿越重重障碍，抵达我们渴望的巅峰。

既然选择了远方，便只顾风雨兼程。未来是平坦还是泥泞，都在意料之中。

目 录

第三章　果断勇敢，克服困难

第四章　抓住稍纵即逝的人生机遇

第五章　提升选择的胜算

第六章　自信人生二百年

第七章　做最幸福的自己

第一章

有梦想谁都了不起

一个人可以非常清贫、困顿、低微，但是不可以没有梦想。只要梦想一天，只要梦想存在一天，就可以改变自己的处境。

——奥普拉

人类也需要梦想者，这种人醉心于一种事业的大公无私的发展，因而不能注意自身的物质利益。

——居里夫人

不要怀有渺小的梦想，它们无法打动人心。

——歌德

人生因梦想而伟大

在法国有一位名叫希瓦勒的乡村邮递员，每天徒步奔波行走在各个村庄之间。有一天，他在崎岖的山路上，被一块石头绊倒了。他发现，绊倒他的那块石头样子十分奇特。他拾起那块石头，左看右看，有些爱不释手。于是，他就把那块石头放进了自己的邮包里。看到他的邮包里除了信件之外，还有一块沉甸甸的石头，村子里的人们都感到很奇怪，便好心地对他说："把它扔了吧，你还要走那么多路，这可是一个不小的负担。"他取出那块石头，炫耀地说："你们看，有谁见过这么美丽的石头？"人们都笑了："这样的石头，山上到处都是，够你捡一辈子的。"

回到家里，他突然产生了一个念头，如果用这些美丽的石头建造一座城堡，那将是多么美丽啊！于是，他每天在送信的途中，都会找到几块好看的石头。不久，他便收集了一大堆，但离建造城堡的数量还远远不够。于是，他开始推着独轮车送信，只要发现中意的石头，就会装上他的独轮车。此后，他就不得空闲，整天都忙忙碌碌。白天他是一个邮差和一个运输石头的劳力；晚上他又是一个建筑师。他按照自己的想象天马行空，来建造自己的城堡。所有的人都感到不可思议，认为他的大脑出了问题。二十多年以后，在他偏僻的住处，出现了许多错落有致的城堡，有清真寺式的、有印度神教式的、有基督教式的……当地的人都知道有这么一个性格偏执、沉默寡言的邮差，在做一些如同小孩子建筑沙堡的游戏。

1905年，法国一家报社的记者，偶然发现了这群城堡，这里的风景和城堡的建造格局，令他慨叹不已。他为此写了一篇介绍希瓦勒的文章。他的文章刊出后，希瓦勒迅速成为众所周知的新闻人物了。许多人都慕名前来参观，连当时最有声望的大师级人物毕加索，也专程前来参观了他的建筑。

现在这群城堡已成为法国最著名的风景旅游景点，它的名字就叫作"邮递员希瓦勒之理想宫"。在城堡的石块上，希瓦勒当年刻下的一些话还清晰可见，有一句就刻在入口处的一块石头上："我想知道一块有了愿望的石头能走多远。"据说，这就是当年绊倒过希瓦勒的那块石头。

要想实现梦想，我们自己首先要有愿望——没有愿望，就没有奇迹。当一块石头有了愿望，它就不再是石头，也不再静卧在泥土之中。如果让生命中的每一样东西都拥有愿望，我们的人生将会变得多么绚丽！

齐木瓦出生在美国的一个乡村家庭里，只受过短暂的学校教育。15岁那年，他到一个庄园去做了马夫。然而，雄心勃勃的齐木瓦无时无刻不在寻找着新的机会，去实现他心中的梦想。

三年后，齐木瓦来到了钢铁大王卡内基属下的一个建筑工地打工。一踏进建筑工地，齐木瓦就下定决心要做同事中最优秀的人。当其他的工人在抱怨工作辛苦、薪水太低而不好好工作时，齐木瓦却在默默地积累着工作经验，并自学建筑知识。一天晚上，同伴们都在闲聊，只有齐木瓦一个人躲在角落里看书。这时，正好公司的经理到工地检查工作，经理看了看齐木瓦手中的书，又翻了翻他的笔记本，什么也没说就走了。

第二天，经理把齐木瓦叫到办公室，问道："你学那些东西干什么？""我想我们公司并不缺少打工者，而是缺少既有工作经验又有专业知识的技术人员或管理人员，对吗？"齐木瓦认真地回答。经理点了点头，不由得仔细打量起眼前这个貌不惊人的年轻人来。不久，齐木瓦就升为技师。打工的同伴中，有人讽刺挖苦齐木瓦，齐木瓦回答说："我不只是在为老板打工，更不单纯是为了赚钱，我是在为自己的梦想打工，为自己的远大前途打工。我们只能在业绩中提升自己。我要使自己工作所产生的价值，远远超过所得的薪水，只有这样，我才能得到重用，才能得到机遇。"怀抱这样的梦想，齐木瓦很快就升到了总工程师的职位上。

25岁那年，齐木瓦又做了这家钢铁公司的总经理，承担起建筑公司最大的钢铁厂的重任。凭着自己非凡的努力，齐木瓦于两年后成了这家工厂的厂长，并逐渐成为卡内基钢铁公司的灵魂人物。后来，他被卡内基任命为钢铁公司的董事长。

我们每个人年幼时，都曾有过很多的梦想。然而，当我们长大成人之后，面对活生生的现实，为什么会有不尽的惆怅或失落？这是因为我们很多人在长大之后，就渐渐放弃了当初的梦想，以为那只是镜中花，水中月。而德国著名的诗人和哲学家席勒，则坚定地告诉我们，要忠于自己少年时的梦想。当然，人生最理想的莫过于"梦想成真"，虽然并不是每个人都能如此，但也并非做不到。人一旦有了梦想和目标，自然就会像希瓦勒和齐木瓦一样，会为了实现它，而去奋斗拼搏。

如果说现实能摧毁梦想，那么为什么梦想就不能摧毁现实呢？通过一定的方式和途径，经过自己的努力和拼搏，梦想最终可以变成现实。只要我们的心足够大，很难说有什么事情是我们所办不到的。

放飞心中的人生梦想

有一群贫穷的美国孩子，他们从未离开过自己所生活的那个小镇。可是，他们却有着一个周游世界的梦想。他们时常为这个伟大的梦想激动不已。当然，要完成这样的一个壮举，对于这群还要靠救济生活的孩子来说，简直是天方夜谭。

但是，他们并没有放弃，他们想出了一个办法，那就是：在报上刊登募捐广告，以筹集旅费。然而，高达 12000 美元的广告费从何而来呢？孩子们仍然没有放弃自己的愿望，他们开始寻找能够找到的所有力所能及的杂活。有的孩子去给人洗车，有的孩子去街头卖报，有的孩子到处卖花……总之，他们一美分一美分地为实现梦想而挣钱。

当地的媒体第一时间报道了这群穷孩子的壮举，篮球名将迈克尔·乔丹得知后，深深为之感动，于是他就以圣诞老人的名义，给这群孩子寄来了一张 12000 美元的支票。广告终于刊登出来了，由于这则广告是这群孩子用心设计的，结果立刻引起了各界人士的反响，孩子们收到了来自世界各地的 8000 多封信，并且每天都有好心的捐款人出现。更让人热血沸腾的是，就连总统都亲自来信慰问孩子们，并邀请他们去白宫做客！

很难想象，一个心志不高的人，一个没有远大目标的人，心中连一张蓝图都没有的人，能够创造出什么奇迹！也许，在许多年之后，我们当初的梦想最终并没有转化成现实，但有一点是毋庸置疑的，那就是你曾经为你的梦想而激动！不要担心你做不到，就怕你想不到，或者根本就没有去想过。

就像调色板一样，梦想是丰富多彩、五颜六色的。梦想陪伴着每个人的一生，在我们每一个人的内心深处，都有一个沉淀已久的神圣梦想。那里埋藏着我们自己都不知晓的宝藏、有待发掘的潜能——尚未使用的能力、尚未完成的梦想、尚未发掘的天赋、尚未发展的才能、尚未使用的精力、尚未享用的成功。但是，这些梦想大多都没能插上腾飞的翅膀，而是被埋在心底，尚未被挖掘出来。

在我们的每一个梦想中，都蕴藏着巨大的潜能，拥有着可以改变世界的能量。信念就是一支火把，它可以燃起一个人的激情和潜能，让他飞向梦想的天空。有时我们也会说："我想……"但是，我们只是"说"而没能"想"。如果真的"想"，就一定会付诸行动——而且一直朝着"想"的方向。可以说，在人的一生中，梦想扮演着不可替代的角色，其影响也是极其深远的。

一百多年前，一位穷苦的牧羊人带着两个幼小的儿子替别人放羊。有一天，他们赶着羊群来到一个山坡上，一群鸣叫的大雁从天空飞过，很快消失在远方。牧羊人的小儿子问父亲："大雁要往哪里飞？"牧羊人说："它们要去一个温暖的地方，在那里安家，度过寒冷的冬天。"大儿子眨着眼睛羡慕地说："要是我们也能像大雁那样飞起来就好了。"小儿子也说："要是能做一只会飞的大雁该多好啊！"牧羊人沉默了一会儿，然后对儿子们说："只要你们想，你们也能飞起来。"

两个儿子试了试，都没能飞起来，他们用怀疑的眼神看着父亲。牧羊人说："让我飞给你们看。"于是，他张开双臂，学着大雁的样子，但也没能飞起来。可是，牧羊人肯定地说："我因为年纪大了，才飞不起来，而你们年纪小，只要不断努力，将来就一定能飞起来，到那时，你们就可以去任何想去的地方了。"

两个儿子牢牢记住了父亲的话，并一直不懈地努力着。等到他们长大——哥哥36岁，弟弟32岁——两人果真飞起来了，因为他们发明了飞机。这个牧羊人的两个儿子，就是美国著名的莱特兄弟。

将梦想放飞吧！让梦想挥动翅膀，让梦想在人生美丽的天空中，自由而骄傲地飞翔，飞得更高更远，穿过云霄，让自己的梦想散发出绚丽的光芒。

让心灵先到达那个地方

在美国西部的一个乡村里，有一位清贫的农家少年。每当闲暇的时候，他总要拿出在他 8 岁那年祖父送给他的生日礼物——一幅已被摩挲得卷了边的世界地图。年轻的他一遍遍地浏览着地图上标注的城市，飘逸的思绪也随之纵横驰骋，渴望抵达的翅膀，在幻想的风景中自由翱翔……

15 岁那年，这位少年写下了他宏大的人生计划——《一生的志愿》："要到尼罗河、亚马孙河和刚果河去探险；要登上珠穆朗玛峰、乞力马扎罗山和麦金利峰，环游世界。探访马可·波罗和亚历山大一世所走过的道路；主演一部像《人猿泰山》那样的电影；学会飞行，阅读《大英百科全书》，读完莎士比亚、柏拉图和亚里士多德的著作；学习西班牙语、阿拉伯语及法语；谱一部乐曲，写一本书；拥有一项发明专利；给非洲的孩子筹集 100 万美元捐款；结婚生子，活到 21 世纪……"他洋洋洒洒地一口气列举了 127 个人生的宏伟志愿。他把这 127 条包罗万象的目标，称为自己的"生命清单"。

对一般人而言，不要说实现它们，就是看一看，就足够让人望而生畏了。难怪许多人看过他设定的这些远大目标后，都一笑置之。所有看过他的计划的人都认为：那只不过是一个孩子天真的梦想而已，随着时光的流逝，梦想很快就会烟消云散。然而，"一切都从写下目标的那刻开始"，少年的心被他那庞大的《一生的志愿》鼓荡得风帆劲起，他的脑海里一次次地浮现出自己漂流在尼罗河上的情景，梦中一次次闪现出他登上乞力马扎罗山顶峰的豪迈，甚至在放牧归来的路上，他也会沉浸在与那些著名人物交流的遐想之中……的确，他的全部身心都已被自己《一生的志愿》紧紧地牵引着，并让他从此踏上了将梦想转变为现实的漫漫征程。

　　毫无疑问，那是一场恢宏壮丽的人生跋涉，也是一场异常艰难、令人简直无法想象的生命之旅。他一路壮志豪情，一路风霜雪雨，硬是把一个个近乎空想的凤愿，变成了一个个活生生的现实；他也因此一次次地品味到了搏击与成功的喜悦。到20世纪末，他已完成了127条中的111条，以及其余500多条15岁之后设立的目标。在新世纪里，或许他还在世界的某个渺无人烟的角落完成着"生命清单"上那些尚未完成的目标。

　　这个少年就是20世纪著名的探险家约翰·戈达德。当有人惊讶地追问他，是凭借着怎样的力量，把那么多的艰辛都踩在了脚下，把那么多的险境都变成了登攀的基石？他微笑着如此回答："我总是让心灵先到达那个地方，随后，周身就有了一股神奇的力量。接下来，就只需沿着心灵的召唤前进。"

　　"让心灵先到达那个地方。"约翰·戈达德道出了一个令人深思的哲理：在人生的旅途中，能够最终领略美妙风景的必然是那些强烈渴望登临并为之不懈跋涉的追求者。是心灵的渴望，开阔了求索的视野；是心灵的飞翔，催动了奋进的脚步；是心灵的富有，孕育了生命的奇迹……总之一句话，欲创造人生的辉煌，需首先让心灵辉煌起来。让我们记住一位并不著名的诗人的著名诗句——"在目光无法抵达的地方，我们拥有心灵"。

　　约翰·戈达德说："如果你真的知道自己一生想要什么，你就会惊奇地发现：帮助你实现梦想的机会会自己跑来。"我们不妨扪心自问：你还记得自己少年时的那些梦想吗？那些梦想，如今你实现了多少？

一枚硬币买来的梦想

美国著名的喜剧演员大卫·布伦纳自幼出身贫寒，当别的孩子因为没有小汽车、没有好的玩具而向父母纠缠不休的时候，他却在为一顿饭、一双鞋子而发愁。

12岁那年的圣诞节，他的同学几乎每个人都得到了家长赠送的精美礼品，唯独他的父亲没有给他任何东西。那天回到家里，大卫显得很伤感。他小心地告诉父亲，自己也想得到一份圣诞礼物。父亲看着儿子，过了半天，才把手伸进口袋摸出了一枚硬币。"孩子，这是我送给你的礼物，我希望你去买一样和别人不同的东西。"正在这时，一个卖报的人从他们家的门口经过，父亲说："去买一份报纸吧，或许上面有你喜欢的故事。"拿着父亲给的钱，大卫真的买了一份报纸。上面有一篇介绍一位喜剧演员人生经历的文章，使大卫深受感动。放下报纸，他想，要是我也能做一名喜剧演员该多好啊！于是，他决定去学喜剧表演。许多年过去了，大卫终于获得了成功，他成了美国最著名的喜剧表演大师。

大卫回忆说："当时，我以为父亲舍不得拿更多的钱给我买东西，现在才懂得，我的同学仅仅得到了汽车或者布娃娃，而我却得到了一个美好的人生梦想。"

这个故事给我们的启示是：当我们准备送给孩子一个昂贵的小汽车时，最好先考虑送给他一个梦想；也许一个梦想只需花一个硬币，却可以享用一生。有时候，就像大卫·布伦纳那样，人生就是在偶然间铸就的。但只有偶然还不够，还必须捉住"偶然"提供的灵感，并付诸行动，坚持下去，把偶然变成"必然"。

价值 3000 万英镑的梦想

有一天，老师让学生们各自说出一个梦想，汤姆一口气说出两个：一个是拥有一头小母牛，另一个是去中国旅行。杰米却不知道自己的梦想是什么，于是在老师的建议下，用 3 便士购买了汤姆的一个梦想——去中国旅行。

40 年过去了，汤姆已人到中年，并且在商界小有成就。40 年来，他去过很多地方——希腊、埃及、印度、日本等，但他从来没去过中国。因为作为一个虔诚的基督徒和一个诚信的商人，他必须遵守自己的承诺，既然卖掉了那个梦想，自然就不能再去。但今年的圣诞节前夕，他和妻子打算到亚洲去旅行，长城是其中一个重点观光景点。于是，他决定向法院提请赎回那个梦想，只有那样，他才能坦然地踏上那片土地。

然而，经法院审定，那个少年时的梦想现在的价值是 3000 万英镑，要想赎回去的话，他就必须倾家荡产，因为杰米在陈述中是这样说的："在我接到法院的传票时，我们一家正在打点行装，准备去中国。小时候我家里穷，穷到不敢拥有自己的梦想。然而，在老师的鼓励下，自从我用 3 便士购买了这个梦想之后，我彻底变了，变得富有了。我不再淘气，不再散漫，不再浪费自己的光阴，我的学习有了很大的进步。我之所以能考上剑桥大学，完全得益于这个梦想。我之所以能认识我美丽贤惠的妻子，也是得益于这个梦想，她是一个对中华文明非常着迷的人，如果我不是购买了那个梦想，我们绝不会在图书馆里相遇相识，更不会有现在的幸福生活。我的儿子现在也在剑桥大学读书，我想也是得益于这个梦想，因为从小我就告诉他，如果你能获得好的成绩，我就带你去那个美丽的地方。我想他就是在中国的召唤下，走入剑桥大学的。现在我在伦敦拥有多个商场，总价值超过 2500 万英镑。我想，如果我没有那个去中国旅行的梦想，我是绝对不会拥有这些财富的。这个梦想已经融入了我的生命，是我们一家的'无价之宝'。"

要花 3000 万英镑赎回一个以 3 便士卖出去的梦想，在有些人看来也许没有必要，或者说根本就不值得。然而，汤姆却发誓说，哪怕花两个 3000 万，也要将那个梦想赎回。现在他才明白，人的一生中唯一最珍贵的东西就是——梦想。我们经常说：现在决定未来。其实应该说：未来决定现在。梦想的意义正在于此。

从中我们不难看出，梦想是无价的，梦想鼓舞着我们去奋斗，在黑暗和孤独之中，梦想给予我们支撑下去的力量，让我们在通往梦想的旅途之上，收获爱情和事业。此时的梦想，已不再仅仅是小孩子的梦想了，而是一种希望，一种前途和方向。即使你一辈子也无法实现自己的梦想，你也将终生获益无穷，受益匪浅。

怎样活才不会后悔

有位叫汉德·泰勒的牧师，急匆匆地赶到一家医院里主持一位病人的临终忏悔。病人用最后的气息说道："仁慈的上帝啊，我喜欢唱歌，音乐是我的生命，我的愿望是唱遍美国。作为一名黑人，我实现了这个愿望，而且我还用歌声养活了6个孩子，现在我的生命就要结束了，我没有什么要忏悔的，我死而无憾。"

歌手的话让牧师想起他在五年前主持的一次临终忏悔，那次是位富翁。牧师依稀还记得富翁的话："我喜欢赛车，从小研究它们，改进它们，经营它们，一辈子没有离开它们，既是兴趣又是工作的生活方式让我一辈子开心，而且我还从中赚了大钱，现在我没有什么要忏悔的。"

牧师继续思考，他惊异地发现自己的内心深处并不喜欢这份职业，他真正的理想是成为一个作家。这位牧师结合自己的经历，给报社写了一篇文章，"不论穷人还是富人，人应该怎样活才不后悔呢？我想也许做到两条就够了：一是做自己喜欢做的事，二是能从自己喜欢做的事中赚钱谋生。"

之后，这位牧师辞去了神职，拿起笔杆专心写作。我们不知道这位牧师将来能否成为作家，但我们知道：至少他不会因终生从事自己并不真正喜欢的工作而后悔。

看看我们身边，当下海狂潮席卷全国时，有不少人被裹挟着下海；当出国镀金生意红火时，不少人挤破头也要迈出国门；当公务员吃香时，不少人又忙着备考……忙忙碌碌的生活，看似抓住了机会，实则在荒废青春。

　　如果那是你喜欢的人生，凡走过的，就不会是冤枉路。永远无法回答或面对这个问题的人，仿佛水母，在无意识的一张一缩之间，虚度一生。

远离内心绝望，拥抱人生梦想

很久以前，有一个养蚌人，他想培育一颗世界上最大最美的珍珠。他去大海的沙滩上挑选沙粒，并且一粒一粒地问它们，愿不愿意变成珍珠。那些被问的沙粒，一粒一粒都摇头说不愿意。养蚌人从清晨问到黄昏，得到的都是同样的结果，他快要绝望了。就在这时，有一粒沙子答应了。因为，它一直想成为一颗珍珠。旁边的沙粒都嘲笑它，说它太傻，去蚌壳里住，远离亲人朋友，见不到阳光、雨露、明月、清风，甚至还缺少空气，只能与黑暗、潮湿、寒冷、孤寂为伍，多么不值得！那粒沙子还是无怨无悔地随养蚌人去了。斗转星移，几年过去了，那粒沙子已长成了一颗晶莹剔透、价值连城的珍珠，而曾经嘲笑它的那些伙伴，有的依然是海滩上平凡的沙粒，有的则已化为尘埃。

如果说这世上有什么"点石成金术"的话，那就是"艰辛"。你忍耐着，坚持着，当走完黑暗与苦难的隧道之后，就会惊讶地发现，平凡如沙子的你，不知不觉中已长成了一颗珍珠。不要去嫉妒珍珠，当初它选择成为珍珠的时候，别人都不愿意。也不必去仰慕珍珠，毕竟每个人都有自己的人生，沙子也有沙子的幸福，虽然它不能闪光。

杰出的心理学家威廉姆·玛斯特恩曾经向3000多人问过同样的问题："你为什么而活着？"结果表明，94%的人都说他们没有明确的生活目标。正像一句谚语所说的："每个人都会死，但并非每个人都真正地活着。"玛斯特恩的调查，不幸也证实了这一点。

许多人过着如梭罗所说的"宁静的绝望生活"。他们忍耐、等待，彷徨于生活的真谛，期望他们的人生目标会在某个神灵的激发下瞬间降临。同时，他们只是在生存着，重复着生活的机械动作，他们从未感受过生命的闪光。他们看着自己的生命之光迅速飞逝，变得越来越恐惧，害怕自己还没有体会到任何真正的喜悦和生命的内涵，就走到了人生的尽头。

可以说，从发现目标到实现目标，这有一个过程，但这整个过程并不是瞬间就可以完成的。它需要自省和耐心——这两种品质对我们大多数人来说，是很难做到的。但一旦确定了自己的目标，就像为自己的灵魂注入了一股新的活力，顿时就会产生安定感和方向感。

从前有一个年轻人非常热爱音乐，简直是如痴如醉，钢琴、笛子样样都行，小提琴拉得尤其好。刚移民到英国时，他身无分文，为了解决生存的问题，他与一位黑人琴手结伴在一家商业银行的门口卖艺赚钱。由于那家银行每天进进出出的人很多，他们的琴又拉得好，所以，生意还不错。过了一段时间，他就赚到了不少钱。

这一天，他对那位黑人琴手说："老兄，我要走了，因为我一直都在梦想能够进入大学进修，我想成为首席小提琴手，那是我妈妈对我的期望。"此后，他将全部的精力都投入到提高音乐的素养和琴艺上，从不退缩，从不放弃，即使在最艰苦的日子里，他也没有后悔自己的选择，咬牙挺过去了。

　　10 年后，他偶然路过那家银行，发现黑人琴手仍在那个很赚钱的地盘上拉琴。再次见到他，黑人琴手显得非常高兴，就问："老兄啊，你现在在哪里拉琴啊？"他回答了一个著名的音乐厅的名字，黑人琴手点点头，说："嗯，不错，那家音乐厅的门前也是一个赚钱的好地盘。"黑人琴手做梦也想不到，他的伙伴 10 年前成为了剑桥大学音乐系的一名学生，在一位具有很高声誉的音乐家门下勤学苦练，并深得那位音乐家的欣赏。而如今，他已经是一位国际知名的音乐家了，他是受那家著名的音乐厅的邀请来演奏的。

　　你今天的生活，就是你昨天的梦想。也可以说，有什么样的梦想，就会有什么样的生活。生活的梦想，就是梦想的生活。但是，每一个梦想都是需要付出努力的，你要用热情铸就梦想的翅膀，用汗水跨越梦想的距离。你想要过什么样的生活，再加上你对生活付出了什么，就等于你现在的生活。

珍藏人生梦想，永不轻言放弃

一个心中有梦想有目标的人，才会成为创造历史的人；一个心中没有梦想和目标的人，只能是一个平庸的人。"目标绝对重要，它不但调动我们的积极性，而且维持我们的人生。"你应该今天就开始制订目标，为自己的未来而规划航向。思想家罗伯特·梅杰说："如果你没有明确的目的地，你很可能就走到不想去的地方了。"

因此，你应该尽一切努力去实现自己的理想，而不要走到不想去的地方。

就在一个星期天的上午，安娜经历了一件特殊的事情，这件事给了她一次意外的震撼，使她开始重新思考人生。那天，她正在卧室里打扫卫生，5岁的小女儿爱丽莎冲了进来，郑重其事地坐到她的旁边。"妈咪，你长大以后想成为什么？"她问道。安娜的第一个反应就是：她又在玩什么想象力游戏了。所以，为了配合女儿，她假装认真地回答道："嗯哼，我想，当我长大以后，我愿意做一个妈咪。""你不能这样说，因为你已经是妈咪了。再告诉我，你想成为什么？"爱丽莎紧追着问道。"噢，好吧，我想想……我长大后——要成为一名会计师！"她再一次回答。"妈咪，还不对！你本来就是会计师嘛！""对不起，宝贝。"她说，"但是，我真的不明白你在期望一个什么样的答案。""妈咪，你只要回答你长大后想成为什么就可以了。你可以是你想成为的任何人！"

安娜愣住了，自己到底还能成为什么呢？她已经 35 岁，已经有了固定的职业，还有 3 个活泼可爱的孩子，有一个称职的丈夫，拥有硕士学位……对她来说，人生难道还能有什么其他的改变吗？她调整了一下自己，然后用一种征询的语气问女儿："宝贝，你认为妈咪还能成为什么人？"爱丽莎看着妈妈，十分肯定地告诉她："你可以成为你希望成为的任何人！不过，这要由你自己决定。你可以成为一个宇航员，也可以成为一个钢琴家，或者成为一名好莱坞明星……总之，只要你愿意，什么都可以！"安娜非常感动，在女儿幼小的心灵中，妈妈还可以继续长大，还有许多机会去成为她想成为的人！在她的眼里，未来永远不会结束，梦想永远都不过时。

那一次交谈过后，安娜开始了全新的生活……她开始起早锻炼身体，开始把每晚看肥皂剧的时间变为"读 10 页有用的书"，她开始用新奇的眼光观察周围的一切！她在改变自己，虽然表面上她并没有什么变化，但她的心已经改变了；她时刻在为自己变成另一个新角色而做准备！她有了理想和憧憬：我长大以后会成为什么？

一旦你确定了自己的梦想和目标后，你便会从现在所从事的无谓的工作中解脱出来，全身心地追求自己所选择的道路。你会怀着从未体会到的激情和快乐，向自己的人生目标不断地迈进。

在这个过程中，你所感受到的肯定是欢悦、充实和满足。

因为父亲是一位马术师，一个男孩必须跟着父亲走南闯北，东奔西跑。由于四处奔波，他的求学并不顺利，学习成绩也不理想。

有一天，老师要全班的同学写作文，题目是"长大后的志愿"。那一晚，男孩洋洋洒洒写了7张纸，描述了他的伟大志愿：长大后，我想拥有自己的农场，在农场中央建造一栋占地约5000平方英尺的住宅，拥有很多很多的牛羊和马匹。第二天他把作业交上去时，老师给他打了一个又红又大的F，还叫他下课后去见他。"老师，为什么给我不及格?"他不解地问老师。"我觉得，你的愿望是不切实际的。你敢肯定长大后买得起农场吗? 你怎么能建造5000平方英尺的住宅? 如果你肯重写一个志愿，写得实际点，我会考虑给你重新打分。"老师回答说。

男孩回家后反复思量，最后忍不住询问父亲，父亲见他犹豫不决，语重心长地说："儿子，这是一个非常重要的决定。我认为，拿个大红的F不要紧，但决不能放弃自己的梦想。"儿子听后，牢牢把这句话记在心底。他没有重新写那篇作文，也没有更改自己的志愿。

二十年后，这个男孩真的拥有了一大片农场，在这个农场的中央真的建造了一栋舒适而漂亮的豪宅。这个男孩不是别人，就是美国著名的马术大师杰克·亚当斯。

杰克·亚当斯一定会永远感激他的父亲，是他的智慧点拨造就了儿子辉煌的一生。

你也应该计划自己二十年以后的事情。如果你希望二十年后变成怎样，那么现在你就必须变成怎样。从你的目标中，你已经看到未来生活的影子了。你想成为什么样的人，是你自己的事情；你到底能成为什么人，取决于你想成为什么人；如果你什么都不敢想，就注定你什么也不是。当你计划自己人生的时候，往往会被他人的意愿左右，从而放弃自己的初衷，这绝对是人生最大的不幸。人首先要具有对自己负责的胆识和勇气，然后才可能对他人和大众负责。假如连自己都无法把握，那么，人的一生只会被人任意摆布。

第二章

心在远方，脚有力量

生活的美妙就在于它的丰富多彩，要使生活变得有趣，就不断地充实它。

——高尔基

乐观是希望的明灯，它指引着你从危险峡谷中步向坦途，使你得到新的生命、新的希望，支持着你的理想永不泯灭。

——达尔文

志不强者智不达。

——墨翟

梦想是用来实现的

人生在世，说长，悠悠数万日，遥遥无期；说短，忽忽几时秋，弹指一挥间。人，只有一次宝贵的生命，而我们又有几次成功，几次失败呢？人生道路是不平坦的，难免有磕磕绊绊，这就是挫折。面对挫折，张开双臂，勇敢面对，乐观地看待挫折，只有这样你才能永远立于不败之地。

美国著名电台广播员莎莉·拉菲尔在她 30 年的职业生涯中，曾经被辞退过 18 次，可是她每次都放眼最高处，确立更远大的目标。

最初由于美国大部分的无线电台认为女性不能吸引观众，没有一家电台愿意雇用她。等到她好不容易在纽约的一家电台谋求到一份差事，不久电台又以她跟不上时代为由将她辞退。但莎莉并没有因此而灰心丧气。她总结了失败的教训之后，又向国家广播公司电台推销她的清谈节目构想。电台接受了她的构想，但提出要她先在政治台主持节目。

但因为对政治所知不多，使得莎莉陷入了犹豫之中。不过最终坚定的信心促使她大胆去尝试。她对广播早已轻车熟路了，于是她利用自己的长处和平易近人的作风，大谈即将到来的 7月 4 日国庆节对她自己有何种意义，还请观众打电话来畅谈他们的感受。听众立刻对这个节目产生兴趣，她也因此而一举成名。

如今，莎莉·拉菲尔已经成为自办电视节目的主持人，曾两度获得重要的主持人奖项。后来，当别人问她成功的秘诀时，她说："我被人辞退 18 次，本来会被这些厄运吓退，做不成我想做的事情。结果相反，我让它们鞭策我勇往直前。"

把失败当作鞭策自己勇往直前的动力，所以，莎莉成功了。失败了 18 次又怎样，我还可以重新尝试第 19 次，只要我还能迈动前进的步子，只要我的梦想还没有破灭，只要我还有着对生活的热情，失败就不会将我打倒，失败了又怎样，大不了爬起来继续走。"看成败，人生豪迈，只不过从头再来……"

现实生活中，很多人一旦失败了就会这样告诉自己："我已经尝试过了，不幸的是我失败了。"一两次的失败就让他们打了退堂鼓，就没有勇气再尝试下去。因为惧怕了失败，所以他们宁愿一直趴在地上，也不再愿意站起来勇敢地面对失败，所以，他们最终也只能是个失败者。

跌倒了再爬起来，失败了，大不了再从头来过。从头来过，你或许还有赢的希望，但就此承认失败，你就真的一无所有了。

我们因为害怕被拒绝，而不敢跟人们接触；我们因为害怕被嘲笑，而不敢跟人们沟通情感；我们因为害怕失落的痛苦，而不敢对别人付出承诺……出于种种的原因和理由，我们只甘于心怀梦想而等待，任无情的岁月从身边流逝而去，却并不采取实际的行动，最后得到的只能是无尽的悔恨和无奈。

艾伦是一个很可爱的小姑娘，可是她有一个坏习惯，那就是她每做一件事情，都要花费大量的时间来抉择与准备，而不是马上行动，所以总是后悔不已。

一天，邻居告诉她，史密斯家的牧场里有很好的草莓可以自由采摘，他愿意以每夸脱 15 美分的价格收购。听到这个消息后，艾伦高兴坏了，谢过邻居之后，马上就回家准备。到了家里，她不是立刻找出篮子准备出门，而是在家里埋头计算采 5 夸脱草莓可以挣多少钱。她拿出一支笔和一块小木板，认真计算起来，结果是 75 美分。"要是能采 10 夸脱呢？"她满怀希望地想着，"那我又能赚多少呢？""上帝呀！"她得出答案，"我能得到 1 美元 50 美分呢。我可以买回那条我向往已久的项链了，它就挂在镇上的服饰店里。"艾伦接着算下去，"要是我采了 50、100、200 夸脱，我会得到多少钱？哇，那样的话，我还可以给妈妈买一双袜子，给妹妹买些糖果……"她将一早上的时间都浪费在计算这些毫无意义的数字上，转眼已经到了吃午饭的时间，她只得下午再去采草莓了。吃过午饭后，艾伦急急忙忙地拿起篮子向牧场赶去，到那里时，发现大家早就把好的草莓都摘光了，只剩下一些还没有成熟的草莓。可怜的小艾伦最终只采到了一夸脱的小草莓，自然一切幻想都泡汤了。

如果你有一个梦想，或者决定做一件事，那么，你就应该立刻行动起来。如果你只想不做，是不会有所收获的。要知道，100 次的心动不如一次行动，一个实干者胜过 100 个空想家。不要将你的想法停留在空中楼阁的虚幻上，请马上付诸实践吧，让你的想法尽快变成现实！

不要太在意眼前结果

做人做事，最忌讳鼠目寸光。你能看得更远，就更不会为当下所困扰。

一棵苹果树终于开花结果了，它非常兴奋。

第一年，它结了 10 个苹果，9 个被动物摘走，自己得到 1 个。对此，苹果树愤愤不平，于是自断经脉，拒绝成长。

第二年，它结了 5 个苹果，4 个被动物摘走，自己得到 1 个。"哈哈，去年我得到了 10%，今年得到 20%！翻了一番。"这棵苹果树心理平衡了。

而它旁边的梨子树，第一年也结了 10 个梨，9 个被摘走，自己得到 1 个。它继续成长，第二年结了 100 个果子。因为长高大了一些，所以动物们没那么好采摘了，它被摘走 80 个，自己得到 20 个。与苹果树同样从 10% 到 20%，但果子的数目相差 20 倍。

第三年，梨子树很可能结 1000 个果子……

其实，在成长过程中得到多少果子不是最重要的，最重要的是树在成长！等果树长成参天大树的时候，你自然就会得到更多。

其实，人也如同一棵成长中的果树。刚开始参加工作的时候，你才华横溢，意气风发，相信"天生我材必有用"。但现实很快敲了你几个闷棍，或许，你为单位做了大贡献没人重视；

或许，只得到口头重视却得不到实惠；或许……总之，你觉得就像那棵苹果树，结出的果子自己只享受到了很小一部分，看起来很不公平。

为什么付出没有回报？为什么为什么为什么……？你愤怒、你懊恼、你牢骚满腹……最终，你决定不再那么努力，让自己所付出的对应自己所得到的。

不久之后，你发现自己这样做真的很聪明。自己安逸省事了很多，得到的并不比以前少。你不再愤愤不平了，与此同时，曾经的激情和才华也在慢慢消退。你已经停止成长了。而停止成长的人，还有什么前途、盼头呢？

这样令人惋惜的故事，在我们身边比比皆是。之所以演变成这样，是因为那些人忘记生命是一个历程，是一个整体。总觉得自己已经成长过了，现在是到该结果子收获的时候了。他们因太在意眼前的结果，而忘记了成长才是最重要的。

有一个年轻人在一家外贸公司工作了 1 年，而且苦活累活都是他干，工资却是最低的。他曾试探性地与老板谈了待遇问题，但老板没有任何给他涨工资的迹象。这个年轻人本来想混日子过了，同时骑驴找马另寻他路。当年轻人把自己的想法告诉了一个年长的朋友，他的朋友建议他："出去试试也不错，不过，你最好利用现在这个公司作为锻炼自己的平台，从现在开始努力工作与学习，把有关外贸大小事务尽快熟悉与掌握。等你成了一个多面手与能人之后，跳槽时不就有了和新公司讨价还价的本钱了吗？"

年轻人想想朋友的建议也有道理。利用这样一个有工资的学习场所，也是不错。又是一年后，朋友再次见到了这位昔日不得志的年轻人。一阵寒暄过后，问年轻人："现在学得怎么样？可以跳槽了吧？"年轻人兴奋中夹杂着一丝不好意思，回答道："自从听了你的建议后，我一直在努力地学习和工作，只是现在我不想离开公司了。因为最近半年来，老板给我又是升职，又是加薪，还经常表扬我。"

——看看，这就是一个"成长"的人的收获。你长得越壮越大，别人就越不敢怠慢你。退一步说，即使被怠慢了，你一身好武艺，何愁没前途？

立即行动，决不懈怠

　　"种下行动就会收获习惯；种下习惯便会收获性格；种下性格便会收获命运"，心理学家兼哲学家威廉·詹姆士这么说。他的意思是——习惯造就一个人，你可以选择自己的习惯，在使用座右铭时，你可以养成自己希望的任何习惯。

　　请你养成习惯，先从小事上练习"现在就去做"，这样你很快便会养成一种强而有力的习惯，在紧要关头或有机会时便会"立刻掌握"。

　　在说过"现在就去做"以后，就必须身体力行。无论何时必须行动，"现在就去做"从你的潜意识闪到意识里时，你就要立刻行动。

　　行动可以改变一个人的态度，使他由消极转为积极，使原先可能糟糕透顶的一天变成愉快的一天。

　　爱默尔是哥本哈根大学的学生，他就是这样做的。有一年暑假他去当导游。因为他总是高高兴兴地做了许多额外的服务，因此几个芝加哥来的游客就邀请他去美国观光。旅行路线包括在前往芝加哥的途中，到华盛顿特区做一天的游览。

　　爱默尔抵达华盛顿以后就住进"威乐饭店"，他在那里的账单已经预付过了。他这时真是乐不可支，外套口袋里放着飞往芝加哥的机票，裤袋里则装着护照和钱。后来这个青年突然遇到晴天霹雳。

当他准备就寝时，才发现皮夹不翼而飞。他立刻跑到柜台那里。

"我们会尽量想办法。"经理说。

第二天早上仍然找不到，爱默尔的零用钱连两块钱都不到。自己孤零零一个人待在异国他乡，应该怎么办呢？打电报给芝加哥的朋友向他们求援？还是到丹麦大使馆去报告遗失护照？还是坐在警察局里干等？

他突然对自己说："不行，这些事我一件也不能做。我要好好看看华盛顿。说不定我以后没有机会再来，但是现在仍有宝贵的一天待在这个国家里。好在今天晚上还有到芝加哥去的机票，一定有时间解决护照和钱的问题。

"我跟以前的我还是同一个人。那时我很快乐，现在也应该快乐呀。我不能白白浪费时间，现在正是享受的好时候。"

于是他立刻动身，徒步参观了白宫和国会山庄，并且参观了几座大博物馆，还爬到华盛顿纪念馆的顶端。他去不成原先想去的阿灵顿和许多别的地方，但他看过的，他都看得更仔细。他买了花生和糖果，一点一点地吃以免挨饿。

等他回到丹麦以后，这趟美国之旅最使他怀念的却是在华盛顿漫步的那一天——如果他没有运用做事的秘诀就会白白溜走的那一天。"现在"就是最好的时候，他知道在"现在"还没有变成"昨天我本来可以……"之前就把它抓住。

这里顺便把他的故事说完吧，就在多事的那一天之后的五天，华盛顿警方找到了他的皮夹和护照，并且送还给他。

总之，如果下定决心立刻去做，往往会激发潜能，往往会使你最热望的梦想得以实现。

　　孟列·史威济非常喜欢打猎和钓鱼，他最喜欢的生活是带着钓鱼竿和猎枪步行 50 英里到森林里，过几天以后再回来，筋疲力尽，满身污泥而快乐无比。

　　这个嗜好唯一不便的是，他是个保险推销员，打猎钓鱼太花时间。有一天，当他依依不舍地离开心爱的鲈鱼湖，准备打道回府时突发奇想，在这荒山野地里会不会也有居民需要保险？那他不就可以同时工作又有户外逍遥了吗？结果他发现果真有这种人：他们是阿拉斯加铁路公司的员工。他们散居在沿线 500 英里各段路轨的附近。他可不可以沿铁路向这些铁路工作人员、猎人和淘金者卖保险呢？

　　史威济就在想到这个主意的当天开始积极计划。他向一个旅行社打听清楚以后，就开始整理行装。他没有停下来让恐惧乘虚而入，自己吓自己会使以后认为自己的主意变得很荒唐，以为它可能失败。他也不左思右想找借口，他只是搭上船直接前往阿拉斯加的"西湖"。

　　史威济沿着铁路走了好几趟，那里的人都叫他"步行的史威济"，他成为那些与世隔绝的家庭最欢迎的人。同时，他也代表了外面的世界。不但如此，他还学会理发，替当地人免费服务。他还无师自通地学会了烹饪。由于那些单身汉吃厌了罐头食品和腌肉之类的食物，他的手艺当然使他变成最受欢迎的贵客啦。而在这同时，他也正在做一件自然而然的事，正在做自己想做的事：徜徉于山野之间、打猎、钓鱼，并且像他所说的——"过史威济的生活"。

　　在人寿保险事业里，对于一年卖出 100 万元以上的人设有光荣的特别头衔，叫作"百万圆桌"。在孟列·史威济的故事中，最不平常而使人惊讶的是，在他把突发的一念付诸实行以后，在动身前往阿拉斯加的荒原以后，在沿线走过没人愿意前来的铁路以后，他一年之内就做成了百万元的生意，因而赢得"圆桌"上的一席地位。假使他在突发奇想时，对于做事的秘诀有半点迟疑，这一切都不可能发生。

"现在就去做"可以影响你生活中的每一部分，它可以帮助你去做该做而不喜欢做的事；在遭遇令人厌烦的职责时，它可以教你不推脱延宕。但是它也能像帮助孟列·史威济那样，这个刹那一旦错过，很可能永远不会再碰到。

请你记牢这句话："现在就去做!"

大处着眼，小处着手

美国哈佛大学的行为学家罗布里，提出了"小目标成功学"的理论。他认为，有些人误以为自己能一步登天，所以常常梦想一举成名，一下子就成为一个成大事的人。实际上，这是不可能的，一是由于自己的能力暂时还不够；二是由于成大事者，必须经过长久的磨炼。因此，很多的成大事者往往都是善于"化整为零"的高手，从大处着眼，从小处着手，是他们处理问题的诀窍。

虽然我们的目标是指向将来的，是有待将来实现的，但目标却能够使我们把握住现在。这是因为目标要求我们把大的任务看成是由一连串小任务和小步骤所组成的，要实现任何理想，都要制定并达到一连串的目标。每一个重大目标的实现，都是一连串的小目标和小步骤不断得以实现的结果。所以，如果你集中精力于当前手头上的工作，心中明白现在所做的种种努力，都是在向将来的目标挺进，那你为了将来的成功，就不会走弯路。

我们必须清醒地意识到，大事往往是由很多的小事积累而成的，大目标的完成是由众多小目标的完成而积累出来的；每一个成大事的人，都是在完成无数的小目标之后，才实现了他们伟大的梦想。当你明白什么叫从大处着眼，从小处着手时，它将告诉你一个成大事的基本道理——学会从小目标开始，一点一点地寻求突破！想挣 1000 万，先要找到一个挣到 10 万的途径，再找挣到 100 万的途径，一个又一个小的选择实现了，你才更有可能成为一个实现伟大梦想的人。

现在，有些年轻人眼高手低，只想做大事，而看不起小事。所以，汪中求先生在《细节决定成败》一书中说："能做大事的人很少，不愿做小事的人极多。"年轻人要有理想，要有干大事的雄心，但一定要从小事做起，有把小事做细的韧劲。因为，把小事做好不仅仅是一种工作态度，而且小事中往往掩藏着成功的机会。

日本狮王牙刷公司的员工山本为了赶去上班，急着刷牙时，竟致牙龈出血。他为此而感到恼火，上班的路上仍是一肚子不舒服。但在心头火气平息下去以后，他便和几个要好的伙伴提及此事，并相约一同设法解决刷牙容易伤及牙龈的问题。

他们想了不少解决刷牙造成牙龈出血的办法，如将牙刷毛改为柔软的狸毛；刷牙前先用热水把牙刷泡软；多用些牙膏；放慢刷牙速度等，但效果都不太理想。他们进一步仔细检查牙刷毛，在放大镜底下，发现刷毛顶端并不是尖的，而是四方形的。山本想："把它改成圆形的不就行了！"于是他们着手改进牙刷。

山本经过实验取得成效后，正式向公司提出了这一项改变牙刷毛形状的建议，公司很乐意改进自己的产品，欣然把全部牙刷毛的顶端改成圆形。改进后的狮王牌牙刷在广告媒介的作用下，销路极好，连续畅销十余年之久，销售量占全国同类产品的 30%～40%，山本也由职员晋升为科长，十几年后成为公司的董事长。

不会做小事的人，也做不出大事。牙刷不好用，在我们看来都是司空见惯的事情，但很少有人想办法去解决这个问题，所以机遇就不属于他们。而山本发现了问题，又设法解决问题，结果他由此获得了机会。所以，牙刷不好用这个问题对他来说，就是一个机遇。这是追究细节给人带来机遇的一个案例。

过程远比结果更重要

一个开罗人整天都在梦想着发财，一天夜里，他梦见神对他说："想发财，你就得去伊斯法罕，在那里能找到金币。"

"天哪！伊斯法罕远在波斯啊，必须穿越阿拉伯半岛，经波斯湾，再攀上扎格罗斯山，才能到达那山巅之城。可能还没到就客死他乡了。到底去不去呢？"开罗人想，"但是，如果不去，这辈子恐怕难以发财了。"最后，他还是决定前行。

开罗人千里跋涉，历经了许多艰难险阻，风尘仆仆地到达了"山巅之城"伊斯法罕，但是结果令他大失所望，当地兵荒马乱，连他随身带的一点儿值钱的东西都被土匪抢走了。还是一位当地人救了他。

"听口音，你不是本地人？"救命恩人问他。

"我从开罗来。"开罗人气息奄奄地说。

"什么？开罗？你从那遥远富有的城市，到我们这贫瘠荒凉的伊斯法罕来干什么？"

"因为我梦见神对我启示，到这里来可以找到成千上万的金币。"开罗人坦白地说。

那人大笑了起来："真是个笑话，我还经常做梦，我在开罗有个房子，后面有 7 棵无花果树和一个日晷，日晷旁边有个水池，池底藏着好多金币呢！回到开罗去吧，别再做白日梦了。"

开罗人衣衫褴褛一无所有地回到了开罗。但是，没过多久，他就变成了开罗最富有的人。

因为那位伊斯法罕人所说的 7 棵无花果树和水池，正在他家的后院。而他在水池的底下，真的挖出了成千上万的金币。

有人说，开罗人白去了一趟伊斯法罕，因为金币就在自己家的后院。但是，如果他没去伊斯法罕，也许永远都不会知道这个结果。

任何一个意外的发现，都很难逾越一段艰苦甚至漫长的寻找过程。当然，如果没有了过程，你也就很难发现人生的"金币"。

有一位钢琴弹得很好的女士，自幼习琴，从来没有间断过。她并没有成为大红大紫的钢琴家，也没有开过个人的演奏会，登上炫目的舞台表演过。但是，就在她生命快要结束的时候，她的倾心演奏感动了病房中所有的人，医生、护士和患者都流泪了，他们听出了琴声中贯注的那份坚持与执着，投入与热爱，这已经超乎单纯的琴技，达到了音乐的最高境界：触动心灵，温暖人生，这一点却不是任何专业的钢琴演奏家所能轻易做到的。

坚持梦想的人，会产生无穷的力量，鼓舞自己，也照亮他人。坚持梦想，说易行难，长时间对一件事保持热情，并不容易。因为人会变老，会感到力不从心，此外世上诱惑颇多，让兴趣集中于一点，并持之以恒，也许更难做到。正因如此，那些能够坚持梦想的人，才会得到所有人的尊敬，令我们深深为之感动。人不能倒下，一定要站稳，死也要站着死。无论何时，都要抱有激情和战斗力，人要活就要活得有价值，不能只满足于吃饱喝足，有片瓦遮头，浑浑噩噩了此一生。

　　人自出生以来，慢慢发育长大，读书，就业，恋爱，结婚，生子，沿着千年不变的程序往下走。假如浑浑噩噩地过，也是一生，无风无浪，无惊无险。但凡想活出个人样来，想在世间扬名立万，就一定要逃开这个固有的圈子，蹚出一条不同寻常的路来。梦想就如一道光，照亮灰暗的人生。把梦想坚持到底的人，就不会轻贱生命，就会珍惜生命的意义和价值，就会抓住生命的分分秒秒，用努力和汗水去赢得成功。人生一世，只有如此，才不枉此生，才会活得像个真正的人。

当风言风语扑面而来

梦想之所以称为梦，本身就蕴涵了来之不易的意思。很容易就能达成的目标，不能叫梦想。因此，在你展示梦想时，难免有人会觉得你是"癞蛤蟆想吃天鹅肉"，属于不自量力，痴人说梦。

一个人打击你，或许没有什么；十个人打击你，有点儿动摇了吧；百个人打击你呢？

其实，别人劝阻或讥笑你的寻梦，也并非想害你。相反，绝大多数还是出于善意，打着各种好听的旗号。"相信我，你走的那条路行不通，别浪费自己的精力了。"他们会这么说。

有一则寓言，说的是一群动物举办了一场攀爬埃菲尔铁塔的比赛，看谁先爬上塔顶谁就获胜。很多善于攀爬的动物参加了比赛，更多的动物围着铁塔看比赛，给它们加油。作为比赛的裁判，老鹰早早地飞上塔顶。比赛开始了，所有的动物没有谁相信参赛的动物能够到达塔顶，它们都在议论："这太难了！！它们肯定到不了塔顶！"听到这些，一只又一只的参赛动物开始泄气了，除了那几只情绪高涨的动物还在往上爬。下面的动物继续喊着："这个塔太高了！没有谁能爬到顶的！"越来越多的动物累坏了，退出了比赛，只有一只蜗牛还在越爬越高，一点儿没有放弃的意思。

最后，那只蜗牛费了很长的时间，终于成为唯一一个到达塔顶的胜利者。夺冠的蜗牛下来后，得到了很多的掌声。有一只小猴子跑上前去，问蜗牛哪来那么大的毅力跑完全程。谁知道蜗牛一问三不知——原来，这只蜗牛是个聋子。

这则寓言要表达的意思是：不要轻易地被别人的指指点点妨碍了自己的脚步。根据研究，那些白手起家的百万富翁都有一种有趣的"免疫系统"——很强的心理承受能力。他们有一种后天获得的挫败恶意批评者过激言论的能力的心理盔甲。这些百万富翁，总是漠视各种批评者和权威人物的负面评价。甚至有些白手起家的百万富翁说，某些权威人物所做的贬低的评价对于他们最终取得成功起过一定的作用——锤炼铸就了他们所需要的抵抗批评的抗体，坚定了他们的决心。

谁更能经得住一打信贷官员的负面评价，并且不断请求直到贷款被批准呢？这些成功的百万富翁就能做到，他们总是抵制那些说他们的未来计划不会有成效的批评者。对他们来说，找到一个明智而开通的信贷者只是时间和努力的问题。

无论一个人有多聪明，如果没有坚韧不拔的品质，他就不会在一个群体中脱颖而出，他就不会取得成功。许多人本可以成为杰出的音乐家、艺术家、教师、律师或医生，但就是因为缺乏这种杰出的品质，最终一事无成。

坚韧的人从不会停下来想想他到底能不能成功。他唯一要考虑的问题就是如何前进，如何走得更远，如何接近目标。无论途中有高山、有河流还是有沼泽，他都会去攀登、去穿越。而所有其他方面的考虑，都是为了实现这个终极目标。对于一个不畏艰难、一往无前、勇于承担责任的人，人们知道反对他、打击他都是徒劳的。

歌德曾这样描述坚持的意义："不苟且地坚持下去，严厉地驱策自己继续下去，就是我们之中最微小的人这样去做，也很少不会达到目标。因为坚持的无声力量会随着时间而增长，而达到没有人能抗拒的程度。"

从现在开始，从平凡开始

在泰晤士河畔，在钟声回荡的国会大厦西南侧，耸立着英国最古老的建筑物——威斯敏斯特教堂。这里长眠着从亨利三世到乔治二世等20多位国王，憩息着牛顿、哈代、狄更斯、达尔文、吉卜林等这些享誉世界的巨人，还有二战"不列颠之战"中牺牲的皇家空军战士。在一个不显眼的角落里，竖立着一块石碑，上面刻着一段广为传诵的碑文：

"当我年轻的时候，我的想象漫无边际，我梦想改变这个世界；当我成熟以后，我发现我不能改变这个世界，我将目光缩短了一些，决定只改变我的国家；当我进入暮年以后，我发现我不能改变我的国家，我的最后愿望仅仅是改变我的家庭，然而，这似乎也不可能……现在，我已经躺在床上，就在生命将要终结的时候，我突然意识到：如果一开始我就首先改变自己，然后，作为一个榜样，我可能改变我的家庭；在家人的帮助和鼓励下，我可能为国家做一些重要的事情；就在我为国家服务的时候，我或许能因为某些意想不到的行为，改变这个世界……"

几乎每一个参观威斯敏斯特教堂的人，都会在这块石碑前驻足片刻，因为在这个世界上，多数人生来都很平凡。这段碑文不仅给许多人以启示，而且还给人以鼓励：如果你不能做很大的事情，你可以从自己开始，先做一些很小的事情——从现在开始，从平凡开始。

如果我们不厌倦做小事，我们就能够做大事；如果我们不放弃做平凡的人，我们就可能做伟大的人；如果我们愿意改变自己，我们就可能改变世界。

按部就班做下去是达成任何目标唯一的聪明做法。

就拿戒烟这一现象来说吧，戒烟有许多方法，但最好的戒烟方法就是"一小时又一小时"坚持下去，有许多人用这种方法戒烟，成功的比率比别的方法要高。这个方法并不是要求他们下决心永远不抽，只是要他们决心不在下一个小时内抽烟而已。当这个小时结束时，只需把他的决心改在另外一小时内就行了。当抽烟的欲望渐渐减轻时，时间就延长到两小时，又延长到一天，最后终于完全戒除。那些一下子就想戒除的人一定会失败，因为心理上受不了。一小时的忍耐很容易，可是永远不抽那就难了。

决心获得成功的人都知道，进步是一点一滴不断地努力得来的，就像"罗马不是一天造成的"一样。例如，房屋是由一砖一瓦堆砌成的；足球比赛最后的胜利是由一次一次的得分累积而成的；商店的繁荣也是靠着一个一个的顾客逐渐壮大的。所以每一个重大的成就都是一系列的小成就累积而成的。

全世界找到最大的一颗钻石的人，他的名字叫索拉诺。很多人都知道索拉诺，他找到了一颗名为"Librator（自由者）"的全世界最大的钻石。可是没有人知道索拉诺在找到这一颗钻石以前，他已经找到过 100 万颗以上的小鹅卵石，最后才找到这一颗全世界最大的钻石。

西华·莱德先生是个著名的作家兼战地记者，他曾在 1957

年 4 月的《读者文摘》上撰文表示，他所收到的最好的忠告是
"继续走完下一英里路"，下面是其中的几段：

"在第二次世界大战期间，我跟几个人不得不从一架破损的
运输机上跳伞逃生，结果迫降到缅甸、印度交界处的树林里。
如果要等救援队前来援救，至少要好几个星期，那时可能就来
不及了，只好自己设法逃生。我们唯一能做的就是拖着沉重的
步伐往印度走，全程长达 140 英里，必须在 8 月的酷热和季风所
带来的暴雨的双重侵袭下，翻山越岭长途跋涉。

"才走了一个小时，我的一只长筒靴的鞋钉刺到另一只脚
上，傍晚时双脚都起泡出血，范围像硬币那般大小。我能一瘸
一拐地走完 140 英里吗？别人的情况也差不多，甚至更糟糕。
他们能不能走呢？我们以为完蛋了，但是又不能不走，好在晚
上找个地方休息。我们别无选择，只好硬着头皮走下一里英
路……

"当我推掉原有工作，开始专心写一本 15 万字的大书时，
一直定不下心来写作，差点儿放弃我一直引以为荣的教授尊严，
也就是说几乎不想干了。最后不得不记着只去想下一个段落怎
么写，而非下一页，当然更不是下一章了。整整六个月的时间，
除了一段一段不停地写以外，什么事情都没做，结果居然写
成了。"

想要达成任何目标都必须按部就班做下去才行。对于那些
初级经理人员来讲，不管被指派的工作多么不重要，都应该看
成"使自己向前跨一步"的好机会。推销员每促成两笔交易时，
就有资格迈向更高的管理职位了。

教授的每一次演讲、科学家的每一次实验，以及商业主管

的每一次开会，都是向前跨一步，更上一层楼的好机会。

有时某些人看似一夜成功，但是如果你仔细看看他们过去的奋斗历史，就知道他们的成功并不是偶然得来的，他们早就投入了无数的心血，打好了坚固的基础。那些暴起暴落的人物，声名来得快，去得也快，他们的成功往往只是昙花一现而已，他们并没有深厚的根基与雄厚的实力。

请尝试做下面的事情：把你下一个任务（不论看来多么不重要），变成迈向最终目标的一个步骤，并且马上去进行。时刻记住下面的问题，用它来评价你做的每一件事。"这件事对我的目标有没有帮助？"如果答案是否定的，就放弃它；如果是肯定的，就要加紧推进。

我们无法一下子就达到成功，只能一步步走向成功。所谓优良的计划，就是自行设定每个月的配额或清单。

富丽堂皇的建筑物都是由一块一块独立的石块建造而成的，可是石块本身并不美观。成功的生活也是如此。

第三章

果断勇敢，克服困难

今天和明天之间，有一段很长的时间；趁你还有精神的时候，学习迅速办事。

——歌德

辛勤的蜜蜂永没有时间的悲哀。

——布莱克

今天应做的事没有做，明天再早也是耽误了。

——裴斯泰洛齐

随波逐流要不得

美国人卡思小的时候，人们常常告诫他，一旦选错行，梦想就不会成真，并且告诉他，他永远不可能上大学，劝他把眼光放在比较实际的目标上。但是，他并没有因此而放弃自己的梦想，不但上了大学，而且还拿到了博士学位。

当他决定抛弃已有的一份优越的工作，去环游世界时，人们说他最终会为此而后悔，并且拿不到终生的教职，但是，他还是上了路。结果，环游世界回来后，他不但找到了一份更好的工作，而且还拿到了终生的教职。

当他在南加州大学开办"爱的课程"时，人们警告他，他会被当作疯子。但是，他觉得这门课很重要，还是开了。结果，这门课改变了他的一生。他不但在大学中教"爱的课程"，还到广播电台和电视台举办爱的讲座，受到美国公众的欢迎，成为家喻户晓的爱的使者。他说："每件值得做的事都是一次冒险。怕输，就会错失游戏的意义。冒险当然会有带来痛苦的可能，可是从来不会去冒险的空虚感，更令人痛苦。"

事实上，无论我们选择试还是不试，时间总会流逝而去。不试，什么也没有；试，虽然有风险，但总比空虚地度过更丰富、更有意义，总会有所收获的。有一个让我们能鼓起勇气来试一试的思维方式，即：可能发生的最坏的事情是什么？

邱先生在机关里有一个舒适的职位，但是他想自己当老板，到深圳经营自己的小生意。他问自己：如果失败了，最坏的事情是什么呢？他想到了倾家荡产。然后，他继续问自己同样的问题：倾家荡产后最坏的事情是什么？答案是他不得不干任何他能得到的工作。之后，最坏的事情可能是他又厌恶这种工作，因为他不喜欢受雇于别人。最终，他会再找一条路子去经营自己的生意，而这一次，有了上一次失败的教训，他懂得了如何避免失败而努力使自己成功。

这样想过之后，他采取了行动，去经营自己的生意，并真的获得了成功。他总结说："你的生活不是试跑，也不是正式比赛前的准备运动。生活就是生活，不要让生活因为你的不负责任而白白流逝。要记住，你所有的岁月最终都会过去的，只有做出正确的选择，你才配说你已经活过了这些岁月。""艰苦的选择，如同艰苦的实践一样，会使你全力以赴，会使你有力量。躲避和随波逐流是很有诱惑力的，但是将来有一天回首往事，你可能意识到：随波逐流也是一种选择——但绝不是最好的一种。"

只有当我们选择尝试时，我们才能不断发现自己的潜力，从而找到最适合自己的事业。站在人生的十字路口，莫犹豫，莫彷徨，勇敢地选择，执着地追求，就算结果不那么美妙，至少你拥有充实的人生，从而无怨无悔！人生犹如一道彩虹，如此绚丽，却又如此短暂。在人生有限的时光里，选择自己喜欢的生活，是最重要的。

优柔寡断是人生的大忌

　　一头愚蠢的驴子，在两堆青草之间徘徊，左边的青草鲜嫩，右边的青草多一些，究竟是向左走，还是向右走？它拿不定主意，最终在十字路口的徘徊中饿死。

　　这个寓言或许有些夸张。但是，在现实的生活中，可供人选择的道路往往笼罩在一层迷雾当中：向左走可能是一条独木桥，而独木桥的终点则可能是鲜花与掌声；向右走可能是一条平坦之途，而旅程的终点却可能是一片荒漠。太多的不确定因素，让许多人面对现实时不敢做出选择，任由时间的飞逝，最终岁月蹉跎，一事无成。

　　有一位妇人，要购置某一件物品，简直要跑遍城中所有出售那种物品的店铺。她要从这个店铺跑到那个店铺，要把各件的货物放在店柜上，反复审视，反复比较，但仍然不能决定到底要买哪一件。连她自己也不知道，究竟哪一件物品才中她的意。假如她要买一顶帽子或一件衣服，她简直要把店铺中所有的帽子或衣服都试戴、试穿过，并问得售货员不胜其烦，但结果仍是空手回家，不买任何东西！她所需要的衣帽，是要温暖的，但同时又不可过于温暖，或过于沉重。她所需要的衣帽，是那种晴雨咸宜，冬暖夏凉，水陆皆宜，影戏馆、礼拜堂都能配穿的衣帽。万一她购买了一件物品，她仍然没有把握，怀疑自己是否买错了。她还是不能决定，究竟是否应将物品退回更换。她购买一件东西，很少有不更换两三次以上的，但结果还是不能完全使她满意。

这种个性的不坚定，可以破坏一个人对自己的信赖，可以破坏他的评判力，并有害于他的精神健康。对一个人的品格和人性而言，这无疑都是一个致命的弱点。

假如你有优柔寡断的习惯或倾向，你应该立刻奋起来扑灭这种恶魔，因为它足以破坏你的种种生命机遇。假使事件当前，需要你的决断，则你应在今天就决定，而不要留待明天。你应当常常练习做敏捷而坚毅的决定；事情无论大小，不管是帽子颜色的选择，或是衣服式样的决定，你都决不应该犹豫。

练习敏捷、坚毅的决断，直至成为一种习惯，那时你会受惠无穷。你不但对你自己充满自信，而且也能得到他人的信任。起初，你的决断虽不免有错误，但是你从中得到的经验和益处，足以补偿你所蒙受的损失。在选择的路上奔跑，即使跌倒，也强过站在十字路口徘徊；因为跌倒也是一份财富，跌倒还能站起来。从一定意义上说，一次错误的决断，也比没有决断好得多！

在你要决定某一件事之前，你固然应该将那件事情的各方面都顾及到，在下断语以前，你固然应该运用你的全部经验与理智做你的指导，但是一经决定之后，你就应当让那个决定成为最后的决定！

当断即断，不受其乱

古波斯的老国王，想选一个接替者。一天，他拿出一根打着结的绳子当众宣布：解开此结者继承王位。应试者众多，但谁也解不开。

一青年上前看了看，发现那是一个根本无法解开的死结，他不去解，拿刀去剁，刀落结开，众人惊叹不已。老国王让人们去解解不开的结，其用意显然是考察应试者的机智。这个青年的思路与众不同之处，就在于他不是费力地去"解"，而是想如何使之"开"。用刀去剁，不只表现了智，而且也显示了胆识。

这个故事告诉我们：面临混乱时，有勇无谋不行，多谋寡断也不行。要想避免当断不断带来的危害，我们需要快刀斩乱麻式的决断，就好像你原来置身在一个嘈杂混乱的场所，忽然有人把电钮一关，一切都在瞬间归于宁静，使你立刻感觉神清气爽。你发现，原来刚才的一番混乱只是一种幻觉，而你认为的那些不可终日的烦恼，也顿消皆无。

关于一件事情的对与错、是与非，不能当机立断是很危险的。你认为有价值的、对自己有利的，就要当机立断。你认为不符合自己利益的，就干脆不干。不论做任何事情，只要你认为应该做的就去做。如果有一天不想做了，就立刻退出或另谋出路。做任何事情，优柔寡断总是要吃亏的。何况世界上根本不存在什么绝对的正确与绝对的错误。

华裔电脑名人王安博士，声称影响他一生的最大的教训发生在他 6 岁之时。有一天，王安外出玩耍。路经一棵大树的时候，突然有什么东西掉在他的头上，他伸手一抓，原来是个鸟巢。他怕鸟粪弄脏了衣服，于是赶紧用手拨开。鸟巢掉在了地上，从里面滚出了一只嗷嗷待哺的小麻雀，他很喜欢，决定把它带回去喂养，于是连鸟巢一起带回了家。

王安回到家，走到门口，忽然想起妈妈不允许他在家里养小动物。所以，他轻轻地把小麻雀放在了门后，急忙走进室内，请求妈妈的允许。在他的苦苦哀求下，妈妈破例答应了儿子的请求。王安兴奋地跑到门后，不料，小麻雀已经不见了，一只黑猫正在那里意犹未尽地舔着嘴巴。王安为此痛苦了好久。从这件事，王安得到了一个很大的教训：只要是自己认为对的事情，绝不可优柔寡断，必须马上付诸行动。在人生中，思前想后、犹豫不决虽然可以避免一些做错事的可能，但可能会失去更多成功的机遇。

处在混乱之中时，你必须果断地做出自己的选择，优柔寡断和谨小慎微，都只能错失良机。歌德曾经说过：迟疑不决的人，永远找不到最好的答案，因为机遇会在你犹豫的片刻转瞬即逝。遇到麻烦的时候，如果你还是那样谨小慎微，那麻烦就会变成混乱，而快刀斩乱麻则会让形势变得明朗起来，让你可以更加从容地应对问题。

成功源自果敢的选择

拿破仑·希尔是美国著名的成功学家。他创造性地建立了全新的成功学，是世界上最伟大的精神励志导师。他的成功，来自于他对安德鲁·卡耐基的采访。正是那次采访，改变了他的思想，从而改变了他一生的道路，使他心想事成，梦想成真。

那时，拿破仑·希尔仅仅是个刚刚抛弃了煤矿和小镇生活、口袋里连回家的路费都没有的青年，他刚刚谋到了为《鲍勃·泰勒》杂志采访美国商业界巨头的差事。当他走进坐落于纽约第五大道上的安德鲁·卡耐基那座有四层楼、64个房间的大楼时，他有生以来第一次见到如此惊人的财富。

忐忑不安的拿破仑·希尔被带进安德鲁·卡耐基宽大的书房：书架上摆着几千本书，四周的墙上贴满了卡耐基本人喜爱的格言警句，其中卡耐基特别喜爱并贴在醒目位置的是这样一句格言：不会想的人是傻瓜，不愿想的人冥顽不化，不敢想的人是奴隶。采访限定在3小时之内。但3小时过后，卡耐基却说："现在咱们的会谈才刚刚开始。到我家去，晚上住在我那里，晚饭后我们继续谈。"

采访持续了3天，围绕着"成功原则"，卡耐基滔滔不绝地谈论着，其中心是向希尔讲述思想在人生中的重要地位。他说，思想是人类无穷无尽力量的真正源泉，处于支配地位的思想造就了一个人本身。卡耐基告诉希尔，学会控制自己的思想，有助于形成自己的个性。他说，思想是一切幸与不幸的源头，它既给你带来友谊，也会给你带来仇敌。思想本身并没有界限，如果说有，也只是因为有的人由于缺乏信念，而给自己套上了枷锁。

在花了3天时间谈论他的人生哲学和建立这一哲学的必要性后，卡耐基提出了一个大约要花费20年才能完成的宏大计划：对来自社会各个阶层的成百上千名成功人士进行广泛的采访，包括研究那些已去世的伟人的创业经历，然后将搜集到的所有资料进行分类整理，深入研究并加以提炼，最终形成一系列综合性的原则，从而使伟人们的精神力量在改变了他们自己的生活后，也能帮助千百万的普通人改变他们的生活。

卡耐基直截了当地问希尔：是否相信自己有能力担负起这一艰巨的任务。希尔对此深感荣幸，考虑了不到半分钟，就下决心接受这一任务。卡耐基告诉希尔，他给希尔的考虑时间是60秒。只要超过一秒钟，卡耐基就会收回这个要求。正当希尔为通过卡耐基的测验而十分欣慰的时候，他被接下来给予他的条件震惊了。安德鲁·卡耐基告诉希尔，他托付给希尔的这项任务中，绝对不包含任何的资金酬劳，甚至不包括希尔在完成工作期间所必须支出的实际费用。希尔简直无法相信自己的耳朵。一个世界上最富有的人，交付给最贫穷的人一项艰巨的任务，并且它需要20年的艰辛劳动才能完成，而卡耐基居然一分钱也不打算付！

此时卡耐基向目瞪口呆的希尔保证，希尔从这份工作中得到的回报，将远非卡耐基所能给他的报酬相比，希尔能够从中率先领悟到成功的秘诀，并且为自己打开许多靠自己也许永远都打不开的大门。还有最重要的一点，就是希尔能够有幸为全世界的人们提供一部迄今为止对人类最富有启发性和指导意义的著作。

离开卡耐基后，希尔回到了华盛顿与他兄弟合住的公寓。希尔的家人对他选择从事的这项宏大工程的反应是应有尽有——从持温和的怀疑态度到嘲笑挖苦，乃至直截了当地表示愤慨。除了他的继母玛莎以外，所有的家庭成员都认为这个决定过于鲁莽草率，并坚信他无法在完成这一宏大工程的同时，还能赚钱维持自己的生活。当然，他们只不过是把希尔内心的疑虑说了出来。他感到自己在骗自己，他告诉自己这是一件很愚蠢的事情，几乎要对卡耐基食言了。但是，在那个月底，希尔改变了想法，他不仅相信自己将努力追赶卡耐基，而且在内心深处相信他一定会实现自己的目标。

半个世纪过去后，81岁的拿破仑·希尔在讲台上对公众说："现在，我可以谦虚地告诉你们，就在很久以前，我就已经把卡耐基远远抛在了后面。我虽然不像他那么富有，但我拥有我所需要的一切。与卡耐基先生比起来，我造就了更多的百万富翁。在这个自由的世界里，在那些他给数以百计的人带来帮助的地方，我给数以万计的人带来了帮助，而这就是我最大的财富。我帮助人们找到了自我，找到了属于他们自己的思想，也帮助他们找到了与其他人更加和睦相处的办法。我不知道还能活多久——我才81岁，我又制订了一个新的20年规划。我很想告诉你们：只要我还活着，不论在哪里，一旦有机会，我都会不断地并且不嫌其烦地去帮助别人。我真正希望我今天在这里说的一些话能帮助你们反省自己的思想，从而能更好地了解你们自己，接下去你就可以打定主意，从现在开始，你不仅要推销那个每天和你打交道的人，最重要的是你要推销你这个人本身。谢谢你们。"

作为出生在一个偏远小镇贫困家庭中的穷孩子，在卡耐基思想的鼓励下，拿破仑·希尔花了二十多年的时间，走访了来自社会各阶层的成功人士，总结出了他的 17 项成功的原则，使包括他自己在内的千百万人从一贫如洗到变成百万富翁，从无名之辈到成长为社会名流，其秘诀就是"所有的成就，所有挣来的财富，源头都只是在一念之间的果敢选择"。

最大的风险就是不敢冒险

有一次，摩根旅行来到新奥尔良，在人声嘈杂的码头，突然有一个陌生人从后面拍了一下他的肩膀，问："先生，想买咖啡吗？"陌生人是一艘咖啡货船的船长，前不久从巴西运回了一船咖啡，准备交给美国的买主，谁知美国的买主却破产了，不得已只好自己推销。

他看到摩根穿戴讲究，一副有钱人的派头，于是决定和他谈这笔生意。为了早日脱手，这位船长表示他愿意以半价出售这批咖啡。摩根先看了样品，然后经过仔细的考虑，决定买下这批咖啡。于是，他带着咖啡的样品到新奥尔良所有与他父亲有联系的客户那里进行推销，那些客户都劝他要谨慎行事，因为价格虽然低得令人心动，但船里的咖啡是否与样品一致却还很难说。

但摩根觉得这位船长是一个可信的人，他相信自己的判断力，愿意为此而冒一回险，便毅然将咖啡全部买下。事实证明，他的判断是正确的，船里装的全都是好咖啡，摩根赢了，并且在他买下这批货不久，巴西遭受寒流的袭击，咖啡因减产而价格猛涨了两三倍，摩根因此而大赚了一笔！

美国只有少数人是百万富豪，因为只有18％的人是自己开公司的老板或专业人士。美国是自由企业经济的中心，为什么只有这么少的人敢自行创业？许多努力工作的中层经理都很聪明，也接受过很好的教育，他们为什么不自行创业，为什么还要去找一个根据工作的业绩发给薪水的工作呢？许多人都承认，他们也问过自己同样的问题：为什么还要当上班族？主要的原因是他们缺乏勇气，他们要等到没有恐惧、没有危险和没有财务顾虑之时，才敢自行创业。他们都错了，其实从来就没有不感到害怕的自行创业人。即使是智者中的智者也会害怕，不过他还是会勇敢地去行动。恐惧与勇气是相关的，并非不怕危险才是有勇气。如果有更多人了解到这一点，那么将会有更多的人自行创业，也就会有更多的富豪。

在现实生活中，许多企管专业毕业的硕士只想免掉风险，许多人从来没想过要自行创业，因为风险太大。在大公司领薪水就可以避免突然失业的风险，何必花时间研究投资机会？企业总是会照顾中层主管。有许多人，他们的信念就是赚钱和花钱，让公司照顾他们一辈子。这的确是很理想、风险又低的方法。但是他们的算盘打错了，总有一天，中层主管的职位也会消失的。正是不入虎穴，焉得虎子，如果你想活出自己的风采，就必须拿出勇气，敢于选择。

所谓勇气，就是一种冒险的心理特质，是一种不屈不挠对抗危险、恐惧或困难的精神。但知易行难，一般人很难培养出自己的勇气；而今许多人无法经济独立，是因为他们心中存有许多障碍。想要成为百万富豪，就必须面对自己的恐惧，敢于冒险。他们不断提醒自己，最大的风险是让别人控制自己的生活。

用勇气撞开"虚掩的门"

有一个国王想委任一名官员担任一项重要的职务，就召集了许多武艺高强和聪明过人的官员，想试试他们之中谁能胜任。"聪明的人们，"国王说，"我有一个问题，我想看看你们谁能在这种情况下，解决它。"

国王领着这些人来到一座谁也没见过的最大的门前。国王说："你们看到的这扇门，是我国最大最重的门。你们之中有谁能把它打开？"许多大臣见了这门都摇了摇头，一些比较聪明一点儿的人只是走近看了看，不敢去开这门。当这些聪明的人说打不开时，其他的人也都随声附和。

只有一位大臣，走到大门前，用眼睛和手仔细地检查了大门，用各种方法尝试着去打开它。最后，他抓住一条沉重的链子一拉，门竟然开了。其实，大门并没有完全关死，而是留了一条窄缝，任何人只要仔细观察，都会把门打开的。国王说："你将在朝廷中担任重要的职务，因为你不只局限于你所见到的或所听到的，你还有勇气靠自己的力量，去冒险试一试。"

史密斯是美国联合保险公司的主要股东和董事长，同时他也是另外一家公司的大股东和总裁。然而，他能白手起家，创出如此巨大的事业，却是他经历了无数次磨难的结果。或许，可以这样说，史密斯的发迹，也是他勇气发挥作用的结果。

在史密斯还是个孩子时，就为了生计而到处贩卖报纸。有一家餐馆赶了他好多次，但他却一再地溜进去，并且手里拿着更多的报纸。那里的客人为其勇气所动，纷纷劝说餐馆的老板不要再把他踢出去，并且都解囊买他的报纸。史密斯被一而再，再而三地踢出餐馆，屁股虽然被踢痛了，但他的口袋里却装满了钱。他常常陷入沉思："哪一点我做对了呢？""哪一点我又做错了呢？……'下一次，我该这样做，或许不会挨踢。'"这样，他用自己的亲身经历，总结出了引导自己成功的座右铭："如果你做了，没有损失而可能有大的收获，那就放手去做。"

当史密斯16岁时，一个夏天，在母亲的指导下，他走进了一座办公大楼，开始了自己推销保险的生涯。当他因胆怯而发抖时，他就用卖报纸时被踢而总结出来的座右铭，来鼓舞自己。就这样，他抱着"若被踢出来，就试着再进去"的念头，推开了第一间办公室的门，他没有被踢出来。那天只有两个人买了他的保险，从数量而言，他是一个失败者。然而，这是一个零的突破，他从此有了自信，不再害怕被拒绝，也不再因别人的拒绝而感到难堪。第二天，史密斯卖出了4份保险。第三天，这一数字增加到了6份……20岁时，史密斯设立了只有他一个人的保险经纪社。开业的第一天，他就售出了54份保险单，有一天，他创造了一个令人瞠目结舌的纪录——售出了122份保单。以每天工作8小时计算，每4分钟就成交一份保单。

在不到30岁时，他已建立的史密斯经纪社成为令人叹服的"推销大王"。可以说，不经过千百次被拒绝的折磨，史密斯就不能成为一个优秀的推销员。史密斯有句名言："关键在于推销员的态度，而不是顾客……"

1968年，在墨西哥奥运会的百米赛道上，美国选手吉·海因斯撞线后，转过身子看运动场上的记分长牌，当指示灯打出 9.95 的字样后，海因斯摊开双手自言自语地说了一句话，后来通过电视网络，全世界至少有几亿人看到了这一情景。但由于当时他的身边没有话筒，海因斯到底说了什么，无人知晓。直到 1984 年洛杉矶奥运会的前夕，一位名叫戴维·帕尔的记者在办公室回放奥运会的资料时突感好奇，找到海因斯询问此事时，这句话才最终被破译了出来。

原来，自欧文创造了 10.3 秒的成绩后，医学界就断言，人类的肌肉纤维承载的运动极限不会超过 10 秒。所以，当海因斯看到自己 9.95 秒的纪录之后，自己都有些惊呆了。原来 10 秒的这个门并不是紧锁的，它虚掩着，就像终点那根横着的绳子。于是，兴奋的海因斯情不自禁地说："上帝啊！那扇门原来是虚掩着的。"后来，戴维·帕尔根据自己的采访，写了一篇报道，填补了墨西哥奥运会上留下的一个空白。不过，人们认为它的意义决不仅限于此。大家觉得，海因斯的那句话给世人留下的启迪，才是更重要的。

在这个世界上，只要你真实地付出，就会发现世上的许多门其实都是虚掩着的。在爱情上，只要你付出真诚，你就会发现姑娘的心门其实是虚掩着的；在商界，只要你付出智慧，你就会发现财富的大门其实也是虚掩着的。

玩物丧志，必误大事

玩物的嗜好，是国人几千年的传统。观鱼赏花，斗鸡跑马，凡此种种，无非爱好一物，以至痴迷，详察细品，多觉妙趣。一般来说，人有点儿嗜好并不是一件坏事，甚至常常是一件陶冶身心、增加情趣的好事。但嗜好要有一个度，爱好但不迷恋，否则会被物所役，导致丧志。少年丧志则难成大事，老来丧志则难保晚节。而身处人生事业顺境者，一旦丧志，将有坠落逆境的危险。

周惠王九年，卫惠公的儿子姬赤继位，当上了卫国国君，后人称他为卫懿公。

卫国是个小国，在诸侯争霸中，靠齐国帮助才得以生存下来，成为齐国的附庸国。卫懿公当上国君后，不图富国强兵，不理朝政，而是天天吃喝玩乐。他酷爱养鹤，在宫中建造豪华的鹤舍，派人精心饲养，凡是献鹤的人都重奖封官，还给鹤以官吏一样的待遇——戴官帽，坐官车，享官禄。而对百姓的饥寒，却不闻不问。

同理朝政的卫国大臣石祁子和宁庄子，见懿公一心玩鹤，置朝政于不顾，很是着急，曾多次劝谏，均遭拒绝。懿公的大哥公子毁，料到国将衰亡，就借机离开卫国出走了。国中百姓怨声载道。

当时有一个部族山戎，经常派兵骚扰齐国边界，齐国准备讨伐山戎。此事被强大的狄国得知，其君主瞍瞒雄心勃勃，想侵略中原，他认为齐国讨伐山戎，决不会放过狄国，不如先发制人，发兵进军齐国。而攻打齐国，必须首先消灭卫国。

一天，懿公驾着豪华的马车，前呼后拥，准备载鹤出外游玩。宫中侍卫慌忙送来狄国入侵的情报。懿公听了大吃一惊，立即招集人马，准备迎敌。可是，老百姓没有一个肯应征，青壮年纷纷逃跑。懿公派兵捉回百余人，责问道：“大敌当前，你们为什么逃跑？”

众人说：“鹤可以对付敌军，要我们老百姓有什么用？”

懿公说：“鹤能作战吗？”

众人说：“既然不会作战，养它干什么？”

这时，懿公方知道一心玩鹤，不理国政，是大错而特错了。忙向宫仆传令，将鹤统统放了。但是那几十只鹤腾空飞了几圈，又都飞回原处。

石祁子和宁庄子上街宣传，说懿公已经悔过自新，不再玩鹤，百姓这才肯当兵准备迎敌作战。懿公亲自带兵，陷入狄兵埋伏，将士见敌势凶猛，丢掉战车兵器，纷纷逃命。

剩下懿公和几名侍卫，被狄兵包围，懿公被砍成了肉泥，最终全军覆没。

仙鹤虽美，却不能御敌，这是卫懿公亡国的教训。玩鹤虽还不失为一种雅好，但历史上那些荒淫无耻的帝王在后宫中所玩，不仅败国丧家，而且为后人所不齿。

商纣王是个荒淫无度的昏君，一天到晚，不是与宫女妃子们嬉戏，就是喝酒狂饮，把皇宫闹得乌烟瘴气。

为了满足他花天酒地的开支，他下令增收各种赋税，搞得许多百姓家破人亡。他又一再下令选美，选得绝色美女苏妲己后，更是迷于女色，不理朝政。

一些正直的大臣都忧心忡忡，不断向纣王进谏。纣王根本不听，反而对进谏者不是贬官，就是废为平民，吓得群臣们都不敢再进谏了。后来，纣王干脆设立各种酷刑，如炮烙之法，剔胫之刑……用来对付向他劝谏的大臣和不服从他统治的庶民。

每一次施刑，纣王和妲己当场饮酒取乐，在调笑中看着受刑的人痛苦万分地死去。炮刑时，望着受刑者被火烧化为焦烟时，纣王和妲己还发出阵阵狂笑。

老百姓们日夜祈祷：上天啊！赶快降下大命吧！替我们消灭残暴的商纣王！四方诸侯也一个接一个地举起了反殷的义旗。但这些消息传到商纣王那里，他只是不屑一顾地狂妄冷笑说："我是上天选定的真命天子，他们怎么奈何得了我！"

一天，殷商三贤士之一的比干又一次冒死劝谏，商纣王竟然命令人把他的心肝挖了出来。

微子听说后，马上匆匆地逃离了京师。箕子只好装成疯子，纣王仍不放过他，还是把他关进了监狱。

纣王残害三贤的消息一传来，周武王就率领大军浩浩荡荡地出发了；各诸侯国的军队也纷纷加入了讨伐商纣王的战争。大军所到之处，人民像久旱盼春雨一样欢迎官兵们；一遇到周武王的军队，商军官兵都纷纷倒戈。

很快，周武王的军队攻到京城。前些天还是不可一世的商纣王，这时变成一只人人喊打的过街老鼠，被狼狈地烧死在大火中。

商纣好淫，简直到了不可思议的程度。除了淫乐，他已经置国家安危于不顾。这样"玩物"，必然导致"丧志"，死无葬身之地是必然的。

当今世界，日新月异，可玩之物层出不穷。手机游戏荒废了多少学生的学业？短视频毁坏了多少眼睛？社交软件迷失了多少人？

"少壮不努力，老大徒伤悲"，"玩"丢了的岁月，再也无法找回。追求名牌时装，花园洋房，把多少有志者拦在了发奋进取的路上。如果你正处在一生成败的关键时刻，玩物丧志，将使你跌入终生的痛悔之中。

21 天改掉一个坏习惯

人无完人，每个人身上都或多或少地存在几个坏习惯。这些大家都知道，也都明白，关键是怎样改掉这些坏习惯。

大家过去普遍认为，人最难改变的是习惯，有些权威人士也认为改变习惯是一个艰苦漫长的过程，不要期望在很短的时间内有很大的改变。这些观点和认识说对也对，说不对也不对。对有些人来说，改变习惯的确是很难很难的事，因为他们太过于原谅自己，太过于迁就自己，太过于开脱自己，太过于骄纵自己。要说改变不难，也真不难。只要你改变一下你的想法，改变一下你的态度，你就可以很快改变你的习惯，因为你的想法和态度是可以改变的。对此，我有切身体验。一次我骑自行车上街，被三轮车撞倒，路边的人都责怪那个骑三轮车的人违反了交通规则。我爬起来正要发火时，我的想法提醒我："千万不要发火！"接着我便用提早准备好的"灭火器"：一边默想"生气是拿别人的错误惩罚自己"，一边让自己的舌头在嘴里转了几圈。这个过程前后不到 30 秒钟，一肚子的火气就全消了。一个人有了改变自己的想法时，也就能改变自己的态度，只要改变了自己的态度，坏习惯就容易改变了。尽管原先的习惯是经过成千上万个小时形成和巩固的，现在你就用不着再花成千上万个小时去改变。一件事如果能坚持做 21 天，就会形成习惯。

　　小朋友跳皮筋时唱道："小汽车，嘀嘀嘀，马兰开花二十一。"二十一这个神奇的数字，不是我瞎编的，有好几位世界著名的成功大师都认为："一种新的习惯，如果能坚持 21 天，你再做这件事时，就会觉得容易多了。"无论是戒烟、戒酒，还是减肥，参加运动，一开始总觉得枯燥无趣，不习惯，但只要坚持 21 天，感觉就大不一样，如果第 22 天突然中断，你又会觉得不舒服，不对劲，缺了点什么。原因很简单，一件事你经常反复练习，做起来就容易多了；一件事变得容易做的时候，人就喜欢去做；一旦喜欢去做，就必然会变成一种习惯。

　　下面举几个美国普通家庭主妇艾伦的例子。

　　牙医告诫艾伦剔牙和刷牙一样重要。如果不剔牙的话，她的牙龈病会更厉害，她一直打算剔牙，但老是拖延着不行动。

　　"好，就利用这三周改变自己的方法试试看。"艾伦心里自忖。第一天算是最困难的了。第二天，第三天，剔牙这件事还是显得讨厌又麻烦。但第一个星期才过去，剔牙就成为上床前的例行公事了。

　　到了第三个星期结束，使艾伦惊异的是，剔牙变得和刷牙一样容易不过了。艾伦得意扬扬——因为她养成了一个好习惯。有了这样一个开头，她就能再接再厉，朝更困难的目标迈步了。

　　艾伦一直打算多吃些有营养的东西，多吃些蔬菜和水果，少吃些甜食。于是她把该吃的列出表贴在冰箱门上，从精神上提醒自己。

　　说实在话，第一天的日子可不好过。艾伦努力让自己忙碌些，但脑海里却翻腾着冰箱里的巧克力蛋糕和甜食盒里的奶油甜饼。第四天，全家吃蛋糕和甜饼，她却独自吃水果和蔬菜，

— 70 —

这时她心里涌起一阵自尊的波浪。三个星期一过，习惯就固定下来了。她不再拼命吃甜食，并且体重减轻了 5 磅。不过，真正的考验还在后头。

艾伦和马克近来相处得不好，他们不吵嘴，但几乎没有什么感情沟通。艾伦知道，主要问题是她总对马克挑刺儿。实在遗憾，艾伦觉得丈夫身上的毛病太多。她并不想成为一个唠唠叨叨的人，但往往控制不住自己，于是，马克对她闭起心扉。这是怪不得他的，但艾伦自己能不能改变呢？或者，艾伦自己想不想改变呢？

艾伦又画了一张"三周规划图"，决定试试看：每天她要在丈夫身上找出一个她觉得好的地方，并告诉马克。

第一天就遇到了难题，她看马克有许多事都不顺眼，例如：为什么他吃过东西不收拾？为什么又把那件糟糕的衣服穿上了身？有一段时间她很难找到马克身上有什么好的地方。难道真连一点儿好的地方也找不出来吗？

不，当然不是。屋里有什么要修理，马克会敲敲打打，把东西修好。

"啊，你把电灯开关修好了，真不错。"她对马克说，语气中难免有几分做作。

第二天，她又对马克说，他对她的缺点十分耐心，而没有像她对他那样唠唠叨叨，这真使她高兴。他笑了笑，那故意的一笑，真叫人别扭。

"看来，这方法行不通了。"艾伦自言自语。

接下去的几天，艾伦仍然觉得很难找到马克的优点。她开始觉得有些虚情假意，像一个机器人口是心非地说着好话。但随着三个星期一点一点过去，她在丈夫身上找优点变得容易起来。他为人诚恳，对孩子有耐心，她想为什么我只看到他的短处呢？

到了 21 天结束时，她简直不相信要表扬马克是多么轻而易举，一点儿也没有别扭的感觉，而马克看起来也确实与以前不同了。他对艾伦也更加亲近，开始坦率地谈他的工作，谈他所关心的问题。实际上，到三个星期结束，他说是艾伦显得和以前大大不同了。

"是的，"艾伦说，"我最近一直努力克服我唠唠叨叨的坏习惯。"

马克很动感情地说："难怪我觉得自己好多了，也觉得我们俩之间好多了。谢谢你的帮助，谢谢。我实在应该努力，做个更好的丈夫，做个更好的人。"

艾伦十分激动，几乎说不出话来。后来，艾伦向马克解释了三周改变自己的规划和她的进展。马克说他也要试一试。

培根在《论习惯》中告诫我们："人的思考取决于动机，语言取决于学问和知识，而他们的行动，则多半取决于习惯。"习惯的养成，并非一朝一夕之事；要想改正某种不良习惯，也不可以一蹴而就。有关专家研究发现，一般人要想改掉一个旧习惯，大概需要三个星期的时间。你必须给自己一段时间，来改掉你的坏习惯，如做事拖拉、不拘小节，甚至吸烟等，然后以更好的方式取而代之。

你不要对改掉坏习惯这一点既向往不已，又心存疑惑，生活里要改进的地方很多，只要你做了，就会达到目的。

第四章

抓住稍纵即逝的人生机遇

今天所做之事勿候明天，自己所做之事勿候他人。

——歌德

应当仔细地观察，为的是理解；应当努力地理解，为的是行动。

——罗曼·罗兰

不要老叹息过去，它是不再回来的；要明智地改善现在。要以不忧不惧的坚决意志投入扑朔迷离的未来。

——朗费罗

莫错过眼前的机遇

有一个年轻人，一直都梦想着发财，想得几乎快发疯了。每当听到哪里能发财时，他便不辞劳苦地去寻找。有一天，他听说附近的深山里有一位白发老人，若有缘能与他见面，则有求必应，肯定不会空手而归。于是，那个年轻人便连夜收拾行李，赶上山去。他在那儿苦等了5天，终于见到了那位传说中的老人，他向老人请求，赐珠宝给他。老人便告诉他说："每天清晨，当太阳未东升时，你到村外的沙滩上寻找一粒'心愿石'：其他的石头是冷的，而那颗'心愿石'却与众不同，握在手里，你会感到很温暖而且会发光。一旦你寻到那颗'心愿石'后，你所祈愿的东西都可以实现了！"年轻人很感激老人，便迅速赶回村去。

每天清晨，这个年轻人都会在沙滩上捡石头，一发觉石头不温暖又不发光，他便丢下海去。日复一日，月复一月，那青年在沙滩上寻找了大半年，但始终也没找到温暖发光的"心愿石"。有一天，像往常一样，他在沙滩上开始捡石头。一发觉不是"心愿石"，他便丢下海去。一粒、两粒、三粒……突然，年轻人哭了起来，因为他刚才习惯性地将石头随手丢下海去后，才发觉它是"温暖"的！

当机遇降临我们的眼前时，很多人都会习惯性地让它不知不觉地从手上溜走，一旦猛然发觉时，就会后悔莫及，但此时的"哭"和"早知道"又会有什么用呢!

一天清晨,天还没亮,渔夫就来到河边准备撒网,在岸边他感觉到有什么东西在他的脚下,一摸是一小袋石头。他不经意地拿起袋子,并将渔网放在一旁,在岸边等待日出,以便开始一天的工作。

在等待黎明到来的过程中,无聊中他懒洋洋地从袋子里拿出石头一块一块地丢进水里,以打发难熬的时光。

慢慢地,太阳渐渐升起,大地重现光明。这时,除了手里的最后一块石头之外,其他的石头都已被渔夫丢光了。当他借着日光,终于看清自己手里所拿的东西时,他的心跳几乎停止了,那是一颗宝石!在黑暗中,他竟然把整袋宝石都丢光了!

在不知不觉当中,他的损失究竟有多少?他十分懊悔,咒骂自己,伤心地哭了起来,他在无意间获得的财富,足以改变他的生活,然而在黑暗中,他又不知不觉地把它们丢掉了。

在人生的好多时候,我们轻易地放弃了一个又一个的机会,只因把它们当成了不值一钱的石子,待蓦然回首时,我们才发现,时不待我,机遇已经一个一个地离我们远去了。

一个青年决定外出寻宝,他经历了千辛万苦,终于在热带雨林中找到了两棵稀有的树木。这种树木的树心散发着浓郁的芳香,把它放入水中不浮反沉。青年十分高兴,拖着这两棵树到集市上去卖。

整整一个上午,青年的树无人问津,而旁边卖炭的人生意却十分地好。青年觉得卖炭更划算,便将自己的树也烧成了木炭。这一回,青年果然很快就将木炭卖光了。他揣着钱袋,回家高兴地把此事告诉了父亲。

谁知老父亲听完后却连声惋惜，他遗憾地对青年说："孩子，你所找到的正是世上最珍贵的沉香树啊，从它上面切一小块磨成碎末，价钱也顶过你卖一年的木炭。"青年追悔莫及后悔不迭，只恨自己有眼无珠，白白糟蹋了珍贵的宝物。

在现实社会中，像这个青年这样眼睁睁地放走机会的人比比皆是。机会曾叩响过每一个人的窗门，但并不是所有的人都出门迎接它。其实，机会并不难得，难得的是抓住机会的能力。

一天，一个人布置了一个捉火鸡的陷阱——他在一个大箱子的里面和外面撒了很多玉米粒，在大箱子上有一道门，门上系着一根长绳子，他抓着绳子的另一端躲在暗处，只要等到火鸡一进入箱子，他就拉扯绳子，把门关上，这样火鸡就被逮住了。

一边等，那人一边做着美梦：十只卖了钱去买酒，还有两只留着自己烤着吃。想着自己一边喝着酒，一边吃着烤鸡的情形，他的口水都流了下来。忽然，有十二只火鸡啄着玉米粒进入了箱子，就在他要拉绳子的那一刻，一只火鸡溜了出来。他想了想，决定等箱子里有十二只火鸡后，再拉绳子。

然而，就在他等第十二只火鸡的时候，又有两只火鸡跑了出来，于是他又决定等箱子里再有十一只火鸡时，再拉绳子。可是，在他等待的时候，又有三只火鸡溜了出来，最后，箱子里一只火鸡也没有了。因为他始终没有拉绳子。

抓住每一次机遇，对于已经失去了的，就不要再后悔徘徊，而应把握住眼前的一切。过于沉迷于已经失去了的东西，只会让你什么都得不到。

机遇就在你身边

几百年前，在印度河畔住着一位名叫阿里的波斯人。他有妻子和孩子，有一望无际的农庄，里面种着谷物、鲜花和果树。他有很多钱，有自己希望拥有的一切。他很知足、很幸福。

一天傍晚，一位长老前来拜访，和他坐在火边，给他解释世界是如何创造的。这位长老告诉他，与金、银、铜矿相比，钻石要值钱得多，用一块钻石，他可以买下许多他现有的农庄；用一把钻石，他可以买下一个省；用一矿钻石，他可以买下一个王国。阿里静静地听着，他被一种贪婪感攫取，感觉自己不再是一个富人，他的财富也随之消失了。

第二天一早，他叫醒了那位长老，急切地问他在哪里可以找到钻石矿。"你要钻石干什么？"长老吃惊地问。"我要成为富翁，让我的孩子们登上国王的宝座。""那你只能出去寻找，直到你找到钻石为止。"长老说。"可我到哪里去找呢？"现在已觉得自己一贫如洗的阿里问。"东南西北，随便哪里。""我怎么知道自己已找到了呢？""当你看到一条河流过崇山峻岭之间的白沙，在白沙中你就会找到钻石。"长老答道。

阿里随即就卖掉了农庄，将一家人托付给邻居，动身去寻找人人都想得到的宝藏。他翻越阿拉伯的高山，经过巴勒斯坦和埃及，游荡了数年，却一无所获。他的钱已花完，不得不忍饥挨饿。可怜的阿里对自己的愚蠢和狼狈相深感羞愧，最后纵身跳入大海一死了之。

买下他农庄的人十分知足，尽量利用周围的一切，认为背井离乡去寻找钻石没有道理。一天，正当骆驼在园中饮水时，他注意到小溪的白沙上有一道光芒闪过。他捡起一块石子，十分喜爱那灿烂的光泽，就把它拿进屋内，放在壁炉边的架子上，然后就把这件事忘得一干二净了。一天，那位打破了阿里平静生活的长老又来拜访农庄的新主人。他刚一进屋就被那块石子所发出的光芒吸引了，"这是颗钻石！这是颗钻石！"长老异常兴奋地喊道。"阿里回来了吗?""没有。"农场主回答说，"另外，这并不是颗钻石，而是一块普通的石头。"农场主走进园子，用手指着白沙，一颗颗钻石闪闪发光，比第一颗更美。举世闻名的哥尔卡达钻石矿，就这样被发现了。

假如阿里心满意足地留在家里，在园子里挖一挖，而不是跑到异国他乡去圆发财梦，那么他就会成为全世界的首富，因为在他的农庄里到处都是珍贵的钻石。这个故事告诉我们，生活中的许多乐趣与机会，你必须准备好在机会来临之前，捕捉并利用它，但更好笑的是，它却常常被你踩在脚下。这也是生活的意味所在：发现你身边的美景，享受你现在拥有的一切。

距离黄金只差三寸

在西部淘金的热潮中，家住马里兰州的迈克和他叔叔一起到遥远的美国西部去淘金，他们手握鹤嘴镐和铁锹不停地挖掘，几个星期后，终于惊喜地发现了金灿灿的矿石。于是，他们悄悄地将矿井掩盖起来，回到家乡的威廉堡，筹集大笔的资金购买采矿设备。不久，他们的淘金事业便如火如荼地开始了。当采掘的首批矿石运往冶炼厂时，专家们断定，他们遇到的可能是美国西部罗拉地区藏量最大的金矿之一。迈克仅仅用了几车矿石，便很快将所有的投资全部收回。

让迈克万万没有料到的是，正当他们的希望在不断膨胀的时候，奇怪的事儿发生了：金矿的矿脉突然消失！尽管他们继续拼命地钻探，试图重新找到金矿石，但一切终归徒劳，好像上帝有意要和迈克开一个巨大的玩笑，让他的美梦成为泡影。万般无奈之际，他们不得不忍痛放弃了几乎要使他们成为新一代富豪的矿井。接着，他们将全套的机器设备卖给了当地一个收购废品的商人，带着满腹的遗憾回到了家乡威廉堡。

就在他们刚刚离开后的几天里，收废品的商人突发奇想，决计去那口废弃的矿井碰碰运气，为此，他还专门请来了一名采矿工程师。只做了一番简单的测算，工程师便指出，前一轮工程失败的原因，是由于业主不熟悉金矿的断层线。考察的结果表明，更大的矿脉距离迈克停止钻探的地方只有三英寸！

故事的结果是，迈克终其一生只是一名收入仅够养家的小农场主，而这位从事废品收购的小商人，却成为西部的巨富。虽然付出了最大的努力，但迈克获取的却仅仅是罗拉地区最大金矿的一个小小支脉；收废品的商人虽然只花费了很小的代价，却通过一口废弃的矿井而成功地拥有了最大金矿的全部。这两种截然不同的命运背后，原本暗藏着一次完全相同的机遇。所不同的是，面对"失败"和"不可能"，迈克轻易放弃了，而收购废品的小商人却敢于再去尝试一次。

一面之缘得来的机遇

被誉为香港"景泰蓝大王"的陈玉书，曾言及他创业初期在一个公园漫步时，偶然碰见一位女士和她的孩子在玩荡秋千。由于这位女士身单力薄，玩得十分吃力。于是，陈先生主动上前帮忙，使她们玩得非常开心。临走时，这位女士留给陈先生一张名片，说若以后需要帮忙，可以找她。原来，这位女士竟是某国的大使夫人。后来，陈先生通过这位女士得到了一张运往香港的货物的签发证，从中赚了一大笔钱，由此成为他到香港创业的一个起点。这只不过是生活中的一面之交，只要播下与人为善的种子，就会收获事业上的回报。

比尔·盖茨今天成为世界首富的原因，除了他掌握世界知识经济发展的大趋势，他在电脑科技上超人的智慧和执着这些原因之外，还有一个关键的因素，就是比尔·盖茨的人脉资源相当丰富。比尔·盖茨创立微软公司的时候，还是一个年轻的大学生，但在他 20 岁的时候，就签到了一份大单。这份合约是跟当时世界第一强的电脑公司——IBM 签的。当时，他还是一名在读大学生，没有太多的人脉资源。他之所以能钓到这么大的"鲸鱼"，是因为他有一个中介人——比尔·盖茨的母亲。比尔·盖茨的母亲曾是 IBM 的董事会董事，妈妈介绍儿子认识董事长，这不是理所当然的事情吗？假如当初比尔·盖茨没有签到 IBM 公司的这份大单，相信他成为世界首富的路会更为艰难与曲折。

　　在人生漫长的旅程中，任何人都有可能成为对你施予援手的友人，甚至有可能是一位不曾相识的陌生人。只要做生活的有心人，善于发现机遇抓住机会，即便是与你只有一面之缘的人，也可能会成为你生命中的贵人，助你成就人生的成功和奇迹。

　　总之，人脉的力量是巨大的，任何一个人，不管他的实力有多强，如果没有周围人的帮助，在他的人生道路上，要想办成一件事，就会比登天还难。美国著名的杂志《人际》在2002年发刊词中，有这样一段话："如果不信，你可以回忆以往的一些经验，就会发现原本你以为是自己独立完成的事，事实上背后都有别人的帮助。因此，在社交场合你应该尽量表露真正的自我与自己真正的才华，它们将会给你许多有用的建议。决不可低估人脉的力量，否则将会白白失去许多有利的帮助之力。"

因换票而错置的人生

几年前有两个外出打工的乡下人，一个想去上海，一个想去北京。可是，当他们在候车室等车时，都改变了主意。因为邻座的人议论说，上海人精明，外地人问路都收费；北京人质朴，见了吃不上饭的人，不仅给馒头，而且还送旧衣服。

想去上海的人想，还是北京好，挣不到钱也饿不死，幸亏火车还没到站，不然我真掉进了火坑。

想去北京的人想，还是上海好，给人带路都能挣钱，还有什么不能挣钱的呢？幸亏我还没上火车，不然，真就失去了一次致富的机会。

于是，他们在售票处相遇了，便互换了火车票。

去北京的人发现，北京果然很好。他初到北京的一个月，什么都没干，竟然没有饿着。不仅银行大厅里的水可以白喝，而且大商场里欢迎品尝的点心也可以白吃。

去上海的人发现，上海果然是一个可以发财的城市，干什么都可以赚到钱。给人带路，可以赚钱；替人看厕所，可以赚钱；弄盆凉水让人洗脸，也可以赚到钱。只要想点办法，再花点力气，就可以赚到钱。

凭着乡下人对泥土的感情和认识，到上海后的第二天，他在建筑工地上装了十包含有沙子和树叶的土，以"花盆土"的名义，向见不着泥土而又爱养花的上海人兜售。当天他在城郊间往返了六次，净赚了 50 元钱。一年过后，凭"花盆土"的生意，他竟然在大上海拥有了一间小小的门面。

在常年走街串巷的过程中，他又有一个新的发现：一些商店的楼面亮丽而招牌较黑，一打听他才知道，是清洗公司只负责洗楼，不负责洗招牌的缘故。他立即抓住这一商业空白，买了些人字梯、水桶和抹布，办起了一个小型的清洗公司，专门负责清洗招牌。如今，他的公司已雇佣了 150 多个打工仔，业务也由上海发展到杭州和南京。

前不久，他乘火车去北京考察清洗市场。在北京站，一个捡破烂的人把头伸进软卧车厢，向他要一只喝剩的啤酒瓶，就在他递瓶的时候，两人都愣住了，因为在几年前，他们曾经换过一次票。

只是因为换了火车票，几年前原本想去北京的人却去了上海，而原本打算去上海的人却去了北京，由此展开了他们截然不同的人生之旅。由于他们选择城市时的想法不同，便决定了两人在错置的人生中的不同命运。由此可见，人生的命运际遇，都是我们自己选择的结果。

第五章

提升选择的胜算

命运不是机遇，而是选择。

——J. E. 丁格

既然选择了远方，便只顾风雨兼程。

——汪国真

无论做什么，记得为自己而做，那就毫无怨言。

——亦舒

做自己生活的总统

一个名叫热佛尔的黑人青年，在底特律的贫民区这样很差的环境里长大。他的童年缺乏爱抚和指导，跟别的坏孩子学会了逃学、破坏财物和吸毒。刚满12岁，他就因抢劫一家商店而被逮捕了；15岁时，他因企图撬开办公室里的保险箱而再次被捕；后来，又因为参与对邻近一家酒吧的武装打劫，他作为成年犯被第三次关入了监狱。

一天，监狱里的一个年老的无期徒刑囚犯看到他在打垒球，便对他说："你是有能力的，你有机会做些你自己的事，不要自暴自弃！"年轻人反复思索老囚犯的这席话，做出了自己的决定。虽然他还在监狱里，但他突然意识到他具有一个囚犯所能拥有的最大自由：他能够选择出狱后干什么；他能够选择不再成为恶棍；他能够选择重新做人，当一个垒球手。

五年后，这个年轻人成了全明星赛中底特律老虎队的队员，人生从此发生了翻天覆地的变化。事实上，当热佛尔在监狱时，他完全可以这样推脱："现在我在监狱里，我无法选择，我能选择什么呢？"但他没有逃避，而是做了自己生活的总统。

有位著名的作家曾这样说道："为了谋取生活的成功，我们必须做出独立的选择。我们必须运用自己自由选择的权利。作为自己生活的总统，你每天、每个小时都可以做出自由的选择。你必须做出选择：你可以轻视自己，也可以诚实地对待自己；

你可以觉得自己是人微言轻的无名之辈，也可以心灵充实；你可以办事拖拉，也可以马上就做；你可以整天自寻烦恼，牢骚满腹，也可以心平气和地应付一切；你可以遵循箴言来生活，也可以按照别的生活原则生活；你可以对生活悲观失望以至逃避，也可以充满信心地投入行动；为人处世，你可以选择善良，也可以选择罪恶；你可以毁坏一切，也可以奋起建设新生活；你可以成为你理想中的人，也可以满足现状停步不前；你可以忠于职守，也可以逃避责任。有关这一切的选择权都在你身上，因为你是你生活的主宰。"

　　人既是此生无悔的设计者，也是悔恨终身的策划人。一切均看你的态度是主动还是消极。

总有一颗星星属于你

面对现实生活中大大小小的选择，你最先考虑的是什么？是聆听自己内心的指引，还是遵循朋友的看法？

可以肯定的是：如果你太在意别人的看法，那么不论你选择哪一个方向，到最后总还是会有人觉得你做错了决定。既然如此，何不就根据你自己的需求和价值观，做一个让自己一生都无悔的决定？

如果世上真有什么对的决定，那都是相对的，也就是说，这个决定的"对"，是相对于你自己的主观和人生的需求。不过，很多人都无法做出这样的决定，一方面是因为外界（亲友）的杂音太多，另一方面是因为他们仍不知道这一生自己到底要什么。因此，有很多人做了表面上是对的决定，结果为了这个决定而悔恨一生，甚至有人从此就逃避做决定。

人生的钥匙掌管在你自己的手里，你有权打开自己生活中的所有锁扣，而没有必要听从任何人对你的指点。抬头看天，总会有一颗星星是属于你的。

如果你活着是为了别人，那么你这一生都不可能有什么真正的快乐可言。如果你活着是为了自己，那么就会有很多快乐伴随着你。这并不是自私，而是人生的真谛。

想想看，一个为别人而活着的人，他就会整天地看着别人的脸色行事，每说一句话，每做一件事，首先考虑的是别人对我的这句话、这件事会做出什么样的评价，别人对我的行为是否会产生好感。于是你的一言一行，都着重于别人对你的看法如何，你所看重的也是别人对你的评价如何。当你得到别人的赞扬时，你就会自我感觉良好，可是当别人对你提出批评或者对你的言行不赞同时，你就会因此而感到沮丧、萎靡，因而在你的内心，时时事事都在期待着别人的赞许。可是你会发觉，你所得到的却并不是你所期望的，你会发现自己受到指责比获得赞许要容易得多。

你应该努力改变这种状态，你可以抬起头看看满天星斗的天空，你要相信，在那里，总有一颗星星是属于你的。这颗属于你的星星，要靠你自己去采撷，而不是靠别人送入你的怀中。你想做什么，根本没有必要去征求他人的意见，你要培养自立的精神，自己做决定，并承担它的后果。

我们的一生不免会做出许多让我们事后懊悔的事情，但是这些决定并不是没有价值，我们正是因为这样才不断地吸取经验、不断成长的，我们也正是有了昨天的失误，才使我们今天以及将来能够做出更明智的判断和选择。所以你一生要从事的事业，即使不为他人认可，只要是你自己的决定，就一定要坚持去做。在这样的时候，虽然你应该倾听他人的意见，学习他人的经验，但是并不需要因为他们的意见而改变自己选定的轨道，不必因为他们的意见和你不同，就失去了坚持自己观点的信心。相反，你所要做的是，只要你自己认为是正确的，就要坚持到底。

我知道要求你做到这样很难，因为在我们的潜意识中，我们往往都太过于重视别人对我们的评价了，别人对我们的评头论足往往成了我们行为的枷锁，令我们不敢越雷池半步，我们总是担心自己的意见不合众意，会遭到群起而攻之的"惨局"。

可是，你要知道，在某些时候，大多数人的意见也许是错的，而你也许是对的，即使只有你一个人的意见与众人不合，也并不代表你的意见是不正确的。我知道有时候坚持己见很可能会在短时间内受到不明真相人群的排挤，但是，只要你肯定自己是对的，哪怕真的只是你一个人，你也应该坚持，因为敢于坚持己见需要一种素质，如果你具备了这种素质，那么你就不会担心自己的正确会遭到错误的围攻。

当然，坚持己见最主要的因素就是坚持自己正确的意见，如果明知自己的意见是错误的，却仍然去坚持而不愿意承认别人的正确，那就属于胡搅蛮缠了。因而，坚持己见需要的是你自己的把握，而且是一种正确的把握。我的自我观点是，不要把心思花费在如何取悦别人上，你是什么样子就是什么样子，如果有人不喜欢你，那么就由他去，你没有必要去在乎，不要让他人对你的品评影响了你的心情，更没有必要非得向他人证明自己。你要相信自己，相信你自己所做出的决定，你所要避免的，就是每次在行动之前都去等待他人的认可，每次事情过后都在乎他人的赞许与否。

当然，他人的赞许在很大程度上会增加你的信心，但是，如果你沉湎于他人的赞许中而自我感觉良好，那么你所获得的赞许将会越来越少。你真正应该做的，是别把他人的赞许当回事，努力做好你自己应该做的，肯定你自己的能力，因为只有当你自己对自己感到真正满意的时候，你所获得的才是你真正需要的。

记得有一首流行歌中有一句："爱我所爱，无怨无悔！"

我们现在所生活的时代，是一个为我们提供了无限机会的年代。这些选择的机会，让我们得到极大的自由，但同时也给我们带来了困惑。有很多人抱怨不知道自己真正喜欢做什么。造成这种局面的原因，是多年来他们压抑了自己的愿望，忽略了自己的内在，他们总是急于模仿他人，却忘记了真实的自我。这样不了解自己的人，是不可能获得成功的。

世界上没有两片完全相同的叶子，更没有两个完全一样的人。认真做自己，就必须找到你与他人不一样的地方，即你的独特之处。而且，这种独特之处的发掘还不能靠他人，而只能靠你自己去寻找，因为谁也不会比你更懂得自己。你首先应该知道的是：你是独特的、是绝无仅有的、是独一无二的，你有自己的个性、背景、观点、处世态度及人际关系，没有人可以取代你，也就是说你的存在绝对有别人所无法取代的价值。你的使命终究还是要靠你自己去完成，它是你人生的目标，是独一无二、专属于你自己的。它值得你用全部的精神、力量去追求。每个人都在追求成功，那么你如何为"成功"下定义呢？很多人以为，成功与否是由别人来评价的。实际上，你的成功与否，只能由你自己来做评判。绝对不要让其他人来定义你的成功，只有你能决定你要成为什么样的人、做什么事，只有你知道什么能使你满足、什么能令你有成就感。

古语有云："知人者智，自知者明；胜人者有力，自胜者强。"如果你对自己想做什么非常清楚，你的愿望极端明确，那么使你成功的条件很快就会出现。遗憾的是，现实社会中对自己的愿望特别清楚的人，并不是很多。我们需要清楚地了解自己的雄心壮志和愿望,并使它们在自己的内心逐渐明晰起来。为自己想要的生活而努力的人,生时快乐,死时无悔。

"走自己的路?听我自己的就对了?万一……走错了怎么办?"建议一个人选择自己认为对的那条路时,总会发现,他们并不信任自己。甚至有人满怀狐疑地反问:"听自己内心的声音,也就是只要我喜欢,没什么不可以,那杀人放火怎么办?"

然而,你真的会去杀人放火吗?——当然不会。

那你在担心些什么?我实在不理解,为什么每个人的自信心那么低,总会推理到一放任自己,就会无恶不作。

我相信真正杀人放火的人,从没有人清醒地问过自己:这究竟是谁要的人生?

人生旅途中的一步步跨越,就是一连串的选择。

用选择来开始我们的每一天,这样我们才能过个明明白白而非昏昏沉沉的一天。诚如毕亨利所说的:"上帝并没有问我们要不要来到人世间,我们只能接受而无从选择。我们唯一可以做的选择是:决定如何活着。"

每个人都拥有潜力可以追求更高的成功,都有能力在自我发展及自我成就上突飞猛进,而做出正确的选择,就是这一切的起点。不论人们明不明白,如果我们觉得只能庸庸碌碌、随波逐流,这都是选择的结果:选择接受要来的事、选择让它发生、选择为安定而牺牲理想、选择让别人为自己来打算、选择仅仅日复一日地活着。

通常,我们脑海中都有个错误的印象,认为人生是笼罩在一团巨大的必须之下:人必须念书、必须工作、必须诚实、必须整洁、必须守法、必须成功、必须做许多其他的事。事实上,没有任何人必须去做任何事；而是你选择"要"而且最好是"一定要"做你想做的事。

巴斯特纳克说得好："人乃为活而生，非为生而生。"

我们拥有比我们想象多得多的选择，关键在于：要知道每一天我们都在做抉择。

人们常常会找出一堆借口来解释自己为何放弃选择的权利，譬如：钱不够、没有时间、情况不对、运气很差、天气不好、太疲倦、情绪不佳等。

许多人像动物般地被环境制约而不自知，这就仿佛一个人被关在某处，口袋里虽有钥匙，却不会用钥匙开门，因为他不知道口袋里放着钥匙。

上天赋予人类除了跟动植物一样的生命和适应环境以求生存的本能外，还多给了人类一把万能的钥匙：运用智慧来选择行动的自由。只有人类可以无中生有、创造发明、主宰万物而号称为万物之灵。

古哲老子也教我们重视做人的权利，他强调："道大，天大，地大，人亦大，域中有四大，而人居其一焉。"

可以这么认为，万物之灵的"灵"及天赋人权的"权"，都是指人类有别于其他生物的可以自由选择的莫大潜能。

由此可见，我们并不是依靠时、势、机、缘、命、运而活，而是依靠抉择而活。如同潜能大师安东尼·罗宾所说："人生就注定于你做决定的那一刻。"

人生中发生了什么事情，通常并不是成功与否的关键，你选择怎么看、怎么想、怎么做才是最重要的。

小莉和许多20岁的男孩女孩一样，对自己未来的方向十分疑虑。小莉是个来自农村的花季少女，白天在某公司打工，老板和同事们都对她不错，但她得为自己的生涯抉择：她想上大学。但以目前状况来说，她得利用白天上补习班，可是老板表明了"少不了她这么一个人"，不希望她辞职，而她也舍不得这份薪水，所以她陷入了"非常巨大的痛苦"之中。

你也许会觉得好笑，听起来没有"非常巨大的痛苦"啊。和我的反应一样。你会觉得，她总要做选择，一切都可以解决的。你若是成年人，必然会像我一样告诉她：尊重你的人生决定，任何公司少了谁，都像地球一样，不会停止运转。但我们都不是真正的当事人，所以才可以说得如此轻松。

我们常因为别人看来"实在没什么大不了的事"陷入非常巨大的痛苦中，连个小小的选择与决定也使我们肝肠寸断。

陷入混乱和痛苦无法避免，然而，一个生命的乐观者，会比悲观的人早一点儿做决定，早点儿跳出混乱的旋涡来。

这究竟是谁的人生？当自己多方考虑觉得各有利弊而无法选择时，我总会在深呼吸后，问自己这个问题。然后，拨云见日，未来的路就在脚下和我打招呼。我做过许许多多没人看好的选择，只因为这是我的人生，我觉得这样对我比较好。

"该怎么办？问问你自己吧，你想怎么样呢？"对身陷困惑的人来说，我们唯一有用的帮助，是请他们找出自己的答案。连自己的意愿都搞不清楚的人，任何帮忙，只是帮忙制造混乱。

命运的篮子里装的是什么

人们不能掌握命运，却可以掌握选择。无数选择积累在一起时，就构成了一个人的命运。这样看来，每个人都是自己命运的编剧、导演和主角，我们有权利把自己的人生之戏编排得波澜壮阔、华彩四溢，也有责任把自己的人生之戏导演得扣人心弦，更有义务把自己的人生之戏演绎得与众不同、卓尔不凡。我们拥有这伟大的权利——选择的权利。我们不能选择命运的篮子，但被放进命运之篮里的内容却是我们自己选择的。我们一定要走好关键的几步。

人生如下棋，下棋的过程千回百转，人生也充满了无数的转折；棋路的风格恰如人生的风格，有人保守，有人急进，有人冷静；棋的结局亦如人生的结局，有得意人，也有失意者……但也许最大的相似之处是：每一步棋都是一次选择，而人生亦如此。下棋时有"一步错，步步错""一招不慎，全盘皆输"的说法，而人生若在关键时刻选择错误，也会造成终生难以弥补的遗憾。

正如作家柳青在《创业史》中所说的："人生的道路虽然漫长，但要紧处常常只有几步。"其实，人生中最关键的只有几步，如果每一步都比别人强一点点，哪怕只有10%、20%，那么几步下来，你的综合竞争力和人力资本将是别人的两倍。这两倍的优势，将给你带来几十甚至上百倍的优于他人的回报。

这叫作微小相对优势在现代社会充分竞争中的放大。

人生旅途的关键几步怎么走，决定了一个人最终是伟大，还是平庸；是幸福，还是痛苦……进一步说，一些个人的选择，还将对社会、对历史产生巨大的影响。我们可以设想一下，如果司马迁遭受宫刑后不甘屈辱而选择了以死来抗争，如果比尔·盖茨在感觉到巨大的历史机遇时选择了为拿文凭而继续哈佛的学业，那么，世界上缺少的恐怕就不仅仅是一个历史学家和一个亿万富翁了。我们也可以设想，许多本来可以成为杰出人物的人，由于做出了错误的选择而变得默默无闻了。

关键的几步走好，或者说做出人生的正确选择，并不是一件容易的事。事后我们来评价别人，尤其是杰出人物的错误选择时，往往替他们感到惋惜：多么简单的事情，他们居然……唉。其实，无论什么人，包括那些绝对正确的事后诸葛亮，当他们面临选择，尤其是重大选择的时候，往往都会感到无所适从。因为因素太多，诱惑太多，困难太多，未知数太多。尤其是，当人们还年轻，知识积累、人生阅历都还很有限的时候，当他们的眼界还没有打开的时候。给你自己的心一个飞翔的空间，梦想就会带你去一个神奇的世界。不要去担心梦想是否太遥远，因为梦想就像是一只会飞的小鸟，整个天空都是小鸟飞翔的舞台！你自以为难以实现的事情，常常能够在梦想的驱动下成为现实，让我们放飞梦想的风筝，任其在空中自由翱翔。让我们把理想寄托在风筝之上，让我们朝着心中那份美好的梦想前进。相信自己的能力，成功就在前方，只要努力，一切就不再只是梦想！

在人的一生中，会面对各种各样的选择。人生要想取得成功，仅仅勤奋努力是远远不够的。南辕北辙的故事告诉我们，选择比努力更重要。如果方向选错了，你越努力只能是往相反的方向越走越远，离你的目的地也越来越远罢了。要想做出正确的选择，我们首先要清楚自己真正想要的是什么，清楚自己到底能干什么，然后听从你内心声音的指引，选择为人生导航的目标，并执着于目标而不轻言放弃。此外，还要注意选择方法的灵活掌握，并给选择一个期限。只有这样，我们才能做出无悔的人生选择。

选择比努力更重要

有一个非常勤奋的青年，很想在各个方面都比周围的人强。经过多年的努力，仍然没有长进，他很苦恼，就向智者请教。智者叫来正在砍柴的三个弟子，嘱咐说："你们带这位施主到五里山，多砍一些柴火回来。"

年轻人和三个弟子沿着门前湍急的江水，直奔五里山。等到他们返回时，智者正在原地迎接他们。年轻人满头大汗地扛着两捆柴，蹒跚而来；两个弟子一前一后，前面的弟子用扁担左右各担四捆柴，后面的弟子轻松地跟着。正在这时，从江面上飞来一个木筏，载着小弟子和八捆柴火，停在智者的面前。

年轻人和两个先到的弟子，你看看我，我看看你，沉默不语，智者见状，问："怎么啦，你们对自己的表现不满意?""大师，让我们再砍一次吧。"那个年轻人请求说，"我一开始就砍了六捆，扛到半路，就扛不动了，扔了两捆；又走了一会儿，还是压得没力气了，又扔掉两捆，最后，我就把这两捆扛回来了。可是，大师，我已经努力了。""我们和他恰恰相反，"那个大弟子说，"刚开始，我俩各砍两捆，将四捆柴一前一后挂在扁担上，跟着这位施主走。我和师弟轮换担柴，不但不觉得累，反倒觉得轻松了许多。最后，又把施主丢弃的柴挑了回来。"

用木筏的小弟子抢过话，说："我的个子矮，力气小，别说两捆，就是一捆，那么远的路我也挑不回来，所以，我选择走水路……"智者用赞赏的目光看着弟子们，微微颔首，然后走到年轻人面前，拍着他的肩膀，语重心长地说："一个人要走自己的路，本身没有错，让别人说，也没有错，关键是走的路是否正确。年轻人，你要永远记住：选择比努力更重要。"

这个故事向我们说明，尽管大家都在为共同的目标而努力奋斗，但由于他们所选择的方法和工具不同，所得到的结果也是完全不同的。不管这个年轻人多么努力，也不管他再去试几次，如果他不改变自己的工作方法的话，他就永远不可能获得令人满意的结果。如果他选择了其他的方法，也许他就改变了自己的一生。选择大于努力，如果一定要说成功有什么捷径的话，那就是正确的选择。

在日常生活中，我们常常听到有人诉苦：我很努力地做了，但幸运之神总是不眷顾我，我不得不生活在平庸之中。是的，也许你真的足够努力了。但你应该想一想，为什么幸运之神总是不青睐你？是否是你选择努力的方向错了？大家都知道南辕北辙的故事，一开始就选择了一个错误的方向，你越努力，就会离目标越远。古人说："差之毫厘，谬之千里。"人生之路开始的时候，一定要选对。我们许多人都很努力，或曾经努力过，可是为什么大多数人只能过很平淡的生活呢？为什么直到今天，我们很多人依然两手空空？很简单，那就是我们一开始的选择，就出现了偏差。

随着现代社会竞争越来越激烈，尽管很多的年轻人意气风发地进入一个行业，想干出一番惊天动地的大事业来，可是他们中的很多人都忽略了一点，即他们很看好的行业或者公司，是否适合他们自己的发展呢？他们往往只知道去努力地为自己的理想而奋斗，却没有发现他们的所作所为，其实已经使他们离自己的理想越来越远了，就像上面的故事中所说的那样，尽管年轻人非常拼命地去完成智者交代的任务，可结果却并不尽如人意。而大徒弟和二徒弟却用了一个很好的方法来完成，最终他们的结果比年轻人要好得多，而且也省力得多。小徒弟则更厉害，他知道自己的体力根本不适合做那样的工作，于是他选择了一个很好的工具去完成，当然他的成果也比其他人的都要好。

让目标为人生导航

　　法国科学家约翰·法伯曾做过一个著名的"毛毛虫实验"。这种毛毛虫有一种"跟随者"的习性，总是盲目地跟着前面的毛毛虫走。法伯把若干个毛毛虫放在一只花盆的边缘上，首尾相接，围成一圈；在花盆周围不到六英寸的地方，撒了一些毛毛虫喜欢吃的松针。毛毛虫开始一只跟一只，绕着花盆，一圈又一圈地走。一个小时过去了，一天过去了，毛毛虫们还在不停地、坚韧地团团转。一连走了7天7夜，终因饥饿和筋疲力尽而死去。在此期间，只要任何一只毛毛虫稍稍与众不同，便会立刻过上更好的生活（吃松针）。

　　其实，人生又何尝不是如此，随大流，绕圈子，瞎忙空耗，终其一生。一幕幕人生"悲剧"的根源，皆因缺乏自己的人生目标。古希腊波得斯说："须有人生的目标，否则精力全属浪费。"古罗马小塞涅卡说："有些人活着没有任何目标，他们在世间行走，就像水中的浮萍，他们不是行走，而是随波逐流。"就像是携带着一张地图，人生地图显示天大地大，但你的身心是唯一的，你若处处都想去，你就哪里都去不了，只能原地踏步。你的时间有限，只有短短的数十年，因此，你要在早年便制订好明确清楚的目标，在地图上标出一个地点，那就是你想去的地方。

　　有一位困惑的年轻人，曾向成功学大师拿破仑·希尔求教。

对于目前的工作非常不满意，年轻人希望能拥有更适合他的事业，他极想知道如何做，才能改善他目前的情况。"你想往何处去呢？"希尔这样问他。"关于这一点，说实在的，我并不清楚，"年轻人犹豫了一会儿，继续回答道，"我根本没有思考过这件事，只是想着要到不同的地方去。""你做过最好的一件事情是什么呢？"希尔接着问他，"你擅长什么？""不知道，"年轻人回答，"这两件事，我也从来没有思索过。"

"假定现在你必须要自己做一番选择或决定，你想要做些什么呢？你最想追求的目标是什么呢？"希尔追问道。"我真的说不出来，"年轻人相当茫然地回答，"我真的不知道自己想做些什么。这些事情我从未思索过，虽然我也曾觉得应该好好盘算这些事才对……""现在我可以这样告诉你，"希尔这么说着，"现在你想从目前所处的环境中，转换到另一个地方去，但是却不知该往何处，这是因为你根本就不知道自己能做什么、想做什么。其实，你在转换工作之前应该把这些事情好好做个整理。"由于绝大多数的人对于自己未来的目标及希望，只有模糊不清的印象，因而通常不懂如何进行选择。试想，一个不知道自己要去哪里的人，又如何指挥自己的脚走向何方？

因此，一个没有目标的人生，就是无的放矢、缺少方向的人生，就像轮船没有了舵手，旅行时没带指南针，会令我们无所适从。人的生活就像一条航道，船就像是一个人，人沿着这条航道不断向前。我们应该知道自己要去哪里，每一次的选择都可以衡量自己的选择是否适当，因为目的地就是自己的目标。

两害相权取其轻

杰克从小聪明好学，他有一个"无敌神童"的绰号。在他身上，有着天才们通常有的那种个性：遵从自己的价值判断，不因世俗的偏见而蒙蔽自己的心灵。上大学时，他最初选修的是法律。但他很快就发现，他喜欢做一个富商，而不是一个律师，于是，他只在法律系读了两周，便转到商业系。

大学毕业后，杰克在英国陆军服役，任排长之职。几年军旅生涯的磨炼，他最大的收获是学会了应该怎样决策。他虽然没有上过战场，但实战的演练告诉他，在很多情况下，指挥员只能依据残缺不全的有限信息决策，不足的部分，一半靠经验，一半靠胆量，也许还有运气。杰克对此心领神会。他总是能在别人举棋不定的混乱局面中大胆拍板，很少有犹豫不决的时候。这一素质成为他日后在商场大显身手的法宝。

从军队退役后，杰克进入英国石油公司工作。即使在这家人才济济的超级公司，他的才干也很突出。他胆量过人的鲜明个性，给人们留下了深刻印象。那些棘手的、具有挑战性的任务，他们都喜欢交给杰克去干，而杰克总能圆满完成任务。因此，人们送给他一个绰号："突击队长"。他的职务也屡获升迁，几年后，即被任命为商务部副总裁，全权负责北美业务。

苏伊士运河一直是英国石油公司的主要航道。埃及和以色列之间的战争爆发后，苏伊士运河被关闭，英国石油公司被迫改变航道，从非洲的好望角绕行。这样一来，船舶运输的问题就变得十分重要。公司紧急召回"突击队长"杰克，任命他为总经理的特别助理，主管船舶租用与调度事宜。

一个星期六的下午，杰克正在家休息，忽然接到租船部主任打来的一个紧急电话："奥纳西斯先生询问是否租用他的油轮。他要求马上答复。"奥纳西斯是著名的希腊船王，他的油轮生意因战争而变得特别红火，所以他开给英国石油公司的条件很苛刻：要么全部租用一年，要么一艘不租，而且价码比平时要高得多。奥纳西斯的油轮总吨位高达 250 万吨，全部租用一年，租金将是一个天文数字。租船部的主任不敢定夺，所以打电话向杰克请示。

租？还是不租？杰克也感到很迷惑。决策的关键是这场战争将延续多久？如果延续的时间很长，运输紧张的问题也将会继续加剧，无疑必须租用奥纳西斯的全部油轮。但是，如果战争很快结束，高价租用大批超过需要的油轮，无疑是一个重大的损失。在当时的情况下，最老练的政治家也无法判断战争将会进行到什么时候，杰克自然也无法预知。那么，他应该如何决策呢？杰克感到遇上了自己平生最难做出的一个决定，这就好像足球的守门员扑救一个点球，无论扑向左边还是右边，都可能是错误的，尽管也可能是正确的。在这种情况下，即使召开一个董事会议，也不可能商量出一个正确的答案，这除了浪费时间和给自己减轻决策的责任外，没有任何好处。于是，他将自己关在屋子里，认真权衡得失。半个小时后，他终于做出决定：租！

他做出决定的理由是：假设租用奥纳西斯的全部船队而战

争很快结束，公司将蒙受重大的损失；假设不租用奥纳西斯的全部船队而战争延续的时间很长，公司的业务将面临严重的困境。前者是局部的损失，而后者却是大局的受损。为保大局而冒局部的风险，无疑是值得的。杰克的运气不错，这个决定日后被证明是一个明智的决策：随着中东战争的继续，油船的租金暴涨，船运异常紧张，英国石油公司却未因这场船灾而受到太大的影响。后来，杰克成为英国石油公司的灵魂人物，41岁那年，他荣登总裁宝座。

　　由此可见，在两个难以避免的不利的情况中，选择一个后果比较轻的、较为容易承受的决定，的确是非常复杂和十分困难的，这需要人生的大智慧，才能做出明智的选择，取得较理想的效果。

给选择一个期限

如果你身边有很多复杂又无法马上决定的问题，但事情又很重要，不得不尽快解决时，你就可以运用"限时决定法"来解决这些恼人的烫手山芋。所谓"限时决定法"，就是给自己某个时限来完成某些决定，以避免这些决定一直拖延下去，甚至到最后放弃不管。

在决定目标的考虑上，"限时决定法"是以"时间"为第一准则。至于决定的品质及其他的因素，都在"时间"因素之后，是次之考虑的因素。生活中的某些决定，是有时间限制的，而且是不能耽误任何一点儿时间的。这个时候，你就要采用"限时决定法"。例如，你想办一个生日舞会，舞会的当天将会有很多贵宾出席，因此你必须把这个舞会办得有声有色才行。因此，在舞会举行前的一周，你就必须做好各项决定和计划，以便工作人员可以有足够的时间进行准备，像确定出席的名单、排定节目表、会场的布置及其他相关的事宜等，这些事项都是不能延误的。这时，不管你有多忙，不管这些事项还有多少资料需要搜集，多少前置的作业要准备，不管这些决定有多困难，你一定要给自己一个最后的时限，否则，你可能到了舞会举行的前一天还拿不定主意，急得像热锅上的蚂蚁。因此，遇到需要早点儿做决定的情况，你一定要强迫自己在一定的时限内做出决定。否则，等你做出尽善尽美的决定时，时间也过了。那时就算选择再完美，也无济于事了。

　　在快节奏的现代社会中，办事拖延的现象，是很多人坐失良机的关键。在紧急的关头做决定时，有些人由于畏惧某事的不成功而产生拖延，由于怕丢面子而没有与人及时沟通，由于一份真挚的情感而欲言又止……对于生存竞争激烈的现代人来说，迅速而有效地做出决定，无疑比什么都重要。有些人做事就是喜欢犹豫不决，连小事也都犹豫不决。如果一个比较好的方案，充满信心地宣布出来，并且全速执行，你所得到的结果，通常要比长期等待的决定要好得多。

拓宽选择的视野

一个星期六的早晨，牧师在准备第二天的布道。那是一个雨天，妻子出去买东西了，而小儿子又在吵闹不休，令牧师烦乱不堪。最后，这位牧师在失望中拾起一本旧杂志，一页页地翻阅，一直翻到一幅色彩鲜艳的图画——一幅世界地图。他从那本杂志上撕下这一页，再把它撕成碎片，递给儿子，并对儿子说："小约翰，如果你能拼拢这些碎片，我就给你2角5分钱。"牧师以为这件事会使约翰花费上午的大部分时间。

没想到，不到10分钟，他儿子就来敲他的房门了，牧师惊愕地看着约翰如此之快地拼好了那幅世界地图。"孩子，这件事你怎么做得这么快？"牧师问道。"啊，这很容易。在图画的背面有一个人的照片，我就把这个人的照片拼到一起，然后把它翻过来。我想，如果这个人是正确的，那么，这个世界地图就是正确的。"

牧师的思路是不错的，如果要把这些碎片拼成一幅世界地图，确实需要差不多一上午的时间。可是，他的儿子却发现了一条捷径，从而既省力又省时。

许多年前，诺贝尔研究出硝化甘油这种新型火药。这种火药的威力惊人，引起了社会各界的广泛争议。有人认为他为挖掘工程提供了先进工具，也有人认为他是在为战争贩子提供杀人的利器。他的工厂门前经常有人举着牌子进行抗议和示威。

然而，更麻烦的事情还是当时落后的生产工艺。在火药的生产过程中，诺贝尔工厂发生过多次爆炸事件，一些人死于非命，其中包括诺贝尔的弟弟。诺贝尔本人也负伤累累，市民们不能容忍一座危险的火药桶安放在他们中间，纷纷向市政府请愿，要求关闭诺贝尔工厂。市政府顺从民意，强令诺贝尔工厂迁出城外。无奈之下，诺贝尔决定将工厂整体搬迁。但是，搬到哪儿去呢？这座城市的周围是大片水域，陆地的面积很小，任何一个居民也不会接受一座会爆炸的工厂。看来，只有迁往人烟稀少的偏远山区才不会有人反对，但昂贵的运输费用，却使诺贝尔难以承受。以当时的技术条件，也很难保证在长途搬运的过程中，不会发生爆炸事故。怎么办呢？诺贝尔陷入进退两难的困境。有人劝诺贝尔干脆别干了。世上值得做的事很多，何必一定要做这种费力不讨好的买卖？但诺贝尔却不是一个轻言放弃的人，无论付出多大代价，也要将自己所钟爱的事业进行到底。

他想，工厂搬迁，需要满足人烟稀少、节省费用、运输安全三个条件，而这三个条件却是相互矛盾的。他冥思苦想，终于想到了一个主意：将工厂建在城外的水面上。在那个年代，这的确是一个异想天开的构想，却是能同时满足上述三个条件的唯一办法。以当时的技术条件，在水面建厂的难度太大。诺贝尔的做法是：以一条大驳船做平台，将工厂比较不安全的部分生产车间、火药仓库建在上面，用长长的铁链系在岸上；将工厂其余的部分建在岸上。一道极难解决的问题就这样解决了。这不能不算是一个发明，这种思路就叫作另辟蹊径。

另辟蹊径往往意味着改变传统的思路，当我们感到迷惘的时候，当我们犹豫不决的时候，我们是否可以这样想想：这一事物的正面是这样，假如反过来，又将怎样呢？正面攻不上，可否侧面攻、后面攻？世上只有难办的事，却没有不可能的事。凡事都有解决办法。当常规方法行不通时，打破思维定式，打开选择的视野，难题也许就会迎刃而解。

第六章

自信人生二百年

有信心的人，可以化渺小为伟大，化平庸为神奇。

——萧伯纳

除了人格以外，人生最大的损失，莫过于失掉自信心了。

——培尔辛

我们对自己抱有的信心，将使别人对我们萌生信心的绿芽。

——拉劳士福古

莫把自己看得太低

把自己的能力看得过低，这在生活中并不少见。有一个女孩子，觉得自己万事不如人，觉得自己配不上幸福的爱情，为此而感到很自卑。有很多优秀的男子向她求婚，她却都置之不理。本来，她有良好的品格，也颇受人尊重，应该拥有美满的婚姻，结果却把事情给弄得一塌糊涂，人们对她的看法也大大改变。

1972 年，尼克松竞选连任。由于他在第一任期内政绩斐然，所以大多数政治评论家都预测尼克松将以绝对的优势获得胜利。然而，尼克松本人却很不自信，他走不出过去几次失败的心理阴影，极度担心再次失败。在这种潜意识的驱使下，他鬼使神差地做出了令其后悔终生的决定——他指派手下的人潜入竞选对手总部的水门大厦，在对手的办公室里安装了窃听器。事发之后，他又连连阻止调查，推卸责任，在选举胜利后不久，便被迫辞职。本来稳操胜券的尼克松，终因缺乏自信而导致惨败，毁掉了自己的政治前程。

由此可见，自卑是人生的绊脚石，是隐藏在很多人身上的一种缺点。这些人常常发现自身缺少某种能力，却认为他人都拥有那种能力，因此开始批判自己，与自己过不去，轻视自己，这正是许多悲剧的根源之所在。不要总把自己看得太低，要相信自己有足够的能力去应付所遇到的问题，你比你自己想象的要更优秀、更成功、更有能力、更富有创造力……唯有自己才能提高自己的自信。信心是成功的精神支柱，给自己充分的自信，勇敢地战胜自卑吧！要相信自己是一个优秀的人，别把自己看得太低。

著名的推销员瓦格尔参加了一个由田纳西的梅里尔指导的全日制培训课程。培训结束后，梅里尔先生将瓦格尔留下说："你有许多能力，你可以成为一个了不起的人，甚至一个全国优胜者。我绝对相信，如果你真正投入工作，真正相信自己，你能冲破一切困难，获得成功。"瓦格尔细细品味这些话时，他惊呆了。

你必须理解瓦格尔当时的处境，才有可能意识到这些话对他有多大的影响。他回忆道："当我是个小男孩时，我长得很小，即使在穿得最多时，也没超过 120 磅。我上学后，从五年级开始，放学后和周六的大部分时间都在工作，运动方面也不是很活跃。另外，我还很胆小，直到 17 岁才敢和女孩约会，而且还是别人指定给我的一个盲目性约会。一个从小镇中出来的小人物，希望回到小镇上一年赚上 5000 美元，我的自我意识仅限于此。现在却突然有一个受我尊敬的人对我说'你能成为一个了不起的人'。"所幸的是，瓦格尔相信了梅里尔先生，开始像一个优胜者一样思考、行动，把自己看成是优胜者，于是，他真的就像个优胜者了。

瓦格尔说："梅里尔先生并未教给我很多推销的技巧，但那年的年底，我在美国一家 7000 多名推销员的公司中，推销的成绩名列第二位。我从用克莱斯勒车变成用豪华小汽车，而且有望获得提升。第二年，我成为全州报酬最高的经理之一，后来我成为全国最年轻的地区主管。"

遇到梅里尔先生后，瓦格尔并没有获得一系列全新的推销技巧，也不是他的智商提高了 50 点，只是梅里尔先生说的 "只要你真正相信自己并投入工作，就能冲破一切困难，获得成功。" 这句话，让他确信自己有获得成功的能力，并给了他目标和发挥自己能力的信心。如果瓦格尔怀疑自己不相信梅里尔先生，梅里尔先生的话对他就不会有什么影响。

自信是成功的前提

虽说每个人的外表都长得差不多，两个眼睛一个嘴巴，可是人的内心状态却有很大的差别。一个人在事业上的成功与否，除了一些原则性的掌握和技巧性的运用外，还需要有充足的自信心。

里根是一名演员，却立志要当总统。从 22～54 岁，罗纳德·里根从电台体育播音员到好莱坞电影明星，整个青年到中年的岁月都是在文艺圈内度过的，对于从政完全是陌生的，更没有什么经验可谈。这一现实，几乎成为里根涉足政坛的一大拦路虎。然而，当机会来临，共和党内的保守派和一些富豪竭力怂恿他竞选加州州长时，里根毅然决定放弃大半辈子赖以为生的影视职业，选择了开辟人生的新领域。

当然，信心毕竟只是一种自我激励的精神力量，若离开了自己所具有的条件，信心也就失去了依托，难以变希望为现实。但凡想有所作为的人，都必须脚踏实地地从自己的脚下走出一条路来。正如里根要改变自己的生活道路，并非突发奇想，而是与他的知识、能力、经历、胆识分不开的。有两件事树立了里根角逐政界的信心。

一件事是当他受聘通用电气公司的电视节目主持人时，为办好这个遍布全美各地的大型联合企业的电视节目，客户要求通过电视宣传，改变普遍存在的生产情绪低落的状况。里根不得不用心良苦，花大量的时间穿梭在各个分厂，同工人和管理人员广泛接触，这使得他有大量的机会认识社会各界人士，全面了解社会的政治、经济情况。人们什么话都对他说，从工厂生产、职工收入、社会福利到政府与企业的关系、税收政策等。

里根把这些话题吸收消化后，通过节目主持人的身份反映出来，立刻引起了强烈的共鸣。为此，该公司的一位董事长曾意味深长地对里根说："认真总结一下这方面的经验体会，为自己立下几条哲理，然后身体力行地去做，将来必有收获。"这番话无疑为里根弃影从政的信心埋下了种子。

另一件事则是发生在他加入共和党之后，为帮助保守派的头目竞选议员募集资金，他利用演员的身份在电视上发表了一篇题为《可供选择的时代》的演讲，因其出色的表演才能，大获成功，演讲后立即募集了 100 万美元，以后又陆续收到不少捐款，总数达 600 万美元，《纽约时报》称之为美国竞选史上筹款最多的一篇演说。一夜之间里根成为共和党保守派心目中的代言人，引起了操纵政坛的幕后人物的注意。

这时传来了更令人振奋的消息，里根在好莱坞的好友乔治·墨菲，这个地道的电影明星，与担任过肯尼迪和约翰逊总统新闻秘书的老牌政治家塞林格同时竞选加州议员。在政治实力悬殊的情况下，乔治·墨菲凭着 38 年的舞台银幕经验，唤起了早已熟悉他形象的老观众们的巨大热情，意外地大获全胜……原来，演员的经历，不但不是从政的障碍，如果运用得当，还会为争夺选票赢得民众发挥作用。

里根发现了这一秘密，便首先从塑造形象上下功夫，充分利用自己的优势——五官端正、轮廓分明的好莱坞"典型美男子"的风度和魅力，还邀约了一批著名的影星、歌星、画家等艺术名流出来助阵，使共和党的竞选活动别开生面，大放异彩，吸引了众多观众。

然而，这一切在里根的对手、多年来一直连任加州州长的老政治家布朗的眼中，却只不过是"二流戏子"的滑稽表演。他认为无论里根的外部形象怎样光辉，其政治形象毕竟还只是一个稚嫩的婴儿。于是，他抓住这一点，以毫无政治工作的经验为由进行攻击。殊不知里根却顺水推舟，干脆扮演一个淳朴无华、诚实热心的"平民政治家"。

里根固然没有从政的经历，但有从政经历的布朗恰恰才有更多的失误，给人留下了把柄，二者形象的对照是如此鲜明，使里根再一次越过了障碍，得以胜出。帮助他超越障碍的，正是障碍本身——没有政治资本就是一笔最大的资本。因此，每个人一生的经历，其实都是自己最宝贵的财富。不同的是，有的人只将经历视为实现未来目标的障碍，有的人则利用经历作为实现目标的法宝，里根无疑是属于后者。

就在里根如愿以偿当上州长问鼎白宫之时，曾与竞争对手卡特举行过一次长达几十分钟的电视辩论。面对摄像机，里根发挥得淋漓尽致的表演，时而微笑，时而妙语连珠，在亿万选民面前，完全凭着当演员的本领，占尽了上风。相比之下，从政时间虽长，但缺少表演经历的卡特，却显得相形见绌。一个人如果对自己都没有信心，就算有做出好决定的技巧，也是无济于事；或是别人随便说一句风凉话，就把自己原来的决定完全否定掉了。

自信是人生的催化剂

心理学家从一些大学生中挑出一个平庸、不招人喜爱的姑娘，并要求她的同学们改变已往对她的看法，让大家每天都对这个女孩说"你真漂亮""你真能干""今天表现不错"等赞扬性的话语。

在此后的日子里，大家都争先恐后地照顾这位姑娘，向她献殷勤，送她回家，大家有意识努力打心里认定她是一位漂亮、聪慧的姑娘。结果不到一年，这位姑娘出落得很好，连她的举止也同以前判若两人。她愉快地对人们说：她获得了新生。确实，她并没有变成另一个人——然而，在她的身上却展现出每一个人都蕴藏的美，这种美只有在我们相信自己、周围的所有人也都相信我们、爱护我们的时候，才会展现出来。"生活对于任何一个男女都非易事，我们必须要有坚忍不拔的精神，最要紧的，还是我们自己要有信心。我们必须相信，我们对一件事情具有天赋，并且无论付出任何代价，都要把这件事情完成。当事情结束的时候，你要能够问心无愧地说：'我已经尽我所能了。'"

一位教育专家也曾做过这样一个实验，将学习成绩较差班级的学生当作学习优秀班的学生来对待，而将一个成绩优秀的班级当作问题班来教。一段时间过后，他发现情况发生了变化：原来成绩相差甚远的两个班级，在实验结束后的总结测验中，平均成绩竟然相差无几。这是因为老师们不明真相，用对待好学生的态度来对待差班的学生，使学生们的自信心得到了鼓舞，因而学习的积极性大增。与之相反，受到老师怀疑态度的影响，原来优秀班学生的自信心却受挫，致使学生们的学习态度发生转变，从而影响了学习成绩。

一个人如果缺乏自信心，就会失去探索事物的主动性、积极性，其能力自然会打折扣，受到约束。由此可见，无论在智力上，还是体力上，抑或是做事的各种能力上，对一个人一生的发展而言，自信心都起着无法估量的作用，并占据着基石性的支撑地位。

如何才能变得自信

有一天，莫里斯对他的同学说："我准备在我出生的地方开创自己一生中最大的事业，如果创业成功，将对我的一生有无比重要的意义。但若失败，我将会失去一切，甚至死亡。"

听了莫里斯的这番话，他的同学感到十分吃惊，为了先安抚他，帮助他放松心情，同学委婉地对他说："无论做任何事情，成功和失败都各占50%，并非每件事都能达到自己预期的理想结果。成功固然美好，但即使失败了，明天的风仍然会继续地吹着，希望依然存在，奋斗不能停止。"莫里斯听了同学的话，依然愁眉苦脸地说："我最苦恼的是，我始终无法对自己产生信心，确切地说是成功的信心，对于要做的事，我没有把握，也无法相信自己能成功，但我又非常想做这件事。很多时候，在事情尚未开始做之前，我就丧失了信心，意志也不由自主地消沉。这次也是一样，虽然觉得此事关系重大，但是信心却不足。我已经是快四十的人了，却受困于自卑的烦恼，对自己总是持有否定的态度，我怎样才能对自己产生自信与肯定呢？"

同学告诉莫里斯，有两个方案可以解决他的问题：其一，探讨无力感的来源；当然要找出源头，必须得花费大量时间分析，不过，这需要一个过程。只要认真对待，终会解决问题。其二，今天晚上，当你走在街上时，重复默念一句话："虔诚的信仰给了我无比的力量，凡事我都能做，而且一定能做好！"等你回到家后，躺在床上时，反复说三遍。如果你虔诚地做这件事，你将会获得足够的能力面对这个问题。莫里斯的同学把这句话写在一张卡片上送给了他，并请他立刻大声读三次。按照同学的方法，莫里斯认真地做了三次。当莫里斯做完，站起身来时，先是静静地站在原地，一动也不动，后来带着激动的表情与口吻对同学说："我知道该怎样做了!"

当同学看到莫里斯昂首阔步的身影消失时，尽管那身影仍有些悲伤，但却是昂首而去的，信仰和自信已在他心中。后来这位同学激动地说："这剂简易的处方太灵了，简直令人难以相信，想不到这么一句话竟能给人带来这么大的作用。"之后，莫里斯又用科学的方法，努力研究和探索自己自卑的原因所在，结果终于去除了长期以来的自卑感。最重要的是，他学会了如何拥有信仰，并恪守某些特定的训言。他很快就拥有了强大、坚定不移的信心。

现在对他来说，任何事情都已不再是难以解决的困难了，而是由他操控和安排。他再也没有原先的悲伤和恐惧了。莫里斯对生活和事业充满了信心。

其实，我们每个人在某个阶段或多或少都会有某种自卑感。若能采取积极的措施，克服自卑感，就能从失败和绝望中走向成功。

被逼出来的自信心

　　一提到大名鼎鼎的巴西球王贝利，可能无人不知无人不晓。但是，可能很少有人会想到，令无数球迷为之倾倒的球王贝利，却曾是一个自卑的胆小鬼。

　　当得知自己入选巴西最有名气的桑托斯足球队时，他竟紧张得一夜未眠。因为他对自己缺乏自信，一种前所未有的怀疑和恐惧，使贝利寝食难安。"正式练球开始了，我已吓得几乎快要瘫痪。"身不由己的贝利就这样走进了这支著名的球队。第一次比赛，教练就让贝利上场，并让其踢中锋。贝利紧张得双腿好像是长在别人身上似的，半天都没回过神来。每次球滚到贝利身边，他都好像看见别人的拳头向自己挥来。几乎是被逼上场后，贝利才不顾一切地在球场上疯狂地奔跑起来，那时的他眼中只有足球，并恢复了自己的正常水平。

　　从那以后，他找回了自信，并将自己的潜能发挥到极致。其实，那些使贝利深深畏惧的足球明星，并没有一个人轻视贝利，而且对他还相当地友善，如果贝利的自信心稍强一点儿，也不至于受到那么多的精神煎熬。贝利之所以会紧张和自卑，是因为把自己看得太重了。他从小就自尊心极强，自视甚高，以至于做任何事情都难以达到他的理想要求。他一门心思只想着别人将如何看待自己，这又怎能不导致怯懦和自卑呢？

　　贝利战胜自卑心理的过程，告诉我们：尽量不要理会那些使你认为不能成功的疑虑，勇往直前，拼着失败也要大胆去做，其结果往往并非真的会失败，久而久之就会从紧怅、恐惧、自卑的束缚中解脱出来。我们每个人都有超过其他人的天赋和才能，扬长避短，发挥自己的潜能和专长，既是建立自信的有效途径，也是人生的制胜之道。

可以说，人的自信是建立在成功的基础上的，没有成功就会没有自信。一个从来就没有成功过的人，会流落在生活的灰暗地带，没有阳光，也没有喜悦，那他一定不会相信自己也可以成功。如果想要离开这个地方，那他唯一的选择就是忘记自卑，像球王贝利一样勇敢地去拼，或许就会将自己的优势激发出来，从而成就人生的辉煌。

在生下来的时候，汤姆·邓普西只有半只左脚和一只畸形的右手，父母从不让他因为自己的残疾而感到不安。结果，他能做任何健全的男孩所能做的事。他学踢橄榄球，他发现，自己能把球踢得比在一起玩的其他男孩子都远。他请人为他专门设计了一只鞋子，参加了踢球测验，并且得到了冲锋队的一份合约。但是，教练却尽量婉转地告诉他，说他"不具备做职业橄榄球员的条件"，请他去试试其他的职业。最后，他申请加入新奥尔良圣徒球队，并请教练给他一次机会。教练虽然心存怀疑，但是看到这个男孩这么自信，对他有了好感，因此就收了他。

两个星期之后，他在一次友谊赛中踢出了55码，并且为本队得了分，教练对他的好感加深了。这使他获得了专为圣徒队踢球的工作，而且在那一季中为他的球队得了99分。一天他一生中最伟大的时刻到来了，球场上坐了六万六千名球迷。球是在 28 码线上，比赛只剩下了最后几秒钟，这时球队把球推进到 45 码线上。"邓普西，进场踢球。"教练大声说。球传接得很好，汤姆·邓普西一脚全力踢在球身上，球笔直地在前进。六万六千名球迷屏住气观看，球在球门横杆之上几英寸的地方越过，接着终端得分线上的裁判举起了双手，表示得了 3 分，圣徒队以 19 比 17 获胜。

球迷狂呼乱叫地为踢得最远的一球而兴奋，因为这是只有半只左脚和一只畸形的手的球员踢出来的！"真令人难以相信！"有人感叹道，但是汤姆·邓普西只是微笑。他想起他的父母，他们一直告诉他，他能做什么，而不是他不能做什么。他之所以创造了这么了不起的纪录，正如他自己所说的："他们从来没有告诉我，我有什么不能做的。"

汤姆·邓普西的故事告诉我们，不是因为有些事情难以做到，我们才失去了自信；而是因为我们失去了自信，有些事情才显得难以做到。所以，在大多数的时候，人生中的许多事情我们是能够做到的，只是我们不知道自己能做到；如果我们尝试并坚持做下去，就一定能够做到，而且一定会做好。

放大你的优点

一个穷困潦倒的青年流浪到巴黎，期望父亲的朋友能帮自己找一份谋生的差事。"数学精通吗？"父亲的朋友问他，青年羞涩地摇头。"历史、地理怎么样？"青年还是不好意思地摇头。"那法律呢？"青年窘迫地垂下头。"会计怎么样？"父亲的朋友接连地发问，青年都只能以摇头的方式告诉对方——自己似乎一无所长，连丝毫的优点也找不出来。"那你先把自己的住址写下来。"青年羞涩地写下了自己的住址，转身急着要走，却被父亲的朋友一把拉住了："年轻人，你的名字写得很漂亮嘛，这就是你的优点啊，你不该只满足于找一份糊口的工作。"把名字写好也算一个优点，青年在对方的眼里看到了肯定的答案。

我能把名字写得叫人称赞，那我就把字写得漂亮些，能把字写得漂亮，我就能把文章写得好看……受到鼓励的青年，一点点地放大着自己的优点，他兴奋得脚步立刻轻松起来。数年后，青年果然写出了享誉世界的经典作品。他就是后来家喻户晓的 18 世纪法国著名的大作家大仲马。

世间许多平凡之辈，都拥有一些诸如"能把名字写好"这类小小的优点，但由于自卑等原因而常常被忽略了，更不要说是一点点地放大它了，这实在是人生的遗憾。须知在每个平淡无奇的生命中，都掩藏着一座丰富的金矿，只要肯挖掘，哪怕仅仅是一个微乎其微的优点，沿着它也会挖掘到令自己都惊讶不已的宝藏。

　　许多人的成功，都源于找到了自身的优点，并努力地将其放大，放大成超越自己和他人的明显优势。

第七章

做最幸福的自己

真正的快乐，是对生活的乐观，对工作的愉快，对事业的热心。

——爱因斯坦

所谓内心的快乐，是一个人过着健全的正常的和谐的生活所感到的快乐。

——罗曼·罗兰

不戚戚于贫贱，不汲汲于富贵。

——陶渊明

把心灵的旋钮调到最佳位置

医院的病房里，有一个生命垂危的老人。从房间往外望去，他看见窗外一棵树的树叶，在萧瑟的秋风中，一片片地掉落下来。病危的老人看着眼前的萧萧落叶，身体的状况也随之每况愈下，一天不如一天。她说："当树叶全部掉光时，我也就要死了。"一位老画家得知此事后，便用彩笔画了一片叶脉青翠的树叶，挂在了那棵树的树枝上。最后的一片叶子，始终没有掉落下来。只因为生命中的这片绿色，老人竟奇迹般地活了下来。

一般而言，人的视觉和思维都是有盲点的，看见消极的一面，就会忽略积极的一面。就如调台的旋钮一样，我们要把心态调到积极的位置。在《成功定律》一书中，拿破仑·希尔就把积极的心态称作黄金定律。积极的心态会带来积极的结果，保持积极的心态，你就可以控制环境，反之就会为环境所控制。要想拥有一个积极的心态，就要学会积极的思考。经常阅读和进行积极的心理暗示，将有助于你拥有一个积极的心态，将有助于铲除你的恐惧感和自卑感。或许，这就是美国作家欧·亨利的小说《最后一片叶子》的故事所给我们的启示和教益。

有一位朋友乘船到英国，在途中遇到了暴风骤雨，船上的很多人都因此惊慌失措。然而，一个老太太却非常平静地在祷告，神情显得十分安详。等到风平浪静后，这位朋友就好奇地问这个老太太："你为什么一点儿都不害怕?"老太太回答说：

"我有两个女儿，大女儿已经被上帝接走，回到了天堂；二女儿还住在英国。刚才风浪大作的时候，我就向上帝祷告：如果接我回天堂，我就去看大女儿，如果留住我的性命，我就去看二女儿。不管去哪里都一样，都可以同最心爱的女儿在一起，我怎么会害怕呢?"在面对如此重大的危机时，这位老人竟然能以这样平和的心态来看待问题，她一定是一个充满智慧的老者，她的精神世界也一定充满了美丽与安宁。

从中我们不难看出，尽管我们无法改变世界上的许多事情，但至少我们可以改变自己的心态。所以，在日常的生活中，面对许多我们无法改变的事实，我们只能调整好自己的心态，把心灵的旋钮调到最佳的位置。只有这样，我们才能拥有一个积极健康的心态，进而拥有一个积极乐观的人生。

"永远都坐前排"的启示

　　20世纪30年代，在英国一个名不见经传的小城里，有一个叫玛格丽特的女孩儿。玛格丽特自小时候起，就受到家庭的严格教育，父亲经常向她灌输这样的思想：无论做任何事情，都要力争一流，永远走在别人的前面，而不落后于人，"即使在乘坐公共汽车时，你也要永远坐在前排。"父亲从来不允许她说"我不能"或者"太困难"之类的话。

　　对年幼的玛格丽特来说，父亲的要求可能太高了，但他的教育在以后的年月里，证明是非常宝贵有效的。正是因为她从小就受到父亲的"残酷"教育，才培养了玛格丽特积极向上的决心和信心。无论是学习、生活或工作，她时时刻刻牢记父亲的教导，总是抱着一往无前的精神和必胜的信念，克服生活和学习中的一切困难，做好每一件事情。

　　玛格丽特上大学时，考试科目中的拉丁文课程要求五年学完，但她却凭着自己顽强的毅力，在一年内就全部学完了。其实，玛格丽特不仅学业出类拔萃，而且在体育、音乐、演讲及其他方面，也都是出类拔萃，名列前茅。当年她所在的学校校长评价她说："玛格丽特无疑是我们建校以来最优秀的学生之一，她总是雄心勃勃，每件事情都做得很出色。"

　　正因为如此，40多年以后，英国乃至整个欧洲的政坛上，才出现了一颗耀眼夺目的明星，她就是连续四次当选为英国保守党的领袖，并于 1979 年成为英国第一位女首相，雄踞政坛长达 11 年之久，被世界媒体誉为"铁娘子"的玛格丽特·撒切尔夫人。

我们人人都渴望改变世界，但却很少有人意识到，要想改变世界，就得首先改变自己，而改变自己的最好方法，就是要有积极的心态。积极的心态像太阳，让我们看到的永远是事物好的一面，能把坏的事情变好。积极的心态，还是我们排除万难、取得成功的法宝，它能将你的弱点转化成力量，使你转败为胜。"永远都坐前排"，就是一种积极的心态，也是一种积极的人生态度。在这个世界上，尽管想坐前排的人很多，但真正能够坐在前排的人却总是很少。许多人之所以不能坐到"前排"，就是因为他们根本就不敢"坐在前排"。

一位哲人曾经说过：无论做什么事情，你的态度决定你的高度。"永远都坐前排"，不仅可以激发你追求成功的愿望，更重要的是，它还可以培养一个人追求成功的勇气。如果一个人是对的，那么他的世界也是对的。心态积极，则世界美好。当你保持着积极的心态时，世间的一切问题在你面前，便会退缩让步。让我们用积极的心态，去迎接变化和挑战。只要我们的心态积极，人生便永远没有绝境！

获取一生幸福的秘诀

大雨过后，一只蜘蛛艰难地爬向墙上一张已经支离破碎的网，由于墙壁湿滑，它每次爬到一定的高度，就会掉下来，它一次次地向上爬，又一次次地掉下来……

第一个人看到了，他叹了一口气，自言自语道："我的一生不正如这只蜘蛛吗？忙忙碌碌而一无所得。"于是，他日渐消沉。

第二个人看到了，他说："这只蜘蛛真愚蠢，为什么不从旁边干燥的地方绕一下爬上去呢？我以后可不能像它那样愚蠢。"于是，他变得聪明起来。

第三个人看到了，他立刻被蜘蛛屡败屡战的精神感动。于是，他变得坚强起来。

也许还会有第四个人、第五个人，甚至更多的人看到蜘蛛后，会有不同的想法，但这已经不重要了。重要的是，从这个故事中，我们应该明白这样的一个道理：你有何种想法，何种心态，就会有何种人生。古希腊的阿基米德曾经说过："给我一个支点，我就能撬起地球。"对一个人来说，改变一生的支点，就是良好的心态。

女作家玛利·韦伯一生喜欢两样事情：一是大自然，一是文学。她那并不宽敞的园圃内，一年四季都开满了美丽的花卉，她早晚守望在花径上，内心充满了不可言喻的喜悦。为了使更多的人能够分享到她园中的花香，玛利·韦伯常常在黎明即起，将一些带露的花朵剪下来，放置在挑筐里，再担到城中去叫卖，往往在午前，才能回到家里。有时候在去城里的途中遇到下雨，回来时满身都湿淋淋的，但玛利·韦伯并不在意，一边用手帕拭去她头上的雨水和汗珠，一边笑着对家人说："我已经完成了一件美的工作！"

然后，玛利·韦伯走到她的书桌边，展开纸，拿起笔，开始她心爱的写作。才写了没有几行，看着天已将午，她便又匆匆地赶到厨房，将面粉调好，做成饼子，放在火上焙烤。随即，擦擦手上的面粉，她又拿起她的笔来。当玛利·韦伯文思泉涌，写得正起劲的时候，面饼的焦煳味就从厨房飘进了屋里。她望着身边的丈夫，带着几分歉意地笑笑，赶紧跑到炉边。丈夫极其体贴，饼子即使烤焦了，他也仍然觉得好吃，因为他深深地了解他年轻的妻子，知道她爱自然，爱文学，同时，更爱他。为了她这种种的"爱"，做丈夫的便轻易地原谅了那个可爱的妻子兼愚笨的厨娘。

就是在这样艰苦的环境下，玛利·韦伯仍能生活得那样快乐，完全得益于她的心态与别人不同。即使穷困到步行几十里，到城中去卖花时，繁忙到写几行文稿，就要到厨房里去翻看面饼时，她的内心仍不怨不悔，她只说："我已经完成了一件美的工作！"她只向丈夫露出略带歉意的甜美的笑容。

玛利·韦伯懂得生活，了解生活的艺术，她倾心于美的、崇高的、有意义的事物与工作，最后，她生活的本身，就变成了艺术！破陋的屋子、粗劣的饮食，又有什么关系呢？不合时宜的旧衣裳、繁重的劳作，又有什么关系呢？什么能阻拦住一颗纯真而质朴的心灵，倾注于崇高的美的境界，如同鸟儿逍遥地飞向高空？

从中我们不难看出，有良好心态的人，处处都能产生积聚成功的力量。其实，所有生命中的痛苦和快乐，都完全是由我们自己造成的。我们所思所想的"因"，就是在创造将来的"果"。一个人，就是一个独特的世界。如果你想改变你的世界，那就首先改变你的心态吧。

良好的心态，可以使人拥有真诚、友谊、信仰、事业、爱情、财富，即幸福。幸福，就是生活、境遇的愉快美满。用我们的心紧紧贴住生活，用我们的手指抚摸每一寸的时光，我们就会发现，光彩夺目的日子原来如此绚丽。生活看起来似乎很粗糙，但其实并非如此。一只破碗就能敲出一个音符，一段树枝便能画出一幅图画，人生为何不能成为诗篇呢？

打好人生的每一张牌

　　艾森豪威尔是美国历史上的第34任总统，他年轻时经常和家人一起玩纸牌游戏。一天晚饭后，艾森豪威尔像往常一样和家人打牌。这一次，他的运气特别差，每次抓到的牌都很不好。开始他只是有些抱怨，后来他实在是忍无可忍，便发起了少爷脾气。坐在一旁的母亲看着儿子的表现，正色道："既然要打牌，你就必须用手中的牌打下去，不管牌是好，还是坏。好运气是不可能都让你碰上的！"艾森豪威尔听不进母亲的话，依然愤愤不平。于是，母亲又说："人生就和打牌一样，发牌的是上帝。不管你名下的牌是好是坏，你都必须拿着，你都必须面对。你能做的，就是让浮躁的心平静下来，然后认真对待，把自己的牌打好，力争达到最好的效果。这样打牌，这样对待，人生才有意义！"

　　艾森豪威尔此后一直牢记母亲的话，并激励自己去积极进取。就这样，他不断向前迈进，成为中校、盟军统帅，最后登上了美国总统的宝座。

　　印度的前总统尼赫鲁曾经说过："生活就像是玩扑克，发到什么样的牌是注定的，但输赢却取决于你的打法，而你的打法最后取决于自己的意志和智慧。"虽然牌不是自己发的，但有一点值得欣慰：它们由我们来打。牌不会永远坏下去，但心态必须永远都好，否则的话，一手好牌也会被糟糕的心情打得一塌糊涂。

1907 年，马克刚转入职业棒球队不久，就遭到了他有生以来最大的打击，他被淘汰了。因为他的动作迟缓，缺少杀伤力，因此球队的经理不得不劝他离开。经理对他说："你这副有气无力的样子，哪像是在球场打了 20 年的人？马克，将来无论你到哪里做事，若不提起精神，你将永远不会有出路。"

马克被辞退后，一位老队员把他介绍到另一个职业棒球队。在那里，马克的月薪只有 25 美元，而过去他的月薪是 175 美元。不过，马克并不气馁，他决心在新职业棒球队有一个重要的人生转变。在那个地方，没有人知道他过去的情形，马克默默发誓要成为新英格兰最具热忱的球员。为了实现这个愿望，他果断采取了行动。

马克第一次上场，就好像全身带电一样。他强力地投出高速球，使接球的人双手都麻木了。有一次，马克以强烈的气势冲入三垒，那位球手吓呆了，结果球被漏接，马克进球成功。当时的气温高达 39 摄氏度，马克在球场上奔来跑去，在大家的热烈支持下，他挺住了。这种热忱所带来的结果，真令人吃惊。第二天早晨，马克读报的时候，简直兴奋极了。报上说：那位新加入的球员马克，像是一个霹雳手，全队的人受到他的影响，都充满了活力。他们不但赢了，而且是本赛季最精彩的一场赢球。

由于热忱的态度，马克的月薪由原来的 25 美元提高到 185 美元。在以后的两年里，马克一直担任三垒球手，月薪最终加到 750 美元。为什么会如此呢？马克自己说："因为我拥有了热忱，没有别的原因。"

后来，马克的手臂受了伤，不得不放弃打棒球。他来到一家人寿保险公司当推销员。整整一年多，他没有取得任何成绩，因此很苦闷。后来，一个朋友对他说："你为什么不像打棒球那样来干保险呢？"一句话让马克如梦初醒，他将在新英格兰打球的精神发挥出来，满腔热情投入工作，于是一切又发生了改变。再后来，马克竟然成了人寿保险界的明星。不但有人请他撰稿，而且还有人请他演讲，介绍自己的经验。马克说："我从事推销已经15年了，我见到许多人，由于对工作抱着热忱的态度，他们的收入成倍增加；我也见到另一些人，由于缺乏热忱而走投无路。我深信，唯有热忱的态度，才是成功最重要的因素。"

生活就是一场永远不会结束的棒球赛。与棒球赛不同的是，在生活这场巨大的球赛中，不管你是否愿意，你都必须上场，必须承担胜利或者失败！既然我们无法逃避，那么我们就要勇敢面对，选择挑战！

或许你曾抱怨过这个世界，责备世界对你的不公，但世界应该对你的失败负责吗？你的失败到底是由世界来负责呢，还是该由你自己来负责？对自己的失败勇敢地负起责任来，这就需要转换思维，把你内心的法宝从"消极心态"的一面，翻转到"积极心态"的那一面，从而排除心里的蛛网——消极的感情、情绪、酷爱、倾向、偏见、信条、习惯。

翻转阴暗心灵的另一面

一位新婚不久的美国军官接到上级的命令，要他立刻奔赴一处接近沙漠边缘的基地。为了能和爱人在一起，妻子执意要陪丈夫一同前去，他们在驻地附近的土著部落，找到了一座木屋安顿下来。沙漠的夏天酷热难耐，更糟糕的是，当地的人都不懂英语，连日常的沟通交流都成了问题。过了几个月，妻子实在无法忍受这样的生活，于是写信给她的母亲，诉说生活的种种艰难困苦，她说她准备回家，回到繁华的都市中来。

妻子的母亲马上回了一封信，她说："有两个囚犯，他们住在同一间牢房，从同一个窗子朝外看，一个看到黑暗的围墙，另一个则看到天空的星星。"妻子并不是真的想离开丈夫，只是想和母亲发发牢骚罢了。接到母亲的信后，她便对自己说："好吧，让我去把那些星星找出来。"

从此以后，妻子改变了自己的生活方式，积极地走进当地人的生活里，学习他们的编织和烧陶技术，并迷上了少数民族的部落文化。她还认真地研读了许多天文书籍，并运用沙漠地带的天然优势，来观察星星。几年后，她居然出版了几本关于天体运动的书籍，成了星象天文方面的专家。

艰难困苦的生活，丰富了妻子的人生阅历，使她的人生变得更加厚重，心志也变得更加坚强。"要走进星星的世界。"妻子常常在心底这样对自己说。如果不是母亲的告诫，她至今看到的还只是沙漠。

　　人生不如意十有八九！在人的一生中，不可避免地要经历一些苦难，我们何不转换思维，将它们视为人生的一道美丽风景呢？从不如意中找到亮点和优点，凡事都能往好处想，即使事情的结果不如意，我们也不要灰心丧气，如果换个角度想想，也许这个结果并不坏啊！

　　从某种意义上说，生活的全部目的无非就是：从荆棘中看见花朵，从雷电中看见闪光，从沙漠里看见星星，否则，我们就只能看见刺，看见乌云，看见荒凉——这样的生活还有什么意义呢？

只要你心中有光

面对失败和挫折，我们最常犯的错误就是在没有分出胜负之前，先认输！因为人们都惧怕失败，对成功的渴望促使我们与挫折开战，但我们没能坚持下来，中途退场了，殊不知，与此相比，失败又何尝不是一种获得？在失败中我们可以获得成功所需的经验，但在逃避中，我们却什么都得不到，只能成为被挫折击垮的人。

对待人生中那些不可避免的失败与挫折，我们应该摆正自己的心态，不要被困难打倒，"做不成"这样的话从来不会出现在爱迪生的字典里，对爱迪生来说失败也是同样被需要的。

爱迪生曾这样说："失败也是我需要的，它和成功一样对我有价值，只有在我知道一切做不好的方法以后，我才能知道做好一件工作的方法是什么。"

失败并不可怕，换言之，不失败便不能成功。如果因为害怕失败或者遭遇失败就马上妥协，被困难打倒，这才是最可怕的。成功常常站在失败的后面。当然，从失败走向成功，这个过程你会遇到很多挫折，但如果你坚定信心，不被打倒，越挫越勇，谁能说你不能成功呢？

李凡如他的名字一样平凡地生活在这个社会中，大学毕业后，他找了几份工作，但收入都颇低，而且与他的专业丝毫不对口，他感到很厌倦。一天下班，他看到很多公司的人晚上加班都会在街上买盒饭，但是那些盒饭很难吃，不过人们还会去买，因为这个地方的饭店很贵，随便吃个饭，大家都是希望少花点钱将就一下。

于是，李凡萌生了一个想法，他辞掉工作，卖起了盒饭。一个研究生去卖盒饭，这多少让人觉得有点不可思议，不过李凡却并未这么想，做什么不重要，关键看你怎么做。

李凡在写字楼附近租了一个13平方米的门脸儿，买了抽油烟机、炉灶等工具，在门前的玻璃窗上隔出一个小地方用来展示菜品。

就这样，李凡开始了自己的创业。他每天很早起床收拾菜，因为从小就擅长做菜，做得也挺好吃，而且量很足，所以受到了附近上班族的欢迎。渐渐地，李凡的生意越做越大，13平方米的小门脸儿变成了50多平方米，又不断地扩大，不到两年，他便在多个写字楼附近开了这样的快餐店。没想到他不经意间却在这个领域大有作为，迎来了事业的春天。

人生中有很多扇门可以通向成功，当我们在第一扇门中受阻的时候，要想想去寻找别的门，当一扇门前人满为患的时候，试着寻找一扇"冷门"也不失为明智之举，但无论你做何种选择，切忌不要因为一扇门的不顺就放弃去寻找下一扇门的机会。

健康是最宝贵的财富

从前，有这样一个有关健康的故事：在一个寒冷冬天的傍晚，出外干活回家的丈夫，意外地在他家的门口发现三位瑟瑟发抖蜷缩着的老者。他对他们说："我不知道你们是什么人，但各位请和我进去暖和一下，吃些东西吧。""我们不一起进屋。"其中一位老者指着身旁的两位解释道，"这位的名字是财富，那位叫成功，而我的名字是健康。"接着，他又说："现在回去和你妻子讨论一下，看你们愿意我们当中的哪一个进去。"

于是丈夫进到屋里和妻子商量。

丈夫说："我们让财富进来吧，这样我们就可以黄金满屋啦！"妻子却不同意："我们还是请成功进来更妙！"而他们的女儿建议："请健康进来不好吗？这样我们一家人身体健康，就可以幸福地享受生活、享受人生了！"丈夫对妻子说："听我们女儿的吧，就请健康进屋做客。"

丈夫出去问三位老者："请问哪位是健康？请进来做客。"健康站起身，另外两人也随之站起身来，紧随其后。丈夫吃惊地问财富和成功："我只邀请了健康，为什么你们两位也随同而来？"两位老者道："我们离不开健康，他走到什么地方，我们就会陪伴他到什么地方，如果你没请他进来，无论我们两个谁进来，很快就会失去生命！"

所以，请你记住：健康是最宝贵的财富，有了健康就有了一切，失去健康也就失去了一切。

2006 年 1 月，上海中发电气（集团）有限公司董事长南民，因罹患急性脑血栓抢救无效去世，年仅 37 岁。在商业圈里，南民也算是一个明星人物：2005 年胡润富豪榜名列第 351 位，身价约 5 亿元，拥有三个工业园区，行销网络包括 600 多家分公司和办事处。因为日常工作的强度太大，各种各样的应酬太多，生活不规律，他早在几年前就患了糖尿病、高血压等疾病，而且经常头痛、打不起精神来。每次病情严重的时候，他都只是稍作休息，然后又投入紧张的工作中。

由此可见，在这个纷繁复杂的世界上，我们的生命其实是非常短暂和十分脆弱的。人生中，我们总是面临各种各样的选择，可是总有很多人不知道该如何去取舍。在面对工作和健康孰轻孰重这一无从抉择的尴尬难题时，请让我们静下心来，扪心问问自己：要工作，还是要健康？

可口可乐公司的总裁曾经说过："我们每个人都像小丑，挽着 5 个球，这 5 个球就是你的工作、健康、家庭、朋友、灵魂。它们需要由你来维持平衡的局面。而这 5 个球当中，只有一个是橡胶做的，掉下去会弹起来，那就是工作。另外 4 个都是用玻璃做的，掉了就碎了。"

随着社会的进步，以及工作压力的加剧，越来越多的年轻人正在透支健康，以储存金钱。为此，健康专家提醒人们，应该警惕陷入"健康负债"之中。其实，维持健康并不需要我们花多少钱和精力，只要平时转变我们头脑中错误的健康观念，疾病就会最大限度地远离我们，请让我们记住：学会关爱健康，才是付出最小、回报最大的投资。

突破心灵的"自我设限"

一场大火把剧院烧毁了。在清理火场时，人们惊异地发现，临时被拴在附近木桩上的一头大象，竟然被活活烧死。细小的木桩并不十分牢固，力大无比的大象本来可以不费吹灰之力地轻松逃走，但这个庞然大物却待在原地不动，任凭大火的吞噬，令人觉得不可思议，有悖常理。小木桩怎么成了致大象死亡的绳索与链锁？

原来，马戏团是这样训练大象的：在大象还是小象时，把它绑在一根大的木桩上。天性好动的小象，一开始想挣脱木桩，挣扎了许多次，它就发现，自己无法挣脱那根木桩。这时候，给小象换一根比较小的木桩，仍然使它无法挣脱。再过一阵子，又给它换一根更小的，使其依然无法挣脱。这样久而久之，小象长大后形成这样的结论：凡是木桩形状的东西，都是自己不能挣脱的。习惯成自然，自然形成定式的思维。那么，我们怎么做才能摆脱羁绊，不再墨守成规呢？青蛙的故事或许会给我们启示。

有两只觅食的青蛙不小心掉进一只牛奶罐里，罐里还有少量足以淹死它们的牛奶。一只青蛙未做任何努力，就轻易放弃了求生的希望，认为自己无法跳出奶罐，很快就被淹死了。而另一只青蛙则没有沮丧和放弃，它凭着坚定的信念——生命的力量，向往自由的心灵，展现在每一次的搏击和奋斗里。不知过了多久，这只青蛙突然发现，脚下黏稠的牛奶变得坚实起来。原来它的反复践踏和跳动，已把液状牛奶变成了一块奶酪！它从奶罐里轻盈地跳了出来，经过不懈的奋斗和挣扎，终于换来了自由的这一刻！而另一只青蛙，就留在了那块奶酪里，它连做梦都没想到，竟然可以有机会逃出险境。

面对危险或困境，轻易放弃求生获救的希望，那等待我们的命运与被淹死的这只青蛙和被烧死的这头大象又会有什么两样呢？

布伦卡是举世闻名的奥运会撑杆跳冠军，享有"撑杆跳沙皇"的美誉。他曾35次打破撑杆跳的世界纪录，保持的两项世界纪录迄今仍无人打破。在参加"国家勋章"的授勋典礼上，记者们纷纷提问："你成功的秘诀是什么？"布伦卡微笑着说："很简单，每次撑杆跳之前，我先让自己的意念'跳'过横杆。"

作为一名撑杆跳选手，有一段日子，尽管布伦卡不断尝试新的高度，但每次都以失败告终。他苦恼过、沮丧过，甚至怀疑自己的潜力。有一天，他来到训练场，禁不住摇头对教练说："我实在跳不过去。"教练平静地问："你是怎么想的？"布伦卡如实回答："只要踏上起跳线，一看到那根高悬的横杆，心里就害怕。"教练看着他，突然厉声喝道："布伦卡，你现在要做的是闭上眼睛，先让你的意念从标杆上'跳'过去。"教练的训斥，让布伦卡如梦初醒。遵从教练的吩咐，他重新撑杆。这一次，他顺利地跃身而过。教练欣慰地笑了，语重心长地说："记住，先将你的意念从标杆上'跳'过去，你的身体就一定会跟着过去。"

其实，在我们的现实生活中，很多人的遭遇也与此极为相似。在成长的过程中，特别是幼年时代，遭受外界太多的批评、打击和挫折，于是奋发向上的热情、欲望，被心灵的"自我设限"压制封杀，被传统、常规所束缚而轻易放弃，既对失败惶恐不安，又对失败习以为常，丧失了信心和勇气，渐渐养成了懦弱、犹疑、狭隘、自卑、孤僻、害怕承担责任、不思进取、不敢拼搏的精神面貌。

因此，只有转换思维方式，突破心灵的"自我设限"，才能超越自己，取得人生的辉煌。如果你的意念屈服了，那么你可能真的就做不到。著名的钢铁大王卡耐基经常提醒自己的一句箴言是：我想赢，我一定能赢。结果他真的赢了。

岁月经不起太多等候

人生有限，岁月无情，面对似水年华的岁月流逝，谁又能漠不关心，无动于衷呢？

那么，人生在世，我们究竟应如何书写自己的人生画卷，才能无怨无悔呢？这就需要我们参透人生的真相，在尘世的滚滚红尘中，找回纯真的童心和真我，只有这样，我们才不会在俗世的名利场中迷失自我，才能找寻到人生的真正价值和存活的真正意义，从而在有限生命中，听从内心真我的指引，去做自己真心想做的事情，成为自己真正想成为的人。人生若能如此，即便当生命开始"倒计时"时，我们又还有什么可后悔的呢！

对我们每个人而言，生命无疑都是弥足珍贵的。但生命的可贵之处还在于，生命是线性的，一去不复返。对任何人来说，生命只有一次，想重新活过的任何幻想都是不切实际的；生命又是递减的，不是日益增多的加法，而是逐渐减少的减法，面对自己日益减少的寿命，谁又能无动于衷呢？所以，将生命"倒计时"，这是一个多么重要的提醒啊！

对我们来说，生命既然是借来的一段光阴，当然是我们过一天少一天了。就像美国的盲人女作家海伦·凯勒曾渴望上苍给她三天光明那样，假如我们的生命只剩下短短的几年、几个月甚至几天时，我们将如何度过这最后的宝贵时光呢？

　　曾经有这样一对恩爱的夫妇，妻子整日奔波忙碌，包揽了家里的一切杂务，而丈夫却无所事事，轻闲自在。但当他得知患了癌症的妻子只能活一个月的消息后，他便承揽了全部的家务，精心照料并百般呵护有病的妻子。一个月后，妻子的病竟奇迹般地好了。他们觉得此后的时光是上苍赐予的，于是他们珍惜生命中的每一天，并幸福愉快地生活着。

　　几个学生向苏格拉底请教时间的真谛。他便把学生带到果林边，然后吩咐他们各自顺着一行果树从这头走到那头，摘一个自己认为最大、最好的果子，但不许走回头路，做第二次的选择。结果，学生们都没有摘到自己最满意的果子，请求再选择一次。苏格拉底摇了摇头："孩子们，没有第二次选择，人生就是如此。"

　　由此可见，人生没有彩排，每一天都是现场直播。我们不能总为昨天的遗憾而叹息，因为昨天已经成为历史，已确凿地写在你的人生上，抹不去，擦不掉；我们也不能把希望寄托于明天，因为明天是多么不可预料。我们唯一可以做的，就是好好把握住今天，莫让今天成为明天的遗憾。

　　或许唯有将生命"倒计时"，才能提醒我们珍惜并善加利用生命中的每一天。否则，当我们进入垂垂老矣的暮年，面对已逝的时日，面对死亡的通知书，面对皆成定局的一切，遗憾也好，后悔也罢，都无法更改那个早已写好的人生结局。此时我们再来想想那个倒着计岁的非洲民族，才会觉得他们的人生智慧真令人惊叹。

　　将生命"倒计时"，向我们提醒人生的短暂和易逝，生命的脆弱和宝贵，死和生的不可分离，使我们警惕来日方长的错觉，清晰地看到人生的全景和限度，清楚一切幸福和苦难的相对实质，从而统筹规划合理安排自己的人生。这样一来，我们的胸襟才会豁达大度，因而快乐时才不会得意忘形，痛苦时也不至于颓丧失志。

你听，分秒必争的时针摆在警醒：每个人的生命都在倒计时……

"活着" 并非最终目的

曾有一位病人患的是晚期胃癌，大概只能活三个月了。医生告诉他："我觉得现在是到做一些你自己想做的事情的时候了。"这位病人却平静地笑着说："医生，都第二周了。""第二周？"看着医生纳闷的表情，病人笑着对医生说："是这样的，我把想做的事情都做了一遍，现在已经进入第二个周期了。"医生瞪大眼睛，恍然大悟地说："原来第二周的意思是这样啊！""是啊，从你对我说这个病不能根治的时候开始，我就用本该治疗的时间去旅行，回故乡去看望父母、远房亲戚和朋友，这些过去的愿望我现在都实现了。"病人的脸上流露出一副骄傲而满足的表情，医生也从心里替他高兴。因为生病，家人们反而获得了更多与他相处的时间，家人的痛苦、他自己的后悔，也都随之而减少了。

与这位病人形成天壤之别的，则是那些临终前几天还在用抗癌剂治疗的患者，他们至死也没有享受到亲情的温暖和生活的美好。当然，治疗的目的是为了治好病，使病人恢复健康，过上健康的生活，而治疗的最终目的则是为了获得立足于健康的美好人生。可是，令人遗憾的是，世上还有许多根本治不好的病。那么，此时此刻，治疗的目的就是尽量阻止治不好的病继续恶化，这对患者来说极其重要，但这是根本不可能实现的。目前的医学水平还无力阻挡恶性病情的发展，特别是到了癌症晚期，如果病情的恶化到了某种程度，抗癌剂本身可能就会缩短患者的生命，所以我们所能做的，只是尽力使有限的生命向着更好的方向发展而已。

谁都不想死，越年轻就越不想死。可是，那些无法治愈的疾病始终存在，不管你多么不情愿，也要面对这样的残酷现实。不知不觉中，治疗占去了患者人生的大部分时间。还有许多看上去似乎没有什么危害的治疗、其实都是在无形中缩短了患者的生命。如果病人患的是用抗癌剂也不能完全治愈的癌症，治疗的目的除了尽量延长患者的生命，还要尽可能地减少疾病带来的痛苦和抗癌剂的副作用所引发的种种身体不适。如果治疗不能给人带来欢乐，反而是增加痛苦，这种治疗就是不适当的。因此，如果患上了无法根治的疾病，我们就要尽量愉快地生活，这是最好的治疗方法。在短暂的余生中，努力去珍惜身边的人，去品尝生活的美好。但令人遗憾的是，很多人受到了延长生命的诱惑，宁肯忍受长期痛苦的折磨，也要不断去尝试各种治疗的方法。

帮助病人治好病，帮助人们获得健康和快乐，是医学治疗的根本职责。可令人遗憾的是，在很多的情况下，延长一分一秒的生命治疗，与确保死亡之前生活质量的治疗是不能并存的。这也是医学治疗的一个瓶颈，如果坚持延长生命的治疗，病人的生活质量必然会受到严重的损害。因此，要相信专业人士的意见，该治疗的时候治疗，该停止的时候停止。在充分听取专家意见的基础上，家人也可通过协调意见考虑治疗的方法，实现治疗的真正意义，而不只是单纯地把延长生命作为唯一的目的，从而保证患者的生活质量不受影响，多创造与家人及朋友度过最后宝贵时光的机会，只有这样患者日后才不会后悔，才能更有意义地度过自己的最后时光。

无论何时何地，"活着"都是人生唯一的也是最大的成就，相信很多人对此都深有同感。只有在面临死亡的时候，人们才会领悟到，活着多么美好。长寿、健康并不是人生的最高目的，但却是实现自己梦想和希望的必要工具。可是，正因如此，我们才更加应该注意到，当你耗费大量的精力在治疗上时，反而会让自己的生命缩短，自己和亲人及朋友相处的时间、自己要用来做更宝贵的事情的时间全被剥夺了，这是得不偿失的。

当生命开始倒计时时，我们不如多花些时间，做一些自己想做的事情，从而不带任何后悔和遗憾，平静从容地离开尘世。

追梦人生

卜兴丰／编著

你的努力终将成就
无可替代的自己

吉林出版集团股份有限公司｜全国百佳图书出版单位

图书在版编目（CIP）数据

追梦人生.你的努力终将成就无可替代的自己/卜兴丰编著.-- 长春：吉林出版集团股份有限公司，2022.3

ISBN 978-7-5731-1158-6

Ⅰ.①追… Ⅱ.①卜… Ⅲ.①成功心理–通俗读物 Ⅳ.① B848.4–49

中国版本图书馆 CIP 数据核字 (2022) 第 021542 号

前 言

有一句话说得好："命，是失败者的借口；运，是成功者的谦辞。"成功的人说自己命好，其实是谦辞，因为他非常清楚，在幸运与成功的背后，自己付出了多少。

很多人不清楚，人活着为什么要那么努力，感觉努力是一件很无趣而又费心力的事情。其实，一个人努力，是为成就更好的自己。而且，努力的过程很宝贵，在这个过程中，你会见证人生的成长和自身的蜕变。所以，努力不是为了别的，而是为了让自己无可替代。

一个小伙子去一家公司面试。小伙子能力很不错，履历也很优秀。但是，不巧的是他面试的岗位公司里已经有一个人了，而且足够优秀。面试官也很看好他，不过因为经费有限，而且小伙子也难以胜任其他的岗位，最终没有录用他。那天晚上，小伙子问面试官为什么。面试官告诉他："你很优秀，但是你缺少了那么一点运气，我们已经有了一个人，而且他无可替代。"

为什么一个优秀的人还是被理想的公司拒绝，被自己的梦想拒之门外？因为在这个世界上，不是只要努力就能成功。努力的人很多，世界上最不缺的就是梦想，最不缺的就是优秀的人。可是，你优秀又能怎样，每个人对于优秀的定义不一样，既然优秀还不够，就让自己无可替代吧。

　　年轻的时候，我们会因工作感到迷茫，会因压力而手足无措，会因情感而闷闷不乐。现实是残酷的，它不会因为你的迷茫、不安、焦躁而善待你。它给予了每个人平等的机会。只要你不虚度光阴，努力做自己，你便会破茧成蝶。

　　每个人的人生都有无限可能，不要轻易为自己的发展设定上限。不管我们今天取得了什么成绩，都不能止步不前，满足于眼前的现状。只要你努力，你永远可以比你想象的要好很多。

　　从现在起，从每一个想法、每一个行动开始，踏踏实实去做。相信很快，你就会遇到一个更好的自己。持之以恒，让努力成为一种习惯，你终将会成就一个最好的自己。

目　录

第一章　不努力，自然软弱无力

第二章　只要努力，世界就不会辜负你

第三章 相信自己，你才会破茧成蝶

第四章 改变思维，学会用脑袋走路

第五章 勤于学习，赢得长久的竞争力

第六章　唯有努力，才能化逆境为风景

第一章

不努力，自然软弱无力

山不走向我，我就走向山。让自己变得强大的唯一方式，就是不懈地努力。努力的人，即使在路上也精神抖擞，活力四射。不努力的人，无论地位多么高、家庭多么富有，都是一团了无生气的肉。而对于不努力的人来说，他早就死了，只是要等到老了才埋。

成年人的字典里没有 "容易" 二字

大学毕业后，我的同学吴倩去了深圳一家外企上班，凭着自己的聪明和勤奋，很快在那个城市有了自己的一席之地。几年的时间里，吴倩在那里购房买车，结婚生子，过着幸福的生活，一切看上去都那么一帆风顺。同学聚会的时候，大家都羡慕她的风光和成功。

没想到吴倩却叹了口气说："有时候我也会羡慕那些生活在小城的人，他们看上去过得很平淡，无风无浪，那是一种宁静的幸福。我是有了自己的车、房，老公也能干，孩子也乖巧，似乎一切都很如意，但我的心理压力要比你们大得多。在大都市里，我总有一种孤军奋战的感觉。除了做好工作，还要应对各种人际关系，处理许多意想不到的麻烦；回到家里还要上得厅堂，下得厨房。每天一睁开眼睛，压力就摆在面前，怕失业，怕周围纷扰而冷漠的人际关系……总之，那里的一切就好像是个大旋涡，我不停地运转着，已经头昏脑涨，但却停不下来。困倦却睡不着，工资不低却永远不够花，饭菜香甜却没有胃口……"

吴倩说这些话的时候，眼神中透露出无奈，这确实是现代都市生活的真实写照。繁华的大都市，就如一个飞速旋转的陀螺，置身其中，停不停都由不得你。每个人都要拼命地奋斗和付出，才能达到自己理想的生活。疲惫过后，拥有了你想要的，在静心品尝果实时，心里的甘甜恐怕已经弥补不了长久的苦辣。

但是，在成年人的字典里，从来就没有"容易"二字。纵然是马云、李嘉诚这些富可敌国的人物，他们表面的风光背后，依然掩藏着难以诉说的沉重。所以，马云说他有生以来最大的错误是"创建阿里巴巴"，李嘉诚为了家族的荣耀闪转腾挪，直到90岁才宣布退休。

网上留传一句话，"有些人仅仅为了活着就已竭尽全力"。每天早上，我去上班或者买菜的时候，总会在楼下看到一个老奶奶，吃力地拉着装得满满的拾荒车，艰难地穿梭在人群中。她身子很瘦弱，头上已经长满了白头发，为了减轻家里的负担，这么大年纪仍然把担子往自己肩上挑。当你觉得难过、挫败、沮丧的时候，想想那些咬紧牙关为了生计而奔走的人。你会发现你目前遇到的困难根本就不是困难，难过、挫败、沮丧过后，你该做的是重新出发，不放弃。

心无大志者，往往一生平庸

在日本，有"五大建筑公司"，它们分别是鹿岛、大城、清水、大林、竹中。这是历年来根据经济实力、经营状况等硬指标评选出来的。神部满之助的"间组公司"只是一家二流公司，根本不能跟五大公司相提并论。

野心勃勃的神部满之助不甘心久居人下，他下定决心，要挤进几大公司之列。为了督促自己，他决定向社会公开自己的奋斗目标。在打广告时，神部要求报社把"五大建筑公司"改为"六大建筑公司"，并把间组公司的名字列进去。

此举引起舆论一片哗然，业内外人士都纷纷指责神部是一个欺世盗名之徒，甚至连他的家人都受到非难。有一天，在学校念书的小女儿对他说："爸爸，有人笑话我说，你爸爸是一个大骗子！"

神部大笑起来，回答道："让他们笑好了，等着瞧吧！我的公司一定会成为日本最大的建筑公司。到时候你就可以回敬他们了！"

神部率领公司，向目标奋力前进。三年后，间组公司真的脱颖而出，实力追上了排名第五位的竹中公司，成为名副其实的六大建筑公司之一。这样一来，对神部的批评之声自然平息，随之而来的是一片惊叹声。

神部也是这样教育子女的："心无大志者往往一生平庸。因为人是一种有惰性的动物，容易自我满足，喜欢为自己的懒惰和不负责任找理由。如果目标很低，一点小成就都可以扬扬得意，进取心就松懈下来，结果只能躺在功劳簿上睡大觉。"

生活中有很多人没有确定目标和抱负，没有做好自己的人生计划，而只是一天天地得过且过，持有这种人生态度的人，不要说取得全面的成功，即便是想取得某一领域的成功也是不可能的。

在现实生活中，随处都可以看到这样一些年轻人，他们只是毫无目标地随波逐流，既没有固定的方向，也不知道停靠在何方，他们在浑浑噩噩中虚度了宝贵的光阴，荒废了青春的岁月。他们在做任何事时都不知道其意义所在，他们只是被裹挟在拥挤的人流中被动前进。这些人连自己也不知道到底要做什么，只是漫无目的地等待机会，希望有一天能改变生活。

怎么可能指望一个在生活中没有目标的人到达某个目的地呢？怎么可能指望这样的人不处在迷惘当中呢？

从来没有听说过懒惰闲散、好逸恶劳的人会取得成就。只有那些在实现目标的过程中面对阻碍全力拼搏的人，才有可能到达成功的巅峰，才有可能走在时代的前列。

对于那些从来不敢尝试新的挑战、无法从事艰辛繁重的工作的人来说，成功总是距离他们很遥远。

任何人都应该对自己有严格的要求。不能总是无所事事地打发时光。

绝大多数胸无大志的人之所以失败，是因为他们太懒惰了，因而根本不可能取得成功。他们不愿意从事艰辛的工作，不愿意付出代价，不愿意做出必要的努力。他们所希望的只是过一种安逸的生活。在他们看来，安于现状就够了。

身体上的懒惰懈怠、精神上的彷徨茫然、对一切都放任自流的倾向、总想回避挑战的心理，所有这一切是那么多人浑浑噩噩、无所成就的重要原因。

对那些不甘平庸的人来说，养成时刻严格要求自己的习惯，并永远保持激昂的斗志，这是必要的。要知道，一切都取决于我们的努力。我们必须让理想的灯塔永远明亮，并使之闪烁出熠熠的光芒。

生活中常见到这样一些人，他们有着最精良的装备，具备一切理想的条件，而且也似乎正整装待发，然而，他们行动的脚步却迟迟不能挪动，他们并没有抓住最好的时机。因为在他们身上没有前进的动力，没有远大的抱负。

不要相信运气，进取心才是关键

30 岁之前，沃尔特·迪斯尼是一个很不走运的人。他小时候就当报童赚钱，长大后从事美术设计。他做任何事都全身心投入，十分努力，但他的收益与努力却很不相称。他经常找不到工作，生活漂泊不定。

有一次，他为一个教堂作画，赚些微薄的佣金。他住在一个简陋的杂物间，这里既是他的画室又是卧室。他以面包充饥，拼命工作，直到筋疲力尽。当他想躺下来好好休息一下时，老鼠又跑出来捣乱。他担心老鼠咬坏他的画具与画作，不得不爬起来驱赶。这样一晚上要折腾好几个来回，让他头疼。他想："我真是不走运啊！我住在一个如此糟糕的房间里，又贫穷、又孤独、又劳累，这个小东西还要跟我作对，不让我好好休息。"

但是，迪斯尼知道，抱怨是没有任何意义的。他转而又想："我为什么不从好的方面来看待这件事情呢？当我感到孤独的时候，这个小东西陪伴我，使我的生活不至于太单调。我为什么要讨厌它呢？"心态一变，他对这只小老鼠不再讨厌了。他拿出吃剩的面包，掰碎了放在桌上给老鼠吃，使这个小东西不至于为了寻找食物在房间里忙忙碌碌。

此后，迪斯尼每天都要用食物喂这只小老鼠。在他作画的时候，小老鼠经常跳到他的画桌上，跑来跑去，或者表演一个翻跟斗，博他一乐。每逢此时，迪斯尼就会给它一点面包屑作为奖赏。

多年后，迪斯尼从事动画片设计，但始终难以突破。有一次，他决定设计一个全新的动画形象。当他为此绞尽脑汁时，突然灵光一闪，想起了那只活泼调皮的小老鼠。于是，他设计出了让全世界儿童喜爱的动画形象——米老鼠。以此为起点，开始拍摄了一系列以米老鼠为题材的动画片。

运气时好时坏，事情有顺有逆——每个人的人生旅途中都会遇到这种情况。但是有的人在遇到这些情况时，就会迷失自己，缺乏正确的人生态度，从而使自己的人生变得迷茫。

而有的人，成不骄狂，败不丧志，能正确地认识自己，诚实地对待自己，对人生始终抱有几分期许、几分希冀，并为之不懈努力。他们"紧紧扼住命运的喉咙"，终能到达人生高峰。

好运来自于积极进取。1927 年，迪斯尼推出了卡通人物"幸运兔奥斯华"，颇受人们欢迎。次年 2 月，困窘的迪斯尼带着太太踌躇满志地登上了开往纽约的火车——他们要去纽约会晤发行商查尔斯·米尼兹，和他洽谈奥斯华动画片的下一期合约。对于年仅 26 岁的迪斯尼来说，这列开往纽约的列车，承载着他数年拼搏的汗水，承载着他致富的梦想。"这是一趟开往春天的列车"，迪斯尼对他的妻子说。

纽约的会晤，并没有如迪斯尼所设想的那么顺利。事实上，一个残酷的现实正等着他。米尼兹胸有成竹而又趾高气扬地告诉迪斯尼，自己已经买通了所有奥斯华的幕后工作人员，拥有奥斯华的所有权。迪斯尼整个人如同掉入冰窖！迪斯尼原本指望可以把备受欢迎的奥斯华卖个高价，为自己取得第一桶金，却不料自己不仅没有掘到金，反而连掘金的锄头也没有了！迪斯尼失去了奥斯华的所有权！

　　残酷的现实面前，是痛苦，是抱怨，还是消沉？不，迪斯尼不会因为困难而却步的，他永远不会！

　　回到好莱坞后第三个月，也就是 1928 年 5 月——这是一个所有"米老鼠"迷们都熟悉的日子，《米老鼠》动画片由迪斯尼公司推出，一时之间，名震天下，各种合约如雪片般飞到迪斯尼的案头，同时，如雪片般飞来的还有钞票。迪斯尼打开了财富的大门！

　　通过迪斯尼的坎坷创业之路，我们可以看出：好运不是上帝赐予的，它来自于自身的积极进取与不懈追求。

　　"运气不好"是处于困境中的人非常普遍的想法，有关运气不好的观念，只会压垮你的创造本能。而且，这种观念也是虚妄不实的。因此，如果你认为自己运气不佳，你就可以通过努力来改变自己的运气。除了迪斯尼先生外，还有许多名人的成功之路也昭示了这一点。

　　王得标原是纽约湾中一条船的船主，六十年后，他却拥有价值九千万的财产。

　　韩丁通 15 岁时到纽约闯天下，通过打拼最后成了百万富翁。

　　史丹福 28 岁时，一场火灾毁了他的法学书籍及其他财产，极度窘迫的他重振精神跑到西部打天下，最后也成了美国的富翁之一。

　　我们并不否定世界上有所谓运气这回事，但运气多半在自己手里。人人都有运气不佳的时候，人人都遭受过挫折。但有些人灰心丧气，有些人则甩掉噩运，踏上成功之路。只要意志坚定，皇天不负苦心人，总有打破僵局获得转机的时候。

伟大的短篇小说作家欧·亨利，在被控挪用公款之前，只是一个无名的小人物。虽然他否认被指控的罪行，但还是被判坐了三年的监牢。

在牢狱里他开始写短篇小说，结果他的作品使他名扬天下，转祸为福。

欧·亨利把坐牢的时间做了有益的利用，把厄运变成了好运。如果换一个人，也许只会诅咒法律的不公，担心人们会对他有不利的看法，或者只在那里埋怨自己的运气太坏，自怨自艾，虚度时光。

数年前，有一个人在电视上现身说法，说他如何绝望自杀，结果自杀未遂，却导致自己失明了。后来，他恢复理智，经过一番奋斗，最后获得不小成就，成为作家兼讲师，成绩非常可喜。若是换了另一个人，也许只会以悲叹自己的命运而虚度一生。

当你在抱怨自己的不幸时，不妨想想这些故事。你必须击退这种运气不佳的想法，就像你必须击退来犯的敌军一样——因为，你面对的正是这种死敌。

改变你运气的积极方法，是远离你的消极情绪，而把精神专注于成功的信念上。坚定自己的信念，朝前方的目标挺进，当你这样做时，好运也就会伴你同行了。

拥有赢的激情则无所不能

1923 年 5 月 27 日，萨默·雷石东出生在美国波士顿一个清贫的犹太人家庭。17 岁时，他进入哈佛大学。31 岁时，萨默·雷石东第一次创业，经营国家娱乐有限公司，30 年后，他积累了 5 亿美元财富。50 岁时，萨默·雷石东经历一场火灾，险些丧命。

在这场火灾中，雷石东身体皮肤的 45% 被烧伤了。为了处理伤口，必须进行皮肤移植：从身体的其他部分取下一些皮肤，然后把它移植到那些被烧伤的地方。医生们为我动了 6 次手术，一共是 60 个小时。移植皮肤的疼痛也是常人无法想象的。

之后是漫长的恢复期，在接下来的几个月里，雷石东重新恢复行走。

63 岁时，雷石东第二次创业，收购维亚康母公司。78 岁时，萨默·雷石东被《福布斯》评为全球第 18 位富豪。

从一个汽车影院的老板，到一个年收入达数百亿美元的传媒帝国的领袖，雷石东崇尚的信条是 "A Passion to Win"（赢的激情）。这也是他的自传的名字，没有埋怨，只有顽强斗志。

"我的价值观始终不曾改变，那就是永远追求赢的激情，这种激情体现了我生命全部的意义。"正是这种赢的激情和坚忍不拔的毅力使雷石东度过了生命中最艰难的岁月，并且乐观向上。他曾说："什么事情都是可能的，要想真正成功的话，必须要有想当第一的愿望才行,并不在于他们是商人,是医生、律师还是老师。我对工作的热情始终未减,赢的意志就是生存的意志。我心中那股赢的激情使我感到永远年轻。"

生命的乐章要奏出强音,必须依靠激情;青春的火焰要燃得旺盛,必须仰仗激情。

有人说,激情犹如火焰,当阴霾蔽日之时,指给你奔向光明的前程;有人说,激情宛如温泉,当冰凌满谷之时,冲洗得你身心暖融融;有人说,激情好比葛藤,当你向险峰攀登之时,引你拾级而上;也有人说,激情就像金钥匙,当你置身于人生迷宫之时,助你撷取皇冠上的明珠。

无独有偶,我们知道,马云也是一个激情四射的人。

马云长得并不出众,创业之初也很寒酸,他最大的特点是喜欢谈梦想并富有激情,经常沉浸梦想中并激动不已、激情四射。他也善于把自己的梦想传递给他的团队,并以此激励大家,通过不断奋斗把梦想一步一步变成现实。

1999 年 2 月 21 日,阿里巴巴的第一次员工大会在马云位于湖畔花园的家中召开。马云为自己的梦想而激动,手舞足蹈地发表激情演讲:"就是往前冲,一直往前冲。十几个人手里拿着大刀。啊!向前冲,有什么好慌的。"他用美好的梦想激励大家,在未来的三五年内,阿里巴巴一旦成为上市公司,他们每一个人所付出的代价都会得到回报。当时有人问马云阿里巴巴的前景,马云说,以 50 万元起步的阿里巴巴将来市值将能达到 50 亿美元。许多人都笑了,认为这是幻想,几乎无人相信马云的梦想。如今,我们许多人的生活都与马云当初的梦想密不可分。

人生的路上有一个个加油站，它们并不是固定的，地图上也找不到，需要靠你自己的努力去发现。而每找到一座加油站，你就可以给自己加油了，加的当然是激情。可以说，任何事情要想做成功，都需要有激情作为动力。

为什么郁闷无聊成为我们的口头禅，就因为我们的生活中缺少激情。生活、学习、工作，这些都好累，让我们喘不过气，整天忙忙碌碌疲于奔命。

有一次，一位外国的部长问比尔·盖茨："我在微软参观时，看到每一个员工都非常努力，非常快乐。你们是如何创造这样的企业文化的？"比尔·盖茨回答："我们聘用员工的前提是，这个员工对软件开发是有激情的。"这是微软成功的必要前提。

激情总与梦想相伴，高昂的激情来自发自内心的兴趣。在工作中培养激情，在激情中愉快工作，提高的不仅仅是工作质量，还有人生的境界，做人的价值。激情的工作态度成就着我们的事业，而激情的人生将使我们得到满足。如果说激情是"火焰"的话，那么，兴趣就是点燃激情的"火种"。因为追求自己的兴趣而充满激情，因为有激情才能享受快乐！有了兴趣，就能激发潜能，一个人才有可能不断获得成功，就可能达到卓越的境界。反之，如果做连自己都没有兴趣的事，只会事倍功半，还有可能一事无成。

如何培养激情呢？其要点有三：

选你所爱——不必太在意别人是否看重，引用一句但丁的名言："走自己的路，让别人去说吧！"

爱你所选——当你没有选择或不容易改变现状时，"爱你所选"的尝试加上积极乐观的态度，会帮你找到光明之路。

忠于兴趣——一旦培养出自己的兴趣，就一定要珍惜并全力以赴，勇敢执着地坚持下去，一定会有所收获。

对于激情，互联网狂人马云还曾这样说，年轻人都有激情，但年轻人的激情来得快去得更快，持续不断的激情才是真正值钱的激情。你可以失去一个项目，丢掉一个客户，但你不能失去做人的追求，这就是激情。失败了再来，这就是激情。与其说马云是一个企业家，不如说他是一个"造梦人"。他是一个激情四射的创业者，是一个伟大理想的实践者，是一个辉煌梦想的推动者。马云用活生生的事实证明了一个道理：只要我们拥有梦想、激情和努力，就有可能到达成功的彼岸。

生命的意义在于不断追求

巴西著名足球明星贝利在足坛上初露锋芒时，记者问他："你的哪一个进球踢得最好？"他回答说："下一个！"而当他在足坛上大红大紫，成为世界著名球王，并在各项比赛中踢进1000个球以后，记者又问他同样的问题时，他仍然回答："下一个！"在事业上大凡有所建树的人都会像贝利一样有着永不满足、不断进取的精神。马克思曾经说过："任何时候我都不会满足，越是多读书，越会深刻地感到不满足，就越感到自己知识贫乏。科学的奥妙是无穷的。"人生的价值在于不断进取，在这方面无数成功者为我们树立了光辉的典范。

伟大的西班牙画家毕加索去世的时候是91岁。在90岁高龄时，他还拿起颜料和画笔开始画一幅新画，一幅崭新风格的画，他对世界上的事物总好像是第一次看到一样。一般来说，年轻人总是在探索新鲜事物，探索解决问题的新方法，他们热心于试验，欢迎新鲜事物，他们不安于现状，朝气蓬勃，从不满足。但老年人总是怕变化，他们知道自己什么最拿手，宁愿对过去的成功之道如法炮制，也不愿意去冒失败的风险。毕加索90岁时，却仍然像年轻人一样生活着，不安于现状，寻找新的思路和用新的表现手法来运用他的艺术材料。

大多数画家在创造了一种适合于自己的绘画风格后就不再改变了，特别是当他们的作品受到人们的欣赏时更是这样。随着艺术家年龄的增长，他们的绘画风格虽然也在变，可是变化一般不会很大了。而像毕加索这样有着一种特殊艺术风格的画家，总在千方百计地寻找完美的艺术手法以表达自己不平静的心灵，可见其不断创新进取的精神。

毕加索作画不仅仅用眼睛，而是用思想。毕加索的画，有些色彩丰富、柔和，非常美丽；有些用黑色勾画出鲜明的轮廓，显得难看、凶狠、古怪，但是这些画却能启发我们的想象力，使我们对世界的看法更加深刻。面对这些画我们不禁要问，毕加索究竟想到了什么才使他画出这样的画来？我们开始思考在这些画的背后究竟隐藏着什么。

毕加索一生创作了许多种风格不同的画，有时他画事物的本来面貌，有时他似乎把所画的事物掰成一块一块的。他不仅能把眼睛看到的东西表现出来，而且还把人们所感受到的也表现出来。他一生始终抱着对世界十分好奇的心，就像人们年轻时一样。

许多取得举世闻名杰出成就的人都是生命不息，奋斗不止，为我们树立了光辉的典范。如果他们浅尝辄止或满足于已经取得的成绩，那么莫里哀即使写出了一两部成功的作品，也不会给世人留下这么深刻的印象；道尔顿即使在某些学科有所建树，也不会在气象、物理和化学三门学科都做出这么大的贡献；列文虎克即使发明了显微镜，也发现不了使他永垂青史的生物细胞。

对于有志于成为命运主宰的人来说，奋斗和进取是没有止境的。

要努力，就要拼尽全力

我们经常会听到类似的说法：“这件事我已经尽力了，虽然没有成功但我无怨无悔。”

是的，我来了，我努力了，我奋争了，即使输了，也没有任何值得遗憾的。只是，还有一个小小的同时也很重要的问题：你所谓的“尽力”，是尽到了哪种程度的力呢？是不是“尽力”之后，就连吃饭、走路也使不出力气了呢？如果不是如此，怎么能说自己已经尽力了呢？

某位著名的法学家在课堂上曾这样对学生说：“在你为一个案子辩论时必须竭尽全力，如果你掌握了有利的人证物证，就抓住事实毫不放松。如果你掌握了有利的条文，就用法律拼命地攻击对方。”

这时，一个学生突然发问：“如果既没有有利的事实，也没有有利的法律条文，应该怎么办？”

这位法学家想了一下说：“即使碰到这种最糟糕的情况，你还是要想方设法，在法律许可范围内尽量搜集有利于己方的证据以及寻找对方的漏洞。”

“实在是因为客观原因才导致失败。虽然输了，可是我们也已经尽力了。”我们经常会听到诸如此类的话。然而，这常常只是一个不负责任的借口而已。

德国大音乐家贝多芬说：“在困厄颠沛的时候能坚定不移，

这就是一个真正令人敬佩的人的不凡之处。"

在紧要关头，绝对不可以松懈，必须想尽办法、拼尽全力冲破难关。一旦你冲过了这个瓶颈，前面就会豁然开朗，进入另一个光明灿烂无比顺畅的人生阶段。

这就是"山重水复疑无路，柳暗花明又一村"的道理。

英国一位名人说："谁认为命运女神不会改变主意，谁就会被世人所耻笑。"

第二章

只要努力，世界就不会辜负你

　　大卫·史华兹曾经说过："你想成为什么样的人，就真的会成为什么样的人。你以为自己更有分量，更有价值时，就真的会更有分量，更有价值!"很多时候，我们无法成功的原因就是因为我们自己的想法，其实世界上没有什么不可能，只要我们敢想敢做，任何事都能做到，因为人的潜力是无限的。

肯努力，才会有实力

香港"珠宝大王"郑裕彤，出生在一个农民家庭，自幼家境贫寒，15岁时即中断学业，到香港"周大福珠宝行"当学徒。临行前，母亲叮嘱他：干活要勤快，要遵守规矩，多动手，少动口。郑裕彤牢记母亲的教诲，干活勤快又机灵。他处处留意，看老板和同事如何做好经营管理，还在业余时间观察别的商家是如何经营的。

一次，他去别家珠宝店观察人家的经营之道，不料回来时遇上堵车，迟到了。老板发现后，问他何故迟到，他便据实相告。老板不相信一个小学徒还有这份心思，就问："你说说，你看出了什么名堂？"

郑裕彤不慌不忙地说："我看人家做生意比我们要精明，客人只要一进店，伙计们总是笑脸相迎，有问必答，无论生意大小，一概客客气气。就是只看不买，也是笑迎笑送。我觉得，这种待客的礼貌周到是最值得我们学习的。还有，店铺的门面也一定要装饰得像模像样，与贵重的珠宝相配。我看人家把钻石放在紫色的丝绒布上，光亮动人，让人看起来格外动心……"

郑裕彤侃侃而谈，周老板暗暗动心。他预感此子必成大器，便有意培养他。郑裕彤成年后，颇受周老板器重，周老板便又将女儿嫁给他，后来干脆将生意全部交给他打理。

郑裕彤不是无义之人，他暗下决心，一定要把珠宝行做得更好，以报答岳父的知遇之恩。在他的苦心经营下，"周大福珠宝行"发展成为香港最大的珠宝公司，每年进口的钻石数占全香港的30%。之后，郑裕彤又投资房地产业，成为香港几大房地产大亨之一。

后来，有人问郑裕彤为什么取得如此成功？他说出了自己的秘诀：守信用，重诺言，做事勤恳，处事谨慎，饮水思源，不应见利忘义。

在郑裕彤的"24字真言"里，"勤"是核心之一。他自走向社会，就几十年如一日地勤勤恳恳、兢兢业业，靠"勤"发家，靠"勤"致富。即使是发家后的郑裕彤，一天工作12小时也是常事，以至于他母亲常心疼地责怪他："你又不是没钱，何苦还那么拼命？"

看看拥有丰厚财产尚且勤勉刻苦的郑裕彤，我们不妨时常问一下自己：我够努力吗？

所谓的"够努力"，是努力到了哪种程度呢？

所谓"努力"，意味着已经绞尽脑汁、用尽才华，发挥了所有潜能，动用了所有的人力、物力……

如果不是，那怎么能说够努力了呢？

不论对手是谁，不论有什么理由，人生的意义就是拼命争取胜利。或许有人认为这未免太冷酷无情，但从某种意义上说，这正是人类世界最真实的一面，竞争激烈的现代社会就是这般残酷！

人生应该以胜利作为最终目的，对于胜利必须有强烈的渴望。

是"笨鸟"，更得先飞

"笨鸟先飞""勤能补拙"是国人耳熟能详的老话，但自从走出学校进入了社会，这些话就不一定能经常听到了。

能承认自己有些"笨"和"拙"的人不会太多，能在进入社会之初即体会到自己"笨拙"的人就更少。大部分人都认为自己不是天才至少也是个干将，也都相信自己在接受几年的磨炼后，便可一飞冲天。但这是一个认识误区，能在短短几年就一飞冲天的人又能有几个呢？有的飞不起来，有的刚展翅就摔了下来，能真正飞起来的实在是少数中的少数。为什么呢？大多数人还是因为社会磨炼不够，能力不足。

所谓的"能力"包括了专业的知识、长远的规划以及处理问题的能力等要素，这并不是三两天就可以培养出来的，但只要"勤"，就能很有效地提升这种能力。

"勤"就是勤学，在自己的工作岗位上，一个机会也不放弃地去学习。不仅需要自己去钻研，还要向有经验的人请教。再就是科学合理地安排好自己的作息时间，按计划行事，将自己的时间充分地利用起来，锲而不舍。如果你本身能力已在一般人水平之上，学习能力又很强，那么你的"勤"将很快使你在团体中发出亮光，为他人所注意。

另外一种"能力不足"的人是真的能力不足，也就是说，先天资质可能不如他人，学习能力也比别人差，这种人要和别人一较长短是辛苦的。不过，首先应在平时的自我反省中认清自己的能力，不要自我膨胀，迷失了自己。如果认识到自己能力上的不足，那么为了生存与发展，也只有"勤"能补救。若还每天痴心妄想，不要说一飞冲天，有可能连个饭碗都保不住哩!

对能力真的不足的人来说，"勤"便是付出比别人多好几倍的时间和精力来学习，不怕苦不怕难地学，兢兢业业地学，也只有这样，才能成为胜利者。

其实"勤"并不只是为了补拙，在一个团体里，工作中能表现出"勤"的人始终会为自己争来很多好处:

——塑造敬业的形象。当其他人当一天和尚撞一天钟时，你的敬业精神会成为旁人眼光的焦点，认为你是值得敬佩的。

——容易获得别人的谅解。当做错了事，一般人也不忍过多指责，总是会不忍地认为，已经那么认真了，偶然出点错没什么。

——容易获得老板的信任。当老板的人当然喜欢用勤奋的人，因为这样他比较放心，如果你的能力是真的不足，但因为勤，老板还是愿意给予适当的机会，毕竟老板也知道"勤能补拙"，愿意"奖勤罚懒"。

业精于勤，荒于嬉。在通往成功的路上，曲折和坎坷是难免的，而不管多么聪明的人，要想从众多道路中走一条属于自己的路，都少不了一个"勤"字。所谓"书山有路勤为径，学海无涯苦作舟"，就是指读书与勤奋的关系。人生中任何一种成功和幸福的获取，大多都始于勤而又成于勤。

千里之行，始于足下

伏尔泰曾说过："人生来就是为干事的，就像火花总向上飞，石头总向下落。对人来说，无所事事，也就等于他并不存在。"当我们明确了自己真正要的是什么的时候，就一定要停止空谈，付诸行动。

任何事都是如此，如果我们每天只是空想我能够做到，我拥有信心，却不付诸行动，那么我们的信心只会随着时间的流逝而逐渐淡化，要知道信心的提升也是需要行动来实现的，只有当我们面对挫折和失败，勇敢的奋斗将其击败，才会从根本上增强自信心，否则，这一切就仅仅是一种空想，没有任何扎实的基础来支撑。

约翰尼·卡许出生在阳光普照的棉乡。他从小就经常下地劳动，高中毕业后，他参军离开了家乡，不久部队派他去了德国。在那儿的一个军人商店里，他买到了自己有生以来第一把吉他。卡许很小的时候就有一个梦想，在家从父亲买的收音机里第一次听到音乐时就萌生了这个想法：他想当个歌手。

有一次，卡许在教堂里看了一个歌唱小组的演唱，他亲眼看见了落幕时观众纷纷要求歌手签名的热烈情景。这也是他希望得到的荣誉。于是，他决定要好好练习唱歌，要让观众也来请他签名。

从此后他开始在德国自学弹吉他，并练习唱歌，他甚至自己创作了一些歌曲。服役期满后，他开始努力工作以实现当一名歌手的夙愿，可他没能成功。因为他是一个名不见经传的新歌手，没人会请他唱歌，就连电台唱片音乐节目广播员的职位他也没能得到。

为了生存，他只得靠挨家挨户推销各种生活用品维持生计，不过他还是坚持练唱。他组织了一个小型的歌唱小组在各个教堂、小镇上巡回演出，为歌迷们演唱。最后，他灌制的一张唱片奠定了他音乐工作的基础。他吸引了两万名以上的歌迷，金钱、荣誉、在全国电视屏幕上露面——所有这一切都属于他了。他对自己坚信不疑，这使他获得了成功。

然而，卡许又接着经受了第二次考验。经过几年的巡回演出，他被那些狂热的歌迷拖垮了，晚上须服安眠药才能入睡，而且还要吃些"兴奋剂"来维持第二天的精神状态。他开始沾染上一些恶习：酗酒、服用违禁药物等。他对这些药物依赖性极强，他的朋友都试着帮助他，但他根本听不进去，他的恶习日渐严重，以致对自己失去了控制能力。也渐渐失去了观众。

从那时开始他不是出现在舞台上，而是更多地出现在监狱里。到了1967年，他每天必须吃一百多片药片。一天早晨，当他从佐治亚州的一所监狱刑满出狱时，一位行政司法长官对他说："约翰尼·卡许，我今天要把你的钱和麻醉药都还给你，因为你比别人更明白你能充分自由地选择自己想干的事。看，这就是你的钱和药片，你现在就把这些药片扔掉吧，否则，你就去麻醉自己，毁灭自己，你选择吧！"

卡许选择了生活。他又一次对自己的能力作了肯定，深信自己能再次成功。他回到纳什维尔，并找到私人医生。医生不太相信他，认为他很难改掉服用麻醉药的坏毛病，医生告诉他："戒毒瘾比找上帝还难。"卡许开始了他的第二次奋斗。他把自己锁在卧室闭门不出，一心一意就是要根绝毒瘾，为此他忍受了巨大的痛苦，经常做恶梦。后来在回忆这段往事时，他说，他总是昏昏沉沉，好像身体里有许多玻璃球在膨胀，突然一声爆响，只觉得全身布满了玻璃碎片。当时摆在他面前的，一边是麻醉药的引诱，另一边是他奋斗目标的召唤，最终他的信念占了上风。

九个星期以后，他又恢复到原来的样子了，睡觉不再做恶梦。他努力实现自己的计划。几个月后，他重返舞台，再次引吭高歌。他不停地奋斗，终于又一次成为超级歌星。

约翰尼·卡许经历了种种困境，他的成功就在于他能够坚信自己，并不断用行动来改变自己的境遇，所以最终才获得了成功！其实我们也可以，只要时刻告诉自己，我们的命运和选择都是由自己把握的，即使有着很多发生过的事情和别人的话影响着我们，但是今天永远是一个新的开始，只要我们能够积极地进行尝试，不断积累信心，那么成功总会到来。

从前，有两个和尚。一个很有钱，每天过着舒舒服服的日子；另一个很穷，每天除了念经时间之外，都得到外面去化缘，日子过得非常艰难。

有一天，穷和尚对有钱的和尚说："我很想到印度去拜佛，求取佛经，你看如何？"

有钱的和尚说："路途那么遥远，你要怎么去？"

穷和尚说："我只要一个钵，一个水瓶，两条腿就够了。"

有钱的和尚听了哈哈大笑，说："我想去印度也想了好几年，一直没成行的原因是费用不够。我的条件比你好，我都去不成，你又怎么去得成?"

但是穷和尚没有被这些困难所吓倒，他知道如果不去行动，即使攒足了所有的费用，自己也可能会没有信心再去做这件事。只有马上行动起来，才能够在行动中增强信心，支撑自己做到这件看似不可能的事。

两个和尚就此别过，富和尚仍然过着舒适的生活，当有人问穷和尚的时候，他总会说:"那个不自量力的人现在还不知道会怎么样呢!"过了一年，穷和尚从印度回来了，还从印度带回来一本佛经送给有钱的和尚。虽然穷和尚如今衣衫褴褛，但是他却实现了自己的梦想，有钱和尚看他果真达成愿望，惭愧得面红耳赤，一句话也说不出来。

相信我们都能够看到，富和尚到达印度的概率定然比穷和尚要大，但是他却无法拥有穷和尚到达印度的坚定信念，而且穷和尚的行动力让他的信心不断增强，最终实现了目标。

任何伟大的目标，伟大的计划，都需要用信心来做基础，用行动来实现，这样才能够变成现实。生命不是等待，不是空有其表的吹嘘，信心也需要真正靠行动来提升，我们想要实现自己的梦想，就必须要坚定信心，去做想做的事，这样才能够真正体味到什么是人生的真谛。

奇迹，是我们的潜能创造的

世界上有很多种人类创造的奇迹，这些奇迹无疑让人感到不可思议，但是这些奇迹的产生无一不是因为潜能的激发和坚定的信念。其实在人生路上，我们只要敢于尝试，勇于冒险，相信自己一定可以，那么我们就能够获得势不可挡的勇气和信心，从而实现很多他人不敢想象的奇迹。

拿破仑·波拿巴的一生颇富传奇色彩，但是任何一个奇迹几乎都是凭他自己的能力和胆识来创造的。他冒着严寒率领军队翻越险峻陡峭、白雪皑皑的阿尔卑斯山并且打败装备先进的英国和奥地利联军，就是一次极富传奇色彩的经历。

当英奥联军将拿破仑的属下马塞纳将军率领的军队围困在意大利的热那亚时，脾气暴躁的拿破仑·波拿巴被激怒了，他发誓一定要使英奥联军尝到苦头。可是愤怒的拿破仑并没有因此而丧失理智，他清楚地知道，如果马塞纳将军率领的军队不能及时得到增援，那这支精锐的法国军队很可能就要全军覆灭。但是要想及时支援马塞纳将军，那他就必须率领军队翻过险峻陡峭、白雪皑皑的阿尔卑斯山。拿破仑神态坚决地对属下们说："必须翻过阿尔卑斯山，形势容不得再有半点犹豫。"然后他果断地下达了命令："准备好必要的物资，马上全速前进。"

军队开始前进了，拿破仑和属下找来的向导边走边商量具体的行军路线。行军路线很简单，可是真正走起来却没那么容易。皑皑白雪几乎没过了人的膝盖，有的地方甚至与人的腰身相齐。很多路段骑着马是不能前进的，拿破仑大多数时候都是和士兵们一样深一脚、浅一脚地攀登着陡峭的山峰。山峰上寒风凛冽，可是拿破仑依然坚定地与士兵们一起前进，当饥饿袭来的时候，他们只能用力地啃那些已经被冻得坚硬的食物。

就在拿破仑率领军队艰苦地翻越阿尔卑斯山的时候，英奥联军的将领们正围着火炉、喝着美酒嘲笑拿破仑的异想天开。其中一位英国军官狂笑着说道："也许等马塞纳被我们剿灭之后，我们还得派人到阿尔卑斯山上为拿破仑收尸。"他的话引来了其他军官的一阵哄笑。

可是几天之后，这些人再也笑不出来了。因为拿破仑·波拿巴，这个一直被他们嘲笑的小个子男人率领的军队如同神兵天降。在这些威武的神兵面前，毫无防备的英奥联军被一举击败。马塞纳将军率领的精锐部队迅速得到支援，法军又一次获得了整个战役的胜利，有人将这次胜利称为"奇迹"。

拿破仑的奇迹不仅仅只有这一个，它告诉我们一个道理，世界上很多事情别人都认为不可能，但是只要我们坚定信念，勇于拼搏，那么我们体内的潜力就会激发斗志，从而让我们不断攀登高峰，最终创造一个又一个奇迹，赢来属于自己的成功。

1908年伦敦奥运会之前，瑞典奥委会的几位官员前往那维亚山下，找到了一位叫奥斯卡·斯旺的老人。官员告诉斯旺老人，希望他的儿子能够代表瑞典队前往伦敦，参加奥运会射击比赛。当时，斯旺父子是第一次听说奥运会。当听到委员会的官员介绍完奥运会后，斯旺老人问："奥运会有没有年龄限制？"为首的官员说："没有。"于是斯旺老人马上说："那我能不能参加?"

官员们望了望一头白发的老人，互相对视后说："我想你的儿子可能更合适。"言外之意，是嫌他岁数太大了，因为这个年龄的人即使在训练过程中都不可能坚持下来，更不要提在世界性的体育赛事中能够进入决赛获得成功。

但是斯旺老人是个倔强的老头，他从年轻时就争强好胜，听到这些话，他抓着自己的枪站了起来，说："你们跟我来。"

官员们犹疑地看了看已经走在前面的老人，只得跟着老人走到了外面。只见斯旺老人提着枪，目光往远处搜索着。这时，一只鸟正好飞过，老人抬手一枪，嘭的一声，鸟落了下来。老人的枪法震惊了官员。他们欣喜地说："其实我们这次就是闻您老的大名而来的，你这一枪打消了我们的顾虑，好，你们父子一起去吧！"斯旺老人这才笑了，他将枪一举，说："我保证给瑞典队拿一块奖牌回来。"不过这句话官员们只当是老人随口一说，因为没有人相信老人能够坚持下来。

在射击训练场地，斯旺老人虽然年迈，但他仍和儿子一样，每天完成训练任务。这让奥委会的官员们很感动，一个老人，别说训练了，就是在场地上站几个小时，也不容易，而斯旺老人没叫过一声累。令人想不到的是，在集训中，斯旺老人的肘部不慎受伤了，疼痛让他无法持枪。短短一周的时间，老人已是须发全白，仿佛一下子又苍老了许多。那天，老人吊着胳膊到训练场观看儿子训练，看着看着，老人突然流下泪来。儿子知道父亲的心情，他说："您放心吧，我会为国家取得好成绩的。"老人看着儿子，仿佛看到了自己年轻时的样子，他突然说："不行，我不能服老，既然我在委员们面前许下了诺言，就一定要去拼。"老人的倔强劲上来了。之后，斯旺老人靠着顽强的毅力，咬牙坚持训练，虽然每次端起枪，就会使他疼痛难忍，但是，老人心底有个倔强的声音说："不能放下枪，不能服老。"

1908 年伦敦奥运会跑鹿射击比赛中，已经 60 岁的斯旺老人以稳定的命中率，击败其他 14 名选手，为瑞典队夺得了第一块奥运会射击金牌，之后又和儿子合作取得射击团体赛冠军。老人的表现震惊了看台上的观众，雷鸣般的掌声送给了这位奥运赛场上年龄最大的冠军。那天，国际奥委会主席顾拜旦和英国国王亲自为他颁发了奖牌。老人在奥运史上创造了一个真正的奇迹。

每一个成功者的背后，每一个奇迹创造者的身后，都有着一股强大的力量，那就是他们的潜能，他们用信念和信心支持并推动着自己不断向着目标迈进。一个没有自信的人，从来都不敢尝试，虽然他没有失败的顾虑，但是也同样失去了成功的机会。

其实我们也能够创造奇迹，只要我们坚信自己，勇敢激发出自己的潜力，敢于和命运做斗争，并不断前进，不畏艰难和失败，那么我们最终会实现自己的理想，创造出属于自己的奇迹。

没有做不到，只有想不到

在这个世界上，很多事情是我们根本无法想象的，只要我们能够想到，就有人可以做到，这就是人类潜能的力量。很多内心自信的人都能够激发自己的潜能，从而打破人类的固定思维，做到很多以前人们认为无法实现的事情。

多年来，人们一直坚信要在四分钟内跑完一英里是绝对不可能的事情，虽然许多运动员曾经在内心深处有过挑战的想法，但是终究因为认为注定会失败而无人去尝试。但是在 1954 年，罗杰·班纳斯特却完成了这一壮举。在此之前，他曾经多次在脑海中模拟四分钟跑完一英里，长久下来，他的脑海中就形成了强烈的信念，因此在人们都认为不可能的时候，他做到了，他的成功一要得益于他刻苦的训练，二就要得益于他坚信自己可以完成的信念。事情并没有结束，谁都不会想到，这个成绩不是一个结束，而仅仅是一个开始，在此后的两年内，竟然有400 余人先后突破了原本人们认为不可能的极限。罗杰的成功，打破了人们脑海中一直制约发挥的障碍，从而激发了后来人的潜能。

而举重项目中的挺举，也曾经有一种 500 磅（约 227 千克）是瓶颈的说法，按照人体极限而言，500 磅就是极限。但是有一次，499 磅的纪录保持者巴雷里比赛时所使用的杠铃由于工作人员的失误，实际上已经超过了 500 磅，但是巴雷里毫不知情，却在比赛中将这个实际已经超过500磅的杠铃当作499磅轻松举过了头顶。随后，消息传了出去，而就在消息传出后不久，就先后有六位举重好手举起了自己手中一直无法突破的500磅杠铃。

其实，人的心理是最难超越和跨越的障碍，也是很多事情最大的阻挠，而只有我们突破这层障碍，将心释放，才能够创造出一个又一个未来。就如体育赛事中的种种突破一般，既然能够想到，那么定然能够突破，只要我们能够相信自己，不断努力，就能够做到。

法国有一名记者叫博迪，在年轻的时候，他因一场大病而导致四肢瘫痪。在全身的器官中，他唯一能动的就只有左眼。人们都认为他已经成为了废人，可是，他还是决心要把自己在病倒前就构思好的作品完成，这让很多人根本无法想象。但是博迪完成了，他真的做到了。

博迪只会眨眼，所以就只有通过眨动左眼与助手沟通，逐个字母地向助手背出他的腹稿，然后由助手抄录出来。助手每一次要按顺序把法语的常用字母读出来，让博迪来选择，当她读到的字母正是文中的字母时，博迪就眨一下眼表示正确。由于博迪是靠记忆来判断词的，有时不一定准确，他们需要查词典，所以每天只能录一两页。可以想象两个人的工作是多么艰难！几个月后，他们历经艰辛终于完成了这部著作。为了写这本书，博迪共眨了20多万次眼。这本不平凡的书有150页，它的名字就叫作《潜水衣与蝴蝶》。博迪完成了别人认为根本无法完成的壮举，他想出了眨眼写书的方法，最终完成了自己的著作。

在这个世界上，很多人之所以没有成功，并不是因为他们缺少智慧，而是因为他们面对事情的艰难而没有做下去的勇气。波德莱尔说过："没有一件工作是旷日持久的，除了那件你不敢着手进行的工作。"很多事情只要你能够想得到，那么就有人能够完成它，这是人类历史上无数次验证的真理。

乔·吉拉德 1929 年出生在美国一个贫民窟，他从懂事时起就开始擦皮鞋，卖报纸，然后又做过洗碗工、送货员、电炉装配工和住宅建筑承包商等。35 岁以前，他是一个失败者，朋友都弃他而去，他还欠了一身的债，连妻子、孩子的吃喝都成了问题。他还患有严重的口吃，换过 40 多个工作仍然一事无成。

1963 年，乔·吉拉德还是一个建筑师，他为人设计房子已经 13 年，但是由于生意上的失败，他赔得一无所有，他失去了所有的东西，房子抵押了，汽车也还债了，他和太太还有两个孩子被债主从家中赶了出去。当时的他是个不折不扣的失败者。

当时乔·吉拉德的妻子问他："乔，我们没钱了，没有吃的了，我们该怎么办？"听了妻子的话，乔·吉拉德心里非常难受，他对自己说："难道你连自己家人的温饱都难以保证吗？"于是他为了养家糊口，开始外出找工作，从而步入了推销生涯。

第二天，乔·吉拉德想出去找份工作，这样就可以给家里买点食物了。天气非常冷，雪也很厚。乔·吉拉德都忘记了自己是如何走进那家汽车经销店的。他对经理说："请给我一份工作。"

经理说："我不能雇你。现在是冬天，本来就没有生意。如果我雇了你，其他推销员肯定会生气的。再说，你卖过车吗？"乔·吉拉德回答道："没有。"经理说："太可笑了，我们怎么会雇一个连车都没有卖过的家伙当推销员呢。"

当时，乔·吉拉德告诉经理："只要给我一部电话、一张桌子，我不会让任何一个跨进门来的客人空手走出这个大门。相信我，我会在两个月内成为这里最出色的推销员。"听完乔·吉拉德的话，经理大笑道："怎么可能，你疯了吧?"然而乔·吉拉德却认真地回答说："不，我没有疯，我很饿，我家人很饿，我们需要钱。"

经理最终给了他机会。从这时起，乔·吉拉德开始反复对自己说："你认为自己行就一定行!"他相信自己一定能够实现诺言，于是以极大的专注和热情投入到了推销工作中。从第一天起，乔·吉拉德就开始打电话寻找客户，每天八九个小时都在电话前。当店门打开，客户走进来，乔·吉拉德就像一个饥饿的人看到一大袋食物径直朝他走来。开始的推销很艰难，因为乔·吉拉德没有经验，技巧也很差，所以他想出了一个笨方法，他只要碰到人，就将自己的名片递过去，不管是在街上还是在商店，他抓住一切机会来推销他的产品，同时也推销自己。

有一次在一个剧院中，乔·吉拉德花钱进入了其中，打算借此机会来推销自己，让更多的人认识他。于是在听到众人为台上的表演欢呼雀跃的时候，乔·吉拉德便一起欢呼，同时将自己手中的名片抛了出去，于是，观众不再关注台上的表演，而纷纷开始关注这个疯狂的推销员。就这样，乔·吉拉德逐渐拉到了不少的客户。

后来，他打开了自己的销路，通常情况下，他和客户聊上大约一个小时，就能卖给对方一辆车。客户们都说："乔，我买过很多东西，但从没有见过一个人能像你这样服务。"当他卖出第一辆车的时候，已经35岁。而3年后，乔·吉拉德却从一个口吃的失败者变成了世界头号汽车推销员。在乔·吉拉德15年的汽车销售生涯中，他以零售的方式销售了13001辆汽车，其中6年平均售出汽车1300辆，他所创造的汽车销售纪录至今无人打破。被吉尼斯世界纪录称为"世界上最伟大的推销员"。

乔·吉拉德在最初步入销售界时，经理根本不相信他能够实现所说的话，也根本想象不到乔·吉拉德这样一个说话有严重口吃的人能够成为世界上最伟大的推销员。其实在这个世界上，很多时候我们都用一条锁链限制了自己的发展，因此在遇到困境时，便开始向命运低头，最终一无所得。

这一切仅仅是人们心中的锁链在作祟，它让我们不敢去想，也不敢去做。其实只要我们相信自己可以，即使整个世界都不认同，我们也能够通过激发内在的潜力，挣脱他人没有去尝试挣脱的枷锁，从而打破挡在前方的种种障碍，为自己找出一条通往成功的大道，最终做到别人无法做到、不敢想象的事。

坚持下去，让潜能尽情展现

人生路上总是有苦有甜，而且多数甜都是在苦之后才能品尝到。很多人在实现自我价值的过程中，总会浅尝辄止甚至半途而废，因为在此过程中很多经历令人抑郁难受，其实这样的感受正是潜能激发的过程，只有我们坚持下去，让潜能尽情展现，然后逐渐积蓄能量，最后才有量变到质变的变化。

任何事情只要我们深入其中，坚持下去，总能够被我们所完成，所以不要因为一时的困惑而浅尝辄止，相信自己的力量和潜能，不断努力，这样才能够让力量最终爆发，从而写出我们瑰丽的人生篇章。

著名的推销大师即将告别他的推销生涯，应行业协会和社会各界的邀请，他将在该城中最大的体育馆做告别职业生涯的演说。

那天，会场座无虚席，人们在热切地、焦急地等待着那位最伟大的推销员做精彩的演讲。当大幕徐徐拉开，人们看到的是舞台的正中央吊着一个巨大的铁球。为了这个铁球，台上搭起了高大的铁架。一位老者在人们热烈的掌声中走了出来，站在铁架的一边。

他穿着一件红色的运动服，脚下是一双白色胶鞋。人们惊奇地望着他，不知道他要做出什么举动。这时两位工作人员抬着一个大铁锤放在老者的面前。这时主持人对观众讲："请两位身体强壮的人到台上来。"好多年轻人都自告奋勇地站了起来，转眼间已有两名动作快的年轻壮汉跑到台上。

老人这时开始开口和他们讲规则，请他们用这个大铁锤去敲打那个吊着的铁球，直到把它荡起来。

一个年轻人抢着拿起铁锤，拉开架势，抡起大锤，全力向那吊着的铁球砸去，一声震耳的响声后，那个巨大的吊球动也没动。随后他开始用大铁锤接二连三地砸向吊球，很快他就气喘吁吁了。另一个人也不示弱，接过大铁锤把吊球打得叮当响，可是铁球仍旧一动不动。台下逐渐没了呐喊声，观众好像认定那是没用的，就等着老人做出什么解释。

会场逐渐恢复了平静，只见老人从上衣口袋里掏出一个小锤，相对来说小锤不及大锤的十分之一，然后他面对着那个巨大的铁球，开始用小锤对着铁球敲击起来。只见他敲击一下，然后停顿一下，然后再一次用小锤敲一下。人们都诧异地看着，老人就那样"咚"地敲一下，然后停顿一下，持续着同一个动作。

十分钟过去了，二十分钟过去了，会场早已开始骚动，有的人干脆叫骂起来，人们用各种声音和动作发泄着他们的不满。可是老人仍然一敲一停地工作着，他好像根本没有听见人们在喊叫什么。人们开始愤然离去，会场上出现了大块大块的空缺。留下来的人们逐渐也喊累了，会场渐渐地安静了下来。

大概在老人进行到四十分钟的时候，只听坐在会场前方的一个妇女突然尖叫一声："球动了!"霎时间会场鸦雀无声，人们聚精会神地看着那个铁球。铁球以很小的摆幅动了起来，不仔细看很难察觉。老人仍旧一小锤一小锤地敲着，人们好像都听到了那小锤敲打吊球的声响。吊球在老人一锤一锤的敲打中越荡越高，它拉动着那个铁架子"哐哐"作响，它的巨大威力强烈地震撼着在场的每一个人。终于场上爆发出一阵阵热烈的掌声，在掌声中，老人转过身来，慢慢地把那把小锤揣进兜里。

老人开口讲话了，他的演讲只说了一句话："在成功的道路上，你没有耐心去等待成功的到来，那么，你只好用一生的耐心去面对失败。"

老人的智慧从敲击铁球中就体现了出来，我们在人生路上同样会面临种种考验，有些人总会在一定时间后失去耐心而放弃，从而失去成功的机会，但是也有人会不断努力进取，积极面对考验，卧薪尝胆积蓄潜能，最终迎接成功的到来。

史蒂芬·斯皮尔伯格在 36 岁时就成为世界上最成功的导演，电影史上十大卖座的影片中，他个人囊括四部。看看现在斯皮尔伯格导演举世闻名的电影：《夺宝奇兵四部曲》《拯救大兵瑞恩》《辛德勒的名单》《人工智能》《大白鲨》……

其实他的成功就在于他拥有不懈的坚持。斯皮尔伯格在十二三岁时就知道，有一天他会成为电影导演。在他 17 岁那年的一天下午，当他参观完环球制片厂后，他的一生改变了。那可不是一次不了了之的参观活动，在他得窥全貌之后，他当场就知道要怎么做。他先偷偷地观看了一场电影的拍摄，再与剪辑部的经理长谈了一个小时，然后结束了参观。

对许多人而言，故事到此为止，但斯皮尔伯格可不一样，他知道自己要什么。从那次参观中，他知道得改变自己以前的做法。于是第二天，他穿了套西装，提起他爸爸的公文包，里头塞了一块三明治，再次来到摄影现场，装作是那里的工作人员。

他故意避开大门守卫，找到一辆废弃的手推车，用塑胶字母在车上拼成"史蒂芬·斯皮尔伯格""导演"等字样。然后他利用整个夏天去认识各个导演、编剧、剪辑师，终日流连于他梦寐以求的电影世界里。从与别人的交谈中学习、观察并产生了越来越多关于电影制作的灵感。

终于在他 20 岁那年，斯皮尔伯格成为了正式的电影工作者。环球电影制片厂放映了一部他拍的反响不错的片子，并与他签订了一纸 7 年的合同，让其导演一部电视连续剧。斯皮尔伯格的梦想终于实现了。

如今，斯皮尔伯格已经誉满全球，已经是电影界的一代宗师。他的成功就是因为他的坚持和不懈的努力，也正是因为他的不断积累，使得潜能最大限度发挥，从而爆发出了更多的灵感，最终成就了自己。

在我们的人生路上，浅尝辄止后放弃的例子很多，很多人以为成功很难，成功要付出太多、成功会很痛苦，就不去想也不敢想，不敢追求。实际上，只要我们注意观察，就会吃惊地发现，那些生活在失败中的人才是真的有耐心。你可以不思成功，可以放弃成功，但你的生活并不会因此而轻松；而如果你追逐成功，坚持下去，那么你会因此而生活得更加美好。

第三章

相信自己，你才会破茧成蝶

没有一个人天生就信心十足，信心需要我们一点一滴培养和积累，需要我们不断行动，辛勤灌溉。也没有一个人可以常胜不败，但是成功者即使失败也会从容应对，因为他清楚自己的实力，知道自己才是命运的主宰，即使得不到他人的认可，他们也不会失去继续前进的斗志。把信心化为行动，在行动中不断增强信心，这才是成就自己的最佳法宝。

有信心更要有行动力

中国有句俗话：生死有命，富贵在天。其实这仅仅是人们在困境中安慰自我的话语，也是人们放弃理想的一个绝好借口。我们每个人的命运都是由自己来把握的，要想创造幸福生活和成功人生，就必须要靠自己。

想要做到我们以前认为不可能的事，就需要我们将信心转化为行动，下决心去做，只有信心是无法获得成功的，必须要有相匹配的行动。

一个喜欢冒险的男孩爬到附近的一座山上，发现了一个鹰巢。他从巢里拿了一只鹰蛋，带回了养鸡场。男孩把鹰蛋和鸡蛋混在一起，让一只母鸡来孵。不久，小鸡孵出来了。孵出来的小鸡群里就有了一只小鹰。小鸡和小鹰一起长大。小鹰不知道自己与众不同。起初它很满足，过着和小鸡一样的生活。

但是，当它逐渐长大的时候，它心里就有了一种躁动。它不时想："我一定不是一只普通的鸡！"它只是一直没有采取什么行动。直到有一天，一只老鹰翱翔在养鸡场的上空，小鹰感觉到自己的双翼有一股奇特的力量，感觉心正猛烈地跳着。它想："养鸡场不是我待的地方。我要飞上蓝天，栖息在山岩之上。"它从来没有飞过，但是它的内心充满着力量。它展开了双翅，飞到一座矮山顶上。极为兴奋之下，它又飞到更高的山顶上，最后终于冲上了蓝天，到了高山的顶峰，它发现自己是一只会翱翔的鹰。

可能有人会说，这只是个寓言而已。我既非鸡，也非鹰。我只是一个人，而且是一个平凡的人。因此，我从来没有期望自己能做出什么了不起的事来，即使我相信自己能够做到，但是最终会不会成功还是未知数。

或许，这正是你的问题所在：你从来没有期望自己能够做出什么了不起的事，甚至没有付诸行动。

其实，你也许就是一只会翱翔的鹰，即使你相信自己是一只鹰，但是若没有冲天的想法与行动，就不会激发你鹰的潜能，你就不会飞上蓝天。

哈兰·桑德斯出生于美国印第安纳州的一个农庄，幼年家境不是很富裕，白天母亲不在家，小桑德斯只好自己做饭，这竟然促使他学会了做20个菜，成了远近闻名的烹饪能手。后来，他换过多种工作，做过粉刷工、消防员、卖过保险，还当过兵，做过治安官。40岁的时候，桑德斯来到肯塔基州，开了一家加油站，为方便长途跋涉的人，他就在加油站的小厨房里做点日常饭菜。这就是后来闻名于世的肯德基炸鸡的雏形。

后来顾客越来越多，加油站已经容不下了，他就在马路对面开了一家可容纳142人的桑德斯餐厅专营他的拿手菜——炸鸡。

到了1935年，桑德斯的炸鸡已闻名遐迩。肯塔基州州长鲁比·拉丰为了感谢他对该州饮食所做的特殊贡献，正式向他颁发了上校头衔，所以人们都叫他"亲爱的桑德斯上校"。

味道好的炸鸡使众多食客纷纷前来，即便在20世纪30年代美国经济大萧条时，桑德斯的店依然红火。可是二战的爆发和新建横贯肯塔基的跨州公路给了他巨大的打击，打乱了他所有的计划，他的雄心和热情一下子降到了冰点。他破产了，并且不得不变卖资产以偿还债务。

一下子，哈兰·桑德斯，这位昔日受人尊敬的上校和富翁变成了一个一文不名的人。这时的桑德斯已经66岁了，所能依靠的只是自己每月105美元的救济金。

可是这点救济金根本不能维持生活，桑德斯想摆脱困境，他决定向各餐馆推销自己的炸鸡秘方。他带着一只压力锅，一个50磅的作料桶，开着一辆老福特，从肯塔基州到俄亥俄州，逐一停在每一家饭店的门口，要求给老板和店员表演炸鸡。如果他们喜欢炸鸡，卖给他们特许权，提供作料，并教他们炸制方法。

开始的时候，没有人相信他，饭店老板甚至觉得听这个怪老头胡诌简直是浪费时间，因为他们都觉得，假如他真有一个这么好的秘方，还会去靠领救济金生活吗？桑德斯的宣传工作做得很艰难，在两年时间里，他被拒绝了1009次，终于在第1010次走进一个饭店时，得到了一句"好吧"的回答。在1952年，第一家被授权经营的肯德基餐厅在盐湖城开业了，这便是世界上餐饮加盟特许经营的开始。

这期间，桑德斯接受了科罗拉多州一家电视台脱口秀节目的邀请。由于整日忙于工作，他只找出了唯一一套干净的西装，戴上自己多年的黑框眼镜，出现在大众面前。这可爱的形象，很快使购买特许权的餐馆代表蜂拥而至，桑德斯的业务像滚雪球般越滚越大。如今虽然桑德斯上校已经过世，但是他创立的肯德基品牌却已经闻名全世界。

　　桑德斯上校最初的破产，没有让他失去信心，但是如果他没有行动，他可能已经消失在了历史的长河中。即使在他遭受上千次失败和拒绝的时候，他依然相信自己的配方，依然对自己充满了信心，也正是因为桑德斯的执着，所以才最终拥有了闻名全世界的肯德基。成功永远都是需要行动来实现的，即使我们拥有强大的能力和信心，也需要我们不断行动，只有这样，成功才会离我们越来越近。

　　台湾女画家，美国加州大学艺术博士黄美廉是一位自小就患脑性麻痹的病人。脑性麻痹夺去了她肢体的平衡，也夺走了她发声讲话的能力。从小她就活在诸多肢体不便及众多异样的目光中，她的成长充满了艰辛。然而这些外在的痛苦没有击败她奋斗的精神。她昂首面对，迎接命运的挑战。终于通过努力获得了加州大学艺术博士学位。

　　她用自己的手当画笔，以色彩告诉人们寰宇之力与美。在一场"倾倒生命、与生命相遇"的演讲会上，一个学生小声地问："黄博士，你从小就长成这个样子，请问你怎么看自己？你没有怨恨吗？"

　　我怎么看自己？美廉用粉笔在黑板上重重地写下这几个字。她写字时用力极猛，有力透纸背的气势。写完这个问题，她停下笔来，歪着头，回头看着发问的同学，然后灿然一笑，回过头来，在黑板上龙飞凤舞地写了起来：

　　一、我好可爱！

　　二、我的腿很长很美！

　　三、爸爸妈妈这么爱我！

　　四、上帝这么爱我！

五、我会画画！我会写稿！

六、我有只可爱的猫！

七、还有……

教室内顿时鸦雀无声，没有人讲话。全场的学生都被她的自信惊呆了。她回过头来看着大家，再回过头去，在黑板上写下了她的结论：我只看我所拥有的，不看我没有的。掌声骤然响起。美廉倾斜着身子站在台上，满足的笑容从她的嘴角荡漾开来，眼睛眯得更小了。有一种永远也无法击败的傲然写在脸上。

美廉从来没有失去对自己的信心，而且她还用行动证明了自己的信心，就如同她在演讲时所写下的那些她所拥有的一样，让他人感到很不可思议，但是美廉却通过自身的努力和奋斗，取得了健康人都无法取得的成就。

她的成功不是凭空得来的，而是通过一次次拼搏换来的。其实我们的起点低并没有什么关系，只要我们相信自己，把信心化作行动，用行动将失败的阴霾驱散，最终必然会实现我们的目标。

积极暗示，让你更自信

在人生路上，我们需要不断积极暗示自己，那么自信就会伴随我们左右。而如果我们一直认为自己没有能力，做不到，那么到头来的结果必然也是无法做到。

罗杰·罗尔斯是美国纽约州历史上第一位黑人州长，他出生于美国纽约声名狼藉的大沙头贫民窟，这里环境恶劣、充斥暴力，是偷渡者和流浪汉的聚集地。因此，罗尔斯从小就受到了不良影响，读小学时经常逃学、打架、偷盗。如此下去，罗尔斯可能也会断送前程。但是他却没有这样，他不但考上了大学而且成为了州长。

在他就职的记者招待会上，他对自己的奋斗史只字不提，仅说了一个非常陌生的名字：皮尔·保罗。后来人们才知道，皮尔·保罗是他小学的校长。

1961年，皮尔·保罗被聘为诺必塔小学的董事兼校长。当时正值美国嬉皮士流行的时代。他走进诺必塔小学的时候，发现这里的穷孩子整天无所事事，他们旷课、斗殴，甚至砸烂教室的黑板。当罗杰·罗尔斯从窗台上跳下，伸着小手走向讲台时，皮尔·保罗说："我一看你修长的小拇指，就知道将来你会成为纽约州的州长。"当时，罗杰·罗尔斯大吃一惊，因为长这么大，只有他奶奶鼓励过他一次，说他可以成为5吨重的小船的船长。这一次皮尔·保罗先生竟说他可以成为纽约州州长，着实出乎他的意料。他记下了这句话，并且选择相信它。

从那天起，纽约州州长就像一面旗帜在他的心头飘扬。罗杰开始每天想象自己成为州长的情形，渐渐地，他的衣服不再沾满泥土，他说话时也不再夹杂污言秽语，他的举动不再懒散，他开始挺直腰杆走路。在以后的40多年间，他没有一天不按州长的标准要求自己。51岁那年，他真的成了州长。

罗杰的成功当然有着小学校长保罗的鼓励，但是更多的还是他积极的自我暗示。其实任何人都具备一定的能力，潜能更是无限，而我们只要在人生路上积极暗示自己，鼓起信心和勇气，那么这些积极的暗示就能让我们不断突破，使我们坚信自己能达到目标，并且最终获得成功。

有一位名叫帕克的美国医生经历了这样一件事情：他的一位病人被确诊患了喉癌，最多只能活半年到一年。可是6个月后，这位精明能干、坚强开朗的病人精神焕发地来到医院，请医生为他检查，帕克为他做了各项检查后，感到不可思议，这位病人的癌细胞竟然消失了。这是怎么回事？这位病人半年前的确患了喉癌，可他在此后的一段时间里，一直相信自己能够活下去，自己能够战胜癌症，这种顽强的自信让他成为一名真正的战士。他一方面坚持化疗，另一方面坚持每天做三次放松训练，他每天都想象射线如同子弹一样不断击中癌细胞，想象自己身体内大量的白细胞正在吞噬那些癌细胞，结果半年后奇迹真的发生了，他战胜了癌症。

积极的想象产生积极的作用，而消极的自我暗示也具有强大的消极作用，甚至能致人死亡。心理学中有一个试验，以一名死囚作为试验对象，对他说："我们执行死刑的方式是放血，这也是你死前为他人做的一点有益的事情。"试验在手术室里进行，犯人躺在床上，他听到隔壁的护士和医生在忙碌着，准备对他放血。护士问医生："放血瓶准备 5 个够吗?"医生回答："不够，这个人很重，要准备 7 个瓶。"护士在他手臂上用锋利的东西点一下，算是开始放血，并在他手臂上方用一根细管子放热水，然后顺着手臂一滴一滴地滴到瓶子里。犯人只觉得自己的血在不断流出，最后他真的死去了。但实际上他一滴血也没有出。正是由于他自己的心理暗示，想象在不断流血，所以最终也真的如同流血而死一般，终结了自己的生命。

暗示的力量如此强大，如果我们每个人都能够用这样的方法将潜能激发出来，那么自信就会逐渐成为我们的处世态度，信心就真的能够建立起来。

俄国著名戏剧家斯坦尼斯拉夫斯基，有一天在排演一出话剧时，女主角突然因故不能演出了，斯坦尼斯拉夫斯基实在找不到人，只好叫他的大姐担任这个角色。

他的大姐以前只负责管理服装道具，现在突然演主角，便产生了自卑胆怯的心理，演得极差，引起了斯坦尼斯拉夫斯基的抱怨和不满。最终他实在无法继续忍受，便停止排练，说："这场戏是全剧的关键，如果女主角仍然演得这样差劲，整个戏就不能再往下排了!"这时全场寂然，受到批评的大姐久久没有说话。

然而她却在心中不断暗示自己，想象自己成为剧中的人物，想象自己没有问题，一定可以演好，然后，她抬起头来说："排练吧!"从这时开始她一扫之前的自卑、羞怯和拘谨，演得非常自信，非常真实。斯坦尼斯拉夫斯基高兴地说："我们又拥有了一位新的表演艺术家!"

　　其实人的潜能发挥总是通过积极的暗示而得以实现，所以不管我们如今有着什么处境，只要我们鼓起勇气，积极暗示自己是一个自信的人，用这份信念促使我们不断行动和努力，那么最终我们的潜能就会如你所愿，真正将我们带到成功的彼岸。

常对自己说我能行

在社会中人与人其实没什么太大的差别，然而有的人能够成功，有的人却碌碌无为，而导致这样结果的最主要原因就是有的人自信，有的人自卑。有着充分自信的人，会常对自己说：我能行。从而充分挖掘自身的潜力。而没有自信的人，即使能够做到，也会因为在心底认定自己不行，所以往往会抑制自身的潜能，最终浑浑噩噩，一事无成。

自信不是天生拥有的，更多时候需要我们后天培养，它一方面来源于外在环境的积极影响，而更重要的一方面就是来自我们自己的内心，当我们时常告诉自己我能行的时候，环境也会变得积极，从而所有事物都向着有利于我们的方向发展。

林莉芬是一个刚刚出道的歌手，因为她有不小的潜力，所以被邀请参加某大型演唱会，在此之前需要进行试唱表演。虽然她以前也曾经接到过类似的邀请，可是她去试唱了几次，结果都是因为紧张而被淘汰。

尽管林莉芬嗓音出众，唱歌水平也不俗，而且长相也不错，但她总是担心等到自己演唱时，评委会给她亮出最低分，她总担心评委不喜欢她，这种心理使得她每次参加试唱都会焦虑，不知道如何是好，以至于每次试唱，她不是因为紧张而忘词，就是因为担心而影响发挥，这使得她那几次的试唱都非常失败。

后来她听从了朋友的建议，来到一家心理诊所接受治疗。

在医生的建议下，她开始采用自我暗示的方法向恐惧感和自卑感说不。她将自己关在一个房间里，走到一个带扶手的椅子上，尽量放松心情，让自己全身心都感到舒适，然后慢慢闭上双眼，调匀呼吸，然后排除脑中的种种杂念。当她感觉到自己的意识足够冷静清晰的时候，她开始对自己说："其实我唱得很好，我很有实力，我可以做到心平气和，我可以非常自信地唱歌……"她按照医生的建议在随后的一段时间每天都重复这样的练习。

等到演唱会试唱表演即将开始的前两天，林莉芬已经和以前完全不同，她仿佛变了一个人，不再如以前那样心存焦虑和恐惧，而是充满了自信，表现得沉着冷静，随后她不但在试唱中通过了评委的审核，而且演唱水平也因为自信而变得更加优秀。

其实人与人的能力相差无几，但是当你无法相信自己的时候，那些恐惧、焦虑和不安就会深植入脑海，从而使得你真的能力不济。世界上很多事情其实并不如我们所想象的那般复杂，只要你能够时常告诉自己能行，那么很多悲观和紧张的情绪就会烟消云散，所以及时进行自我暗示吧，告诉自己我能行。

有这样一则寓言故事。两只青蛙在觅食中，不小心掉进了路边的牛奶罐，罐里的牛奶足以使青蛙遭到灭顶之灾。一只青蛙想：完了，全完了，这么高的牛奶罐，我永远也爬不出去了。然后，它很快沉了下去，在水面上留下了一个个慢慢破碎的气泡。

而另一只青蛙看见同伴沉没在牛奶中，却并没有沮丧，而是不断对自己说："上天给了我坚强的意志和发达的肌肉，我一定能跳出去。"于是它勇气十足，一次一次奋起、跳跃。即使每次它跳起来总会离罐口有一些距离，但是它还是告诉自己：我能行，我会越跳越高。

不知过了多久，它突然发现脚下黏稠的牛奶变得坚硬起来。原来，它反复地踩踏和跳动，已经把液体的牛奶变成了奶酪！不懈的奋斗和抗争终于赢来了胜利。它轻盈一跃，很轻松就跳出了牛奶罐，回到了池塘。

在人生路上，自信的人就如同那只不断进取的青蛙，即使遇到险境也会告诉自己我能行，从而挖掘潜力，而自卑的人就会如那只自我放弃的青蛙，很快沉没在牛奶罐中。两只青蛙的体能和天赋相差无几，但是自信的青蛙却因为足够自信而救了自己。人也是如此，有时候潜能需要我们有意识地去激发，当我们时常告诉自己我能行的时候，我们的潜能就会被激发，最终让我们做到自己以前不敢想象的事情。

有个女孩生性胆怯，因为她有些口吃。其实并不严重，但她长期生活在自卑的阴影之中，脑海时时浮现老师轻蔑的眼神和自己在课堂上尴尬的场面，长此以往，她的缺陷愈发明显。她的声音很动听，她的理想是当播音员或演说家，在自己的朋友面前，如果准备充分，她说话或演讲的技巧是非常好的，很多好朋友在听到她的演讲后会非常惊讶："不会吧，我怎么以前没有察觉到呢？你演讲得很不错啊！"但是女孩总会告诉朋友们："我在众人面前根本做不好。"朋友们都认为她在重要的场合太怯场了。

事实正是如此，每当她站在讲台上时，面对台下众多的听众时，她就会控制不住自己，变得结结巴巴，面红耳赤。因此，她错过了很多发展的机会。她感到很痛苦，常常黯然神伤。

后来，在一位朋友的引荐下，她去拜访了一位成功的长者，她把内心的苦恼告诉了长者，然后恳求道："您在我认识的人中是最有才智的一位，您可以给我指条成功的路吗？"长者微笑地说道："请你大声对自己说我能行。"

女孩犹豫了一下，缓缓开口说："我能行。"长者说："用心再说一遍。"女孩顿了顿，大声说道："我能行。"长者说："再来一遍。"突然，女孩用劲大喊了一声："我能行！"

此后，那个女孩在胆怯的时候总会告诉自己：我能行。终于她慢慢克服了缺陷，屡屡在学校的演讲比赛中获奖，学习成绩也是直线上升，最终如愿以偿地考取了广播学院，实现了自己的理想。

人的潜力是非常巨大的，当我们相信自己可以做到，充满自信时，那么一切都难不倒我们，对我们面前的所有障碍，也都会轻松地面对，如同掸掉一网蛛丝一般。所以不要轻易否定自己的能力，不要为自己的心灵设限，时常告诉自己：我能行！这样才能够最大限度地发挥自身的能力，挖掘更多的潜力。

信心需要用行动来证明

当年亚里士多德在没有经过实践的情况下便得出结论：两个重量不同的铁球在同一高度同时下落，重量大者先落地。这个观点引起了伽利略的注意，而他经过推理，得出结论为两球应该是同时落地。伽利略用行动证明了自己的信心，他在比萨斜塔做了实验，反驳了亚里士多德没有根据的观点。

拿破仑·希尔曾经说过："只要一个人能想出来并坚信自己能做到，就一定能成功。"我们的任何观点想法，无论多么完美，都需要用行动来证明，我们对自己的观点存在绝对的自信，那么就要用行动来证明它是正确的。

阿黑斯帝·迈克林已经 55 岁，虽然他已经度过了大半生，但是他却依然无所成就。这一年，他向一个国际财团申请电缆电视网执照，想为自己的后半生找个立足地，可是在这个财团管理部门工作的一个朋友却打电话告诉他，他的申请已经被拒绝了。听到这个消息，迈克林突然问自己："我今后该怎么办？靠什么生活？"

心灰意冷的迈克林失望地坐在屋子里，拿起平时爱看的侦探小说开始打发无聊的时间，看着看着他不禁浮想联翩，最终沉浸在了一个幻想的奇妙故事里。随后他信手写下了一些潦草的句子，等到从沉浸的状态中出来，他拿起一看，发现自己竟然写下了一个充满奇思妙想的电影剧本大纲。这一发现让迈克林惊奇不已，因为他不相信自己会拥有写电影剧本的才能，而如果有，那么下半生不就拥有了一个富有创意性的工作了吗？

迈克林在书房呆坐半晌，不知道自己是否该继续将这个构思进行下去，因为拿不定主意，所以他想起了自己的小说家朋友阿瑟·黑利，便向他打电话询问："我有一个自认为非比寻常的电影故事构思，我想把它写成电影剧本，那么我怎样才能让它得到某个经纪人或者制片商的青睐呢？"

黑利回答说："因为你是我的好朋友，所以我就实话告诉你，你这个想法很幼稚，因为即使有人看中了你的剧本，你所得的报酬也不多。你确信这个故事非比寻常吗？"迈克林坚定地回答道："是的，我确信。"

黑利便说道："如果你确信，注意，你一定要确信，那么你就为它押上一年的时间，赌一把，先把它写成小说，如果小说能够出版，你会从中拿到版税；如果小说很畅销，很成功，你就有可能把它卖给制片商，这样又可以拿到更多的报酬。"

放下话筒，迈克林陷入了沉思，虽然他对自己的构思信心十足，但是却没有写书的经验，他望着窗外，问自己："我真能写小说吗？我真的有文学天赋吗？即使有天赋，我能耐得住寂寞勤奋笔耕吗？"他想了很多，然而经过深思熟虑，他知道想要让别人相信自己，就必须要将信心转化为行动。于是他坚定了自己出书的信心，打算为自己的奇思妙想赌上一年的时间。

从这天开始，迈克林进入了自己的创作空间中，经过一年零三个月的努力，他终于将这个构思写成了一部小说。而最终的结果是，他的小说先后由加拿大的麦克米伦和斯图尔特公司出版，不久又分别在美国的西蒙舒斯特公司和鲍玛袖珍图书公司再次出版，随后又先后在意大利、日本、阿根廷等地出版，成为了不折不扣的畅销小说。

最后他也如愿以偿，这部小说被拍成了电影，那就是《绑架总统》。而此后，迈克林也是一发不可收，他的创作灵感不断涌现，一连出版了五本小说，成为了知名的畅销书作家。

其实我们每一个人都有着自己的天赋，也有很多人对自己抱有强烈的信心，但是再坚定的自信也需要用行动来证明，用行动来实现。因为信心只是助燃剂，我们还需要用汗水来加油，付出艰辛和努力，使得我们的才华和能力得以成功展现！就如布鲁尔所说："对于那些深思熟虑稳步向前的人，道路并不漫长；对于那些卧薪尝胆坚忍不拔的人，荣誉并不遥远。"

"当别人向你建议不能做这个，或者不能做那个时，你不要管他们。""当你遇到挫折与磨难时，不要心灰意冷，应把它们当作一次绝好的机会，尽力发现其中的意义，并积极地利用它们。""如果你相信自己的梦想会实现，你就会取得成功。"这是一个"从0到1500万美元的女人"说的话，她就是玛丽亚·艾伦娜·伊瓦涅斯。

在哥伦比亚，当玛丽亚·艾伦娜·伊瓦涅斯还是个十几岁的孩子的时候，她的父亲就让她参加了一个电脑的学习班。1973年，她到美国上大学，学习电脑专业知识。毕业后，玛丽亚·艾伦娜从事电脑销售工作。

当时拉丁美洲电脑的标价是10万美元，而美国的只有8000美元左右。了解到这些情况后，她的头脑中产生了一个念头："为什么不在拉丁美洲销售电脑，来开发这个前景广阔的市场呢?"

玛丽亚是位霸气十足的职业女性,她一向相信自己,而不相信专家。她说:"当别人向你建议不能做这个,或者不能做那个时,你不要管他们。如果你相信自己的梦想会实现,你就会取得成功。"

1980年,玛丽亚向许多电脑公司说出了自己的想法,并请求给她一个机会,在拉丁美洲的一些国家开展电脑销售业务。但是,电脑销售执行经理们认为,拉丁美洲正处于经济危机之中,许多国家都十分贫穷,那里的人没有多余的钱购买电脑。他们认为拉丁美洲的市场太小了,根本不值得去开发。这些电脑销售执行经理们所说的话玛丽亚并不认同。当别人只看到局限性时,她却看到了市场机会,她说:"我想,即使这个市场只有1000万美元的承受能力,也已经足够了。我能从中赚到钱,因为它的市场很小,所以不会有太多的人与我竞争。"

当时她只有23岁,没有任何销售和市场经验。对于这些,见过她的经理们都说这是影响她做电脑销售业务的不利因素。但玛丽亚明白:拉丁美洲需要便宜的个人电脑。于是她满怀希望地去见一位银行家,请求从他那儿得到一笔贷款。银行家提出要看她的商业计划,而玛丽亚从来都不知道商业计划是什么样的,哪里拿得出来?而她接触的第二位银行家也要求看她的市场销售计划,于是贷款再次落空。

最后,她干脆与电脑生产商联系。可是许多人根本不愿意见她,只有两个人怀着好奇心听了她的想法。她问他们:"现在,你们在拉丁美洲的销售额是多少?"他们说:"零。一点儿也没有。"玛丽亚说:"我每年能在拉丁美洲销售价值1万美元你们公司的产品。"最后，双方达成了协议。

然而，创新之路是极其艰难的！玛丽亚深知这一点，但她心中一直充满自信，她相信自己一定能成功。为了实现这一目标，她承受了许多磨难。

起初，她答应所有订单预先付款。这样与她合作的两家电脑公司在没有承担任何风险的情况下，给了她9个月的境外经营资格。然后，她与旅行社取得了联系。她只要求为自己在迈阿密飞往阿根廷的班机上定个座位，在每个不必支付额外停靠费用的主要城市停靠。接下来，她在哥伦比亚下了飞机，住进了一家宾馆，拿起了当地的电话号码本，开始给当地的电脑零售商们打电话。

玛丽亚的电话首先打给了那些广告做得最多的公司，因为她知道它们的规模和业务量一定很大。第二天，玛丽亚的时间就被约见排得满满的。就这样，她在拉美的电脑销售业务逐渐打开了。在短短的3个星期里，她就接到了价值10万美元的订单和预先付款的现金支票。渐渐地，她的销售额超过了一百万美元，甚至是数百万美元。在其后的5年里，销售额达到了令人震惊的1500万美元。

后来，她拥有了自己的公司。它登上了某著名杂志当年的500家发展最快的公司的排行榜，而玛丽亚·艾伦娜本人也成了赫赫有名的人物。

行动可以使看起来困难而复杂的事情变得简单。在日常生活中，我们难免会受到别人看法的影响。其实，我们不必太在意别人的看法，只要自己认为是可行的，就大胆去做，用行动来证明。

夸夸其谈，高谈阔论的人是永远不会成功的；观点和想法只有经过实践，才能证明它的正确性和可行性。因此我们应该树立一个远大的目标，扎扎实实，脚踏实地，去努力，去行动，让自己在行动中提升信心，这样才是真正的成功！

自我激励，没有什么不可能

约翰·海伍德曾说："对于一颗自信而坚定的心来讲，没有什么是不可能的。"在大多数成功者的心里，都有着这样的想法，这其实是一种自我激励的方法，也是一种挖掘自身潜能的方法，很多他人认为不可能的事，都是通过这样的方法实现的。

我们想要成功，就必须要进行自我激励，将心中不可能的观念排除在外，而且不再为不可能找任何理由和借口，只有这样，不可能的事情才会变成可能，也才能进一步挖掘我们的潜能，从而获得更大的成就。

松下幸之助曾说过："一个人在面临困难的时候，逃避不是办法，只有鼓起勇气克服困难才是最重要的，在这种情况下，往往能够发挥意想不到的智慧和潜力，从而获得良好的效果。"这一点松下幸之助深有体会。

1961 年，松下通信的理事们遇到了一个难题，大家坐在一起开会研究该如何解决，松下幸之助听说后也赶到了会场。原来，丰田汽车要求在下一批向松下通信购买汽车收音机时，降价 5%，半年后需要再降 15%，总共要降 20%。丰田提出这样的要求所持的理由是贸易自由化，为了降低售价提高竞争力，因此能够供应汽车收音机的松下通信也要降价。

当时，松下通信汽车收音机的利润只有 3%，要把价格降低

20%，就要亏损 17%，那简直是不可能的事情，就一般常识而言，这样的生意根本就不能做，因为那是亏本买卖。于是松下通信的理事们建议松下幸之助回绝丰田汽车这无理的要求，他们认为无论是谁面对这样的难题都会选择放弃的，而这也并不会影响松下通信的信誉。

但是松下幸之助却并不认为丰田的这个要求是无理的，因为面临全球贸易自由化的大环境，汽车的竞争是非常激烈的，有时不得不用价格战术在市场上争得一席之地。如果站在丰田汽车的立场上这样做很正常，也能够让人理解。因此松下幸之助没有立刻做出决定，他在想，如果情况特殊，让价 20% 是否仍然值得考虑，假如只想着这样会亏损的话，还是有些欠考虑的。

松下幸之助不停地思考解决方法。最终他想到了，那就是转变原来的观念，将不可能变成可能。比如照现在设计的产品要降低 20% 的价格事实上是不可能的事情，因此必须要有新的产品，所以松下幸之助开始对大家说："在性能不降低，对设计必须考虑对方需求这两个先决条件下，我们不妨设法全面更新设计，最好是不仅能够将成本降低 20%，而且还要有一定的利润。在大家完成新设计之前，亏本是无可奈何的事情，这不光是为了降价给丰田，而且还关系到整个日本产业的维持及发展问题。无论如何是非做不可，相信我们没有问题。"

一年之后，松下幸之助对产品进行了更新，结果松下通信真的做到了丰田所希望的价格，而且还能够获得适当的利润。这可以说是因为大幅度降价压力而激发出来的一次成功的产品转型升级。松下幸之助这样总结："不管是经营事业也好，做其他事情也好，只要是抱着这根本不可能办到的想法，任何事情都不会成功。但是如果碰到事情总是用积极的方法来激励自己，认为可以办到，那么很多看似不可能的事情，最后都可以办到。"

松下幸之助就实现了他人口中的不可能，将不可能变为可能，如果不进行自我激励，很多时候是无法想象的。自我激励能够将人的自信心不断提升，从而产生解决困难的意愿，也能够感染身边的人，而且只要有积极的自我激励，我们就能够使自己的情绪更加稳定，更加冷静，不容易受到外界的影响，无疑就会提高我们的成功概率。

政治家富兰克林·罗斯福，他被美国人称为历史上意志最坚定的领导人，他是公认的自我激励高手。富兰克林从小就有哮喘病，身体很虚弱，甚至连床边的蜡烛都吹不灭。他的视力也很差，以至于父母担心他是否能够活下来，然而就是这样一个人最后却成为了美国的领导人。

富兰克林小时候很胆小，身体又瘦弱，所以只要有人看他，他就会满脸惊恐，外出时也总是紧紧抓住父母的手不敢放开。父母很担心，于是将他送到了富人的学校。因为他胆子小，老师让他回答问题的时候，他都会怕得全身发抖，说起话来也是断断续续，声音很小，而且含糊不清，甚至连课外活动都不敢参加。同学们都笑他是胆小鬼，但是富兰克林很有骨气，同学们笑他，并没有使他气馁，他暗自给自己鼓劲："富兰克林，要咬紧牙关，克服紧张情绪，努力！"

于是富兰克林便咬紧牙关，努力使自己改变，他每天都进行自我激励："我一定要成为坚强的人！我一定要成为一个出色的人。"他开始锻炼自己的胆量，经常与同学们接触，当他看到同学们做游戏时，就会主动加入进去，不管会不会他都要看看体力是否能坚持住。每个人都从他的神态中看到了他想要成功的决心。当他遇到恐惧时，总会激励自己："我一定行！"慢慢地，他的精神好起来了，身体也不虚弱了，交际时也不再胆怯。

因此富兰克林的胆子越来越大，身体也越来越强壮，内心也越来越坚强。相貌平平的他逐渐也开始受到同学们的欢迎，他也交到了很多朋友，因为他时常激励自己："交朋友是快乐的事，只要我用快乐的心态与人交往，人们也愿意与我交往，因为每个人都希望自己快乐。"毫无疑问，周围的人也被他的自信和乐观吸引了，都想和他做朋友。

到了高中，富兰克林的身体就很强壮了，但他没有放松对自己的激励，他告诉自己："以后还有更漫长、更艰辛的路要走，这需要旺盛的精力和强壮的体魄，而这一切，源于每天的锻炼，我一定要坚持锻炼！我一定要成为身体最棒的人。"接下来的日子里，无论学习和工作有多忙多累，他都要抽出两个小时来锻炼身体。

富兰克林的自我激励已经成为了习惯，也贯穿了他的一生，融进了他的生活。即便在就任总统期间，他也依然坚持每天自我激励。回忆起童年，富兰克林总会这样形容自己："小时候我是一个体弱多病的孩子。"但是他通过不断的自我激励，让自己克服了人生的很多障碍，很多他人认为不可能的事情，他都没有放弃，坚定不移地向着自己的目标前进，最终攀上了人生最高峰。

人的潜能是无穷的，而激发潜能最佳的办法就是在遇到挫折和磨难时，勇敢地去面对，进行积极的自我激励，不断告诉自己我能行，不断给自己打气，从而让自己不断克服困难奋勇前进。那么我们该如何进行自我激励，激发自己的潜能呢?

1. 调高自身目标

真正能激励我们奋发向上的是确立一个既宏伟又具体的远大目标。许多人发现，他们之所以达不到自己孜孜以求的目标，是因为他们的目标太低，而且太模糊，使自己失去了进取心。而当我们能够调高自身目标，并制订出具体的实现方法，那么在不断努力的过程中，我们的潜能就会得到最大的展现。

2. 远离舒适的环境

俗话说生于忧患，死于安乐，我们想要不断前进，就需要远离舒适的环境，不断寻求挑战，这样才能让我们有危机感，从而获得新的动力。

3. 正视困难和危机

危机能够激发我们竭尽全力，而且困难和危机能让我们不断完善自己，使我们的人生更加精彩，当然，我们不必坐等危机或悲剧的到来，从内心挑战自我，寻找自信的源泉。

4. 把握好情绪

人的情绪对于能力的发挥和提升起着很重要的作用，当人情绪低落时，即使有十分力，我们也可能只可以发挥出八分，而当人情绪高涨时，即使仅有三分力，我们也能够发挥出五分。情绪的变化使得我们潜能的发挥也出现变化，所以，一定要把握好情绪，用不断高涨的情绪来激励自己，挖掘潜力。

让心豁达，大不了从头再来

这个世界上，被逼迫的无所适从者有之，被失败击垮而放弃者有之，被骄傲虚荣捧高跌落者有之，被现实吓倒悲观失望者更有之。任何一个人在人生路上都不会太过顺利，但是我们要知道，世界上没有死胡同，即使失败，即使放弃，即使崩溃，我们依然还活着，那么何不让心豁达一些，最差也不过变得一无所有，那么为什么我们不能从头再来？

凯苏拉上大学时是学音乐的，以前他从未想过是否有其他选择。因为他的家人都是搞音乐的，音乐是全家的重要事业。家里有两架钢琴，他和姐姐夏洛特可以同时练琴。姐姐上大学就是学的音乐，父亲和亲友也都希望他走这条路。他选择音乐作为他未来的事业似乎是很自然的事。

上中学的时候，音乐的才能给了凯苏拉许多机会，使他成了学校的"明星"。学校每次演出，都有他演奏钢琴的节目，他有时还自己作曲。凯苏拉就这样出了名，这时他自己也觉得很不一般。

然而到了大学，这里有来自世界各地的学音乐的学生。其中有一个瑞士来的学生弹起钢琴来几乎无懈可击，技艺非常纯熟；还有一个从俄国来的学生钢琴也特别出色。凯苏拉慢慢地明白了：这里不是中学了，他在这里没有什么出众之处。而他对于音乐既没有别人那样崇高的热爱和强烈的献身精神，也没有别人那种娴熟的技巧和出色的才干。

过了两年，凯苏拉终于认识到，自己在音乐上只是一个平庸之才。于是他不顾父母的竭力劝阻和强烈反对，便自己拿定主意，做出了离开音乐学院的决定。他并没有为已经浪费了两年的时间而懊悔。因为他认识到音乐不是他想从事的事业，而追逐音乐仅仅用去了他两年的时间，而没有用掉他半生甚至毕生的时间，他认为这还是明智的，因为他可以重新开始。

凯苏拉开始思考自己到底想要干什么，但是这时他并没有真正懂得并做到独立自主，而仍旧依赖别人为自己做出选择。他有个朋友是学经济的，喜欢同凯苏拉一起读书，希望凯苏拉走他的路，于是凯苏拉就改学了经济。但是他对经济了解得很少，上课时总是听不懂，甚至都想把枯燥无味的课本扔到教室外面。

最后，他决定不再硬着头皮学下去了，因为那也不是他要干的事业。后来，他尝试去干另一个朋友所做的事业。因为他喜欢给自己设计服装式样，有一年夏天还做过运动服装的设计师。于是，他决定去搞服装设计，做服装生意。

凯苏拉就这样多次改变计划，每次都是听了其他人的话，但他却始终找不到自己的定位。凯苏拉是在做了许多愚蠢的决定，经过了许多尝试的失败后，才偶然学了心理学，这一次他终于找到了能使他精神振奋的事业。那就是他喜欢的心理学研究工作。

他在心理学课堂上发言的时候，教室里常常会变得特别安静，因为他说话的时候，大家都在全神贯注地倾听，这使他感到十分开心。因为除了他的家人和密友之外，平常他说话几乎没什么人很注意地听。他受到了鼓舞，勤奋攻读。最后他来到医院实习，毕业后成了一名心理医生。

回顾自己走过的路，凯苏拉心中十分庆幸。作为一个心理医生，帮助人们解决精神上的困扰，给他的生命带来了很大的意义。凯苏拉的成功是不断探索、尝试、失败和重新开始的结果。中学时，凯苏拉的音乐才能让他成为校园里的明星。上了大学，他才意识到音乐并非他的天赋才能。如果一直不脱离音乐领域，那么他的一生便只能活在别人的阴影之下。幸好凯苏拉是一个拥有独立性格的人，他看清了这一点且不屈服于此，于是改行换道，毅然放弃了已经走了十余年的音乐道路。他不惜重新开始，不断探索和尝试，终于发现了属于自己的领域，从而最大限度地发挥出了自身的潜能。

世界上没有过不去的坎，凯苏拉多次失败，又多次重新开始自己的追求，可以说是历尽艰难，但是他经历了一次次的尝试和探索，最终获得了成功。我们在面对失败的时候，如果只是沮丧地蜷缩在失败的阴影中，必然无法找到出路。只要离开阴影，我们就会发现原来世界上还有很多我们可以去追求的东西，我们依然可以重新选择，重新开始。

有这样一则故事。佛印正坐在船上与苏东坡把酒言欢，突然听到一个声音："有人落水了！"佛印马上就跳入了水中，找到了落水之人将其救上了岸。

被救的是一位少妇。佛印问她："你年纪轻轻，为什么要寻短见呢？"

少妇非常伤心地说："我刚刚结婚三年，可是丈夫却抛弃了我，我的孩子也已经死了，你说我活着还有什么意思？"

佛印又问："那么三年前你是怎么过的呢?"

少妇听了佛印的话眼前一亮,说道："那时我无忧无虑,自由自在。"

佛印又追问："那时你有丈夫和孩子吗?"

少妇回答说："当然没有。"

于是佛印便劝道："那你不过是被命运送回了三年前,现在你又可以无忧无虑,自由自在了。你只不过是重新在三年前的起点开始而已!"

少妇听了佛印的话,恍如一梦,于是揉了揉眼睛,想了想后,向佛印道了谢便走了。从此以后,这位少妇再也没有寻过短见。

在人生路上,我们不管遇到什么失败,大不了从头再来,这时我们根本不需要畏惧,也不需要绝望,因为生活仍然可以继续,我们的脚步依然没有停歇。只要我们拥有永不言败的心态,惭愧却勇于面对,自责而不去伤感,积极面对失败,重新再来,那么必然可以从失败中重新站起来,继续创造我们精彩的人生。

第四章

改变思维，学会用脑袋走路

　　很多人总是利用经验和习惯去工作生活，新思维、新办法很难走进他们的脑海中，有些换个思路就能解决的问题，却因为自己的"守旧"而无法解决。打破思维定式、勇于创新，往往能轻松解决很多问题。

跳出常规，才能与成功相约

与其故步自封等死，还不如跳出常规求生。只要你能跳出常规，就能与成功相约。

俗话说：吃别人嚼过的食物没有味道，同样，走别人走过的路没有意义。墨守成规，就是过单调、乏味而且与成功无缘的日子。所以，我们要跳出常规，找一些别人未涉足的领域，说不定会有一些未被发现的宝藏在途中等着我们。

如何才能踏入未被别人发现的领地，这就要求我们去想一些别人不敢想，做别人没有做过的事情。一些反向和逆向思维则会让你有这种发现。

在这方面，西班牙的航海家哥伦布深知这个灵验而奇怪的理论：他认为别人越是不可能做成功的事情，真要做起来很可能会顺利一些。

哥伦布很小的时候，就认为地球是一个球体，为此他努力去证明这一点。而那时的人认为，人类绝对不可能从西方到达富庶的东方。如果从西班牙向西航行的话，不出 500 海里，就会掉进无尽的深渊。哥伦布当然不相信这个观点。

1485 年，哥伦布到葡萄牙国王那里去游说："其实我们从此向西走，走到一定的距离后，也能到达东方。如果你们肯拿出钱来支持我的话，我一定可以证明这个事实。"葡萄牙国王没有答应他，认为他是一个骗子。于是，哥伦布又到西班牙国王那里游说，西班牙国王也没有答应他。哥伦布并没有因此而灰心，尽管后来也接二连三地碰壁，奔波的同时也花掉了他的积蓄。他只好向朋友伸手，但很多朋友把他当作疯子，不理睬、不支持、更不相信他。

最后，哥伦布终于等到了一个机会。西班牙皇后经过哥伦布的一个朋友劝说，答应支持哥伦布去冒险。万一哥伦布这个计划失败，她也就是损失一点儿小钱。

哥伦布以坚定的毅力和沉着的心态感染着跟随他的水手们，大家齐心协力地与风浪搏斗，没过多久就迎来了曙光，他们在美洲大陆插上了西班牙的国旗。

虽然哥伦布在航海中遇到一些挫折，但他用行动证明了：踏入别人未涉足的领域，事情可能做起来或许更顺利些。他的话在今天看来，对于我们的发展同样有着积极的意义。

有的人认为，生命应该是多姿多彩的，我们每个人都应该有各自不同的生活。一个真正有创造力的人不会重复别人的生活模式，即使看起来是多么富足的生活，我们的人生也应该有自己的追求。每个人应该以一个开拓者的身份义无反顾地挑战自己的未来。

生活中，有很多人从没有自己的立场，别人怎么说，他们也就跟着怎么说，当不同的人说着不同立场的话时，他们就分不清、辨不明了，他们会在不同立场观点之间游移不定。而一旦遇到利益，他们争先恐后，比谁跑得都快。他们对待工作因循守旧，人云亦云，是不会有大的发展前途，混日子、和稀泥应该是他们的强项。他们的人生也只能是平庸的人生。

我们每个人的人生都应该是千姿百态的，因而构成社会发展的丰富性。那些人生充满传奇色彩的人物，他们不愿意过那种一天天循环固定的生活，不愿意天天守在办公室，做着单调而又重复的劳动。他们认为那种看似稳定而没有激情的生活实在没有意义，那样的生活其实只是一天的生活而已，只不过周而复始地重复罢了。真正有意义的人生应该是充满冒险的人生，应该是去做别人没有做过的事情，尽管看起来困难重重，但他们以苦为乐、乐此不疲。

如果你想踏入别人未涉足的领域，就应该独辟蹊径，去走那些别人没有走过的路，你肯定会看到别人未曾见到过的美景。

很多啤酒商都认为，要打开比利时首都布鲁塞尔的啤酒市场很困难。开始的"哈罗"啤酒厂也是如此。

当时的哈罗啤酒厂的市场份额在逐步地减少，而啤酒厂没有钱在电视或报纸上做广告。尽管销售员林达多次建议厂长做些广告，但都被厂长拒绝了。林达决定冒险去做这个事情，于是，他贷款承包了啤酒厂的销售工作。但如何去做广告成了林达的心病。当他徘徊到布鲁塞尔市中心的于连广场，看到广场中心那个用自己的尿浇灭了敌人炸城的导火线而挽救了这个城市的小英雄于连，林达突然有了主意，决定自己要做一件别人从未做过的事情。

翌日，广场上的人们发现于连雕像的尿由水变成了金黄剔透、泡沫泛起的"哈罗"啤酒，旁边还立着一块写着"哈罗啤酒免费品尝"的广告牌。如此新意，很快传遍全市。市区四面八方的老百姓都聚集于此，他们拿着自己的瓶瓶罐罐来接啤酒喝。媒体也争相报道这一奇观。

那一年，该厂的啤酒销量一下子增长了近 20 倍。这个叫林达的小伙子轰动了整个欧洲，成了闻名布鲁塞尔的销售专家。

　　林达的成功在于他那独特的广告创意，他做了一件别人没有做过的事情。

　　别人没有走过的路未必就充满着艰难险阻，你走了说不定会有意想不到的收获。如果真是这样的话，我们何不去尝试一下呢。即使前面有一些险阻，经受风雨的洗礼，品尝挫折的磨炼，也未必是一件坏事。

　　如果你干任何事情都是墨守成规，不走别人没有走过的路，那么，成功就离你越来越远，这不是自己和自己过不去吗？

　　跳出常规，勇于踏入那些别人未涉足的领域还有一个最大的好处就是没有竞争。只要你能克服这块领域的本身环境带来的冲击就基本上算是成功了，因为跳出常规没有别人设下的陷阱，也用不着担心别人乘虚而入，你可以踏实地做事，一直到你所做的事情成功。

跳出思维定式思考问题

一个青年来到一片沼泽前，心中正犹豫该从何处通过时，他看到了一行脚印，"有脚印，说明有人走过，别人能走的，我当然也能走。"于是，青年毫不迟疑地顺着那串脚印走进了沼泽。

遗憾的是，他再也没能走出来。

第二天、第三天，第二个、第三个人又来到这片沼泽。他们的选择和前人一样，结果也是一样。

一个又一个鲜活的生命就这样被一行无言的脚印引入沼泽、引向死亡。这些因循守旧者与其说是死于大自然的沼泽，还不如说是死于思维的沼泽。这是人们在为那些不幸的人扼腕长叹之余，所得出最震撼人心的警示。

生活中有很多的思维定式和习惯取向束缚着人们的头脑，左右着人们的心灵，羁绊着人们的步伐。所谓思维定式，是指人们思想的趋势、程度和方式。构成思维定式的因素，主要是认识的固定倾向。如果让你看两张照片，一张照片上的人英俊、文雅；而另一张照片上的人丑陋、粗俗。然后对你说，这两个人中有一个是通缉犯，要你指出谁是罪犯，你大概不会犹豫吧！先前形成的知识、经验、习惯，都会使人们形成认识的固定倾向，从而影响后来的分析、判断，形成思维定式——思维总是摆脱不了已有框架的束缚。如果单纯地认识某一个断面，那么是把握不了整体的。所以，换个角度看问题是至关重要的。

思维定式跟任何事物一样都具有两面性。一方面，它可以使人们在解决问题时不需要太多的思考，减少摸索的过程，让行动越来越自动化；另一方面，它具有难以避免的刻板性，易使人们过多地依赖经验，从而产生惰性。认为别人这样，我也可以这样，有人干的就是对的，大家做的就是好的，稍有不慎，就会导致人们在解决问题时陷入困境。那些人就是先在思维上惯性地受制于脚印，后受困于沼泽，最终一去不回。

生活中，我们经常可以看到一些人为解答这类问题而绞尽脑汁。他们困于认识的固定倾向，而不能识破题目布下的圈套。由认识的固定倾向所产生的消极的思维定式，是禁锢人的思维的枷锁。人们常听见这样的话：我这里祖祖辈辈就这样，山这么高，路这么远，再怎么努力干，经济也发展不起来。

一个人一旦形成了习惯的思维定式，就会习惯顺着定势去思考问题，不愿也不会转个方向、换个角度想问题，这是很多人的一种愚顽的"难治之症"。

习惯顺着定式去思考问题的人，在生活中其实就是自己给自己出难题，因为他们跳不出思维的束缚，从而也就远离了成功。

从前，有一个穷人，他很穷，真的是太穷了。一个富人见他很可怜，就起了善心，想帮助他致富。于是，富人就送给穷人一头牛，嘱咐他好好开荒，到春天的时候撒上种子，秋天就可以收获了，不会再整日与贫穷为伴了。

刚开始的几天，穷人心里满怀希望，他勤奋地开荒。但没过几天，牛要吃草，人要吃饭，日子比以前还要难过。穷人就想，不如把牛卖了，买几只羊，先杀一只吃，剩下的还可以生小羊，羊长大了拿去卖，不就可以赚很多钱了吗？

穷人如愿以偿，实现了他买羊的计划。只是吃了一只羊之后，小羊迟迟没有生下来，日子又艰难了，没有办法，他就又吃了一只。穷人想，这样下去不得了，还不如把羊卖了买几只鸡，鸡生蛋的速度要快一些，有了鸡蛋立即就可以赚到钱，日子就可以好过。穷人的计划又如愿以偿了，但他的生活却没有任何改变，日子艰难了，他又忍不住杀鸡，到后来杀到只剩下一只鸡的时候，穷人彻底崩溃。他想致富是没有任何希望了，还不如把鸡卖了，打一壶酒，三杯下肚，万事不愁。

很快，春天来了，富人兴致勃勃地送种子来，赫然发现穷人正就着咸菜喝酒，牛早就没了，这个穷人还是过着一贫如洗的生活。

看到这种情况，富人转身走了，穷人还是和以前一样穷。如这个穷人一样，很多人都曾有过梦想，甚至有过机遇，有过行动，但他们却没有改变旧观念。因为他们早已经习惯了这种观念。

在生活的旅途中，我们总是经年累月地按照一些旧的观念去行动，从不尝试走别的路，这就容易衍生出消极厌世、疲沓乏味之感。所以，不换思路，生活也就乏味。很多人走不出思维定式，所以他们走不出宿命般的可悲结局；而一旦走出了思维定式，也许可以看到许多别样的人生风景，甚至可以创造新的奇迹。

曾有一位探险家深入雪山被困，粮食耗尽，精疲力竭，虽与外界取得了联系，但在茫茫雪海之中寻人又谈何容易？警方虽出动了数架直升机，仍是难寻其踪影。

在如此弹尽粮绝却又无外援的情况下，按常理已是希望渺茫，然而此时探险家打破常规，割肉放血。鲜血染红一片，在白茫茫的雪地上格外显眼，最终，他获救了。在似乎绝望的困境中，他打破常规，终于寻找到了希望，创造出了新的生机。

思维决定一个人的人生路径。当然，每个人都有一个固定的思维方式，只不过思维方式不同而已。固定的思维方式容易产生偏见，这种偏见带有强烈的个人色彩。它容易把人的思维引入歧途，也会给生活与事业带来消极影响。

要改变思维定式，需要我们改变观念。要随着形势的发展不断调整、改变自己的行动。一成不变的观念将会带来毫无生机的局面。不善改变思维，就根本不可能找到成功的路径。因为思维是改变自己的内在基础，只要运用头脑，积极思考，你就能够在社会中发现机会，创造机会，改变自己的生活，实现人生的目标。

此路行不通，那就再找一条

很多时候，当我们面前无路可走的时候，为什么不尝试向左或向右呢？问题是如此简单，但就是这个很简单的问题，很多人却想不到。

最近，张跃然心情不好，由于工作的缘故，他受到了领导严厉的批评。领导批评他也是有原因的：张跃然接受了一个对公司的发展举足轻重的任务，因此在他执行任务前，领导千叮咛万嘱咐，让他多参考别人的意见，甚至还给他提了一套方案。而张跃然自认为依靠自己的经验和能力，完成任务应该不成问题。但当他执行任务的时候，发现事情并不像自己想象的那么简单。不过他仍然固执地使用他的老方法，最后事情搞砸了。

视野不够远大，胸襟不够广阔，想当然地执着于自己的经历或者经验，常常会让人钻进一条死胡同中不能脱身。对张跃然来说，他的失败就在于，当他按照自己的经验行事时，路走不通了，但他仍然固执于自己的方法，这也是他搞砸任务的主要原因。

当我们面前无路可走的时候，我们何不去想想有没有别的路可走呢？凭着自己的经验一条路走到黑的人其实是自己和自己过不去。

路很多，不要总是拣熟悉的走。如果总是沿着老路前进，就会把路走绝。这时，不妨往旁边跨几步，也许你就会发现无数条路。堵死我们的往往不是路，而是我们自己。

路的旁边也是路，这条路看上去也许像羊肠小道。但当我们无路可走的时候，它很可能是一条充满希望、充满机遇、通向成功的光明大道！

很多刚入职场的人，用不了多久，起初敢闯敢拼的劲头就会被消磨殆尽。但杜丁却是个例外。在大学里杜丁就以创意迭出著称，走上工作岗位两年多的时间里，他依然像刚入职场时的样子，脑子里有无穷的点子。

不过，现在杜丁难免会有些郁郁不得志的感慨——他的老板是个因循守旧的老人，从他创立公司时开始，小心谨慎一直都是他遵循的核心思想。在金融危机到来的时候，公司没有像别的公司那样轰然倒塌，这也让老板更坚信是自己的保守和谨慎，才让公司幸免于难。

公司专门生产家用小电扇。老板的想法是少而精，要做就做最专业的。杜丁可不这么想。按照他的理解，公司的实力虽然不是很强大，但还不至于让产品如此单一——在多元化的市场环境中，仅仅生产一两种没有优势的产品显然是不够的。因此他想设计新的产品。

但杜丁不是老板，他只是老板手下的一个部门负责人而已。不过这并没有阻止他产生标新立异的想法。他想，等他设计出了产品，老板一定会认可他的。然而杜丁明白，老板是绝不会允许杜丁利用公司的资源来进行在他看来毫无意义的尝试的。

因此，杜丁想了一个法子。他先跟老板提建议，说应该在电扇的设计上进行更新。在取得老板的同意后，他马上开始着手进行新产品的设计。不到两个月的时间，他就设计出了一款空调扇。这时，老板才发现"上当"了。不过面对越来越多的订单，老板能怎么做呢？唯一能做的，就是赶紧给杜丁升职！

生活中，有些人总是在一条路上前行。当无路可走的时候，便怨天尤人，抱怨别人没有尽心尽力帮助自己，抱怨自己为什么这么没用。实际上，路的旁边也是路。有时候我们走不下去，只是我们的眼光太狭窄了。最后堵死我们的不是路，而是我们自己。

人生的路很长，遇到的挫折也很多：为环境所迫，为条件所困，为生活所累，为情感所惑……有些事情我们是无法改变的。但有句话是这样说的：当我们无法改变他人的时候，我们可以改变自己；当我们无法改变环境的时候，我们可以改变心境。人生之路永远都不是只有一条。当我们不能改变全部时，为什么不改变局部呢？当我们无休止地抱怨的时候，为什么不尝试着走别的路呢？这时候，我们应该满怀信心地尝试别的方法——当一种方法解决不了问题的时候，不要抱怨，尝试着走别的路，也许那就是一条捷径。

挑战传统，才能获得创新

勇于创新，大胆挑战传统方法和规则，是你取得成功的良好保证，可以充分实现你的自我价值。

要成功，就需要勇于创新。如果一味地服从传统、按照规定好的条条框框埋头工作，那你最多称得上一个"本分"的人，离成功者的素质还是相去甚远。

人必须要不断增强自己的创新意识、大胆突破传统方法和规则的束缚，这些将有助于自己更快、更好地解决问题，这是增强个人竞争力和体现个人价值的重要途径。要想适应日新月异的时代发展趋势，要想实现从平庸到卓越的飞跃，就必须具有创新意识，勇于创新、善于创新。

"我每天规规矩矩地上下班，按照既定的方法和程序做事，很少犯错误，可是为什么每次发奖金时我都没有别人多呢？领导说我的工作效能不高、缺乏创新意识，我也知道自己做事比较死板。可是，创新哪有那么容易，而且要创新就要打破一些传统的东西。那可是延续了很长时间的规则，人微言轻的我怎么能随便改变这些历来都被认为正确的规则呢？"这是在一次培训会上一位员工说的话，类似这样的话你还可以听到很多。

工作中，说这些话的员工普遍缺乏创新意识，他们从思想上就不敢轻易想到创新，传统规则紧紧地束缚住了他们的手脚，这就造成了他们在行动上中规中矩，缩手缩脚。

久而久之，他们在生活和工作中就与"创新"彻底绝缘了，他们再也不会主动寻求解决问题的新方法。当环境、事物没有发生较大改变时，也许他们还能做出一些成绩。但随着时间和环境的变化，旧方法和旧规则将逐渐不适合，此时，这些不敢创新的人就只能随着旧方法、旧规则的更换而惨遭淘汰了。

很多缺乏创新意识、不敢大胆挑战传统方法和规则的人实际上都是缺乏创新的勇气。

事实上，所谓的"创新"并非彻头彻尾的"革命"，而是根植于旧的传统而产生新的方法，是独辟蹊径。没有旧的规则，新的规则就会无可依托，正所谓"皮之不存，毛将焉附"。创新的过程其实就是一个不断吐故纳新的过程，只有对既定规则了然于胸，才会根据旧规则创立新的模式。

亚伯拉罕在其著作《突破现状创新思考》一书中指出，要在事业或人生生涯中创新突破，秘诀是更聪明地做事，而不是更努力地工作。要更聪明地做事，就要学会创造性的思考，并且努力落实这些想法，最终创新突破。人们在工作中应该具有大胆创新的精神，否则就很难实现突破。

比如，一个人的生存和发展离不开创新，同时，事业的扩张也离不开创新意识。

如果一个人在工作中一味墨守成规，因循守旧，不能创造性地完成任务，消极被动，必将"大祸临头"。

服从传统、因循守旧，就会远离创造性行为，离成功就越来越远。

这和一个企业占领市场，谋求发展有着同样的道理。市场上某些看似寻常平淡的"冷门"，背后往往隐藏着尚未开发的无限商机。谁能够思人所未思，肯下功夫了解既定规则，进而打破常规，谁就会开拓出独领风骚的新天地。而在人生中，哪个人能在寻常生活中处处留心，在众多人中做出与众不同的正确决断，即使工作寻常，也时时迸发新意。这个人就会大有前途，得到更好的发展空间。

要想成功就必须具有足够的创新意识。当原来的路走不通的时候，不要和自己过不去，要想办法开辟新路；当过去的方法不能迅速解决现在的问题时，不要和自己过不去，要寻找更高效的处理方法。

固执容易酿成大祸

心理学家认为，固执常和思维狭隘、不喜欢接受新事物、对未曾经历的事情感到担心相互联系着，它是一种人格障碍。

有两只小青蛙是好朋友。一只住在远离村庄的池塘里，另一只住在乡间小路旁的浅水沟里。

当它们相约在一起晒太阳和聊天时，住在池塘里的那只青蛙说："我的朋友，你快搬过来和我一起住吧，我那里的水清澈干净，食物又丰富。"

"不，我的朋友，我的祖祖辈辈都住在这里，我舍不得离开。"

"可是，你住在浅水沟里太危险了。瞧，那么多马车从你家门口经过，你不觉得太吵了吗？"

"哈哈哈，吵？"住在浅水沟里的青蛙大笑起来，"我亲爱的朋友，那马车发出的吱吱声，在我听来美妙无比，有时，我还把它当成催眠曲呢！"

"可是……可是，我还是觉得你应该搬出浅水沟……"

"不，我决不离开……"

后来，某一天，浅水沟里的青蛙正躺在浅水沟里欣赏那由远而近的车轮声时，却不曾想马车的车轮正好碾过浅水沟，把它给轧死在车轮下了。

做人做事需要执着，但如果执着得过了头，就变成固执了，就会产生意想不到的后果了。固执过了头的人，其实就是自己和自己过不去。

从前有一个叫跟叔的人，性格很是倔强，又常常自以为是，爱跟别人唱反调。

跟叔在龟山的北面种粮食，又想与别人倒着来。他在高而平的地方种水稻，却在又低又潮湿的地方种高粱。

他有个很忠诚的朋友，见他这样做，就好言劝说："高粱适合种在旱的地方，水稻宜于种在低湿的地方。可是你现在正好相反，违反了水稻和高粱的生长习性，那怎么能获得丰收呢？"

跟叔听了朋友的话，一点儿都没放在心上，还是我行我素。结果，他辛辛苦苦地种了10年地，每年都歉收，粮仓里一点儿储备也没有。

眼看就快没饭吃了，跟叔这才去看朋友的地。发现朋友正是像他劝说自己的那样种地，所以获得了丰收，跟叔不由得懊悔万分。他向朋友道歉说："您说得对啊，我知道悔改了，不再不听劝告了。"

后来，跟叔到别的地方去做生意。他做生意完全不加考虑，看到别人抢购什么货物，他也一定进什么货，处处都硬要和别人竞争。这样一来，他的货一到手，积压得厉害，手上的货总是卖不出去，价钱被压得极低。

跟叔的朋友担心他吃亏，就又劝说他："善于做买卖的人要进别人暂时不争不抢的货物，这样，一旦等到机会来了，就可以获得好几倍的利润。这正是商人致富的原因啊！"可跟叔又不听。

过了10年，跟叔常常亏本，终于入不敷出，到了非常困窘的境地。这时，跟叔才又回想起了朋友的话，意识到朋友是正确的，于是又去找到他的朋友道歉："我现在知道自己错了，从今以后，我再也不敢不知悔改。"

有一天，跟叔要驾船出海，邀请了他的朋友一起去海边。他的朋友将他送上船，告诫他说："等你到了海水归聚之处，一定要返航回来，不然船一进去就再也出不来了。"

跟叔表示自己记住了，会听朋友的话。跟叔驾着船随着波涛向东驶去。

航行了一些日子，到了海水归聚的深渊边上。

这时候，他又犯了那顽固的老毛病，不相信朋友的告诫还是继续前进。

结果船被卷入深深的大壑中。跟叔就在这黑暗的地方，忍受着颠簸和孤独，非常艰难地过了 9 年。直到一次赶上大鲲化为大鹏时激起的巨浪，才总算被冲出了大壑，可以回家了。

跟叔回到家里，头发全白了，形体枯瘦得就像根蜡烛，亲朋好友没有一个人能认得出他来。

跟叔再次找到他的朋友，深深地拜了两拜，还对天发誓说："如我再不悔改，请太阳做证惩罚我。"

他的朋友笑着说；"悔改是悔改了，但还有什么用呢?" 人们都说跟叔三次悔改就度过了一生。

还有的人说，跟叔还不如不悔改呢，若是不悔改的话，忧患还少一些。

不要一条道走到黑

不为难自己的人从不迷信以往的经验、传统和权威，也从不迷信自己。他们只会用开放的胸怀接纳事物，用多变的思维解决问题！

但是，有些人却常常陷入某种权威和思维定式之中，自设陷阱，自设障碍，以致"一根筋"地坚持到底，迷迷糊糊地转不过弯来，最终荒废了自己的聪明与才智。

一根筋走到底的人，其实就是自己和自己过不去，自己给自己出难题。

斯里是通用汽车公司的一名普通职员，平时工作沉稳扎实，努力上进。

这一天，他鼓起勇气走进上司的办公室，说："对不起，我想该给我涨工资了。"

"不，不能给你涨，绝对不会，"上司微笑着回答，并指着玻璃板下的一张印刷卡片不慌不忙地说道："很不凑巧，根据本公司职务工资制度，你的工资已是你这一档中最高的了。"

听到这里，斯里顿时泄了气："哎，我忘记我的工资级别了！"

他退了出来，几个铅字打印出的制度使他放弃了他本应得到的东西。他想："我怎么能推翻那张压在玻璃板下的印刷表格呢？那是制度，是权威。"

其实，斯里的上司也许只是希望斯里表现出充分的自信，并用这份自信和出色的工作业绩来说服他。但斯里却以"一根筋"的想法，放弃了自己应得的权利，并同时放弃了自己赢得权力时应该展现出的智慧与才能。

试想一下，这样的人又怎能成为一名出色的员工呢？因为他首先"软禁"了自己，故步自封，墨守成规！

事实上，很多人的思维方式都是这样的，甚至包括你自己。一旦被现成的所谓的经典或权威所左右，你可能就会使自己的逻辑推理陷入一个可笑的误区，并在其中无法自拔。由此，在你的头脑中，自然就不会有新的思路、新的观点出现，甚至可笑到不允许有新的思维方式出现。

李·艾科卡1979年到克莱斯勒汽车公司任CEO时，接手的是一个债台高筑的烂摊子。万般无奈之下，艾科卡只好求助于政府，希望能够得到美国政府的担保，以便从银行获得10亿美元贷款，用于克莱斯勒公司开发新型轿车。

这一消息传出后，在整个美国掀起了轩然大波，惹出了一片斥责之声。原来，在美国企业界有一个不成文的规矩：认为依靠外部力量，尤其是依靠政府的帮助来发展经济的做法，是不合乎自由竞争原则的。

面对企业界、舆论界、美国政府和国会的一片斥责与反对，艾科卡并没有气馁。他坚信规则是死的，人是活的，没有什么规则是不能被打破的。他不急不躁，冷静地分析了目前的形势，采取了"分兵合进、各个击破"的战术，耐心地去扫除公共关系上的重重障碍。

首先，他援引了美国人所共知的史实，有理有据地向企业界说明：过去，洛克希德公司、全美五大钢铁公司和华盛顿地铁公司都曾先后取得过政府担保的银行贷款，总额高达 4097 亿美元。而克莱斯勒公司请政府出面担保仅 10 亿美元贷款的申请，却遭到非议，原因何在？

接着，艾科卡又向舆论界大声疾呼：挽救克莱斯勒公司，正是维护美国的自由企业制度，保护市场竞争。北美只有三家大汽车公司，一旦克莱斯勒公司破产垮台，整个北美市场就将被通用和福特两家公司瓜分垄断。这样一来，美国所引以为傲的自由竞争精神岂不就荡然无存了吗？

对政府，艾科卡则不卑不亢，提出了言辞温和而骨子里却很强硬的警告。他先是替政府热心地算了一笔账：若是克莱斯勒公司现在破产，那么，将有 60 万工人失业。仅破产的第一年，政府就必须为此支付 27 亿美元的失业保险金和其他社会福利开销。然后，他彬彬有礼地向当时正为财政出现巨额赤字而焦头烂额的美国政府发问："您是愿意白白地支付 27 亿美元呢？还是愿意仅仅出面担个保，帮助克莱斯勒公司向银行借出 10 亿美元贷款呢？

对国会议员们，艾科卡的工作更是做得滴水不漏。他为每个国会议员开出一张详细的清单，上面列有该议员所在选区内所有同克莱斯勒公司有经济往来的代销商、供应商的名字，并附有一份如果克莱斯勒公司倒闭将在其选区内产生什么经济后果的分析报告。这样做的实质是在暗示这些国会议员：若是你投票反对政府为克莱斯勒公司贷款担保，那么，你所在的选区内就将有若干与克莱斯勒公司有业务关系的选民因此而丢掉工作，而这些失业的选民对剥夺他们工作机会的国会议员必然反感。试问，你的议员席位还会稳固吗？

艾科卡这种"分兵合进、各个击破"的战术，最终收到了奇效：企业界、舆论界的反对派偃旗息鼓；国会那些原先曾激烈反对政府担保的声音也销声匿迹。艾科卡不动声色地化干戈为玉帛，争取到了社会上各个层面对他的支持，终于将他所需要的10亿美元贷款顺利拿到手了。

靠着这笔来之不易的贷款，克莱斯勒公司一举开发出了数种新型轿车。从1982年起，克莱斯勒公司就实现了扭亏为盈，翌年又赚取利润9亿美元，创造了该公司有史以来盈利最丰的纪录。克莱斯勒公司由此走上了再度发展的轨道，艾科卡也一举成名，成为美国妇孺皆知的风云人物。

艾科卡是一个真正具有创造力的人，他在现有经验行不通的情况下，果断地转换思维方向，另辟蹊径，挑战规则，并有计划、有步骤地搞定了反对意见，迎来了最终的胜利。

可如果他一味地遵循规则，或从经验出发，那就是自己给自己出难题，那么，克莱斯勒公司就只能是走向破产。当然，这并不是否定经验与规则，只是要让你多方面地考虑问题，否则你就只会陷入一个怪圈里走不出来。

人不能被经验迷惑，不能被权威误导，不能被规则束缚，要勇敢地张开你思想的双翼，向左、向右、向上、向下，不断地尝试飞翔，总有一个绝佳的创意在某个角落等待你去察觉。只要你不断创新，打破规则，就一定能突破瓶颈，迎来灿烂的未来！

第五章

勤于学习，赢得长久的竞争力

　　一个善于终身学习的人，就像怀揣一块巨大无比的海绵，到处吸收营养以为己用。学历是有终点的，但学习却没有止境。特别是身处知识更新换代速度奇快的当下，你只要不学习，三五年后，知识、技术与经验就会完全跟不上时代。如今，唯有勤于学习的人，才能拥有长久的竞争力。

充分利用学习的时机

很久以前，有兄弟两人，各置办了一些货物，出门去做买卖。他们来到一个国家，这个国家的人都不穿衣服，因此被称作"裸人国"。

弟弟说："这儿与我国的风俗习惯完全不同，要想在这儿做好买卖，实在不易啊！不过俗话说：入乡随俗。只要我们小心谨慎，讲话谦虚，照着他们的风俗习惯办事，想必问题不大。"

哥哥却说："无论到什么地方，礼义不可不讲，德行不可不求。难道我们也光着身子与他们往来吗？这可太伤风败俗了。"

弟弟说："古代不少贤人，虽然形体上有变化，但行为却十分正直。所谓'隐身不隐行'，这也是戒律所允许的。"

于是，弟弟先进入裸人国。过了十来天，弟弟派人来告诉哥哥，一定得按当地风俗习惯，才能办得成事。哥哥生气了，回话说："这样行事，难道是君子应该做的吗？我决不能像弟弟那样做。"

裸人国的风俗，每月初一、十五的晚上，大家用麻油擦头，用白土在身上画上各种图案，戴上各种装饰品，敲击着石头，男男女女手拉着手，唱歌跳舞。弟弟也学着他们的样子，与他们一起欢歌曼舞。裸人国的人们无论是国王，还是普通百姓都十分喜欢弟弟。国王把弟弟带去的货物全都买下来了，并付给他十倍的价钱。

而哥哥来了之后，满口仁义道德，指责裸人国的人这也不对，那也不好。引起国王及人民的愤怒，大家抓住了哥哥，狠揍了一顿，他全部财物都被抢走了。多亏了弟弟说情，才把他救了出来。

有什么样的环境，做出什么样的选择，自然就会有不一样的结果。学习也是一样，只有因地制宜，你的学习才是最适合你自己的，也是最成功的。

不懂的就要学，只有学了才会懂，也只有懂了才会用，用过后，你才会适应。

世界建筑大师格罗培斯设计的迪士尼乐园马上就要对外开放了，然而各景点之间的路该怎样连接还没有具体方案。格罗培斯心里十分焦躁。巴黎的庆典一结束，他就让司机驾车带他去地中海海滨。

汽车在法国南部的乡间公路上奔驰，这里漫山遍野到处都是当地农民的葡萄园。当车子拐入一个小山谷时，他发现那儿停着许多车子。原来这是一个无人看守的葡萄园。你只要在路边的箱子里投入 5 法郎，就可以摘一篮葡萄上路。据说，这是当地一位老太太的葡萄园，她因无力料理而想出这个办法。谁知，在这绵延上百里的葡萄产区，总是她的葡萄最先卖完。

这种给人自由，任其选择的做法使大师深受启发。回到住地，他给施工部拍了一份电报："撒上草种，提前开放。"

迪士尼乐园提前开放的半年里，草地被踩出了许多条小道，这些踩出来的小道有宽有窄，优雅自然。第二年，格罗培斯让人按这些踩出来的痕迹铺设了人行道。

1971 年在伦敦国际园林建筑艺术研讨会上，迪士尼乐园的路径设计被评为世界最佳设计。

许多人终生处在平庸的职位上，抱怨薪水太低、运气不好、怀才不遇，却没有意识到自己身处在一所可以求得知识、积累经验的社会大学堂里。

之所以出现经常抱怨的现象，最直接的原因就是这样的人不思进取、不重视学习，宁可把业余时间消磨在娱乐场所或闲聊中，也不愿意用在学习上。他们心甘情愿陷于颓废的境地，尚未做任何努力就承认了人生的失败。

国际联邦快递公司 FedEx 的台湾分部总经理陈信孝说："在FedEx，我们强调每一个人的学习与成长，所以每一位员工每年都有 2500 美元的助学金，等于一位员工每一年都有 8 万多元台币能自行运用，可以学计算机、英文、管理课程、日文等，只要是主管认为对职务或是未来职业生涯规划有利的课，都可以去上。我们认为公司整体的竞争力来自于人，公司的员工如果可以不断地成长，那么公司也能不断地成长。"

公司如此，个人也是如此。一个人如果想要不断地进步，不在将来被淘汰，那么就一定要养成将目光放长远，为将来学习的好习惯。

学习从某种意义上来说就是一个不断地积累、积少成多、集腋成裘的过程。学习机会是广泛的，所以一个人要想学有所成，就一定要抓紧一切可以利用的时间进行学习。

英国著名生物学家达尔文每次外出考察的时候总是将书的几页撕下来放在大衣口袋里，即便是刚买来的新书也不例外。有人问他为什么不爱惜书，他说我之所以撕下来放在口袋里，是因为我在外考察的时候携带书籍不方便，但是又有一些可以随时利用的空闲时间学习。

达尔文就是因为如此好学，能够充分利用时间进行学习，才为日后取得巨大的成就奠定了基础。

知识能使人富有。现代社会，每个人都面临着不同的压力，属于自己的时间、空间被压缩得很小。但时间是挤出来的，每天只拿出十分钟的时间读书，应该不是什么难事。每天坚持做下去，你将会受益无穷。一个人储蓄知识越多，人生才越充实。因此，零星的努力、细小的进步，日积月累，都是巨大的精神财富。

抓紧一切时间，利用每一分钟，及时学习是非常必要而且有效的。在我们的生活中，有太多的零碎时间被浪费了，如果一个人能够每天都好好地利用自己的时间，那么就一定会取得很好的成就。

多从成功者身上学习

没有人天生就具备很强大的能力，只有通过后天的学习，才会补充这份缺失。唯有不断学习，才能壮大自己，并一步步走向成功。

然而，学习并非单纯停留在书本上。社会也是一所大学，到处都有学习的机会。其中，向成功者学习就是一个不错的学习方法。

也许有人会问：向成功者学习就能成功吗？

答案是："不一定。"因为一个人是否成功还受到个人条件、努力的程度和机遇等因素的影响，并不是学习别人的成功模式就可以成功；但至少成功模式是一种指引，让你有迹可循，这绝对比毫无头绪，不知何去何从好过千百倍。

那么，如何找到一套"成功模式"？

首先，找一个自己认为的成功者。这个人可以是你的朋友，可以是你的亲戚、同事，也可以是有名望的社会人士，更可以是书里的传记人物。找到了"目标人物"，你可以学习他们的思维方式和经验，还要看清楚他们所走过的道路。总结他们取得成功的秘诀，并用于自己的工作生活当中。然后，根据自己的风格，创造出一套自己的成功哲学和理论。

其次，模仿成功者。模仿是最好的学习方法。只有你愿意付出时间和努力，才能做出相同的结果来。对成功者进行模仿，你要像个侦探，像个测量员，不断地质疑并找出成功者得以成功的痕迹来。人生大部分的学习，其基本观点之一就是，从他人的成功里汲取经验。当然，模仿别人时既可紧紧追随，也可有选择地追随及保持一段距离的追随。

再次，要模仿某人，你就得同样模仿他的内心体验、信念系统，否则你只是在模仿他的肢体动作。

跟成功者学习，可以更快地取得成功，当然也要付出相应的努力。然而，这个努力要比自己去寻找取得成功的方法和途径要轻松得多。

虽然任何人的成功模式都可以套用到自己身上，但有几种"模式"必须排除，绝对不可"套用"。

——因机遇而成功的人。因为他有机遇，你可不一定也有那么好的机遇，而且机遇是不可等待的。

——因家族支持而成功的人。这种人的成功比一般人省力很多，你若无此条件，则这种人的成功是不能学习的。

——因某人提拔而成功的人。因为你不一定也会碰到愿意提拔你的人。

——因非正当手段而成功的人。此种方式危险性很高，这种险不能冒，也不值得冒。

那么，该选用什么样的"成功模式"？

你应该选择靠自己而成功的"成功模式"，而且这个人最好是和你同行，所处的环境、个人条件和你相似。你可以把他的成功经验归纳成以下几点：

——他是如何踏出第一步以及第二步、第三步？

——他如何积累实力？

　　——他如何突破困局，超越自己？

　　——他如何管理身边的人际关系？

　　——他如何规划一生的事业？

　　你可以照着做，当然也可以只模仿其中的若干方法，或是根据他的模式来修正你的方向。

　　不过，"成功模式"再好，关键还在于执行，你若不当一回事，则模式就不能发挥效用。说穿了，成功模式就是"努力"二字而已，肯努力，就会有实力，有实力就会带来好机遇。

花些时间向自己学习

要想成功，学习的重要性不言而喻。向他人学习，可以取长补短，互通有无；从书本上学习，培根说"读史使人明智，读诗使人聪慧，演算使人精密，哲理使人深刻，伦理学使人有修养，逻辑修辞使人善辩"。这两种学习方式都无可厚非，但是，在平时学习中，许多人会遗漏另一种学习方法：向自己学习！

也许你会疑惑：向自己学习？太骄傲自大，太狂妄了。其实不然。相反，向自己学习，是一种必不可少的学习方式，也是自我发展中不可或缺的。

向自己学习，就是经过实践经验后，反思、总结经验与教训，并提炼出应对策略。其实，在实际工作生活中，我们常常这样做，只是，没有意识到这个过程就是向自己学习的过程。

那么，需要从哪些方面向自己学习呢？

1. 从自己的错误中学习

实际上，每个人的成功，都要从认错开始。认错之后，就要想办法改变，在这个过程中，可以请教别人，可以看书，可以分析自己失败的原因，然后找出对策，做到对症下药。这样不断地反思自己过去的思路和方法，并从失败中吸取教训。这样，你便从错误中学到了最有价值的东西。

至少有四种错误需要学习：

第一种错误，是"在人行道上跌倒"或者"碰还没干的油漆"的错误。从这种错误中我们可以学到的唯一教训是，对这种错误表示沉默。但是，并不是说类似的错误再也不会发生。因为，人生的道路，总有崎岖不平；我们也总是有抑制不住的强烈愿望，想去看看"油漆未干"是否属实。

第二种错误是低级错误。比如，出门后把钥匙锁在了里面。如果类似这种事情经常发生，这就需要想办法去记住一些事情。解决了这种错误，我们的生活可以变得更加有组织、有规律。

第三种错误就是不断重复前两种错误，却并不知道它是错误，或者不知道如何去改变和学习错误，以期在下一次得到不同的结果。这时，应该对自己的思维方式进行改变。

第四种错误是最有机会学习的错误。它可能是不可避免的，因为事情的整个环节都会渐渐导致失误的产生，这正是需要学习的地方。通过分析原因、特征和错误的本质，会发现错误完全不可避免，但是或许可以利用这些信息，在事情进行的过程中做出不同的反应，从而达到不同的效果。

想要成功，就应该不断否定自己，创新，再否定……直到找到最优良的解决方案。承认错误并不可怕，可怕的是已经认识到不足后依然不改，故步自封。更可怕的是发现不了自己的不足。

2. 向自己的经验学习

学习是取其精华去其糟粕的过程。所以，在向自己学习的过程中，我们不仅要向自己的错误学习，还要向自己的经验学习。通过实践，不断反思，得出经验教训，吸取教训，创新工作方法，并总结经验，这是很重要的一步。

有不少人只注意学习别人的经验，而不重视自己的经验。甚至认为学习自己的经验是一种傻瓜行为。其实不然。每个人无论学习什么，都可以有三种方法：一是从书本上学，二是从他人的经验中学，三是从自己的实践中学。向自己的经验学习，并不等于不向别人的经验学习。事实上，三种学习方法是互相渗透的，书本上得来的知识，它的价值如果被比作铜，那么从他人的经验里得来的知识就是银，而从自己亲身实践中得来的知识就是金了。因为善于用自己的头脑思考，善于结合自己的实践、经验来积累知识、增长学问的人，不但知道事物的本身，而且能够根据事物的表面现象做出正确无误的判断。遇到应该做的事，他能凭借自己的实践经验，毫不犹豫地去干，并且有始有终地完成。这样的人才是有真本领的人。

向自己的经验学习，首先要总结自己的经验，总结经验的过程也是整理过程，会让自己更有条理，更有效地发挥优点，所以，这个过程也是学习提升的过程。从写作方面而言，对写作能力和思维能力也有很大帮助。把自己的经验写出来后，跟别人分享，说不定，也能给别人启示，这样既能提升自己，又能帮助别人，何乐而不为？甚至通过交流，别人会给你更好的建议。

管理大师彼得·德鲁克说："我靠倾听来学习，倾听我自己。"美国杰出小说家纳博科夫说："一流的作家都模仿自己，二流的作家才模仿他人。"他们都是杰出的大师，也是自己向自己学习的典范。

失败者也有可学之处

人人向往成功，但成功的只有少数人，而且比例越来越小。今天奥林匹克百米赛跑的参赛人数，是1896年的50倍，但奖牌依然只有三面。随着竞争的加剧，"失败者"呈倍数增长。可以说"失败"已经成为人生的常态。

既然如此，向失败者学习失败之处，以便自己规避，也是提高学习能力的一种很好的方法。

一个事业颇有成就的企业家说："一般人都是以成功者为师，把成功者的成就当作奋斗目标，有些人还遵循成功者的模式，以此构筑自己的未来。这种做法没什么不好，人总需要'希望'来鼓舞。但一切向'成功者'看齐却有可能使人坠入一种幻觉当中，认为'我也可以成功'！殊不知，一个人的成功是需要很多条件配合的，并不是一蹴而就。另外，成功者的成功模式因为个性、主客观条件而不同，并不一定适合每个人。所以，向失败者学习，把失败者的失败当成一个案例，仔细探查失败的真正原因，以此作为自己的警惕，也是提高学习能力很有效的一种方法。"

这位企业家说，他从创业开始到现在，从未停止仔细观察同行及非同行的失败原因；别人是在成功中获取经验，他是从别人的失败中吸取教训，因此他不但顺利创业，而且发展得非常稳定。他说：企业的"存在"比"壮大"更重要，因为有

"存在"，才可能"壮大"，若为了"壮大"而失去"存在"，那就失去创办企业的目的。何况失败是痛苦的事，更有一失败就永无再起的可能，所以，"避免失败"比"追求成功"更重要。

任何失败都是有原因的，不管是主观因素或客观因素。不过要了解失败者的失败原因并不太容易，失败者往往不愿意谈失败的过去，因为这会暴露自己的无能。

如果你找到失败者本人谈，他大概也不会告诉你真相，他只会告诉你，他的失败是因为经济不景气、朋友拖累、或是被出卖、被骗、被倒账……属于他个人的能力、判断、个性上的问题，他是不会告诉你的；何况有些失败者根本不知道他失败的原因。因此要了解失败者失败的原因，你得多方收集资料，参考专家的分析、同行的看法，至于这位失败者的个人条件，可从他的朋友处了解。

当把资料收集够了，把它一条条列出来，仔细分析，再归纳成几个重点。

不过并不是了解就算了，你必须把你所观察、分析到的东西拿来检验自己，和失败者的一切做对照比较。如果你的个性、能力和其他主客观因素都和那失败者有相似之处，那么就要提高警觉。弱的地方要加强，不好的地方要改善，这样你就可避免和那失败者犯同样的错误，成功的概率自然会大为提高。

1993年曾被美国杂志评为"本年度扭转乾坤的总裁"、著名企业家麦克·戴尔说："我们一向把错误当成学习的机会，重点是要从所犯的错误中好好学习，才能避免重蹈覆辙。"他也是想告诉大家一个道理：失败是后来者的养料。

除了经营事业要向失败者学习外，平时做人做事也应向失败者学习。

在做人方面，多参考他们的个性，观察他们平日的来往和作为，你就可以知道他们做人失败的原因在哪里。

在做事方面，"失败者"的例子更多，这里所谓的"失败"包括做得不尽完善的事，这些事一般都会由主管开会进行检讨，这种检讨有时只是应付了事，但因为近在身旁，所以不管检讨是不是在"应付"，你都会有不错的收获。

曾有一个将军说："两军对阵，谁犯的错误少，谁就得胜。"做事也是一样，犯的错误少，成功的概率就会提高，而要减少错误，就是向"失败者"学习，这种教训并不需要你以失败去换取，多么划算！

养成每天学习的习惯

　　知识和才干的增长，不是一朝一夕的事，只有养成每天学习的习惯，才会有不菲的收获。

　　威廉·奥斯罗爵士是美国当代最伟大的内科医生之一。他的杰出成就不仅在于他精深的专业知识和技能，而且因为他具备各方面的渊博知识。他非常重视提高自身文化修养，也很清楚要了解人类杰出成就的最好途径就是阅读前人留下的文字。但是，奥斯罗有着比别人大得多的困难。他不仅是工作繁忙的内科医生，同时，他还得任教、进行医学研究。除了少得可怜的吃饭、睡觉时间，他大多数时间都花费在这三种工作中。

　　奥斯罗自有他的解决办法。他强迫自己每天必须读书15分钟，不管如何疲劳、难受。睡觉之前的15分钟必须用来看书。即使有时研究工作进行到凌晨2点，他也会读到2点15分。坚持一段时间后，他如果不读上15分钟简直无法入睡。

　　在这种坚持下，奥斯罗读了数量相当可观的书籍。除了专业知识之外，他亦有其他方面的才学，这种趋于完美的知识结构使他能够充分发挥其他业余爱好，并皆有成就。

　　从清贫困苦的学徒少年到"塑胶花大王"，从地产大亨到股市大腕，从行业的至尊到现代高科技的急先锋……李嘉诚一路走来，几乎都能占得先机，挣得巨大的财富。他有什么成功的秘诀吗？

李嘉诚出生在一个书香世家。家学渊源对少年李嘉诚的影响深刻久远，他对自己 14 岁之前的求学、求知经历，曾有过这样的感叹："少年时期学到的知识弥足珍贵，它令我终身受益。"

少年时代，李嘉诚接受了正统的中国传统文化的熏陶。他三岁就能咏《三字经》《千家诗》等诗文。但年幼的李嘉诚并不满足于先生教授的诗文。李氏家族的古宅，有一间珍藏图书的藏书阁，李嘉诚每天放学回家，便泡在这间藏书阁里，孜孜不倦地学习课堂学不到的知识，由此他被表兄弟们称为"书虫"。这为李嘉诚后来的发展与辉煌奠定了宝贵的基础。

可是好景不长。14 岁这年，由于生活所迫，李嘉诚只好辍学，来到一家茶楼打工，每天要工作 15 个小时以上。尽管如此，李嘉诚也没有放弃学习，回到家后，他就着油灯苦读到深夜。由于学习太用心，他经常会忘记时间，以至于想到要睡觉的时候，已到了上班的时间。就在他的同事们闲暇打麻将的时候，李嘉诚也是捧着一本《辞海》在啃，时间长了，厚厚的一本《辞海》被翻得发黑了。

后来，李嘉诚来到中南公司做学徒。他白天做工，晚上的时间全由自己掌握。这时，李嘉诚给自己定下了新的目标——利用工作之余的时间自学完中学课程。可是他的工资微薄，既要维持家用还要供养弟妹上学，根本没有多少多余的钱用来买教材，他便灵机一动，买了旧教材。

后来，李嘉诚回忆这段往事，说："先父去世时，我不到 15 岁，面对严酷的现实，我不得不去工作，忍痛中止学业。那时我太想读书了，可家里是那样的穷，我只能买旧书自学。我的小智慧是环境逼出来的。我花一点点钱，就可买来半新的旧教材，学完了又卖给旧书店，再买新的旧教材。就这样，我既学到知识，又省了钱，一举两得。"

后来，到了香港。对李嘉诚来说，首先要解决的是说话问题，广州话和英语这两个语言关必须解决，不然很难在这个国际化大都市应对自如。

李嘉诚便把学习这两门语言当作一件大事来对待。他拜表妹表弟为师，学习广州话，每天都抽时间勤学苦练。很快就学会一口流利的广州话。

他学习英语几乎到了走火入魔的地步。在上学、放学的路上，他边走边背单词。夜深人静，他怕影响家人的休息，独自跑到屋外的路灯下读英语。天刚亮，他又一骨碌爬起来，口中念念有词，不是在朗读就是在背诵英文。功夫不负有心人，李嘉诚凭着每天刻苦学习的毅力，最终熟练地掌握了英语。英语给李嘉诚带来了无法估量的巨大财富。

在"长江塑胶厂"创立之初，李嘉诚时刻敏锐地关注着塑胶行业的任何一个动向。终于，他在英文版《塑胶》杂志上，发现一则好消息。他当即做出判断，在一无资金二无技术三无人才的窘境下，只身一人飞赴意大利拜师学艺。在意大利的这段日子，李嘉诚靠着坚忍不拔的毅力、好学求索的精神和精明能干的意志，学到了塑胶花生产技艺。

从此，香港迎来了一个塑胶花的黄金时代，也使李嘉诚荣获了"塑胶花大王"的美誉，他为打造未来的商业王国赚取了第一桶金。

有人问李嘉诚："今天你拥有如此巨大的商业王国，靠的是什么？"

李嘉诚回答："依靠知识。"

那人又问："李先生，你成功靠什么？"

李嘉诚毫不犹豫地回答："靠学习，不断地学习。"

在六十多年的从商生涯中，李嘉诚一如既往地"不断学习"。他每天晚上睡觉前，都要看半个小时的书或杂志，学习知识、了解行情、掌握信息。文、史、哲、科技、经济方面的书他都读。

李嘉诚说："年轻时我表面谦虚，其实内心很'骄傲'。为什么骄傲？因为我在孜孜不倦地追求着新的东西，每天都在进步，这样离我的目标就不远了。"

高尔基说："书籍是人类进步的阶梯。"对于这个"阶梯"的理解，应该是人们一生的精力有限，不可能每件事情都通过自己的行动来获得知识，那么就只能依靠书籍。每天学习，不断进步，也就是走上了一条通往成功的道路。

最后，让我们粗略计算一下每天读书的效果：按照中等阅读速度每分钟读400字，假如每天抽出15分钟的时间用于学习，可以读6000字；如果能够抽出30分钟，则至少可读1万字。即使只按15分钟计算，一个月下来你就看了18万字，一年下来就是200多万字，这差不多是3000多页书；若按一本书20万字计算，每天读书15分钟，一年就可以读十多本书，这个数目是相当可观的。

学以致用才是关键

在古罗马和古希腊有两个著名的演说家，一个叫西塞罗，一个叫狄莫西尼斯。每当西塞罗的演讲结束时，听众都一起鼓掌并大叫："说得真好，让我们又学到了新的知识!"而当狄莫西尼斯的演讲结束时，听众都立即转身就走："说得真好，让我们马上开始行动吧!"

著名学者吉米洛恩说过："世界上有两种人，他们都在同一本书上读到吃苹果有益于健康的知识，其中一个说：'我又学到了知识'，另一个二话不说，直接走到水果摊前买了几斤苹果。"吉米洛恩认为买苹果的人才是真正的聪明人，因为他们能够学以致用。而那些"学到了新知识"却不懂得运用的人，充其量只是一个"书呆子"。

知识只有在运用时才能产生力量。一个人不能为了学习而学习。培根在提出"知识就是力量"的口号以后，又做了补充，他说："学问并不是各种知识本身，如何应用这些学问才是学问以外的、学问以上的一种智慧。"这也就是说，有了知识，并不等于有了与之相应的能力，运用与知识之间还有一个转化过程，即学以致用的过程。

如果你有很多知识但却不知如何加以应用，那么你拥有再多也是死的知识。鲁迅说："用自己的眼睛去读世间这一部活书"，"倘只看书，便变成书橱，即使自己觉得有趣，而那趣味其实是已在逐渐硬化，逐渐死去了。"死的知识不但对人无益，不能解决实际问题，还可能出现害处。就像古时候纸上谈兵的赵括无法避免失败一样。

因此，我们在学习知识时，不但要让自己成为知识的仓库，还要让自己成为知识的熔炉，把所学知识在熔炉中熔化并炼成钢。

会学习者都不只是学习，而是以本身所学为基础，自行再创造出新的东西。

姚明是一个非常爱学习的人，而且他总能把学到的东西应用到实践中去，这促进了他的成长。

通过读历史书，姚明喜欢上了诸葛亮这个人物。他说："从诸葛亮身上，我们能学到他解决问题的信条。他是一个非常有智慧的人。他能运用一切可以支配的资源：所有的士兵、军官和将军，找到一种方法让他们百分之百地发挥。"

这种思维方式在姚明来到美国职业篮球联赛（NBA）后对他很有帮助。身体上，姚明处于劣势，虽然他很高，但并不是很壮。别人很容易把他从篮下推开，而他推别人却没那么容易。诸葛亮也是如此，他率领的军队并不强大，但却能运用头脑击败更强大的敌人。正是在这种启发下，姚明找到了自己在NBA的强项，并尽力发挥出来。

"即使对手有许多强项，球队也只能有一个目标，就是把球投进篮里。"这是姚明通过学习诸葛亮总结出来的。

姚明还从金庸的小说《笑傲江湖》中学到了不少东西。

"我很喜欢书中人物的处世方式。他们行事非常有原则，知道自己在什么情况下该做什么，不该做什么。而且，他们都很放松，即便是在临死的时候也很放松。我也希望当自己身处困境时，也能像书中人物那样放松。"

不仅如此，姚明还将书中不同门派之间的过招运用到了篮球运动中。"打斗时，如果一方想击另一方的脸，开始时会握紧拳头，在另一方的面前高高举起。但是，如果什么动作都不做，对方就猜不出自己要打击的部位了。在篮球运动中，准备进攻和防守前可以有许多不同站位。所以，在出击的时候不先出手，要让他们猜自己将会做什么。对方如何反应会透露一些信息，他们一定会显示自己的强项，这样就能据此设法回应。"

学以致用使姚明在 NBA 中产生了举足轻重的作用。

学习不只是积累知识，还要以本身所学为基础，再发挥创造出新的东西。学习的目的，不在于培养另一个教师，也不是知识的简单复制，而是为了创造一个新的世界，世界之所以进步即在于此。

学习知识还是为了提升智慧。假如只是收集很多知识而不消化，就等于徒然堆积许多本书而不用，同样是一种浪费。

人不能为了学习而学习。学习固然是让自己学识丰富，但也要让自己变得灵活、机智、善于处理问题。在这个世界上，相同的事物不会经常重复出现。

因此，当面临一种新的状况时，谁也不能把以前所学的东西，原封不动地运用上去。以前所学的东西只能给人以认识事物的基础，而在此基础上加以研究，使知识更新让后人加以利用，才是目的。

　　学习就像你在磨刀石上磨斧子，为的不是让你从石头上获得什么，而是使斧子变得更锋利。

第六章

唯有努力，才能化逆境为风景

　　逆境，是大自然给予人们的一笔宝贵的财富。适者生存，万物应在逆境中改造自我、提高自我、完善自我，塑造多彩的世界。

逆境只是一个新的起点

不管是人生还是做事，无外乎有两种结果：一种是成功，另一种是失败。失败者总会在遇到逆境的时候，就认定自己无以为继，从而放弃了希望，放弃了拼搏，最终只能以失败告终；而成功者却善于把握逆境，将逆境看作自己新的起点，用不屈不挠的精神对抗挫折，从而用坚定的精神激励他们做好每一件事，最终战胜逆境，走向成功。

在一个酒馆中，有许多人围着一位已退休的老船长，听老船长讲述一生航海历程中种种多彩多姿的奇遇，其中最引人入胜的，是老船长与狂风暴雨搏斗的惊险遭遇。

话题谈到大海上不可测的天气，有人问老船长："如果你的船行驶在海面上，通过气象报告，预知前方的海面上有一个巨大的暴风圈，正迎向你的船而来。请问，依你的经验，你将会怎么办呢？"老船长微笑地望着发问的人反问道："如果是你，你会怎么办呢？"那个人偏着头想了想，回答道："返航，将船头掉转 180 度，远离暴风圈。这样应该是最安全的方法吧？"老船长摇了摇头说："不行，当你掉头回航，暴风圈还是迎向你的船；你这么做，反而将你的船跟暴风圈接触的时间延长了许多，这是非常危险的。"另外一人接着道："如果将船头向左或向右转 90 度，试着脱离暴风圈的威胁呢？"老船长仍是摇摇头，微笑道："不行，如果这样做，将会使船身整个侧面，暴露在暴风雨的肆虐之下，增加与暴风圈接触的面积，结果更加危险。"

众人都非常不解，问道："如果这些方法都不行，那究竟应该怎么做呢?"老船长坚定地说："只有一个方法，那就是抓稳你的舵轮，迎向前去，让你的船头不偏不倚地迎向暴风圈。这样做，唯有这样做，既可以将与暴风圈接触的面积化为最小；同时，因为你的船与暴风圈彼此的相对加速度组合在一起，还可以减少与暴风圈接触的时间。你将会发现，很快地，你已经安然冲过暴风圈，迎接另一片充满阳光的蔚蓝晴天。"

众人听到这里，一阵沉寂之后，不禁为老船长丰富的应变智慧深深折服，同时也为老船长勇于面对挫折，敢于战胜挫折的精神所感动，霎时间响起喝彩欢呼声。

在我们遭遇逆境时，最有效的解决态度正是如同老船长所说的"迎向前去"勇敢面对。这不仅可以减少与问题纠缠的时间，更能将力量集中于一个焦点，一举突破逆境的困局。勇敢地面对问题是解决问题的真正捷径! 而且也只有战胜逆境，才能够离成功更近一步。

很多人为了取得人生的成功，都会如老船长一样，忍受那常人难以想象的逆境和挫折，这样的生活很可能会让浮躁的人崩溃，但是对渴望成功的人来说，这正是他们的起点，正是锻炼他们的最佳时刻，只要战胜逆境，成功就会越来越近，这是一种踏向成功的捷径，也是一种磨炼自我的时刻。

克里蒙·斯通是美国"联合保险公司"的董事长，美国最大的商业巨子之一。他被称为"保险业怪才"。斯通幼年丧父，靠母亲替人缝衣服维持生活，为补贴家用，他很小就出去贩卖报纸。

有一次他走进一家饭馆叫卖报纸，被赶了出来。他趁餐馆老板不备，又溜了进去卖报。气恼的餐馆老板一脚把他踢了出去，可是斯通只是揉了揉屁股，手里拿着更多的报纸，又一次溜进餐馆。那些客人见到他这种勇气，纷纷劝店主人不要再撵他，并纷纷买他的报纸看。斯通的屁股被踢痛了，但他的口袋里却装满了钱。

勇敢地面对困难，不达目的绝不罢休。斯通就是这样的孩子，后来也仍是这种人。

当斯通还在上中学的时候，就开始试着去推销保险了。那时他来到一栋大楼前，当年贩卖报纸时的情况又出现在他眼前，他一边发抖，一边安慰自己："如果你做了，没有损失，还可能有大的收获，那就下手去做。"还有"马上就做！"

他鼓起勇气走进大楼，心中想着：如果自己被踢出来，那么就准备像当年卖报纸被踢出餐馆一样，再试着进去。可是他没有被踢出来。每一间办公室，他都去了。每一次走出一间办公室，而没有收获的话，他就担心到下一个办公室会碰到钉子。不过，他依然会毫不迟疑地强迫自己走进下一个办公室。为此他找到了一项秘诀，就是立刻冲进下一个办公室，让自己没有时间感到害怕而放弃。

那一天，有两个人向斯通买了保险。虽然就推销数量来说，他是失败的，但在了解他自己的推销术方面，他有了极大的收获。第二天，他卖出了四份保险。第三天，六份。他的事业开始了。

20岁的时候，斯通自己设立了一个只有他一个人的保险经纪社，开业的第一天，他就在繁华的大街上销售出了54份保险。有一天，他创下了一个令人几乎不敢相信的纪录，122份。以1天8小时计算，每4分钟就成交1份。1938年底，斯通成了一名拥资过百万的富翁。

　　由于出现错误，遭受挫折和失败，很多人会徘徊不前，半途而废；有人就唉声叹气，知难而退；有人则悲观失望，自暴自弃。然而，错误和失败并不会因为人们的不快、悲叹、惊慌和恐惧而不再光临。相反，怕犯错误，怕遭失败，却往往会犯更大的错误，从而形成更多的逆境。所以，对待逆境最佳的办法就是面对它并战胜它，这样不但我们的能力会提升，而且我们离成功也会更近一些。

不经历风雨，怎能有彩虹

漫长的人生路上，时常是风雨相伴，就如想要见到彩虹，不经历风雨是不可能实现的。这些风雨就是人生路上的障碍，有很多人总会抱怨：为什么上天对我如此不公。殊不知，风雨是成功路上的必然所在，只有经历过后，阳光重新普照大地，才能有绚丽的景象出现。

有些人因为所经历的风雨过后，仍然无法取得成绩而郁郁寡欢。殊不知，仅仅一次的狂风暴雨洗礼并不一定能够洗刷掉我们的瑕疵。只有以风雨为动力，踏失败为基石，在不幸中振奋，才能够出现彩虹遍天的绚丽景色。

巴雷尼小时候因病成了残疾，妈妈的心就像刀绞一样，但她还是强忍住自己的悲痛。她想，孩子现在最需要的是鼓励和帮助，而不是妈妈的眼泪。于是妈妈来到巴雷尼的病床前，拉着他的手说："孩子，妈妈相信你是个有志气的人，希望你能用自己的双腿，在人生的道路上勇敢地走下去！好巴雷尼，你能够答应妈妈吗？"

妈妈的话，像铁锤一样撞击着巴雷尼的心扉，他"哇"的一声，扑到妈妈怀里大哭起来。从那以后，妈妈只要一有空，就帮助巴雷尼练习走路，做体操，常常累得满头大汗。有一次妈妈得了重感冒，她想，做母亲的不仅要言传，还要身教。尽管发着高烧，她还是下床按计划帮助巴雷尼练习走路。黄豆般的汗水从妈妈脸上淌下来，她用干毛巾擦擦，咬紧牙，硬是帮巴雷尼完成了当天的锻炼计划。

体育锻炼弥补了由于残疾给巴雷尼带来的不便。母亲的榜样作用，更是深深教育了巴雷尼，他终于经受住了命运给他的严酷打击。他刻苦学习，学习成绩一直在班上名列前茅。最后，以优异的成绩考进了维也纳大学医学院。大学毕业后，巴雷尼以全部精力，致力于耳科神经学的研究。最后，终于登上了诺贝尔生理学和医学奖的领奖台。

巴雷尼的残疾正是他踏上成功的垫脚石，很多人遇到这样的打击可能会一蹶不振，郁郁而终，但是巴雷尼却没有倒下，他虽然身体有残疾，却知道这些风风雨雨仅仅是帮助他成功的催化剂。阳光总是会在风雨之后，就如勇敢地与海浪风雨搏击的海燕，最终会划破电闪雷鸣的乌云，翱翔在宽阔的碧空中。

年幼的吴士宏脑子聪明，胆子大，爱运动。不幸的是，一场大病从天而降，剥夺了她原本计划好的一切。整整 4 年，三次被报病危，她始终躺在病床上受着病痛与孤寂的折磨。这场使她身心倍受折磨的"病"，让她恍如隔世。4 年后，她终于从病中得到了解脱。她觉得：自己的生命只能重新开始。从那时开始，吴士宏萌发了野心：要做一个成大事的人。

考大学还有机会，但不属于她，她没钱，没时间。4 年时间用在生病上，就算考上大学，没有工资还得自负生活费，太离谱了。她决定选择参加高等教育自学考试来彻底改变自己的生活。对吴士宏来说，自学并不是最高效的方式，只是因为别无选择。她有一个目标，把病中耗费的 4 年挣回来。她选了科目最少的英文专业。书，可以借一部分，要买的只有许国璋 4 册；

要省钱，可以听收音机。从此，她开始不顾一切地努力去拼搏。吴士宏的英文是从头学的，花一年半拿下了大专，吴士宏感触最深的两个字是真苦。她每天挤出 10 个小时的时间用在学习上，自考文凭下来了，她最得意的是"赚"回了点时间。

学业完成后的她获得了一个意外的机缘到 IBM。一开始她做的是"行政专员"，与打杂无异，什么都干。身处在一群无比优越的真正白领阶层中，吴士宏感到了巨大的压力，常常觉得自己没有能力，没有价值。吴士宏是一个善于成长的人。她在不断地学习、实践、超越、再学习、再实践、再超越。刚进IBM 时，吴士宏几乎不会什么，连打字都是从头学起，她拼命努力学习一切相关的东西。

她开始做销售的时候，感觉到专业知识是第一大障碍："培训专业只是个模子，要把客户的具体要求套进去再做出方案来，没那么容易！"在这个过程中，她给自己定下了要"领先半步"的目标。她认为："不把自己累到极点就觉得不够努力对不住自己"。她还专门在抽屉里备着闹钟，一个星期总有几次熬到凌晨两三点。就这样，在付出了辛苦和心血之后，她终于发展了第一个大客户。中远集团，中远的运输公司业务是 IBM 主机，外轮代理全部是 IBM 小型机系列。

1994 年，吴士宏去了 IBM 华南公司，她在那里带起了一支队伍，一起成长，一起做出了辉煌的业绩。吴士宏又一次经历了蜕变升华："我学会了做经理，克服了偏执，懂得了大度，能凝聚起不同文化背景的各类优秀人才，真正懂得了什么是经理人，完成了从用命做事，到学会思考，从不知前路的迷惘，到有理想的升华。我的下一个目标，不是超越别人，我想超越自我。"

　　吴士宏的成功史，是一部坚强女人不畏困难的奋斗史。她没有被疾病吓倒，没有为学习中的困难所累倒，她用自信和坚毅与自己赛跑，从中领悟超越自我的含义。

　　危机有时就是转机，当一个人遇到了磨难，如果屈服于磨难，那他就永远被磨难击垮，但是如果勇于面对磨难，就有可能置之死地而后生。吴士宏的成功，就是将自己遇到的风雨化作了不断奋斗的动力，也为自己寻找到了目标和方向，最终超越了自我，见证了那美丽的彩虹。

　　比彻说过："失败让人们的骨骼更坚硬，肌肉更结实，变得不可战胜。"奥斯特洛夫斯基也曾说过："钢是在烈火里燃烧，而后在高度冷却中炼成的，因此它很坚固。"风雨其实并不可怕，就如同爱迪生发明电灯一样，每一次失败都让他确定了一种材料的不适合，也让他更接近成功。很多时候我们所经历的风雨可以让人更加优秀，不过前提是我们需要从中吸取教训。

　　刘燕敏曾经因为他人的欺骗而破产了，所有东西都被拍卖得一干二净。最后口袋里的一元钱硬币及回家的一张火车票就已经是他的全部资产。当从深圳开出的列车开始检票的时候，他百感交集。"再见了！深圳！"一句告别的话，还没有说出，他就已泪流满面。

　　然而在跨上列车的那一瞬间，他又退了回来："我不能就这样走了！"就这样，火车开走了，他留在了站台上，口袋里放着他悄悄撕碎了的那张火车票。

　　深圳特区的车站永远是繁忙的，你的耳朵里可以同时听到七八种不同的方言。刘燕敏在口袋里攥着那枚硬币，来到一家商店的门口，花五毛钱买了一支儿童彩笔，另外五毛钱买了四只"红塔山"的包装盒。在火车站的出口，他举起了一块牌子，写着"出租接站牌（一元）"几个字。当晚他就吃了一碗牛肉面，口袋里还有18元钱。五个月后，由四只包装盒发起的"接站牌"变为40只用锰钢做成的可调式"迎宾牌"。而在火车站附近有了他的一间房子，手下也多了一个帮手。

三月的深圳，春光明媚，此时各地的草莓蜂拥上市。十元一斤的草莓，第一天卖不掉，第二天只能卖五元，第三天就没人要了。刘燕敏发现了里边的商机，于是他来到近郊的一个农场，用出租"迎宾牌"挣来的一万元，购买了三万只花盆。第二年春天，当别人把摘下的草莓运到城里时，他则把栽着草莓的花盆运进了城。不到半个月，三万盆草莓销售一空，深圳人第一次吃上了真正新鲜的草莓。刘燕敏也第一次领略了1万变成30万元的滋味。

要吃即摘，这种花盆式草莓，使他又拥有了自己的公司。他开始做贸易。他出人意料地把谈判地点定在五星级饭店大厅里。那里环境幽雅且不收费。两杯咖啡，一段音乐，还有彬彬有礼的服务员。他为和美国耐克鞋业公司成功签订贸易合同而欢欣鼓舞，他为没人知道这个秘密而兴奋，总之，他的事业开始复苏了，他有一种重新找回自己的感觉。

1995年，深圳海关拍卖一批无主货物，有一万双全是左脚穿的耐克鞋，无人竞标，他作为唯一的竞标人，以奇低的拍卖价买下了它，他相信一定有一万双全是右脚穿的耐克鞋存在着，于是他留心打听着，结果1996年，在蛇口海关已存放了一年的无主货物：一万双全是右脚的耐克鞋急着处理，他得到消息，以残次旧货的价格把这些鞋拉出了海关。

　　这次无关税贸易，使他作为商业奇才一跃登上了某杂志的封面。如今的刘燕敏作为欧美 13 家服饰公司的亚洲总代理，正在力主把深圳的一条街变成步行街，因为在这条街上有他的 12 个店铺。只能买一瓶水的一元钱，能打造出一条街来，这不能不说是奇迹。奇迹发生的关键，就是当他处于人生最大打击时，没有放弃自己的希望，没有被挫折和失败打倒，没有在自暴自弃中随意将其花掉，而是用积蓄下来的经验和拼搏精神，打造了自己的成功之路。

　　如何看待人生中的风霜雨雪其实都是由我们自己决定的，只要我们能够保持积极乐观的精神态度，风雨就会是我们飞速前进的动力；只要我们能够坚信风雨之后见彩虹，那我们就能够支配和控制我们自己的人生。

让失败激发自信之花的芬芳

在人生路上，我们所遇到的失败固然会阻碍我们前进的步伐，但是它却也能够帮助我们激发自信，因为失败是成功的先导，也是成功之母，只有我们积极面对失败，才能够从失败中发掘出有益于我们的种种机会。

失败无外乎有三种可能：这条路行不通，需要重新开辟；有些障碍在其中阻拦，应该想办法解决；能力和不足仍然明显，需要继续努力。我们若想让自己距离成功更近，就必须要否认失败的程度，激发自信，相信自己只要通过努力必然可以改变失败的局面，赢来成功。

曾经有一个名叫罗斯的学生，刚刚从学校毕业，就开始为了生计而寻找工作。摩罗公司是当地一家非常出名的公司，罗斯从报纸上看到了公司的招聘信息，便打算到那里去试一试，于是他打理了一下自己，准备挑战这份工作。

可是到了摩罗公司后，面试官并没有将罗斯放在眼里，只是三言两语就将罗斯打发走了。罗斯的潜意识告诉自己，这份工作可能无法得到了，自己要知难而退，可是当罗斯站起身向外走的时候他想道：如今社会竞争激烈，工作很难找，而且这次是一个非常好的机会，如果不燃起自信抓住它，可能自己就会陷入失败的牢笼中无法自拔了。于是罗斯重新坐了下来，他对面试官说："总经理是不是感觉公司如今已经兵强马壮，完全可以在市场上独占鳌头，根本不需要再有人员加入了？哪怕他有再大的本事，也对公司无益！再说像我这样刚毕业的学生是否拥有一定的能力还是个未知数，所以宁可拒之门外，也不会贸然选用，对吗？"

话出口之后，罗斯就感觉很难为情，因为这样实在有些冒犯，可是他依然信心十足地看着面试官，因为他相信自己的话有一部分是正确的，没料到面试官听后却说："你能将你的想法和计划告诉我吗？"罗斯看着淡定的面试官很尴尬，便很谦虚地说："很抱歉，我刚才太冒昧了，请多包涵！不过您真的确定要和我谈吗？"

面试官催促道："别客气，还是谈谈的好。"于是罗斯将自己的想法和计划向其说了一遍，而面试官听后，却笑逐颜开："我决定录用你了，明天就来上班吧，请保持你的进取精神和对工作的热情，当然还有你面对失败不放弃的自信态度，相信你会有远大前景的。"就这样，罗斯被录取了。

其实罗斯最初是被拒绝了的，但是他没有认可失败，没有因为拒绝而选择放弃，而是将自己的想法勇敢地说了出来，因此自信心也更加旺盛，最终得到了公司的认可。在我们的人生路上，这样的事情还有很多，只是当遭到挫折和失败，大多数人都会选择退却。而少数选择了抗争、努力、拼搏的人，也因此锻炼了勇气，提升了自信。

失败很容易让人陷入绝望、沮丧中，但是要记住，绝望和沮丧并不能改变什么，只有勇敢面对，提升自我，才能够让我们更加自信，才能够激发我们自身的潜力，从而甩开苦恼，从头再来。

　　吉姆·史都瓦是一个盲人，小时候的他并不是盲人，患有先天性少年黄斑变性，17 岁的时候，被医生判定为视力即将消失，终至失明。可是吉姆却创造了奇迹：他考入了大学。但是一个月的大学生活之后，他的视力开始逐步退化，没有办法，他只得放弃学业，选择休学回家。

　　后来他在建筑工地做起了铲土工，这对视力低下的吉姆来说是唯一可以做的工作了。于是他很努力地工作着，一个寒风凛冽的阴冷清晨，吉姆站在壕沟里，用木桶不断地往外舀水，壕沟里又冷又湿，冻得吉姆浑身打哆嗦，但是他心想只要这样做下去，等到天晴了就可以往壕沟里倒混凝土了。

　　可是到了上班的时候，工头却将他叫到了办公室，委婉地对他说："吉姆，有句话你应该听，就是你应该离开这里。"吉姆很不解，问道："为什么呢?"

　　工头说："你留在这里只会影响你的前途，所以我们商量过了，你应该离开这里。"吉姆有些伤心，因为他的视力会越来越差，找工作只会越来越难。可是很快他就控制自己的情绪，他心里想道：是啊，我不能一辈子做铲土工啊！工头的话敲醒了他，他坚定地说："我应该返回学校，继续上学。"于是他含泪告别了工地。

　　后来吉姆发愤图强，获得了心理学和社会学的双学位，并获得了学校的最高荣誉奖。在他 29 岁那年，他的眼睛完全失明了，但是他没有感到悲伤，反而更加坚强和自信。因为他知道还有很多人像他一样看不见东西，于是他花费了一年的时间发明出了帮助视障人士看电视的方法，而这个发明让他获得了美国最高荣誉奖"艾美奖"。

目前，吉姆开创了教育电视网，在北美有一千多家有线系统加入他的队伍，而收视率高达两千五百万户。正是因为吉姆的积极向上，不畏失败的精神，让他充满了自信，最终获得了普通人都难以企及的成就。

在我们的人生道路上，失败和挫折无处不在，但是只要我们能够坚定信念，那么身处绝境也能够激发自己的信心，让我们克服任何困难。当我们遇到失败和挫折时，这虽是磨难，但也是机会，只要我们不沮丧，积极思考，努力让自己不断奋进，那么必然能够控制绝望的情绪，使得我们激发出自信之花的芬芳，获得新生，迎接未来的人生。

潮起潮落也是一种风景

人的生命中总会起起伏伏，就如同扁舟漂浮在大海中，随着潮起潮落而不断变化，但是不管我们遇到什么，我们都应该坦然接受，勇敢面对它，因为潮起潮落也是一种风景。这个世界上没有任何人可以事事如意，但是只要我们不气馁，将内心的希望和目标唤起，就不用惧怕生命的海浪。

坚定地相信自己，绝对不能因为任何东西而动摇，要坚定自己有朝一日必定能在事业上取得成功的信念，这就是所有取得了伟大成就的人士的基本品质。

许多推进了人类文明进程的人，开始时落魄潦倒，并经历了许多年的黑暗岁月，在那些最黑暗的岁月里，他们看不到事业有成功的任何希望。但是，他们毫不气馁，兢兢业业，刻苦努力，他们知道终究有那么一天，将会柳暗花明，事业有成。

爱迪生曾说："伟大人物最明显的标志，就是他坚强的意志，不论环境变换到何种地步，他的初衷与希望仍然不会有丝毫的改变，并能够最终摆脱困境，达到期望的目的。"纵观历史长河，每一位留下光辉足迹的人都曾经经历过生命的起伏，但是他们却越挫越勇，他们不断战胜一个个起伏，也拥有了一个个超越自我的契机。

信心是一种心灵感应，是一种思想上的先见之明，这种先见之明能看到我们的肉眼不能看到的景象。

信心是一位好导游，指导我们开启紧闭的大门，它将那些障碍背后的光明前景指给我们看，它给我们指点迷津，而那些没有自信的人，没有这种精神能力的人是看不到这条光明大道的。

1899 年 7 月 21 日，欧内斯特·海明威出生于美国伊利诺伊州芝加哥市郊区一个叫橡胶园的小镇，他们家共六个孩子，他是第二个。母亲热爱音乐，父亲是杰出的医生，又是个钓鱼和打猎的能手。海明威 3 岁的时候，父亲给他的生日礼物是一根鱼竿；10 岁时，父亲又送给他一支一人高的猎枪，父亲的影响使海明威终生对捕鱼和狩猎充满了热爱。

14 岁时海明威在父亲的支持下报名学习了拳击，第一次训练他的对手是个职业拳击手，海明威被打得满脸是血。可是第二天，海明威裹着纱布又来了，并且纵身跳上了拳击场。20 个月后，海明威在一次训练中被击中头部，伤了左眼，这只眼睛的视力一直没有恢复。

海明威毕业前两个月，美国参加一战。他因左眼有毛病，不适宜去打仗。1917 年，他开始进堪萨斯市的《星报》当见习记者，这家报纸是美国当时最好的报纸之一。六个月之中，他采访医院和警察局，也从《星报》优秀的编者 G·G·威灵顿那里学到了大量的业务知识。海明威在相当短的时间内，学会把写新闻的规则化成文学的原则。

但是，战争对海明威的吸引力越来越大。1918 年，海明威参加志愿救护队。大战后海明威回到美国，战争除了带给他精神和身体的痛苦外，没有带来任何值得高兴的事。虽然旧的希望破灭了，但海明威对写作的希望依然炙热，他勤奋写作，既写小说，又写诗，并想找一个出版商发表他的作品，但一直没有找到。母亲警告他，要么找一个固定的工作，要么搬出去。海明威搬了出去，因为什么也改变不了他献身文学事业的决心。他只想做一个一流的作家。

1920 年冬天，海明威赴洛桑参加和平会议，哈德利却在火车站将他的手提箱丢失了，手提箱里有他全部手稿：一个长篇，18 个短篇，还有 30 首诗。这使得海明威痛苦万分却又毫无办法，只得重新开始。1923 年，海明威第一部著作《三个短篇和十首诗》在法国一个非正式出版社出版，总共印了 300 册，在社会上毫无影响。尤其令他伤心的是，一些退稿信上总称他的作品为速记录、短文甚至够逸事，根本没有将其看作文学作品。

1924 年海明威辞去了记者工作，专门从事文学创作，他没有固定的收入，又要养活刚出生的儿子，生活艰难可想而知。而 1925 年，他的妻子也带着儿子离开了他，海明威除了通宵达旦进行写作，只能把看斗牛当作乐趣。第二年，他和波林结婚后不久，他的第一部长篇小说《太阳升起了》问世，出版后立刻就引起了一片喝彩，被译成了多种文字，成为 20 年代的典范之作。从此以后海明威的写作生涯也开始步入正轨，他的一些名作如今依然在流传。

海明威的一生可以说充满了坎坷和起伏，但是他也同样没有放弃对文学的追求，最终实现了自己的理想。坦然接受我们生命中的潮起潮落吧，因为这些都是我们的经历，也是我们成长的见证，生命的长短并不是很重要，重要的是我们要接受生命的起伏，坚持自己所期望的，不论遇到怎样的坎坷和挫折，甚至打击和战争，都应该努力拼搏，为自己的目标和未来付出有意义的一生。

克洛德·莫奈是印象主义画派的先驱，1840 年他出生在巴黎一个杂货商家庭，从小莫奈就对绘画艺术产生了浓厚兴趣，长大后，他的漫画才能被风景画家布丹所赏识，后来莫奈用出售漫画的积蓄，前往了巴黎学习艺术。

1870 年夏天，30 岁的克洛德·莫奈在巴黎与卡米耶结婚时，还不过是个雄心勃勃的小画家，艺术家字眼与他毫不相干。他追求享乐，是中产阶级的一员，父亲是勒阿弗尔一位相对富裕的商人。卡米耶原本是他的情妇，三年前给他生了个儿子。他这个阶层的人往往是不会与情人结婚的。父亲听说他结婚的消息时，不禁怒火中烧。全家与这对新婚夫妇断绝了关系。

莫奈虽然在家乡举办的画展取得了一定的成功，但如今不得不竭尽全力养活这个三口之家。他那自然主义的新式简约画风并不总能讨沙龙评委的喜欢。在这种由国家主办的年度艺术展上，他的好几幅作品遭受了落选的命运。

这对新婚夫妇在诺曼底沿岸的特鲁维尔租住廉价房屋。为了与从不走出画室的传统艺术家划清界限，莫奈会在露天支起画架，直接面对大自然作画。伴随婚姻生活初期的困境而来的是日益恶化的政局。法国卷入了与普鲁士的战争。为了躲避征兵，莫奈和卡米耶逃到了英国伦敦。正是在这里，他结识了其他众多逃避战乱的画家毕沙罗和杜比尼，又通过他们认识了画商保罗·迪朗·吕埃尔。此人成了他忠实的支持者之一。莫奈后来说："如果没有他，我们早就饿死了。"

普鲁士人对巴黎的围困结束后，莫奈返回了巴黎。那一年，父亲去世，留给了他一小笔遗产。他由此得以离开巴黎，在阿让特伊的郊区过上了舒适的生活。经济上有所起色之后，他的作品也开始受到欢迎。中产阶级队伍在不断扩大。精明的莫奈投其所好，集中描绘中产阶级郊野生活的场景。很快，他的酒窖里堆满了红酒。他还雇了保姆、侍女和园丁。只可惜他花掉了自己挣来的全部收入。

1878 年，健康状况始终不佳的卡米耶生下了他们的第二个儿子米歇尔。她从此一病不起，经常受到剧痛的折磨。莫奈付不起她的医药费，于是就把自己的画作送给医生。这是一个痛苦的时期。第二次印象派画展举办完毕，市场上充斥着这种新风格的艺术作品，从而压低了价格。莫奈的一些作品暴跌到了每幅 38 法郎。他的赞助人，一个名叫埃内斯特·奥舍德的富商，也破产了。

那一年的 8 月，他在写给一位医生朋友的信中说："看到妻子的生命危在旦夕，我感到恐惧不已。让我觉得难以忍受的是，我眼看她遭受这样的折磨却无法给予任何帮助。只需要 200 或 300 法郎，我们就能从痛苦和焦虑中解脱出来。"卡米耶几天后就去世了，死时只有 32 岁。在卡米耶从卧病到去世的过程中，莫奈始终忙于工作。他的债务越积越多，作品却又不断贬值，所以他不得不以疯狂的速度创作。搬到韦特伊的头两年里，他创作了至少 178 幅乡村风景画。

莫奈在遭到诸多不幸后，依然没有放弃对艺术的追求，1883 年他的作品在巴黎、伦敦和波士顿展出，取得了一定的影响；1886 年在纽约举行的画展，展出了莫奈的精品 45 件，他的作品成了收藏家猎取的对象，他也成了名人；1888 年连法国也公开承认了他在艺术上的地位。

1891 年莫奈和爱丽斯结婚，住在巴黎郊外席芬尼的一幢农舍里，虽然这里生活简朴，却让莫奈非常喜欢，在随后的 32 年里，他喜爱这个地方，以它入画，并在这里终老。

莫奈在他的人生路上，遭遇波澜起伏，但是他没有就此放弃自己对希望的追求，也没有放弃对艺术的追求。人生中的这些起起伏伏，其实是考验人们毅力和信心的试金石，如果我们能够坦然接受它，并以此为垫脚石超越它，勇敢面对它，那么我们必然能够不断超越自己，从而最终取得成功。

让挫折成为成功的转折点

洛威尔曾说："灾难就像刀子，握住刀柄就可以为我们服务，拿住刀刃就会割破手指。"在我们的生活中，挫折就是一柄刀子，一直在侵袭着我们，历练着我们。有些人因为挫折而一蹶不振，最终被划破了人生梦想，而有的人却因为挫折磨炼出自己的能力，克服了困难和障碍。

其实挫折就是我们人生的转折点，也是我们的炼金石，只要我们能够在挫折中成长，跨越挫折，就能够使我们的生活跨入新的篇章。

如今，蛋卷冰激凌已经成为家喻户晓的美食了，其实在一百多年前，冰激凌的产生就是因为一个挫折。1904 年，第三届现代奥林匹克运动会在美国的圣路易斯盛大召开，很巧的是，当时美国路易斯安那购物展览会也在圣路易斯同一时间举行。圣路易斯博览会共有美国 42 个州和全世界 50 多个国家参加，可以说规模丝毫不亚于奥运会。

于是圣路易斯一时间盛况空前，商机也随之滚滚而来。很多商人都想利用这个机会大赚一笔。在博览会的众多摊位中，其中有两个摊位紧紧相邻，一个是冰激凌摊位，一个是热鸡蛋饼摊位。他们的生意都非常不错，引起了众多游客的关注。

卖鸡蛋饼的摊位生意很好，甚至更胜冰激凌摊位一筹，可是某一天因为生意流通太过频繁，卖鸡蛋饼的老板遇到了麻烦，他的纸盘用光了，纸盘是用来盛装鸡蛋饼的，一般都会加上三种配料放在纸盘上送给顾客。可是如今他的纸盘用光了，所以只得去四处寻找，可是他求人卖些纸盘给他的时候，却发现整个博览会上竟然没有人愿意帮助他。因为其他摊位的老板都担心这样会被他抢走客户。这使得卖鸡蛋饼的老板既生气却又无奈。

隔壁的那位卖冰激凌的老板见到他的窘况，幸灾乐祸地笑着说："我看你不如帮我卖冰激凌吧！"

蛋饼老板开始没有同意，他试着不用纸盘装而直接将鸡蛋饼卖给顾客，结果饼里的糖浆弄得到处都是，使得顾客很是生气，没办法，他只好按折扣价格从冰激凌老板那里买进了一些冰激凌，再转手卖出去，赚取微薄的差价。

然而事情并没有完全解决，他的纸盘没有了，所以大批的鸡蛋饼原料也就不知该如何处理，如果扔掉那就太可惜了，可是保存又是一个很困难的问题。经历这样的挫折使得他不得不开动脑筋，突然间他灵机一动，一个绝妙的主意诞生了。他想到就开始去做，当天他回到家中，就在妻子的协助下将剩下的鸡蛋饼原料做成了上千个鸡蛋饼，不过这次他用铁片把鸡蛋饼压扁了，随后趁着鸡蛋饼还热的时候，将它们卷成了圆锥，底端的尖更是封了起来。第二天他将冰激凌装在了自己做的鸡蛋卷中出售，价格是原来冰激凌的两倍，意想不到的是，还没有到中午，他不仅将批发来的冰激凌全部卖光了，而且上千张鸡蛋饼也卖得精光。于是蛋卷冰激凌就这样诞生了！

因为一个挫折，促成了一项发明，不得不说这是一个显而易见的转折点。在人生道路上，如果我们能把挫折看作是生命中正常的反馈和关键，并将其视为改变命运的转折点，它就能够促使我们培养出坚忍不拔的性格，并让我们增强自信心，得以不断进步。

一个人若想得到成功，就必须要具备承受挫折的心理素质，并坚信挫折就是人生的一个转折点，只要我们能够勇敢地跨过去，不放弃希望，积极进取，那么赢来的必然是一场胜利。

温斯顿·丘吉尔是世界上著名的政治家和作家，他的伟大成就是举世公认的，但很少有人知道他在学生时代并没有什么作为。在他的学生时代，他每科成绩都很差，唯有作文曾得到过老师的赞赏。毕业时，老师们对他已经"盖棺定论"，都认为他以后不会有什么出息。

父亲只好送他去军校，随后他便从军了。他随军到过印度、古巴等许多地方。他进不了大学深造，但军队的生活却成了他开阔视野、增长见识的"大学"。于是他明确了自己的志向，一头闯入了政治领域。

丘吉尔是20世纪伟大的政治家和演说家。但他初次在议会的演讲却狼狈地失败了。当时，他尽管一连几天背诵讲稿，反复练习，生怕出差错，可是他却越怕越惊慌，讲了没几句，思路中断，脑子一片空白，满脸通红。他尴尬极了，无力挽救自己，只有颓然坐下。这次惨败让他醒悟了。从那以后，他从头做起，从不怕失败、不怕出丑做起。他再也不背讲稿，而是当众讲出自己想说的话。他这样安慰自己："我就是这样，你们笑话吧！"这样一来，他反倒成功了。

在享受和平的时刻，有谁提出战争的警告，是最不受欢迎的。丘吉尔就吃过这种苦头。当希特勒勤抓军队时，丘吉尔喊出战争的危机，英国的政客们一笑置之；当法军侵入奥地利，英国首相张伯伦与希特勒签署了以牺牲捷克斯洛伐克换取欧洲和平的《慕尼黑协议》，并得意扬扬地向英国人民宣布：战争不会发生了！但丘吉尔却警告说：战争快要来临了！政客们对他一怒斥之。丘吉尔因此而竞选失败，他坚持己见，又引起公愤，以至于被报纸指责为"缺乏谨慎和判断力"。

丘吉尔的远见卓识竟被因循守旧、苟且偷生的一些人当成了一文不值的垃圾。直到第二次世界大战爆发，人们才想起丘吉尔这个不受欢迎的人。因为他是唯一能在和平时刻洞察战争危机的人。只是他的预言和警告被世人领悟得太晚了。1940年丘吉尔才崭露头角，当上了英国首相。丘吉尔成为英国的民族英雄、杰出的政治家，他以其精辟的演讲振奋了英国军民的士气，和苏、美等国一起战胜了法西斯。这就是一个被人们认为平淡无奇而又多次失败的人所创造的奇迹。

对每一个渴望成功的人来说，不怕挫折和失败比渴望成功更珍贵。因为挫折是我们认清自身缺陷的最佳办法，成功者从来都认为挫折是自己人生的转折点，他们从来不会被挫折击败，因为挫折给了他们独特的学习机会。

我们若想要获得成功，也需要将挫折看作是人生的转折点，依靠挫折来磨炼意志，培养坚强的品质和积累宝贵经验。其实挫折和失败并不可怕，可怕的是我们没有将挫折扭转成为人生的转折点，而是用逃避风险和借口来远离挫折。

超越自我，别被失败拉下水

古往今来，凡成大事者，都曾经遇到过各种各样的逆境，但是他们都是勇敢面对，并最终超越自我，使得自己更加具有价值。我们在生活工作中，也难免会遇到逆境，如果我们想从逆境中走出来，就必须要勇敢面对，持有坚定的信念去奋勇拼搏，不畏险境，最终必然可以超越自我，使得我们的生活更加美满。

不要做逆境中的懦夫，它会使人一蹶不振，走向失败，而要该做生活的强者，勇敢地超越自我，跨过逆境，这样它才会引导人攀登上成功的巅峰。

莱德认为自己的妈妈真是个了不起的女人。他爸爸因心脏病去世时，他才21个月大，哥哥5岁。他的妈妈虽无一技之长，又没有受过教育，却毅然担负起抚育两个孩子的责任。

莱德9岁时找到了一份在街上卖《杰克逊·维尔日报》的工作。他需要那份工作是因为他们需要钱。但是莱德很害怕，因为他要到闹市区取报卖报，然后在天黑时坐公共汽车回家。他在第一天下午卖完报回到家时，便对妈妈说自己决不再去卖报了。

"为什么？"妈妈问道。

"你不会要我去的，妈妈。那里的人粗手粗口非常不好。你不会要我在那种鬼地方卖报的。"

"你不要粗手粗口。"妈妈说道，"人家粗手粗口，是人家的事。你卖报，可以不必跟他们学。"妈妈并没吩咐莱德该回去卖报，可是第二天下午，他照样去了，因为妈妈就会这样做。

那年稍晚的时候，莱德在圣约翰河上吹来的寒风中冻得要死，一位衣着考究的女士递给他一张5美元的钞票，说道："这足够付你剩下的那些报纸钱了；回家吧，你在这外面会冻死的。"结果，莱德做了他知道妈妈也会做的事：谢谢那位女士的好心，然后继续待下去，把报纸全卖掉后才回家。冬天挨冻是意料中的事，不是罢手的理由。

等到莱德长大了以后，每次出门时，妈妈都会告诫他："要学好，要做得对。"人生可能遇到的事，几乎全用得上这句话。

最重要的是，她教了莱德一定要苦干，敢于超越自我，不畏惧，不气馁。她会说："要是牛陷在沟里，你非得拉它出来不可。"哪怕是天冻得连眼珠都会裂开，或者下雨，不论你喜不喜欢，甚至你不舒服，总是要把牛拉上来。

人生难免会遇到各种各样的障碍和变数，在遇到逆境甚至失败的时候，不会总是有人像奇迹一般出现前来救你。能救你的只有你的苦干和奋斗出头的决心，只要我们学会在逆境中坚持下去，勇敢超越自我，那么在人生的道路上，那些逆境和失败就不会再成为我们追求成功的障碍。

近来，玛丽家里发生了一系列不愉快的事情，先是丈夫失业了。接着5岁的儿子不小心摔断了胳膊。几天前她又被顶头上司狠狠批评了一顿。这一切弄得玛丽十分心烦。

一天下午，她忍不住打电话向一位朋友诉苦。朋友听完后，邀请她到家里喝茶，还说："喝完茶，所有的烦心事都可以解决了。"玛丽虽然不相信茶有那么神奇的功效,但还是决定去散散心。

到了朋友家里,只见朋友从抽屉里拿出一个四四方方的盒子对玛丽说:"这是我托人从中国买来的茶叶,据说有五种不同的味道,十分名贵。"然后,朋友打开盒子,小心翼翼地取出一小勺放入茶壶中,倒入一些热水。

刚刚过了一分钟,朋友便给玛丽倒了一杯,邀请她品尝第一种滋味,玛丽满怀疑惑地喝了一口,差点儿没吐出来。她大喊道:"这哪里是什么茶?简直比药都难喝!"

朋友只是微微一笑。她把茶壶中的茶水倒掉,重新往里面冲入了热水。又过了一分钟,朋友给玛丽倒了一杯,劝她品尝第二种滋味。玛丽极不情愿地喝了一口,发现茶没有上次那么苦了,但还是比较涩,这次她没有大呼小叫,只是微微皱了一下眉头。

就这样,朋友每隔一分钟就给茶壶换一次热水,并给玛丽斟上一杯,请她仔细品味。当玛丽喝完朋友第五次给她斟上的茶水后,脸上露出了愉快的微笑。她由衷地赞道:"这种茶真好喝!我从来没有品尝过这么美妙的滋味。"

朋友接过她的话说:"生活也是如此啊!只有耐心地品味,才能品尝到幸福的滋味。"玛丽感激地拥抱了她的朋友,怀着轻松的心情回家去了。

不久,玛丽的丈夫重新找到了一份工作,儿子的伤也痊愈了,玛丽自己也因工作出色,被破格提升为部门主管。

生活就如同品茶,只有那些不怕苦,不怕涩,耐心品味的人,才能品尝到生活的甘甜。如果一尝到苦味就烦躁不安甚至轻言放弃，那他永远也尝不到幸福的滋味。我们的人生处处充满了这种逆境，但是只要我们不放弃，勇敢地超越自我，挺过那艰难的时刻，幸福总会在我们前方等待我们的品尝。

塞尔玛跟随从军的丈夫来到位于拉美沙漠中的一个陆军基地。不久，丈夫奉命外出演习，大约两三个月后才能回来。塞尔玛独自一人住在军中的小房子里。

沙漠中的气温让她难以忍受，军营里也没有什么娱乐场所可以让她打发时间。最让她受不了的是，她的周围只有墨西哥人。因为语言不通，她无法和他们交流。塞尔玛刚到这里既孤单又烦躁，觉得自己再也无法忍受了。于是她写信告诉父亲，说自己好像生活在地狱里，真想马上离开这里回家去。父亲的回信很快来了，只有简短的一段话：两个人从监牢的铁窗里望出去，一个人只看到了泥土，而另一个却看到了满天的繁星。

这句话在塞尔玛的心中掀起了巨大的波澜，也彻底改变了她的生活。她决定在沙漠中找到属于自己的繁星。

塞尔玛开始积极地和当地人交往，邀请他们到自己的屋里做客，并拿出父母寄来的美食和他们分享。很快，她便交到了许多朋友，对当地的语言、风俗也有了一些了解。当地的人对她也很友善，见她对纺织、陶器感兴趣，便把许多舍不得卖给游客的纺织品和陶器赠送给她。

渐渐地，塞尔玛爱上了这片沙漠。她喜欢观看沙漠中的日出日落，喜欢观察仙人掌的生长变化，喜欢和可爱的土拨鼠一起玩耍……沙漠中的一切都变得那么美丽，那么令人愉快。

后来，她回到了家乡，将自己这段独特的经历写成了一本叫《快乐的城堡》的书，在当时引起了极大的轰动。

有句话说："上天赋予人们生命，便有其存在的价值与目的，即使附加许多难以承受的苦难，在这些困苦的环境里，人们也会品尝到其中的甘甜与美好。"

也许你无法改变生存的环境，但你完全可以改变自己的心态。心态变了，对生活的认识、对生命的体悟也会跟着改变，这就是超越自我的做法。如果我们想过上不平凡的生活，拥有一个精彩的人生，就不能畏惧艰苦和困难，只有勇敢面对失败，才能够真正地超越自我，以困苦为垫脚石，最终拥有属于我们的一片蓝天。

别绝望，希望永远存在

大多数人在面临困境和失败时，总会感觉自己处于绝境的状态，无论自己如何努力，如何拼搏，都不会有什么好的结果，但是有些人却从来不会相信绝境的存在，因为绝境只是失败者为自己的无能寻找的种种借口。要知道，方法总比问题多，绝境也仅仅是人的心理对外在处境的一种假想，只要我们充满信心，积极寻找方法，这个世界上就不会存在绝望的处境。

在智利北部有一个叫丘恩贡果的小村子，这里西临太平洋，北靠阿塔卡马沙漠。特殊的地理环境，使太平洋冷湿气流与沙漠上的高温气流终年交融，形成了多雾的气候，可浓雾丝毫无益于这片干涸的土地，因为白天强烈的日晒会使浓雾很快蒸发殆尽。

一直以来，在这片被干旱统治的土地上，看不到绿色，没有一点儿生机。

加拿大一位名叫罗伯特的物理学家在进行环球考察时经过这片荒凉之地，他住进了这个村子。不久，他发现一种奇异现象，这里除了蜘蛛外没有其他任何生物。而且这里的蜘蛛四处繁衍，处处蛛网密布，生活得很好。于是他想道：为什么只有蜘蛛能在如此干旱的环境里生存下来呢？这引起了罗伯特极大的兴趣。

借助电子显微镜，他发现这些蜘蛛丝具有很强的亲水性，极易吸收雾气中的水分。而这些水分，正是蜘蛛能在这里生生不息的源泉。罗伯特将自己的发现和计划告诉了智利政府，在智利政府的支持下，罗伯特最终研制出了一种人造纤维网，并选择在当地雾气最浓的地段排成了网阵。这样，穿行其间的雾气被反复拦截，就形成了大量水滴，而这些水滴滴到网下的流槽里，再经过过滤、净化，就成了新的水源。

如今，罗伯特的人造蜘蛛网平均每天可截水 10580 升，而在浓雾季节，每天可截水 131000 升。这些水不仅满足了当地居民生活用水，而且可以灌溉土地，让这片昔日满目荒凉、尘土飞扬的荒漠长出了鲜花和蔬菜。

在这个世界上，从来没有真正的绝境，有的只是绝望的思维。只要心灵不曾干涸，再荒凉的土地，也会变成生机勃勃的绿洲。就如同这片沙漠一样，它不是绝境，而是没有被人发现资源。我们的人生同样如此，在任何情况下，我们都不能对境遇失望，因为境遇的改变是靠我们自己，如果我们都失望了，那么处境只会越来越糟，从而恶性循环，真的变成失望的集结地。

黑龙江省五大连池附近有个叫张云龙的人，他在未出世时就患有一种叫"进行性肌营养不良"的病。听这病名似乎很"温柔"，但这种病的病症却异常地残忍。3 岁开始"显形"，7 岁不能跑跳，此后病情就急剧恶化，肌肉丧失了动力，连杯水都端不动。而两腿也再无法支撑身体的重量。最终没有了丝毫的自理能力，只能靠墙坐在炕上苦度残生。医生对这种病的"判决"是：最多活 28 年。

没有什么是比知道自己的死期还痛苦的。但就是这样，从

12 岁开始，只上过不到一天学的张云龙却立下了一个健康人都难以下的决心：在死去之前，写一本书，当一名作家。为了这个决心，他从学拼音开始，逐个认识汉字，也慢慢了解了什么样的汉字组合在一起能表达某种意思。接着，他就用稍微能活动的食指和拇指挤住笔，歪歪扭扭地写起书来。由于没有自己以外的生活经历，他只能写自己，以及和自己患了同一种病的哥哥。写他患病的痛苦，写他想当作家的决心，写他学习拼音、认识汉字的过程，写他写作时的痛苦状态，也写为了照顾他们兄弟俩，母亲含辛茹苦、感天动地的爱……

虽然不知道张云龙如今的书写完出版了没有，但是这些都不重要，重要的是他没有在这样的境遇中放弃，也正是因为他的这种态度，我们相信，他一定可以成为一名作家，出版自己的书，这是一份希望，同样也是一种必然。

美国一位大学橄榄球队教练狄克·屠迈对心态影响比赛的观点深信不疑，因为他遇到过多场比赛，真正输球的永远是认为已经陷入绝境不思进取的队伍。一次，他带的队在与对手比赛中，被压制得抬不起头，到中场时，比分为 22：0，屠迈带的队几乎已是溃不成军。

我们都可以想象得出，到中场休息时，屠迈的球员进入球员休息室时是何等沮丧。他们的脸上充满了绝望，仿佛天已经塌了下来，即使他们继续努力，也无济于事。

屠迈眼睛扫过这群垂头丧气的大孩子，知道除非他们改变心态，从绝望的处境中走出来，否则下半场不可能扭转败局。看着他们泄气的样子，心里显然已经认为赢球无望，而这种心态根本就不可能打赢这场比赛。于是这时，屠迈拿出了一张海报：上面贴满了多年来他收集的剪报文章，每一篇都是从比分落后，最终能扭转注定必输的噩运，赢得最后胜利的故事。他将这篇海报给了球员进行传看，在球员看过这些报道后，屠迈开始一点一滴地帮助他们重建信心，告诉他们世界上并没有绝境，只是自身的心态问题，只要相信能赢，那么必能扭转颓势。

在下半场，鼓舞了斗志的球员个个如猛虎出笼般地控制了全场，使他们的对手未得一分，最终获得了胜利。而这次的胜利正是由于屠迈的队员改变了心态，不再相信绝境的存在，而是相信了赢球的可能，因此这份信心让他们激发出了全部力量，最终获得了成功。

有人说行为是心态的投影，当你认为自己所处的是绝境时，那么即使仍有成功概率的事情，也会最终以失败告终。而如果你认为世界没有绝望的环境，只有绝望的人，只要拼搏，就拥有希望，那么即使遇到没有成功概率的情况，也能够反败为胜，成就人生。

在这个世界上，很少有什么处境会比知道自己死期的处境更绝望，但是这不是我们放弃拼搏和努力的理由，只要我们相信自己，相信生命不息奋斗不止，那么任何处境都不会是绝境，只要我们能够拼搏，能够不断努力，那么目标和理想就一定会逐渐拉近，最终获得成功。

傻坚持要比不坚持好

日拱一卒，似乎并不难，但很多人做不到。比方说，你每天花 10 分钟看书，没有什么困难，但要一年 365 天天天如此，就有很多人做不到。我们常常为那些经历九九八十一难、最终修成正果的人而惊叹。当一个又一个的难关摆在面前，他们需要多么大的毅力才能坚持走下去啊。

一个人能坚持到执着，坚持到在磨难与非议中义无反顾，其心中的强大支柱来自于坚信。因为坚信自己选择的路没有错，所以才能够风雨无阻。

作为当今 IT 界的王者，草根创业英雄马云可谓是小人物的榜样。马云没有后台，没有名校学历和海归背景，甚至连长相与身高都没有优势——媒体委婉地称他"长得很童话"，他的个头与拿破仑相当。就这么一个普通的不能再普通的人，居然一手成功缔造了阿里巴巴与淘宝，现在正在努力地做一个叫"阿里妈妈"的互联网广告平台。

我们都知道在那个阿里巴巴与四十大盗的童话中，阿里巴巴口念"芝麻开门"就可以开启强盗的宝库。现实中的阿里巴巴同样充满传奇色彩，每一次芝麻开门都是那么激动人心。1999 年 3 月，马云的阿里巴巴在自己家里呱呱诞生。8 年后的 2007 年，在胡润推出的中国大陆财富榜上，马云的财富为 50 亿人民币。

阿里巴巴有今天的成功和财富，离不开"坚持"。而坚持来自于坚信。马云首先坚信的是自己的能力，无论媒体是如何"贬损"马云的外表，都无损于他自信、睿智、能干的强者形象。同时，他还坚信自己选择的事业方向是正确的。马云说，他从创业之初就坚信电子商务一定会走出来。"如果说当时我就知道电子商务能够发展成今天的规模，那我肯定是在吹牛。但是，我相信它会发展。而且我一直坚持着。"马云"坚信互联网会影响中国、改变中国；坚信中国可以发展电子商务；也相信电子商务要发展，必须先让网商富起来"。在"相信自己"这一点上，马云对年轻人的建议是这样的："人必须要有自己坚信不疑的事情，没有坚信不疑的事情，那你不会走下去的，你开始坚信了一点点，会越做越有意思。"

马云创办了阿里巴巴后的第二年，也就是 2000 年，网络经济泡沫破灭，互联网企业陷入了低谷。那时的阿里巴巴也未能幸免，人心浮躁，人员流失，阿里巴巴在美国的办事处和国内一些地区的办事机构也相继关闭。马云后来回忆当时的心情："互联网能走多久，这些想法到底是天真还是狂话？到了最冷的冬天大家觉得这个公司不可能走下去，那时的压力太大了。"这是一段最困难的时期，现实的浮躁、对未来的迷茫以及员工的不理解，使马云陷入低谷。一次会议之后，马云在长安街上黯然走了 15 分钟。马云说："坚持到底就是胜利，如果所有的网络公司都要死的话，我们希望我们是最后一个死的。"

在一次电视访谈中，马云有过一番这样的讲演："做人的道理我不敢讲得太多，但我自己这么看，我觉得今天很残酷的，明天更残酷，后天很美好。绝大部分的人都是在明天晚上死掉的，见不到后天的太阳。所以我们这些人如果你希望成功的话，你每天要非常努力，活好今天，你才能度到明天，过了明天你才能见到后天的太阳。"

在互联网经历寒冬的时候，很多人在逃难。就连马云团队里的一些人也产生了动摇，纷纷出去另谋出路。马云认为当年从他的公司里逃难的人都是"聪明人"，只有一批傻子坚持和他在一起。聪明人与后来的财富擦肩而过，财富青睐的是坚持到底的傻子。成功路上无止境。为了后天的太阳，傻傻的马云仍在坚持着、追逐着。

马云的坚持让他以及他的"傻子"团队收获了什么呢？不久前在香港上市的阿里巴巴 B2B 公司，总市值将超过 680 亿港元；马云直接持有上市公司股份的价值超过 25 亿港元；蔡崇信、卫哲等高管都将成为千万，乃至数亿级别的超级富豪；按平均计算，阿里巴巴的每个员工都成了百万富翁，有超过 1000人成了实际意义上的百万富翁……中国互联网有史以来最大的富人帮也由此诞生。

马云在公司上市前，把公司 300 多名元老召集到一起开了个会。这些人都毫无疑问地进入了阿里巴巴的富人俱乐部。在这个会上马云和这些元老有一个共同的感叹就是："大家有今天的财富，全在于坚持。有时候傻坚持都比不坚持好。"

在你说出自己的梦想时，难免有些人会觉得你是"癞蛤蟆想吃天鹅肉"，是不自量力，痴人说梦。一个人打击你，或许没有什么；十个人打击你，有点儿动摇了吧；百个人打击你呢？

其实，别人劝阻或讥笑你的寻梦，也并非想害你。相反，绝大多数人还是出于善意，打着各种旗号。"相信我，你走的那条路行不通，别浪费自己的精力了。"他们会这么说。

无论一个人有多聪明，如果没有坚忍不拔的品质，他就不会在一个群体中脱颖而出，他就不会取得成功。许多人本可以成为杰出的音乐家、艺术家、教师、律师或医生，但就是因为缺乏这种杰出的品质，最终一事无成。